Microchip 公司大学计划用书

dsPIC33F 系列数字信号控制器仿真与实践

江　和　编著

北京航空航天大学出版社

内 容 简 介

本书以 Microchip 公司的 16 位机 dsPIC33F 系列数字信号控制器（包括 GP 和 MC 系列）为对象，介绍了相应的功能模块的原理与应用。几乎每个功能模块都配以多个应用实例，实例程序用 MPLAB C30 语言编制，所有的程序都经过实物或 PROTEUS 仿真验证，并配有相应的应用线路图。通过这些实例读者可以较快地理解功能模块并掌握其应用技巧。本书实例的完整程序与电路图，以及相关模块设计时需要计算的 EXCEL 计算表，可以在 www.buaapress.com.cn 的"下载专区"下载获得。

本书可作为工程技术人员迅速掌握 dsPIC30F/33F 系列 16 位数字信号控制器开发技术的实用参考书。

图书在版编目(CIP)数据

dsPIC33F 系列数字信号控制器仿真与实践 / 江和编著. -- 北京 : 北京航空航天大学出版社, 2014.9
ISBN 978-7-5124-1430-3

Ⅰ. ①d… Ⅱ. ①江… Ⅲ. ①数字控制器－研究
Ⅳ. ①TM571.6

中国版本图书馆 CIP 数据核字(2014)第 127085 号

dsPIC33F 系列数字信号控制器仿真与实践
江 和 编著
责任编辑 梅栾芳 栾冬华 曾文静
*
北京航空航天大学出版社出版发行
北京市海淀区学院路 37 号(邮编 100191) http://www.buaapress.com.cn
发行部电话:(010)82317024 传真:(010)82328026
读者信箱: emsbook@gmail.com 邮购电话:(010)82316524
涿州市新华印刷有限公司印装 各地书店经销
*
开本:710×1 000 1/16 印张:25.25 字数:538 千字
2014 年 9 月第 1 版 2014 年 9 月第 1 次印刷 印数:3 000 册
ISBN 978-7-5124-1430-3 定价:59.00 元

前 言

Microchip 公司的数字信号控制器(DSC)是介于单片机(MCU)与数字信号处理器(DSP)之间的系列产品,适合于既能灵活控制,又需要大量计算的应用场合。

dsPIC33F 是 Microchip 公司 16 位机中重要的一个系列,我们从其名称上就可以对该系列产品有一个大致的了解:"dsPIC"可以看作"dsP"+"PIC",其中的"P"为共用,而"DSP"中的"DS"改为小写"ds",说明其具有 DSP 的功能,但这并不是其主要的,其主要功能是 PIC 单片机的功能。

在学习 DSC 或单片机的过程中,初学者往往较难入门,特别是那些自学者。他们希望在每一个功能模块的基本介绍之后,能有较多的实例来帮助他们掌握这些功能模块,并能马上编程应用,希望能起到事半功倍的效果。因此,本书中几乎每一章在介绍完各功能模块后,都配有多个实例,这些实例有完整的程序和相应的电子线路图,程序用 C30 语言编写,并附有详细的注解。读者通过这些实例的阅读和仿真的逐步运行,可以很快掌握每个功能模块的应用编程技巧,并用于实际产品开发中。

本书主要内容如下:

第 1 章对 dsPIC33F 系列产品作了简介,使读者对该系列产品有一个大概的了解。

第 2 章介绍了 dsPIC 专用的 C 编译器 C30 的特点及应用,全书的所有程序都用 C30 语言编写,它与标准的 C 语言是有差别的。

第 3~6 章介绍其端口、中断、系统配置和振荡器配置。dsPIC33F 丰富的中断源和多种灵活的振荡器选择,使得应用相对复杂,但通过实例,读者会很快掌握这些模块的使用,如第 6 章振荡器配置与应用就配有 9 个实例。

第 7 章介绍定时器。dsPIC33F 的定时器可以配置为 16 位或 32 位,使用更加方便灵活。

第 8~9 章分别介绍输入捕捉和输出比较模块,同样附有多个实例。

第 10 章介绍模/数转换器 ADC。dsPIC33F 的转换器 ADC 有多种触发方式、多种采样模式,相对于其他芯片来说,较为复杂,初学者往往较难掌握。为此,本章附有

7 个实例，通过这些不同的例子能帮助读者理解和掌握 ADC 模块的编程使用。

第 11～13 章分别为异步串行通信 UART、SPI 通信接口和 I2C 通信接口。其中第 13 章的应用实例中，先给出了字符型 LCD 1604 的简介，然后给出了 dsPIC 控制时钟芯片 DS1307 和 LCD 1604 的实时时钟应用程序与线路图。

第 14 章介绍电机控制系列(MC 系列)的专有电机控制 PWM 模块，本章配有 SPWM、SVPWM 的简介，并有相应的实例，这些实例为直流电源变换为单相交流电源、直流电源变换为三相对称的交流电源。

第 15 章介绍电机控制系列(MC 系列)的专有正交编码器接口 QEI，它配以编码器，可以方便地检测电机等旋转体的转速。

第 16 章介绍直接数据存取控制器 DMA，这是 dsPIC33F 的重要功能，本章附有 2 个实例，另外在第 10 章也有 3 个、第 11 章有 2 个与 DMA 有关的实例。

第 17 章介绍了 CAN 总线模块。

附录 A 给出了内建函数的介绍。

书中的所有程序和线路均为作者本人编写完成，疏漏和不足之处在所难免，希望读者批评指正。读者可以发送电子邮件到 jianghe706@163. com，与作者交流，也可以发送电子邮件至 emsbook@gmail. com，与本书的策划编辑进行交流。

在此感谢 Microchip 公司提供的免费软件和相关资料，感谢广州风标电子技术有限公司免费提供的 PROTEUS 软件。

作　者

2014 年 4 月于福州大学沁园

目　录

第 1 章　dsPIC33F 系列 DSC 简介 …… 1

1.1　MCU、DSC 与 DSP …… 1

1.2　Microchip 公司 MCU 和 dsPIC 系列产品简介 …… 1

1.3　dsPIC33F 中的 GP、MC、GS 系列的区别 …… 2

1.4　dsPIC33F 通用系列(GP)性能简介 …… 3

1.5　程序存储器 …… 5

1.6　数据存储器 …… 6

1.7　CPU 结构 …… 9

1.7.1　工作寄存器阵列 W0～W15 …… 9

1.7.2　W0 和文件寄存器指令 …… 10

1.7.3　W 寄存器和字节模式指令 …… 12

1.7.4　影子寄存器 …… 12

1.7.5　DO 循环影子寄存器 …… 12

1.7.6　未初始化的 W 寄存器的复位 …… 12

1.7.7　软件堆栈指针 …… 12

1.8　中断系统 …… 13

1.9　开发工具的支持 …… 13

第 2 章　C30 及开发环境介绍 …… 14

2.1　C30 与标准 C(ANSI C)的差别 …… 14

2.1.1　关键字差别 …… 14

2.1.2　语句差别 …… 23

2.1.3　表达式差别 …… 26

2.1.4　C30 的头文件与引用 …… 26

2.2　行内汇编…… 28
2.3　C30 的数据类型…… 29
2.4　内建函数…… 30
2.5　C30 在 MPLAB IDE 中的使用…… 31
2.5.1　项目的建立与编译…… 31
2.5.2　C30 程序的仿真与调试…… 33

第 3 章　I/O 口…… 39

3.1　I/O 口概况…… 39
3.2　与 I/O 相关的寄存器…… 41
3.3　漏极开路配置…… 46
3.4　配置模拟端口引脚…… 47
3.5　输入状态变化与弱上拉…… 48
3.6　外设引脚的可重映射功能选择…… 51
3.6.1　控制外设引脚选择…… 51
3.6.2　控制配置改变…… 53

第 4 章　中　断…… 57

4.1　中断概述…… 57
4.2　中断向量表…… 57
4.3　中断控制和状态寄存器…… 62
4.4　中断设置过程…… 69
4.4.1　中断的初始化…… 69
4.4.2　中断服务程序…… 70
4.4.3　陷阱服务程序…… 70
4.4.4　禁止中断…… 70
4.5　中断程序示例…… 71

第 5 章　系统配置…… 76

5.1　器件配置综述…… 76
5.2　FBS 配置寄存器…… 77
5.3　FSS 配置寄存器…… 78
5.4　FGS 配置寄存器…… 79
5.5　FOSCSEL 配置寄存器…… 80
5.6　FOSC 配置寄存器…… 81
5.7　FWDT 配置寄存器…… 81

5.8 FPOR 配置寄存器 …… 87
5.9 FICD 配置寄存器 …… 88

第 6 章　振荡器配置与应用 …… 90

6.1 dsPIC33F 的时钟概况 …… 90
6.1.1 PLL 配置 …… 92
6.1.2 与振荡器相关的寄存器介绍 …… 93
6.2 FRC 振荡器 …… 98
6.3 主振荡器(XT、HS 或 EC) …… 103
6.4 辅助振荡器(LP 或 SOSC) …… 106
6.5 低功耗内部振荡器(LPRC) …… 107
6.6 时钟切换 …… 108
6.6.1 时钟切换工作原理 …… 108
6.6.2 使能时钟切换 …… 108
6.6.3 振荡器切换步骤 …… 109

第 7 章　定时器 …… 112

7.1 定时器 Timer1 …… 112
7.1.1 特点及简介 …… 112
7.1.2 相关寄存器介绍 …… 114
7.1.3 实　例 …… 115
7.2 定时器 Timer2/3、Timer4/5、Timer6/7、Timer8/9 …… 123
7.2.1 功能说明 …… 123
7.2.2 相关寄存器 …… 125
7.2.3 32 位定时/计数器 …… 126

第 8 章　输入捕捉 IC …… 130

8.1 概　述 …… 130
8.2 相关寄存器介绍 …… 131

第 9 章　输出比较 OC …… 138

9.1 概　述 …… 138
9.2 相关寄存器介绍 …… 138
9.3 输出比较 OC 的工作方式 …… 140
9.3.1 单次比较模式(低电平有效和高电平有效) …… 141
9.3.2 翻转模式 …… 143

9.3.3　延迟单次模式 …… 145
9.3.4　连续脉冲模式 …… 147
9.3.5　PWM 模式(带故障保护与不带故障保护) …… 148

第 10 章　模/数转换器 ADC …… 152

10.1　概　述 …… 152
10.2　ADC 和 DMA …… 153
10.3　相关寄存器介绍 …… 153
10.4　ADC 转换的相关参数与设置 …… 161
10.4.1　ADC 转换时钟周期 T_{AD} …… 161
10.4.2　ADC 转换触发源 …… 162
10.4.3　采样多路开关 …… 163
10.4.4　ADC 参考电压的选择 …… 163
10.5　无 DMA 模块的 ADC 实例 …… 164
10.6　带 DMA 模块的 ADC 实例 …… 183

第 11 章　异步串行通信 UART …… 195

11.1　概　述 …… 195
11.2　发送器 …… 196
11.3　接收器 …… 197
11.4　UART 波特率发生器(BRG) …… 198
11.5　相关寄存器 …… 198
11.6　UARTx 的几种工作方式 …… 202
11.6.1　奇偶校验 …… 202
11.6.2　环回模式 …… 203
11.6.3　自动波特率检测 …… 205
11.6.4　发送间隔字符 …… 207
11.6.5　UARTx 与 DMA …… 208

第 12 章　SPI 通信接口 …… 213

12.1　简　介 …… 213
12.2　相关寄存器 …… 215
12.3　SPI 模块的工作模式 …… 218
12.3.1　8 位/16 位模式 …… 218
12.3.2　主/从模式 …… 219
12.3.3　SPI 帧模式 …… 220

12.4　相关工作模式的时序图 …… 220

第13章　I2C通信接口 …… 233

13.1　简　介 …… 233
13.2　波特率发生器 …… 234
13.3　I2C地址 …… 234
13.4　I2C相关控制寄存器 …… 236
13.5　I2C总线特性 …… 240
13.5.1　I2C协议 …… 241
13.5.2　I2C报文协议的几个基本内容 …… 242
13.6　作为主器件在单主机环境下通信 …… 243
13.6.1　产生启动总线事件 …… 244
13.6.2　发送数据到从器件 …… 244
13.6.3　接收来自从器件的数据 …… 245
13.6.4　应答产生 …… 246
13.6.5　产生停止总线事件 …… 246
13.6.6　产生重复启动总线事件 …… 246
13.7　作为从器件通信 …… 246
13.7.1　检测启动和停止条件 …… 247
13.7.2　检测地址 …… 247
13.7.3　接收来自主器件的数据 …… 250
13.7.4　发送数据到主器件 …… 254

第14章　电机控制PWM模块 …… 272

14.1　简　介 …… 272
14.2　PWM的时基与工作模式 …… 274
14.2.1　PWM的时基 …… 274
14.2.2　PWM的工作模式 …… 274
14.2.3　PWM的分频 …… 275
14.2.4　PWM的周期 …… 276
14.2.5　PWM对齐方式 …… 276
14.2.6　PWM占空比比较单元 …… 278
14.2.7　互补PWM操作 …… 279
14.2.8　死区发生器 …… 279
14.2.9　PWM输出引脚及相关控制 …… 280
14.2.10　PWM故障引脚 …… 282

14.2.11 PWM 更新锁定 …… 283
14.2.12 PWM 特殊事件触发器 …… 283
14.2.13 CPU 休眠模式与空闲模式下的 PWM 操作 …… 283
14.3 PWM 的相关寄存器 …… 284
14.4 MCPWM 的应用实例 …… 291

第 15 章 正交编码器接口 QEI 模块 …… 315

15.1 概 述 …… 315
15.2 相关寄存器介绍 …… 316
15.3 16 位向上/向下位置计数器模式 …… 319
15.3.1 位置计数器错误检查 …… 319
15.3.2 位置计数器复位 …… 319
15.4 x2 与 x4 模式的区别 …… 320
15.5 POS1CNT 与 MAX1CNT 匹配复位计数器 …… 321
15.6 索引脉冲复位计数器 …… 321
15.7 可编程数字噪声滤波器 …… 322
15.8 备用 16 位定时/计数器 …… 322
15.9 正交编码器接口中断 …… 323

第 16 章 直接数据存取控制器 DMA …… 325

16.1 简 介 …… 325
16.2 DMA 寄存器 …… 326
16.3 DMA 工作模式 …… 331
16.3.1 字节或字传输 …… 331
16.3.2 寻址模式 …… 331
16.3.3 DMA 传输方向 …… 332
16.3.4 空数据外设写模式 …… 332
16.3.5 连续数据块或单数据块的工作 …… 332
16.3.6 乒乓模式 …… 333
16.3.7 手动传输模式 …… 333
16.3.8 DMA 请求源选择 …… 333
16.4 DMA 中断和陷阱 …… 333
16.5 DMA 实例 …… 334

第 17 章 CAN 总线模块 ECAN …… 343

17.1 概 述 …… 343

17.2　帧类型……………………………………………………………………… 344
17.3　工作模式…………………………………………………………………… 345
　17.3.1　初始化模式……………………………………………………………… 345
　17.3.2　禁止模式………………………………………………………………… 346
　17.3.3　正常工作模式…………………………………………………………… 346
　17.3.4　监听模式………………………………………………………………… 346
　17.3.5　监听所有报文模式……………………………………………………… 347
　17.3.6　环回模式………………………………………………………………… 347
17.4　报文接收…………………………………………………………………… 347
　17.4.1　接收缓冲器……………………………………………………………… 347
　17.4.2　FIFO 缓冲器模式 ……………………………………………………… 347
　17.4.3　报文接收过滤器………………………………………………………… 347
　17.4.4　报文接收过滤器屏蔽寄存器…………………………………………… 348
　17.4.5　接收错误………………………………………………………………… 348
　17.4.6　接收中断………………………………………………………………… 348
17.5　报文发送…………………………………………………………………… 349
　17.5.1　发送缓冲器……………………………………………………………… 349
　17.5.2　发送报文优先级………………………………………………………… 349
　17.5.3　发送过程………………………………………………………………… 349
　17.5.4　远程发送请求的自动处理……………………………………………… 350
　17.5.5　中止报文发送…………………………………………………………… 350
　17.5.6　发送错误………………………………………………………………… 350
　17.5.7　发送中断………………………………………………………………… 350
17.6　波特率设置………………………………………………………………… 351
　17.6.1　位时序…………………………………………………………………… 351
　17.6.2　预分频比设置…………………………………………………………… 352
　17.6.3　传播时间段……………………………………………………………… 352
　17.6.4　相位缓冲段……………………………………………………………… 352
　17.6.5　采样点…………………………………………………………………… 352
　17.6.6　同　步…………………………………………………………………… 352
17.7　相关寄存器………………………………………………………………… 353

附录 A　内建函数介绍 ………………………………………………………… 369

A.1　内建函数列表 …………………………………………………………… 369
A.2　内建函数 ………………………………………………………………… 370

参考文献……………………………………………………………………… 391

第1章

dsPIC33F 系列 DSC 简介

Microchip 公司的单片机/数字信号控制器系列产品已经得到众多技术人员的喜爱并应用于他们的设计中。Microchip 公司的产品有量大面广的 8 位机、16 位机和 32 位机，而 16 位机以其卓越的性能、合适的价格得到越来越多技术人员的青睐。本书介绍 16 位机中的 dsPIC33F 系列，其主要内容基本适用于 16 位机中的 PIC24 系列和 dsPIC30F 系列。

1.1 MCU、DSC 与 DSP

MCU：英文全称为 Microprocessor Control Unit，即微控制单元，简称 MCU，即我们常称的单片机。MCU 是把计算机的 CPU、RAM、ROM、定时器和多种 I/O 接口模块集成在一片芯片上，形成芯片级的计算机，为各种应用提供现场控制检测等应用。

DSP：英文全称为 Digital Signal Processor，即数字信号处理器，简称 DSP。DSP 是一种特别适合进行数字信号处理运算的微处理器，主要用于实时快速地实现各种数字信号处理算法，它广泛应用于数码相机、数码摄像机，及需要快速适时处理大量数据的产品中。

DSC：英文全称为 Digital Signal Controllers，即数字信号控制器，简称 DCS，它是 Microchip 公司提出的一个概念。DSC 的性能介于 MCU 与 DSP 间，它既有 MCU 控制功能强的特点，又兼有 DSP 数据处理能力强的优点，适合于既需要大量快速处理数据，又需要控制、监测各种参量的场合。

提示：Microchip 公司的 dsPIC 属于 DSC。可以这样理解："dsp"＋"PIC"＝"dsPIC"，中间的一个"P"是共用的。

1.2 Microchip 公司 MCU 和 dsPIC 系列产品简介

如图 1.1 所示，在 Microchip 公司的 MCU 和 dsPIC 系列产品中，属于 8 位机的有 PIC10、PIC12、PIC16 和 PIC18 系列。属于 16 位机的有 PIC24、dsPIC30 和 dsPIC33 系列。PIC32 为 32 位单片机。

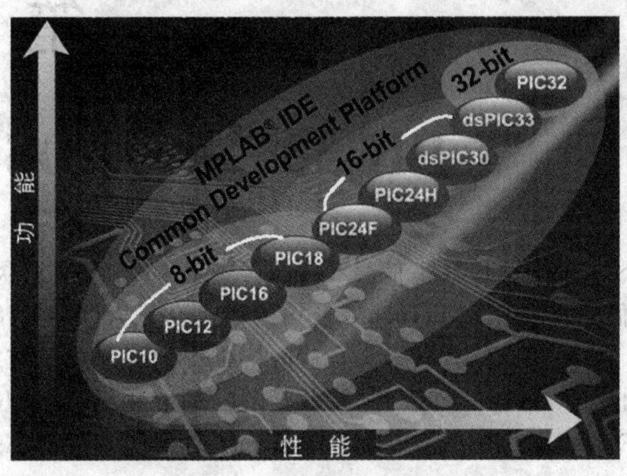

图 1.1　Microchip 公司 MCU 和 dsPIC 产品性能示意图

16 位机产品中，PIC24 为单片机，目前有 PIC24F 和 PIC24H/E 系列。PIC24F 为低功耗系列，最大指令频率为 16 MIPS；PIC24H/E 为高性能系列，最大指令频率为 40 MIPS；而最新的 PIC24EP 系列的最大指令频率为 70 MIPS。

dsPIC30 为 dsPIC 第一代产品，工作电压为 2.5～5.5 V，最大指令频率为 30 MIPS。dsPIC33 为 dsPIC 第二代产品，工作电压为 3～3.6 V，最大指令频率为 40 MIPS，有些产品可达 50 MIPS。最新的 dsPIC33EP 系列的最大指令频率为 70 MIPS。在性能与功能上，dsPIC33 较 dsPIC30 有了进一步的提升，如增加了 DMA(直接数据存储)、I/O(输入/输出)重定向功能，工作频率更高等。

提示：MIPS 为 Million Instructions Per Second 的缩写，即每秒处理百万条机器语言指令数。这是衡量 CPU 速度的一个指标。

本书所给的相关产品参数为截止到 2014 年 1 月 31 日在 Microchip 官网上公布的资料。

1.3　dsPIC33F 中的 GP、MC、GS 系列的区别

在 dsPIC33F 系列产品中，还分为 GP、MC 和 GS 系列，GP(General Purpose)为通用系列，MC(Motor Control)为电机控制系列，GS(Switch Mode Power Supply)为数字电源系列。如：

dsPIC33FJ64GP202 为通用系列。

dsPIC33FJ64MC202 为电机控制系列，与通用系列的主要区别是增加了专用于电机控制的 PWM 模块（MCPWM）和正交编码器接口模块（QEI）。其电机专用的 MCPWM 模块具有各种对齐方式、死区控制、故障控制等功能，方便电机控制。

dsPIC33FJ32GS610 为数字电源系列，与通用系列的主要区别是，在与电源控制有关的模块中提高了速度，如高速 PWM、高速 10 位模/数转换器和高速模拟比较器，使得在数字电源应用中能获得更加优越的性能。

1.4 dsPIC33F 通用系列(GP)性能简介

dsPIC33F 是 16 位的 DSC，故其数据总线是 16 位，指令宽为 24 位，即一条单字指令占用 3 字节的程序存储器空间。如 dsPIC33FJ64GP706A 的程序存储器大小是 64 KB，如果全部用单字指令，一共可以存储 64/3≈21K 条指令。有时表示为 21 KW，即 21K 指令字。

dsPIC33F 的主要功能与性能如下：

(1) 高性能 DSC CPU

- 84 条基本指令：多数为单字/单周期指令；
- 16 个 16 位通用寄存器，2 个 40 位累加器；
- 灵活的软件堆栈；
- 16×16 位小数/整数乘法运算；
- 32/16 位和 16/16 位除法运算。

(2) 直接存储器访问(Direct Memory Access，DMA)

即允许在 CPU 执行代码期间在 RAM 和外设间传输数据（不占用额外的周期），最多有 8 通道硬件 DMA，2 KB 双口 DMA 缓冲区，用于存储通过 DMA 传输的数据。注意，并非所有的 dsPIC33F 芯片都有此模块，使用时要查询相应的芯片资料。

(3) 中断控制器

dsPIC33F 有多达 118 个中断向量中断控制器，最多 67 个中断源，最多 5 个外部中断，7 个可编程优先级，最多达 8 个处理器异常和软件陷阱。

(4) 数字 I/O 引脚

- 最多 24 个引脚具有电平变化中断/唤醒功能；
- 输出引脚可驱动 3.0～3.6 V 电压，所有数字输入引脚可承受 5 V 电压；
- 所有 I/O 引脚的灌/拉电流为 4 mA。

(5) 片上闪存和 SRAM

- 闪存程序存储器，最大 256 KB；
- 数据 SRAM，最大 30 KB(包括 2 KB 的 DMARAM)。

(6) 系统管理

- 外部振荡器、晶振、谐振器和内部 RC 振荡器；
- 全集成、极低抖动 PLL；
- 上电延时定时器；
- 振荡器起振定时器/稳定器；
- 自带 RC 振荡器的看门狗定时器；
- 故障保护时钟监视器；
- 多个复位源。

(7) 功耗管理

- 片内 2.5 V 稳压器；
- 实时时钟源切换；
- 可快速唤醒的空闲、休眠和打盹(Doze)模式。

(8) 定时器/捕捉/比较/PWM

- 最多 9 个 16 位定时器，最多可以配对作为 4 个 32 位定时器使用；
- Timer1 可依靠外部 32.768 kHz 振荡器作为实时时钟使用；
- 输入捕捉(最多 8 个通道)可进行上升沿捕捉、下降沿捕捉或上升/下降沿捕捉，每个捕捉通道都带有 4 字深度的 FIFO 缓冲区；
- 输出比较(最多 8 个通道)：1 个或 2 个 16 位比较模式；
- 16 位无毛刺 PWM 模式。

(9) 通信模块

- 3 线 SPI(最多 2 个模块)；
- I2C(最多 2 个模块)；
- UART(最多 2 个模块)；
- 数据转换器接口(Data Converter Interface，DCI)模块；
- 增强型 CAN(ECAN 模块)2.0B Active 版本(最多 2 个模块)。

(10) 模/数转换器(ADC)

- 一个器件中最多有两个模/数转换器模块；
- 10 位 1.1 Msps 或 12 位 500 Ksps(samples per second，即每秒采样次数)转换；
- 2、4 或 8 路同时采样，最多 32 路带有自动扫描功能的输入通道，休眠模式下仍可进行转换。

(11) CMOS 闪存技术

低功耗的高速闪存技术，全静态设计，3.3 V(±10%)工作电压，工业级温度范围为－40～＋85 ℃，还有更高的扩展级工作温度范围－40～＋125 ℃，甚至更高温，其工作温度范围为－40～＋140 ℃，适合于特殊场合。

1.5 程序存储器

dsPIC33F 系列芯片采用的是独立的程序和数据空间及总线，即所谓的哈佛结构。采用这一结构的优点是能够在代码执行过程中从数据空间直接访问程序存储器，从而极大地提高了程序的执行速度。

dsPIC33F 器件的程序空间最大可存储 4M 个指令字。可通过由程序执行过程中 23 位程序计数器(PC)、表操作或数据空间重映射得到的 24 位值的程序存储器寻址，用户只能访问程序存储空间的低半地址部分(地址范围为 0x000000～0x7FFFFF)。当使用表读/表写指令 TBLRD/TBLWT 时，情况有所不同，因为这两条指令允许访问配置存储空间中的配置位和器件 ID。

图 1.2 给出了 dsPIC33F 系列器件三个型号的程序存储器映射情况，图中的存储区未按比例显示。从图可见，不同型号的 DSC 的程序存储器空间大小不同，用户必须根据相应的数据手册来确定其范围。图 1.3 给出了程序存储器的构成示意图。

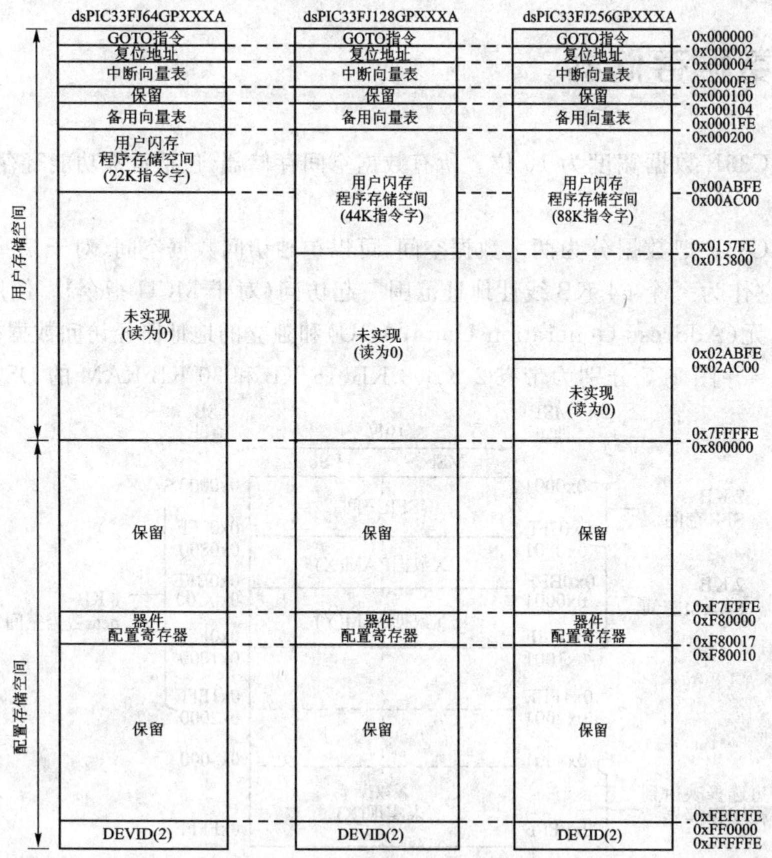

图 1.2 三个型号的 DSC 程序存储器示意图

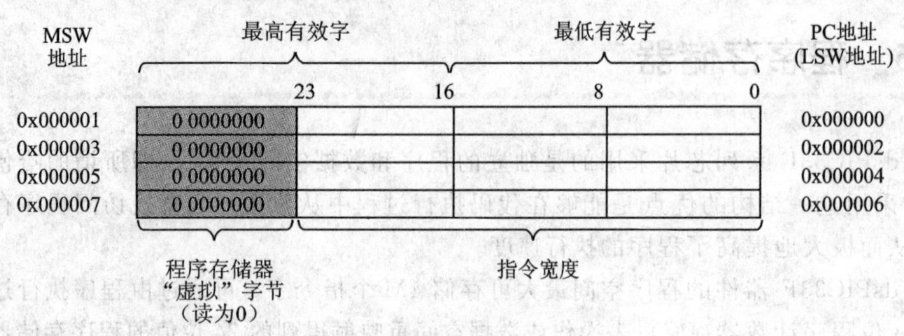

图 1.3　程序存储器构成示意图

注意：dsPIC 程序存储器的地址程序存储空间由可字寻址的块构成，注意是字不是字节！虽然它被视为 24 位宽，但其中高位字(MSW)的高字节部分是"空"的。低位字(LSW)的地址始终为偶数，而高位字的地址为奇数，以低字的低字节地址作为 PC 的地址，如图 1.3 所示，即 PC 的地址一定是偶数。

1.6　数据存储器

dsPIC33F 数据宽度为 16 位。所有数据空间存储器(包括特殊功能寄存器)都是 16 位的。

dsPIC33F 把数据分为两个数据空间，可以单独访问数据空间(对于某些 DSP 指令)或将它作为一个 64 KB 线性地址范围一起访问(对于 MCU 指令)。使用两个地址发生单元(Address Generation Units，AGU)和独立的地址路径访问数据空间。

图 1.4～图 1.7 分别为带有 2 KB、8 KB、16 KB 和 30 KB RAM 的 DSC 数据空

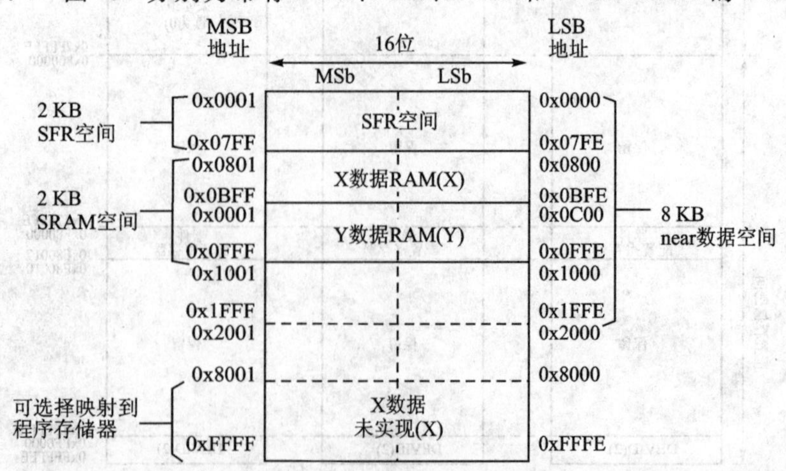

图 1.4　带有 2 KB RAM dsPIC33F 数据存储器结构示意图

间存储器映射图示例，注意，对于带有 DMA RAM 的芯片，其 DMA 为 Y 数据的一部分。不同型号的芯片具体数据区可能有不同，使用时请详细查阅相关的数据手册。

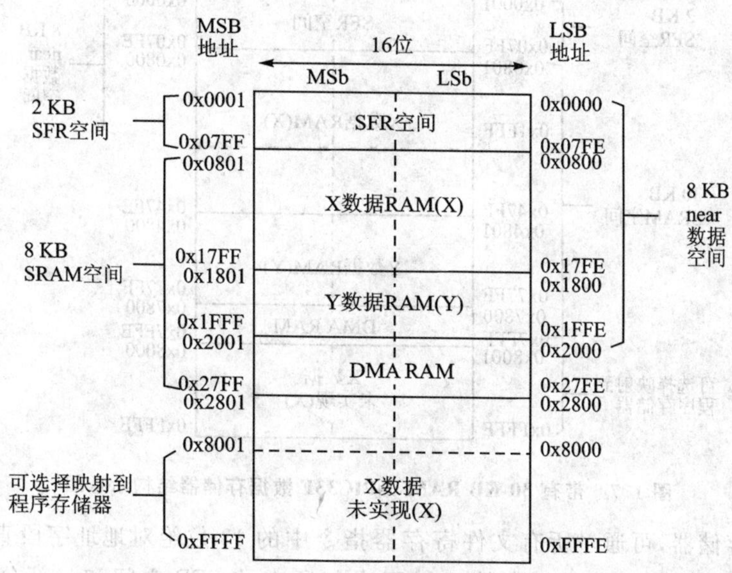

图 1.5 带有 8 KB RAM dsPIC33F 数据存储器结构示意图

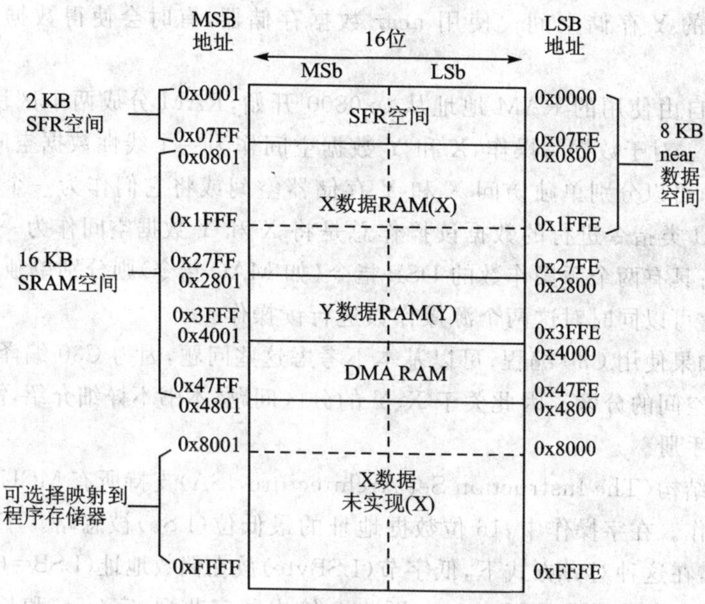

图 1.6 带有 16 KB RAM dsPIC33F 数据存储器结构示意图

数据存储器 0x0000～0x07FF 之间是用于器件的特殊功能寄存器(SFR)。

在数据存储空间的 0x0000～0x1FFF 之间保留了一个 8 KB 的地址空间，称为

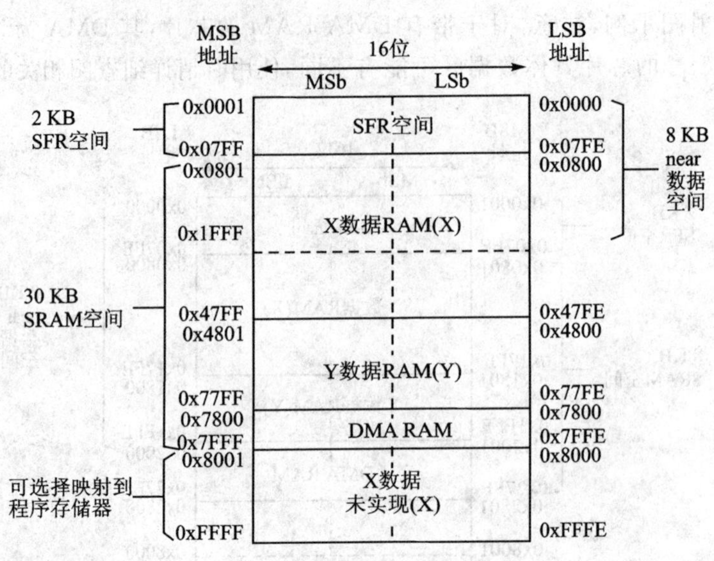

图 1.7 带有 30 KB RAM dsPIC33F 数据存储器结构示意图

near 数据存储器,可通过所有文件寄存器指令中的 13 位绝对地址字段直接对 near 数据存储器寻址。near 数据存储区域至少与所有的 SFR 空间和一部分 X 存储空间重叠。near 数据存储器空间根据器件的不同也可能包括所有的 X 存储空间和部分或所有的 Y 存储空间。使用 near 数据存储器,有时会使得数据的存储速度更快。

用户可自由使用的 RAM 地址从 0x0800 开始,RAM 分成两个区块,分别为 X 和 Y 数据区。对于数据写操作,X 和 Y 数据空间作为一个线性数据空间访问;对于数据读操作,可以分别单独访问 X 和 Y 存储器空间或将它们作为一个线性空间访问。用 MCU 类指令进行的数据读操作总是将 X 和 Y 数据空间作为一个组合的数据空间访问;具有两个源操作数的 DSP 指令(如 MAC 指令)则分别单独访问 X 和 Y 数据空间,它可以同时对这两个源操作数进行读操作。

但是,如果使用 C30 编程,可以基本不考虑这些问题,因为 C30 编译器自动帮我们进行数据空间的分区。因此关于 X、Y 的分区问题,本书不详细介绍,需要的读者,请参阅相关手册。

指令集结构(The Instruction Set Architecture,ISA)支持所有 MCU 指令进行的字和字节操作。在字操作中,16 位数据地址的最低位(LSb)被忽略。字数据是从低到高存储的,在这种对齐方式下,低字节(LSByte)放在偶数地址(LSB=0),而高字节(MSByte)放在奇数地址(LSB=1)。图 1.8 给出了字节型、字(int)和长整型(long)的存储情况示意图。

对于字节操作,用数据地址的 LSB 来选择所访问的字节。寻址的字节放在内部数据总线的低 8 位。

根据所执行的是字节还是字访问，DSC将自动调整有关的有效地址计算。

dsPIC的CPU采用增强指令集，包括对DSP的支持。CPU为24位指令字，指令字带有长度可变的操作码字段。程序计数器(Program Counter，PC)为23位宽，可以寻址最大4M×24位的用户程序存储空间。

除了跳转指令、双字传送(MOV.D)指令和表指令以外，其他所有指令都在单个指令周期内执行。

	15 MSByte 8	7 LSByte 0	
0001	Byte 1	Byte 0	0000
0003	Byte 3	Byte 2	0002
0005	Byte 5	Byte 4	0004
	Word 0		0006
	Word 1		0008
	long Word<15:0>		000A
	long Word<31:16>		000C

图1.8 数据对齐方式示意图

dsPIC指令集有两类指令：MCU类指令和DSP类指令。这两类指令无缝地集成到单个CPU中。指令集包括各种寻址模式。对于大多数指令，dsPIC能够在每个指令周期内执行一次数据(或程序数据)存储器读取、一次工作寄存器(数据)读取、一次数据存储器写入以及一次程序(指令)存储器读取操作。dsPIC，支持3操作数指令，允许在单个周期执行A+B=C这样的操作，即能在单个周期内执行取数、计算并回送数据的操作。

1.7 CPU结构

dsPIC的CPU的模块框图如图1.9所示。dsPIC的编程模型如图1.10所示，相关的寄存器说明如表1.1所列。

表1.1 编程模型的寄存器描述

寄存器名称	描　述	寄存器名称	描　述
W0～W15	工作寄存器阵列	PSVPAG	程序空间可视性页地址寄存器
ACCA，ACCB	40位DSP累加器	RCOUNT	REPEAT循环计数寄存器
PC	23位程序计数器	DCOUNT	DO循环计数寄存器
SR	ALU和DSP引擎状态寄存器	DOSTART	DO循环起始地址寄存器
SPLIM	堆栈指针极限值寄存器	DOEND	DO循环结束地址寄存器
TBLPAG	表数据页地址寄存器	CORCON	包含DSP引擎和DO循环控制位

1.7.1 工作寄存器阵列W0～W15

DSC有16个16位工作寄存器W0～W15。每个工作寄存器都可以作为数据、地址或地址偏移量寄存器。工作寄存器W15作为软件堆栈指针(Stack Pointer，SP)，用于中断和调用。

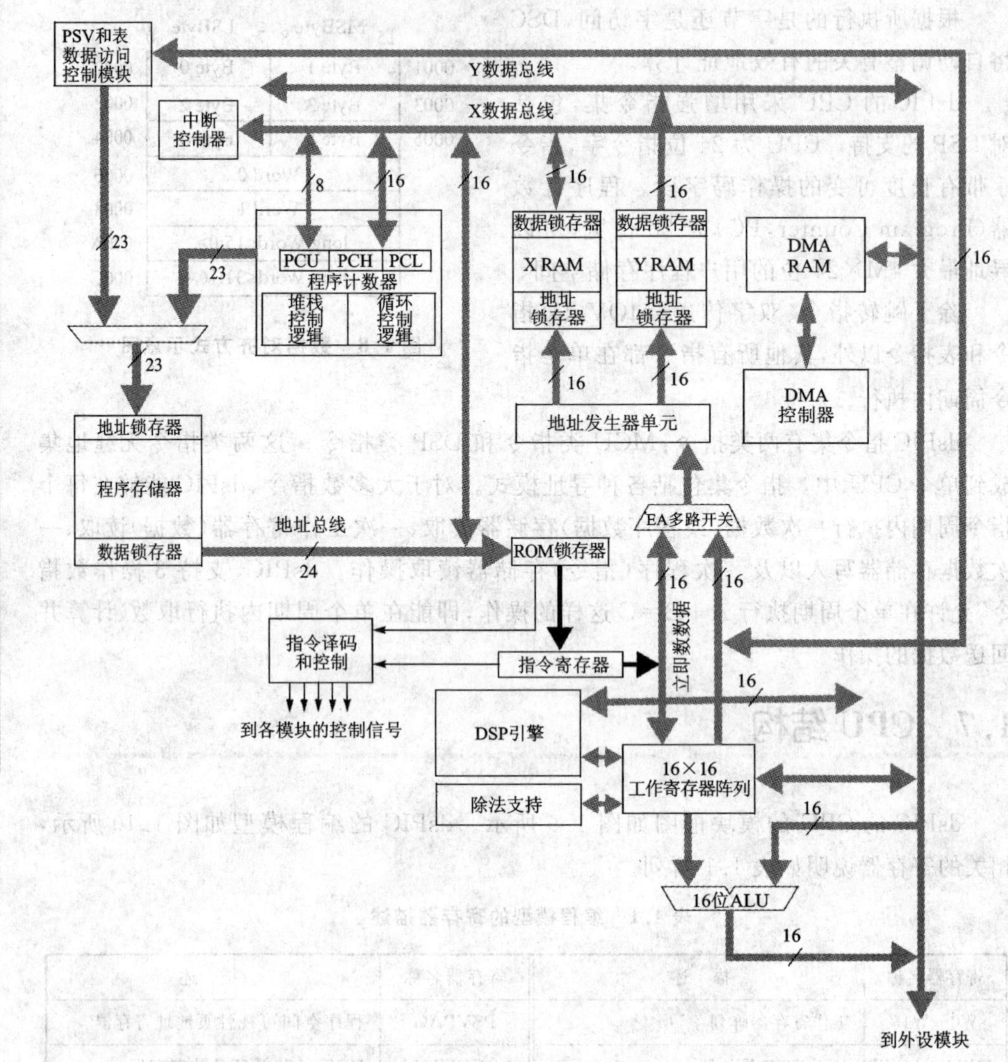

图 1.9 dsPIC CPU 模块框图

W 寄存器的功能由访问它的指令的寻址模式决定。

dsPIC33F 指令集可被分成两种指令类型：寄存器指令和文件寄存器指令。寄存器指令可以把每个 W 寄存器用作数据值或地址偏移值。

1.7.2 W0 和文件寄存器指令

W0 是一个特殊的工作寄存器，它是可在文件寄存器指令中使用的唯一的工作寄存器，在文件寄存器指令中，W1～W15 不可被指定为目标寄存器。

文件寄存器指令对只有一个 W 寄存器的现有 PIC 器件提供向后兼容性。在汇编器语法中使用标号“WREG”来表示数据寄存器指令中的 W0。

因为 W 寄存器是存储器映射的，所以可以在文件寄存器指令中访问 W 寄存器。

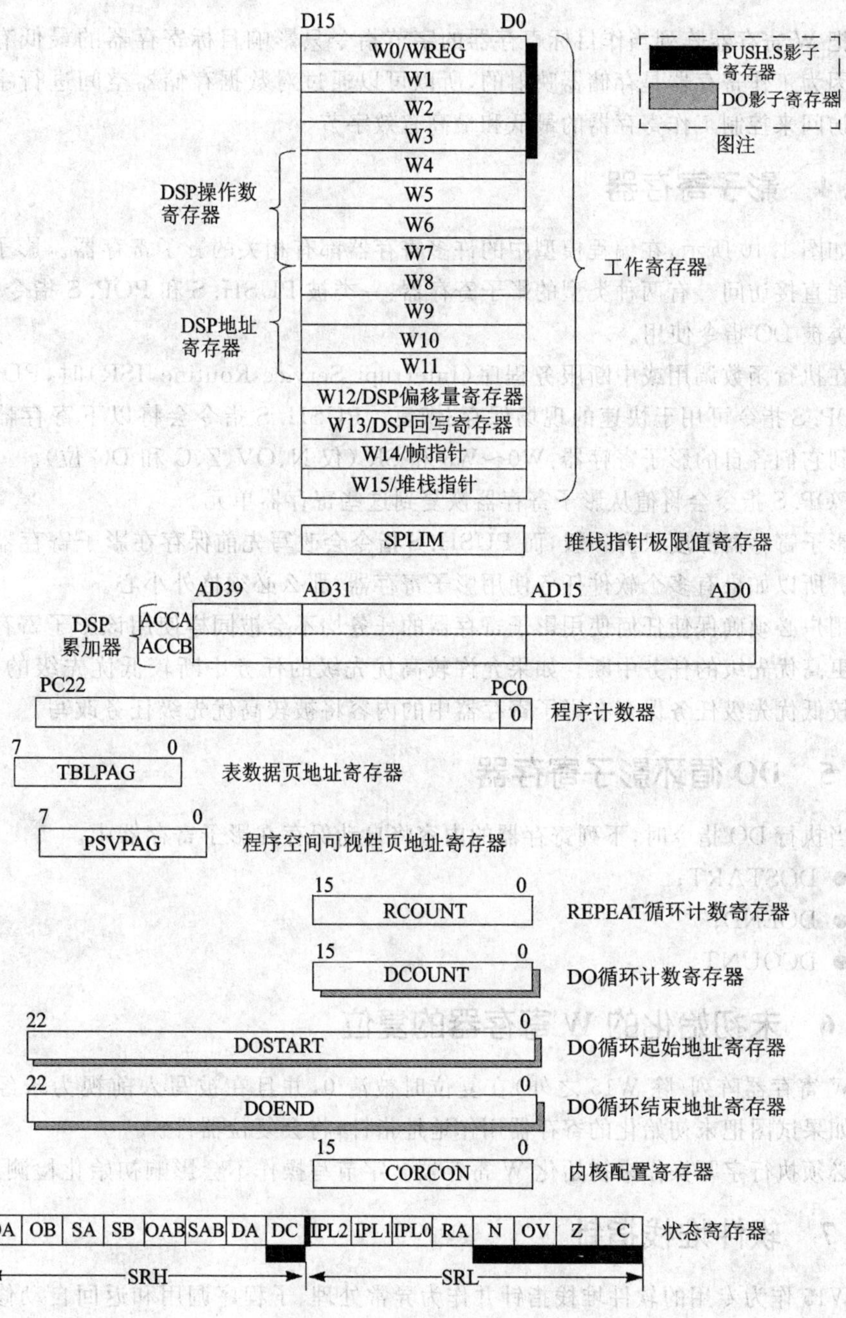

图 1.10　dsPIC 编程模型

1.7.3 W寄存器和字节模式指令

把W寄存器阵列当作目标寄存器的字节指令只影响目标寄存器的最低有效字节。因为工作寄存器是存储器映射的,所以可以通过对数据存储器空间进行字节宽度的访问来控制工作寄存器的最低和最高有效字节。

1.7.4 影子寄存器

如图1.10所示,在编程模型中的许多寄存器都有相关的影子寄存器。影子寄存器不能直接访问。有两种类型的影子寄存器:一类被PUSH.S和POP.S指令使用,另一类被DO指令使用。

在执行函数调用或中断服务程序(Interrupt Service Routine,ISR)时,PUSH.S和POP.S指令可用于快速的现场保存/恢复。PUSH.S指令会将以下寄存器的值传输到它们各自的影子寄存器:W0~W3和SR(仅N、OV、Z、C和DC位)。

POP.S指令会将值从影子寄存器恢复到这些寄存器单元。

影子寄存器深度只有一级,而PUSH.S指令会改写先前保存在影子寄存器中的内容。所以如果有多个软件任务使用影子寄存器,那么必须格外小心。

用户必须确保使任何使用影子寄存器的任务均不会被同样使用该影子寄存器且具有更高优先级的任务中断。如果允许较高优先级的任务中断较低优先级的任务,那么较低优先级任务保存在影子寄存器中的内容将被较高优先级任务改写。

1.7.5 DO循环影子寄存器

当执行DO指令时,下列寄存器的内容将自动保存在影子寄存器中。

- DOSTART;
- DOEND;
- DCOUNT。

1.7.6 未初始化的W寄存器的复位

W寄存器阵列(除W15之外)在复位时被清0,并且在被写入前视为未经初始化。如果试图把未初始化的寄存器用作地址指针,将会复位器件。

必须执行字写操作来初始化W寄存器。字节写操作不会影响初始化检测逻辑。

1.7.7 软件堆栈指针

W15作为专用的软件堆栈指针并作为异常处理、子程序调用和返回自动修改之用。但是,W15可以被任何指令以与所有其他W寄存器相同的方式引用。这样就简化了对堆栈指针的读、写和控制(例如创建堆栈帧)。

由于采用C30编写程序,堆栈的处理完全由编译软件自动处理,因此这里不作详细介绍。

1.8 中断系统

dsPIC33F 中断控制器将所有的外设中断请求缩减到一个到 dsPIC33F CPU 的中断请求。该控制器具有以下特性：

- 多达 8 个处理器异常和软件陷阱；
- 7 个用户可设定选择的优先级；
- 具有多达 118 个向量的中断向量表 IVT(Interrupt Vector Table)；
- 每个中断或异常源都有唯一的向量；
- 指定的用户优先级中的固定优先级；
- 用于支持调试的备用中断向量表 AIVT(Alternate Interrupt Vector Table)；
- 固定的中断进入和返回延时。

在 DSC 中的中断程序调用，以中断向量表的形式出现，并有相应的备用中断向量表，便于在调试中使用。

中断的详细介绍见第 4 章。

1.9 开发工具的支持

以下软件及硬件开发工具对 dsPIC 数字信号控制器提供支持：

- MPLAB IDE 软件，由 Microchip 公司免费提供，在此平台上可进行 SIM 仿真，但不支持许多通信模块的仿真；
- 专为 PIC24 单片机和 dsPIC DSC 设计的 MPLAB C 编译器，也称为 MPLAB C30，简称 C30。这是收费软件，但 Microchip 公司提供免费的精简版(Lite)。
- 在调试期间，可以用 Pickit3、ICD3 作为调试器和烧写器使用。
- 还有英国 Labcenter Electronics 公司的 PROTEUS 软件支持部分 dsPIC33 芯片的仿真。

第 2 章

C30 及开发环境介绍

MPLAB C 编译器简称为 C30,它适合于 PIC24 MCU 和 dsPIC DSC 系列芯片,支持所有 16 位器件。其他可用于 Microchip 公司 16 位机的第三方 C 编译器,这里不介绍。

本书是假设读者已经掌握了标准 C 语言,因此不介绍标准 C 语言,如有需要读者可以参考其他 C 语言书籍。

这里介绍的 C30 版本为 3.30,MPLAB IDE 版本为 8.92,都是目前(2014.3)最新的版本。PROTEUS 版本为 7.10。

2.1 C30 与标准 C(ANSI C)的差别

以下从几个方面介绍 C30 与标准 C 的差别。

2.1.1 关键字差别

1. 指定变量的属性

编译器的关键字"__attribute__"用来指定变量或结构位域的特殊属性。注意,"__"是双下划线,关键字后的双括弧中的内容是属性说明。本书介绍比较常用的属性,读者可以参考文献[2]来查询其他未介绍的属性。

使用双下划线"__"来指定属性(例如,用__aligned__代替 aligned),这样在头文件中使用它们时不必考虑会出现与宏同名的情况。

一个项目中对同一变量的属性的使用要一致,否则将可能产生错误。

要指定多个属性,可在双括弧内用逗号将属性分隔开,例如:

```
__attribute__((aligned(16),packed))
```

其中的括号都是不能省略的!

以下分别对常用的相关属性作详细的说明,不常用的不作介绍。

(1) address(*addr*)

address 属性为变量指定绝对地址。这一属性可与 section 属性同时使用,从特定地址开始定义一组变量:

```
int foo __attribute__((section("mysection")));
int bar __attribute__((section("mysection")));
int baz__attribute__((section("mysection")));
```

带 address 属性的变量不能存放到 auto_psv 空间，这样做会产生警告，如果要将变量存放到 PSV 段，地址应为程序存储器地址。

图 2.1(a)为以下程序声明的结果，这是使用芯片 dsPIC33FJ32GP204 的编译情况。

```
1    int X __attribute__((space(xmemory)));
2    int Y __attribute__((space(ymemory)));
3    int Z __attribute__ ((address(0x800)));
4    int A1 __attribute__((section("mysection"),address(0xA00)));
5    int A2 __attribute__((section("mysection")));
6    int A3 __attribute__((section("mysection")));
```

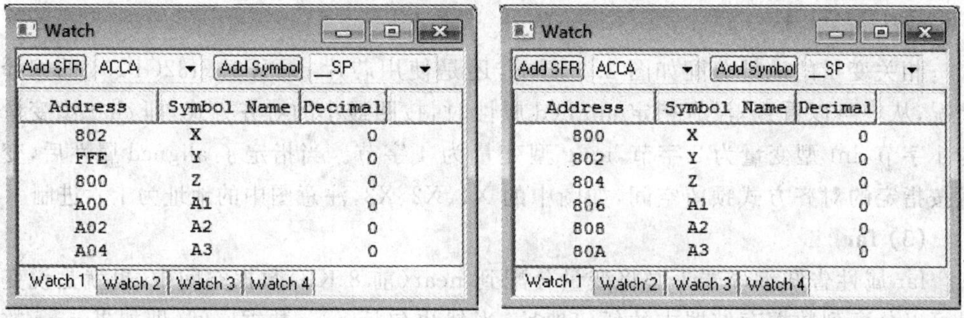

Watch

Add SFR　ACCA　Add Symbol　__SP

Address	Symbol Name	Decimal
802	X	0
FFE	Y	0
800	Z	0
A00	A1	0
A02	A2	0
A04	A3	0

Watch 1　Watch 2　Watch 3　Watch 4

(a)

Watch

Add SFR　ACCA　Add Symbol　__SP

Address	Symbol Name	Decimal
800	X	0
802	Y	0
804	Z	0
806	A1	0
808	A2	0
80A	A3	0

Watch 1　Watch 2　Watch 3　Watch 4

(b)

图 2.1　不同指定属性的变量地址分配示意

为方便说明，上面的程序加上了行号。

第 1 行和第 2 行程序用“space(xmemory)”和“space(ymemory)”指定了整型变量 X 和 Y 分别存于 X 空间和 Y 空间。

第 3 行直接指定了变量存于 0x800。

第 4 行定义变量 A1 存于 0xA00，并将此段命名为“mysection”，后面的变量 A2、A3 就存于此段中。

需要说明的是，如果把第 3 行的地址错写为 0x801(或其他奇数地址)，则编译器会给出警告，并忽略此定义。

注意，不能把 1～3 行简化为：

```
int X,Y,Z  __attribute__((space(xmemory)));
```

这样的结果实际相当于如下的定义：

```
int X,Y;
int Z  __attribute__((space(xmemory)));
```

而图 2.1(b)为以下程序声明的结果。

```
int X,Y,Z,A1,A2,A3;
```

实际上在大部分情况下，我们不需要专门指定变量的存储位置，C30 会根据情况自动设置的。

(2) aligned(*alignment*)

该属性为变量指定最小的对齐方式，用字节表示。对齐方式必须是 2 的次幂。例如下面的声明：

```
char X1 __attribute__ ((aligned (16)));
int X2 __attribute__ ((aligned (16)));
long X3 __attribute__ ((aligned (16)));
char A1,A2,A3;
int B1,B2,B3;
long C1,C2,C3;
```

相关变量的地址分配如图 2.2 所示，还是使用芯片 dsPIC33FJ32GP204 的编译情况，从中可以看到，没有指定 aligned 属性时，按照最小的对齐方式，即 char 型变量为 1 字节，int 型变量为 2 字节，long 型变量为 4 字节。当指定了 aligned 属性后，变量按指定的对齐方式预留空间，如图中的 X1、X2、X3，注意图中的地址为十六进制。

(3) far

far 属性告知编译器不必将变量分配到 near(前 8 KB)数据空间中，也就是说变量可以分配到数据存储器中的任何地址，当然也包括 near 数据空间，即如果 near 数据空间有剩余，它也会被分配到 near 数据空间去，因为对 near 数据空间的数据访问速度较快。

(4) mode(*mode*)

在变量声明中使用该属性来指定与模式 mode 对应的数据类型。实际上就是允许根据变量的宽度指定整数或浮点数类型。mode 的有效值见表 2.1。

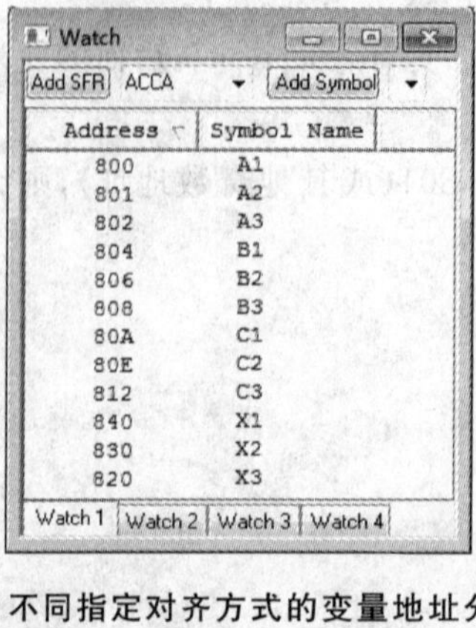

Watch

Add SFR　ACCA　Add Symbol

Address	Symbol Name
800	A1
801	A2
802	A3
804	B1
806	B2
808	B3
80A	C1
80E	C2
812	C3
840	X1
830	X2
820	X3

Watch 1　Watch 2　Watch 3　Watch 4

图 2.2　不同指定对齐方式的变量地址分配示意

表 2.1　mode 设置类型

模　式	宽度/位	编译器数据类型
QI	8	char
HI	16	int
SI	32	long
DI	64	long long
SF	32	float
DF	64	long double

这一属性对一些特殊应用场合比较有用。例如，当需要超长的数据计算时，64 位的整数计算就可以如下定义：

```
typedef int   __attribute__((__mode__(DI))) int64;
int64 A[5];

int main(void)
{   A[0] = 0x1BCDEF0123456789;
    A[1] = A[0] + 1;
    A[2] = A[1] + 1;
    A[3] = A[2] + 1;
    A[4] = A[3] + 1;
    while(1);
}
```

运行的结果如图 2.3 所示，按照变量的地址间隔可以看出，所定义的变量类型 int64 确实是 64 位的整数，即 8 字节的整数。

Address	Symbol Name	Hex
800	⊟ A	
800	[0]	0x1BCDEF0123456789
808	[1]	0x1BCDEF012345678A
810	[2]	0x1BCDEF012345678B
818	[3]	0x1BCDEF012345678C
820	[4]	0x1BCDEF012345678D

图 2.3　自定义 64 位整数运行结果

(5) near

near 属性告知编译器将变量分配到 near 数据空间，即数据存储器的前 8 KB 位置。因为访问 near 数据空间的变量效率较高。如下的程序把变量 X1 分配到数据存储器的前 8 KB 位置：

```
int X1__attribute__((near));
```

需要说明的是，如果不用这个属性，C30 也是把它分配到 near 数据空间，除非数据存储器 near 数据空间不够用。

(6) packed

packed 属性指定变量或结构位域采用最小的可能对齐方式，即变量占一个字节，位域占一位，除非用 aligned 属性指定了一个更大的值。

下面的结构中位域 x 被压缩，所以它紧接在 a 之后。图 2.4(a)为加上“packed”属性的编译结果，(b)为没加上“packed”属性的编译结果，可以看到二者的区别。

```
struct foo
{    char a;
     int x[2] __attribute__ ((packed));
};
```

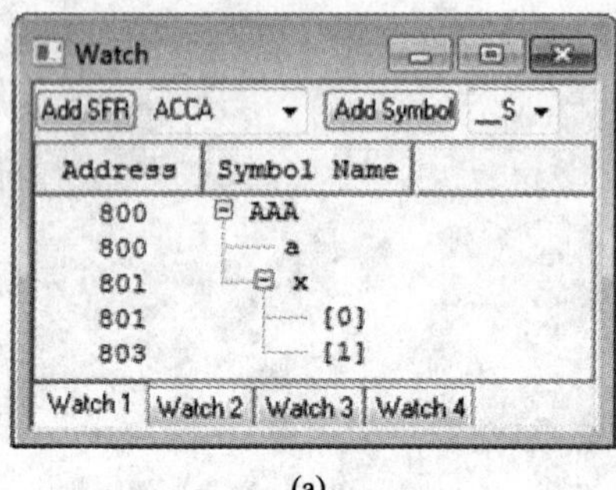

(a)

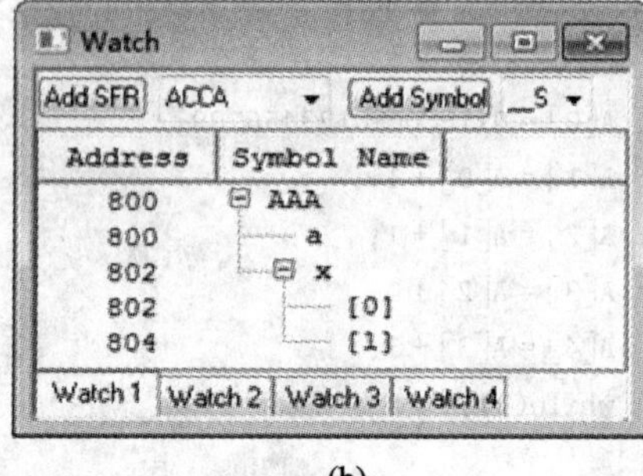

(b)

图 2.4 packed对编译结果的影响

(7) persistent

persistent属性告诉编译器，在程序运行开始时不要对这些变量初始化或清0。具有persistent属性的变量可用于DSC复位后仍保持原来的数据。

注意以下的结果，只有变量Z具有"persistent"属性，变量X、Y没有这个属性！

```
int X,Y,Z  __attribute__((persistent));
```

(8) space (*space*)

用space属性来通知编译器将变量分配到特定存储空间。space属性接受如下参数：data、xmemory、ymemory、prog、auto_psv、dma、psv、eedata、pmp、external。下面选其中几个参数进行介绍。

① data 将变量分配到一般数据空间，可使用一般的C语句访问一般数据空间中的变量。这是默认的分配。

② xmemory 将变量分配到X数据空间，可使用一般的C语句访问X数据空间中的变量。

③ ymemory 将变量分配到Y数据空间，可使用一般的C语句访问Y数据空间中的变量。具体例子见前address(addr)属性说明。

④ auto_psv 将变量分配到程序空间中为自动程序空间可视性窗口访问指定的编译器管理段。auto_psv空间中的变量可使用一般的C语句来读(但不能写)，且变量的分配空间最大为32K。当指定space(auto_psv)时，不能使用section属性指定段名；任何段名将被忽略并产生警告。auto_psv空间中的变量不能存放到特定地址。

⑤ dma 只有那些有DMA模块的芯片才能使用这个属性。它将变量分配到DMA存储区。可以通过一般的C语句和DMA外设访问DMA存储区中的变量。

⑥ psv　将变量分配到程序空间中为程序空间可视性窗口访问指定的段。链接器将定位段,因此可以通过 PSVPAG 寄存器的设置来访问整个变量。PSV 空间中的变量不是由编译器管理的,不能使用一般的 C 语句访问。这些变量必须由编程人员显式访问,通常使用表访问行内汇编指令,或使用程序空间可视性窗口访问。

space 属性参数有如下的定义:

```
#include "P33FJ64GP706A.H"
int X1 __attribute__((space(data)));              //X1 在一般的数据存储器区
int X2 __attribute__((space(xmemory)));           //X2 在 X 数据区
int X3 __attribute__((space(ymemory),far));       //X3 在 Y 数据区
int X4 __attribute__((space(auto_psv)));          //X4 在程序存储区
int X5 __attribute__((space(psv)));               //X5 在程序存储区,但不能通过 C 语句访问
int X6 __attribute__((space(dma)));               //X6 在 DMA 存储区
```

这里选用的 DSC 芯片是具有 DMA 的 dsPIC33FJ64GP706A,其 RAM 为 16 KB,数据存储器如图 1.6 所示,其 X 数据区的范围为 0x800～0x27FF,Y 数据区的范围为 0x2800～0x47FF,DMA 数据区范围为 0x4000～0x47FF。

运行结果如图 2.5 所示,其中窗口变量地址左边的绿色字母"P"表示它是处于程序存储器中。

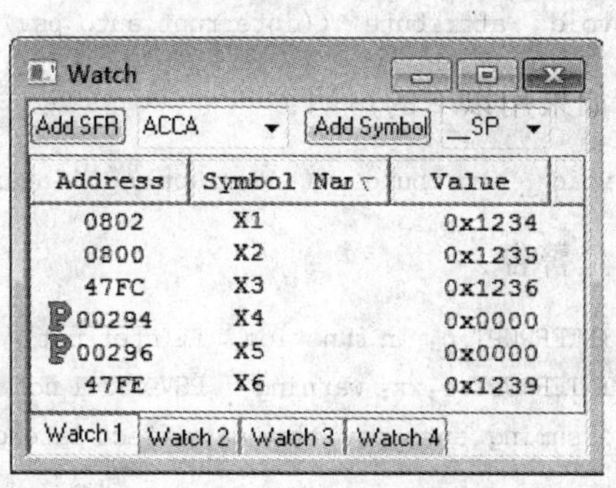

图 2.5　space 属性的定义结果

2. 指定函数的属性

在编译器中,对程序中调用的函数进行某些声明,能帮助编译器优化函数调用,并能更准确地检查代码。

关键字_attribute_允许在声明时指定特殊的属性。关键字后面紧跟双括弧中的属性说明。

我们也可以通过在关键字前后使用"__"(双下划线)来指定属性(例如,用"__shadow __"代替"shadow")。这样使得在头文件中使用它们时不必考虑会出现与宏同名的情况。

如果希望在声明中指定多个属性,可以在双括弧内使用逗号将属性分隔开,或者在一个属性声明后紧跟另一个属性声明。

以下分别对常用的相关属性作详细的说明,不常用的不作介绍。

(1) address (*addr*)

address 属性为函数指定绝对地址。这个属性不能与 section 属性同时使用,address 属性优先。通常在定义函数时不需要指定地址。

把函数 FUN 定义在程序存储器的地址 0x1000,如下:

```
void FUN() __attribute__((address(0x1000)))
{
  ...
}
```

也可在函数声明中定义地址：

```
void FUN() __attribute__ ((address(0x1000)));
```

(2) auto_psv 和 no_auto_psv

auto_psv 属性与 interrupt 属性一起使用时(即为中断服务程序!),将使编译器在函数开头处生成额外的代码,可以访问 space(auto_psv)变量(或 constants－in－code 存储模型中的常量)。如果没有为中断服务程序指定 auto_psv 选项,也没有指定 no_auto_psv 选项,编译器将发出警告并自动选择这个选项(auto_psv 选项)。如：

```
void __attribute__((interrupt,auto_psv)) _T1Interrupt(void);
```

如果用以下的声明：

```
void __attribute__((interrupt)) _T1Interrupt(void);
```

将产生警告：


```
INTERRUPT.c: In function '_T1Interrupt':
INTERRUPT.c:xx: warning:  PSV model not specified for '_T1Interrupt';
assuming 'auto_psv' this may affect latency
```

(3) interrupt[([save(*list*)][,irq(*irqid*)][,altirq(*altirqid*)][,preprologue(*asm*)])]

使用这个选项来指明指定的函数是中断服务程序。可选的参数：

```
__attribute__((interrupt [(
                        [ save(symbol - list)]
                        [, irq(irqid)]
                        [, altirq(altirqid)]
                        [, preprologue(asm)]
                    )]
            ))
```

当使用 interrupt 属性时,需指定 auto_psv 或 no_auto_psv。如果这两个选项都未指定,编译器将发出警告且编译器将按照使用 auto_psv 选项编译。

- 可选的 save 选项把要保护的变量列出,注意,要保护的变量需在此函数声明之前定义；
- 可选的 irq 参数允许将一个中断向量对应于一个特定的中断；
- 可选的 altirq 参数允许将一个中断向量对应于一个指定的备用中断；
- 可选的 preprologue 参数允许在生成的代码中,编译器生成的函数开始前插入汇编语句。

以下用两个程序来说明相关属性的区别。

【例 2.1】　中断程序示例 1

```
#include "P33FJ32GP204.H"
int X1,X2;
void __attribute__((interrupt,auto_psv)) _T1Interrupt(void);

int main(void)
{     _IPL = 4;          //CPU 中断优先级为 4
      _T1IE = 1;         //允许 TMR0 中断
      _T1IP = 5;         //TMR1 中断优先级为 5
      TMR1 = 0;
      PR1 = 0x0F00;      //TMR1 溢出值
      T1CON = 0x8000;    //TMR1 相关设置:分频比为 1:1,内部延时,开始工作
      X1 = 7;
      X2 = 8;
      while(1);
}

void _T1Interrupt(void)
{     _T1IF = 0;
      X1 = 2;
      X2 = 3;
}
```

例 2.1 的运行过程是这样的：在主程序中，变量 X1、X2 的值分别为 7、8。当 TMR1 溢出时产生中断，中断服务程序把 X1、X2 分别赋值为 2、3。此时，TMR1 中断的程序入口是默认的 T1 中断入口，其 irq＝3，地址为 0x1A。

【例 2.2】　中断程序示例 2

本例只有中断函数声明与例 2.1 不同，其余完全一样，故只给出此行：

```
void __attribute__((interrupt(save(X1,X2),irq(51)),auto_psv)) _T1Interrupt(void);
```

例 2.2 的运行过程是这样的：在主程序中，变量 X1、X2 的值分别为 7、8。当 TMR1 溢出时产生中断，CPU 把 X1、X2 保护起来，在中断程序中对 X1、X2 分别赋值为 2、3。当中断服务程序结束返回主程序前一时刻，CPU 把原来保护的值重新赋给 X1 和 X2，即此时 X1、X2 的值又恢复为 7、8。当再次中断时，重复以上过程。

这里，TMR1 中断的程序入口已经不是 T1 中断入口，此时其 irq＝51，故中断入口地址为 0x7A，见图 1.2。

(4) near

near 属性告知编译器可以使用 call 指令的更有效形式调用函数。

(5) shadow

shadow 属性让编译器使用影子寄存器而不是软件堆栈来保存寄存器，即使用汇编指令 push. s 和 pop. s 进行快速的现场保护和恢复。该属性通常与 interrupt 属性同时使用。

影子寄存器将保存状态寄存器 SR 的 DC、N、OV、Z 和 C 位，W0～W3 寄存器。注意，影子寄存器的深度只有一级，且不能对其直接访问。

例如：

```
void __attribute__((interrupt,shadow,auto_psv)) _T1Interrupt(void);
```

3. 内联函数

通过声明一个函数为内联函数 inline，告诉编译器将这个函数的代码集成到调用函数的代码中，这样可避免函数调用的开销，使代码执行速度更快。

另外，若任何实际的参数值为常数，它们的已知值可允许在编译时进行简化，这样不用包含所有的内联函数代码。这对生成的机器代码量的影响是难以估计的，即使用内联函数，机器代码量可能更大也有可能更小。

4. 复　数

编译器支持复数数据类型。我们可以用关键字__complex__ 来声明整型复数和浮点型复数。

例如：

```
__complex__ float x;          //定义 x 为实部和虚部都是浮点型的变量
__complex__ char y;           //定义 y 的实部和虚部都是 char 型的变量
```

要写一个复数数据类型的常量，使用后缀“i”或“j”(两种写法是等同的)。例如，2.5＋i 是__complex__ float 型的，3i 是__complex__ int 型的。这种常量只有虚部值，但是我们可以通过将其与实常数相加来形成任何复数值。

要提取复数 exp 的实部，写作__real__ exp。类似地，用__imag__ 来提取虚部。例如：当对复数型值使用算子“～”时，执行复数的共轭。

以下以一个例子说明复数的应用，程序中已经加上详细的注解，故不再解释。

【例 2.3】　复数的使用

```
#include "P33FJ32GP204.H"
__complex__ int X,Y,Z;      //定义实部和虚部都是整型的复数变量 X、Y、Z
int A,B;                    //定义整型变量 A、B
int main(void)
{    X = 5 + 6i;            //同时对复数 X 的实部与虚部赋值
     __real__ Y = 8;        //对复数 Y 的实部赋值
     __imag__ Y = 9;        //对复数 Y 的虚部赋值
     Z = X + Y;             //复数加运算
```

```
    A = __real__ Z;           //得到复数 Z 的实部,13
    B = __imag__ Z;           //得到复数 Z 的虚部,15
    Z = X * Y;                //复数乘运算
    A = __real__ Z;           //得到复数 Z 的实部,-14
    B = __imag__ Z;           //得到复数 Z 的虚部,93
    Z = ~X;                   //Z 为复数 X 的共轭复数
    A = __real__ Z;           //得到复数 Z 的实部,5
    B = __imag__ Z;           //得到复数 Z 的虚部,-6
    while(1);
}
```

要说明的是,在 MPLAB IDE 中的观察窗口还不能正确察看复数变量,故例子中把复数的实部和虚部复制到普通变量 A、B 中察看。

5. 双字整型

编译器支持长度为 long int 两倍的整型数据类型,即 8 字节的整数类型。对于有符号整型,写作 long long int,而对于无符号整型,使用 unsigned long long int。可以通过在整型上添加后缀 LL 得到 long long int 类型的整型常量,在整数上添加后缀 ULL 得到 unsigned long long int 类型的整型常量。

可以在算术运算中像使用其他整型一样使用这些类型。这些数据类型的加、减和位逻辑布尔运算是开放源代码的,但是,这些数据类型的除法与移位不是开放源代码的。

这些不开放源代码的运算要使用编译器自带的特殊库函数,否则可能出错,所以在使用这些双字整型时要加以注意。

以下为定义双字型整数,也可以用指定这是属性(mode)方式自定义变量的字节数。

```
int A[4];               //长度为 2 字节
long int B[4];          //长度为 4 字节,即比原来的 int 增大 1 倍
long long int C[4];     //长度为 8 字节,即比原来的 long int 增大 1 倍
long D[4];              //长度为 4 字节
long long E[4];         //长度为 8 字节,即比原来的 long 长度增大 1 倍
```

2.1.2 语句差别

1. 将标号作为值

可以用符号“&&”获得在当前函数(或包含函数)中定义的标号的地址。注意,这里说的是标号!该值的类型为 void *。

下面程序的执行过程是先执行标号为 AA 的程序,再执行标号为 BB 的程序,最后执行标号为 CC 的程序。

```
#include "P33FJ32GP204.H"
void * p;
int main(void)
{   p = &&AA;
    goto * p;
    Nop();
  BB: Nop();
    p = &&CC;
    goto * p;
    Nop();
  AA: Nop();
    p = &&BB;
    goto * p;
  CC: while(1);
}
```

再如，有如下程序，当程序执行到 goto ＊p[i]时，由于此时的 i=1，即＊p[1]为标号 AA1 的地址，因此程序就跳转到标号为 AA1 的行。


```
#include "P33FJ32GP204.H"
int main(void)
{   unsigned char i;
    void * p[3] = {&&AA0,&&AA1,&&AA2};     //此语句必须与相应的标号在同一函数内
    i = 1;
    goto * p[i];
    Nop();
  AA0: Nop();
    Nop();
  AA1: Nop();
    Nop();
  AA2: Nop();
    while(1);
}
```

要注意的是，为标号赋值的语句须与标号在同一函数内。

2. 省略操作数的条件表达式

对于标准 C，条件表达式的格式为：

表达式 1? 表达式 2:表达式 3

其计算规则是：如果表达式 1 的值为真，则以表达式 2 的值作为条件表达式的值；否则以表达式 3 的值作为整个条件表达式的值。

在 C30 中，如果希望表达式 1 的值非零，它的值就是表达式 1 的值，此时可以写为：

表达式 1?:表达式 2

这个相当于标准 C 的:

表达式 1? 表达式 1:表达式 2

其计算规则是:如果表达式 1 的值非零,表达式的值就是表达式 1 的值;否则,就是表达式 2 的值。

例如:

```
int x,y,z;
x = 3;
y = 9;
z = (x<5)?:y;
```

这里 x=3,因此(x<5)为真,即 1,因此 z=1。如果 x 的值大于 5,则计算结果为 z=9。

3. case 范围

在标准 C 中,在 switch 语句中,如果有一系列的常数要出现在 case 中,必须把这些常数一一列出,例如:

```
...
case 1,2,3,4,5:
...
```

如果这些常数较多,就很不方便。

C30 可以在单个 case 标号中指定一个连续值的范围,格式如下:

```
case low ... high:
```

这与各个 case 标号的适当数字有相同的作用,每个数字对应从 low 到 high 中的每个整数值。

例如,判断所有的大写字母,可以这样写:

```
case 'A' ... 'Z':
```

注意:在"..."两边各有一个空格,否则它和整数一起使用时在编译时会出错。

如下程序,程序运行结果是 y=3。

```
#include "P33FJ32GP204.H"
int main(void)
{   int x,y;
    x = 'G';
    switch (x)
    {   case 1 ... 4:          //当 x 值为 1~4 的整数时
            y = 1;
            break;
```

```
        case 5 ... 10:        //当x值为5～10的整数时
            y = 2;
            break;
        case 'A' ... 'Z':     //当x值为A～Z的字母时
            y = 3;
        break;
    }
    while(1);
}
```

2.1.3 表达式差别

在C30中增加了二进制数。其格式是将前面有0b或0B(数字"0"后跟字母"b"或"B")的一串二进制数字视为二进制整型。例如,十进制数字255可用二进制表示为0b11111111。

像其他整型常量一样,二进制常量可以以字母"u"或"U"为后缀来指定为无符号型。二进制常量也可以以字母"l"(小写"l")或"L"为后缀,指定为长整型。类似地,后缀"ll"(2个小写"l")或"LL"表示双字整型的二进制常量。

2.1.4 C30的头文件与引用

C30写好了每个DSC型号的相关寄存器的定义头文件,当我们需要使用时可以直接引用。这些均在相应的头文件里有详细的定义。

在默认的安装路径下,dsPIC33F的C30(版本为3.3)的头文件在"C:\Program Files\Microchip\mplabc30\v3.30\support\dsPIC33F\h",相应的文件扩展名为"h",如dsPIC33F32GP204的头文件名为"p33FJ32GP204.h"。

打开头文件后就能看到相关的定义,这就是我们用几种方法引用它们原因。

例如,在头文件"p33FJ32GP204.h"中关于特殊功能寄存器AD1CON1的定义可以如下:

```
extern volatile unsigned int AD1CON1 __attribute__((__sfr__));
__extension__ typedef struct tagAD1CON1BITS {
    union {
        struct {
            unsigned DONE:1;
            unsigned SAMP:1;
            unsigned ASAM:1;
            unsigned SIMSAM:1;
            unsigned :1;
            unsigned SSRC:3;
            unsigned FORM:2;
```

```
            unsigned AD12B:1;
            unsigned :2;
            unsigned ADSIDL:1;
            unsigned :1;
            unsigned ADON:1;
        };
        struct {
            unsigned :5;
            unsigned SSRC0:1;
            unsigned SSRC1:1;
            unsigned SSRC2:1;
            unsigned FORM0:1;
            unsigned FORM1:1;
        };
    };
} AD1CON1BITS;

extern volatile AD1CON1BITS AD1CON1bits __attribute__((__sfr__));

#define _DONE AD1CON1bits.DONE
#define _SAMP AD1CON1bits.SAMP
#define _ASAM AD1CON1bits.ASAM
#define _SIMSAM AD1CON1bits.SIMSAM
#define _SSRC AD1CON1bits.SSRC
#define _FORM AD1CON1bits.FORM
#define _AD12B AD1CON1bits.AD12B
#define _ADSIDL AD1CON1bits.ADSIDL
#define _ADON AD1CON1bits.ADON
#define _SSRC0 AD1CON1bits.SSRC0
#define _SSRC1 AD1CON1bits.SSRC1
#define _SSRC2 AD1CON1bits.SSRC2
#define _FORM0 AD1CON1bits.FORM0
#define _FORM1 AD1CON1bits.FORM1
```

因此我们可以如下使用：

```
AD1CON1 = 0x0444;
```

也可以分别对相关的位进行设置：

```
AD1CON1bits.AD12B = 1;
AD1CON1bits.SSRC = 0b010;
AD1CON1bits.ASAM = 1;
```

也可以更简练地写为：

```
_AD12B = 1;
_SSRC = 0b010;
_ASAM = 1;
```

要注意的是，并非所有的位操作都能用如上这种方式写，因为有的寄存器位名是有“特权”的。例如，在定时器中，TMR1 具有特权，原因是在相应的头文件中，“_TON”只为 TMR1 定义。如果要对除 TMR1 以外的定时器置位，如对 TMR3 的 TON 置 1，只能这样写：

```
T3CONbits.TON = 1;
```

同样，对某些有 2 个 A/D 模块的芯片，如 dsPIC33FJ64GP706A，“_ADON”的用法只属于 AD1 模块。如果要对 AD2 模块操作，须指明 AD2 模块。

在头文件中还定义了一些常用的宏定义，如下：

```
#define Nop()      __builtin_nop()
#define ClrWdt()  {__asm__ volatile ("clrwdt");}
#define Sleep()   {__asm__ volatile ("pwrsav #0");}
#define Idle()    {__asm__ volatile ("pwrsav #1");}
```


因此我们可以直接在程序中使用 Nop()、ClrWdt()等语句。

2.2　行内汇编

在 C 函数中，可使用“asm”语句将一行汇编代码插入到 C30 中，即所谓行内汇编，它有两种形式：简单的和扩展的。

在简单形式中，使用下面的语法写汇编指令：

```
asm ("instruction");
```

其中，instruction 是一个有效的汇编语言语法结构，这种形式的行内汇编只能传递一个字符串。

当需要传递多于一个的字符串到行内汇编时，要使用“__asm__”，而不是“asm”。

在使用“asm”的扩展汇编指令中，使用 C 表达式指定指令的操作数。扩展行内汇编的语法如下：

```
asm("template" [ : [ "constraint"(output - operand) [ , ... ] ]
                [ : [ "constraint"(input - operand) [ , ... ] ]
                    [ "clobber" [ , ... ] ]
                ]
]);
```

必须指定汇编指令 template，并为每个操作数指定操作数 constraint 字符串。template 指定指令助记符，以及操作数的占位符（可选）。constraint 字符串指定操作数约束，例如，指定一个操作数必须位于寄存器中（通常是这样的），或者操作数必须为立即数值。

2.3 C30 的数据类型

数据表示

多字节数据以小尾数法(little endian)格式存储，即低字节存储在低地址中，低位存储在编号低的位地址中。

如，0x1234ABCD 在地址 0x100 中存储如下：

地 址	0x100	0x101	0x102	0x103
内 容	0x12	0x34	0xAB	0xCD

1. 整 型

C30 中支持的整型变量如表 2.2 所列。

表 2.2 C30 支持的整型数据类型

类 型	位	最小值	最大值
char，signed char	8	−128	127
unsigned char	8	0	255
short，signed short	16	−32768	32767
unsigned short	16	0	65535
int，signed int	16	−32768	32767
unsigned int	16	0	65535
long，signed long	32	-2^{31}	$2^{31}-1$
unsigned long	32	0	$2^{32}-1$
long long，signed long long	64	-2^{63}	$2^{63}-1$
unsigned long long	64	0	$2^{64}-1$

2. 浮点型

C30 中支持的浮点型变量如表 2.3 所列，表中给出的是最小值和最大值的绝对值。

表 2.3　C30 支持的浮点型数据类型

类　型	位	最小值	最大值
float	32	2^{-126}	2^{127}
double	32	2^{-126}	2^{127}
long double	64	2^{-1022}	2^{1023}

2.4　内建函数

为了方便编程人员通过行内汇编访问的汇编运算符或机器指令，C30 专门使用了内建函数。内建函数的源代码是用 C 语言编写，表面上看，类似于函数调用，但被编译成不涉及函数调用或库函数。有时，使用内建函数比编程人员使用行内汇编更为可取，这是因为：

① 提供专用的内建函数可以简化编码。

② 使用行内汇编时会禁止某些优化功能，而使用内建函数则不会。

③ 对于使用专用寄存器的机器指令来说，编写行内汇编代码时要特别注意避免寄存器分配错误。内建函数使这个过程更简单，无需考虑每个机器指令的特殊寄存器要求。

由于函数是“内建”的，因此内建函数没有与之相关的头文件。内建函数都有一个前缀__builtin_，其名称按照所属编译器的名字空间进行选择，因此它们不会与编程器名字空间中的函数或变量名冲突。

C30 支持的内建函数有：

- __builtin_addab
- __builtin_add
- __builtin_btg
- __builtin_clr
- __builtin_clr_prefetch
- __builtin_divf
- __builtin_divmodsd
- __builtin_divmodud
- __builtin_divsd
- __builtin_divud
- __builtin_dmaoffset
- __builtin_ed
- __builtin_edac
- __builtin_fbcl
- __builtin_lac
- __builtin_mac
- __builtin_modsd
- __builtin_modud
- __builtin_movsac
- __builtin_mpy
- __builtin_mpyn
- __builtin_msc
- __builtin_mulss
- __builtin_mulsu
- __builtin_mulus
- __builtin_muluu
- __builtin_nop
- __builtin_psvpage

- __builtin_psvoffset
- __builtin_readsfr
- __builtin_return_address
- __builtin_sac
- __builtin_sacr
- __builtin_sftac
- __builtin_subab
- __builtin_tblpage
- __builtin_tbloffset
- __builtin_tblrdh
- __builtin_tblrdl
- __builtin_tblwth
- __builtin_tblwtl
- __builtin_write_NVM
- __builtin_write_OSCCONL
- __builtin_write_OSCCONH
- __builtin_write_RTCWEN

其详细说明见附录 A。

2.5　C30 在 MPLAB IDE 中的使用

C30 必须在 MPLAB IDE 中使用，MPLAB IDE 可以从 Microchip 公司网站免费下载，它是 Microchip 各种单片机和 DSC 的统一开发平台。安装 MPLAB IDE 后再安装 C30。

2.5.1　项目的建立与编译

在 MPLAB IDE 平台中，各种文件是以项目（Project）的方式来管理的。以下说明新建一个项目的过程。

① 选芯片型号。菜单操作：Configure→Select Devices，弹出如图 2.6 所示的对

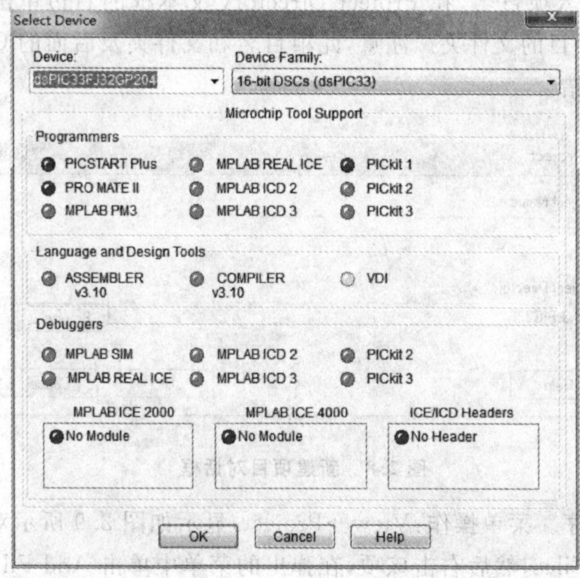

图 2.6　芯片型号选择对话框

话框。先单击对话框的上右边下拉框，选中 16 - bit DSCs(dsPIC33)，然后在对话框的上左边下拉框中选择相应的型号，如图选择 dsPIC33FJ32GP204，最后单击 OK 按钮。从这个窗口可以看到相应的开发工具的支持情况，红色的为不支持，绿色的为支持，黄色的为不完全支持。

② 选语言工具。菜单操作：Project→Select Language Toolsuite，显示如图 2.7 所示对话框，在 Active Toolsuite 下拉框中选择 Microchip C30 Toolsuite，其余按默认值就可以了。

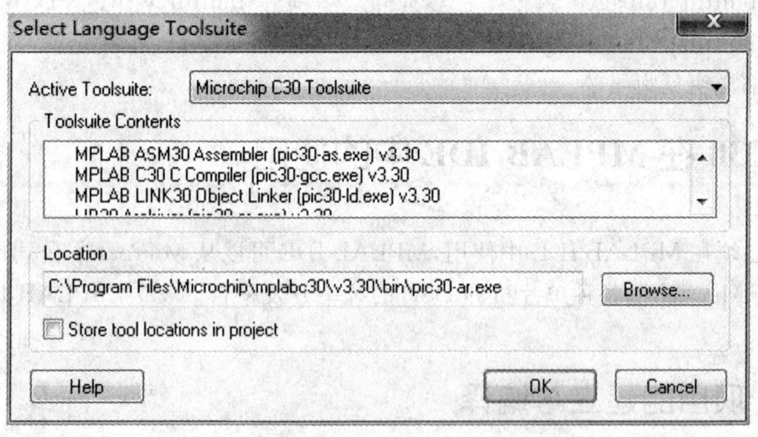

图 2.7　语言工具选择对话框

③ 新建项目。菜单操作：Project→New，弹出如图 2.8 所示对话框。在 Project Name 文本框中输入项目名，在 Project Directory 文本框的右边单击 Browse 按钮，找到相应要建立项目的文件夹。注意，此项目名和文件夹及后面的 C 程序都不能有中文名，否则会出错。

图 2.8　新建项目对话框

④ 选择 C 程序。菜单操作：View→Project，显示如图 2.9 所示对话框。单击项目窗口的 Source Files，然后右击该项，在弹出的菜单中单击 Add Files 按钮，再在弹出的对话框中找到相应的 C 程序。这里假设已经用其他文本编辑器编好了软件程

序。如果此时弹出的对话框的默认文件不是 C 程序，而是其他，说明语言工具没有选择 C30，要重新选择语言工具。

加入 C 程序的对话框如图 2.10 所示。

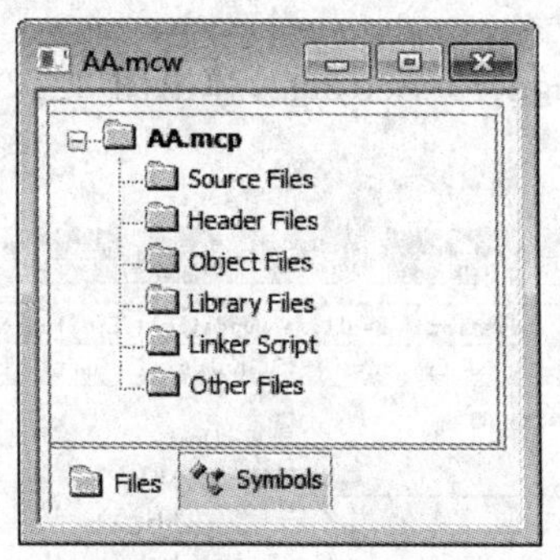

图 2.9 MPLAB IDE 项目对话框

图 2.10 一个已加入 C 程序的项目对话框

⑤ 编译。菜单操作：Project→Build All(或 Make)，也可以直接从工具栏中单击 、 图标之一。左边的图标相当于 Make，可编译单个 C 源程序；右边的图标相当于 Build All，即编译全部，有单个或多个 C 源程序都可点击此工具进行编译。如果编译正确，在 Output 窗口中有提示“BUILD SUCCEEDED”。如果有错误，则会提示红色字体“BUILD FAILED”，并提示错误程序所在的行号及错误原因，如下所示：

```
a1.c:10: error: 'PORTCBITS' has no member named 'RC12'
```

也可以双击该行错误信息，鼠标自动会跳转到相关的错误程序行。

有时程序可能有问题，编译系统只提示警告信息，此时有蓝色的文字提示，且最后也有“BUILD SUCCEEDED”，如：

```
a1.c:12: warning: large integer implicitly truncated to unsigned type
...
BUILD SUCCEEDED
```

强烈建议：必须仔细检查编译系统给出的警告信息，不能认为只是警告而不去理会，有时被警告的程序中可能存在错误！

2.5.2 C30 程序的仿真与调试

在 MPLAB IDE 平台上，有多种仿真调试工具可选。菜单操作：Debugger→Select Tool，将弹出如图 2.11 所示的对话框，从中可以看到可用的调试工具，可以根据具体情况选择。这里介绍 3 种调试工具：Proteus VSM、MPLAB SIM 和 PICkit3。

1. MPLAB SIM——纯软件仿真调试工具

可以用 MPLAB IDE 自带的 SIM 纯软件仿真。如果调试的程序段与硬件无关(如纯计算),用 SIM 仿真比用硬件调试器更为方便。在 SIM 仿真中可以设置多个断点,单片机的资源不被占用。

设置 SIM 仿真的相关参数。菜单操作:Debugger→Settings,弹出图 2.12 所示的对话框。

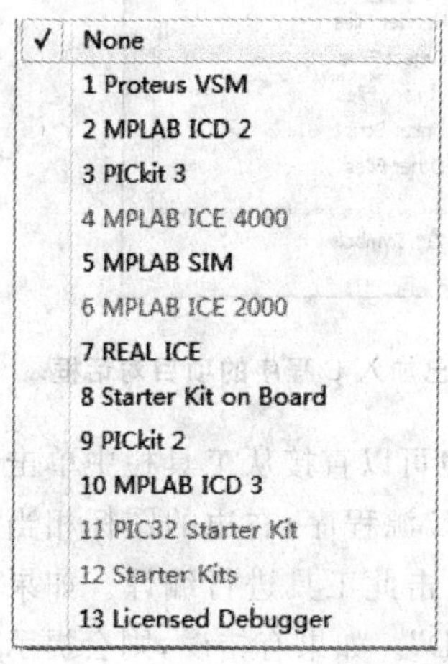

图 2.11　调试工具选择对话框

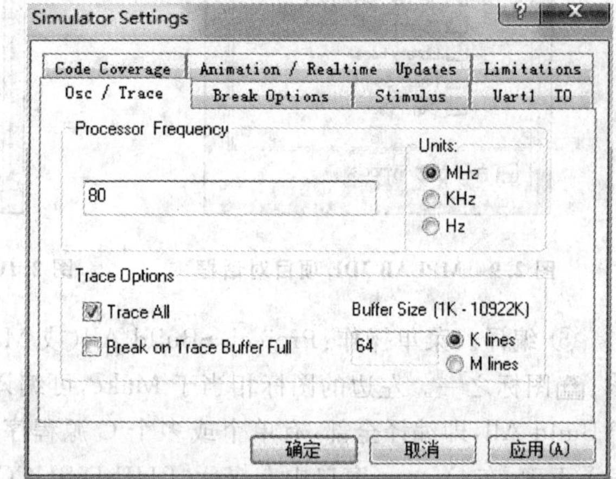

图 2.12　SIM 仿真设置对话框

在图 2.12 中,先要设定好系统的时钟频率(Processor Frequency),该频率是芯片的晶振或内部 RC 加上 PLL 倍频(如有的话)的最后总频率,而系统的工作频率为其一半。图 2.12 所示为 80 MHz 时钟频率,芯片的工作频率为 40 MHz,指令周期为 1/40 MHz=0.025 μs=25 ns。

如果要跟踪运行,则将 Trace All 打勾,并在 Buffer Size 中输入跟踪的缓冲区大小。只有选择 Trace All 后,才能在菜单 View 中选用 Simulator Trace 和 Simulator Logic Analyzer。Simulator Trace 窗口是模拟仿真的跟踪窗口,它记录了程序运行的状态,Simulator Logic Analyzer 是逻辑分析器窗口。

在图 2.12 的设置窗口中,还有自动连续单步仿真速度的设置、异步通信仿真使能等。请读者自行选择使用。

(1) SIM 虚拟示波器的使用

菜单操作:View→Simulator Logic Analyzer。这里的 Simulator Logic Analyzer 相当于示波器,它可以显示所要观察的单片机引脚的逻辑电平变化情况。如图 2.13 所示,单击 Channels 按钮可以增加或删除显示的通道数。可以单击图 2.13 标注的相关工具进行图形的放大与测量,注意,所测量的时间单位为指令周期数。如图 2.13 表示所测的二点的指令周期数为 11 454,假设系统的时钟频率为 80 MHz,

则指令周期为 25 ns，所以这段的时间为 11 454×25 ns＝286 350 ns＝286.35 μs。

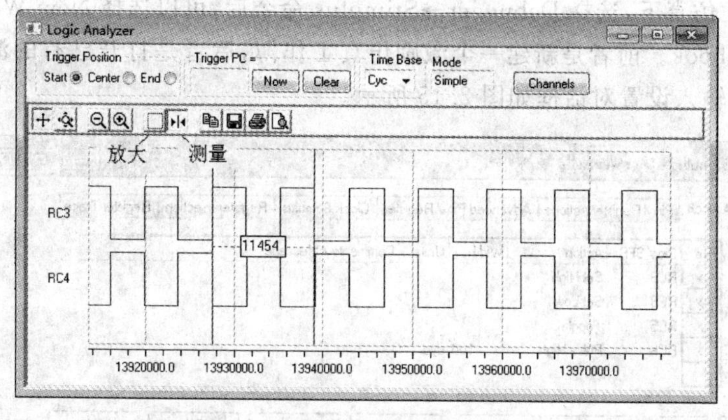

图 2.13　SIM 逻辑分析器窗口

(2) SIM 仿真中的跑表使用

可以在 SIM 中精确计算某段程序的运行时间，这是用硬件仿真很难做到的。菜单操作：Debugger→Stopwatch，弹出如图 2.14 所示对话框。单击 Zero 按钮，可将计时结果清 0。使用时要注意察显示的系统时钟频率是否与希望的时钟频率一致，如不一致要在 Settings 中改为一致。

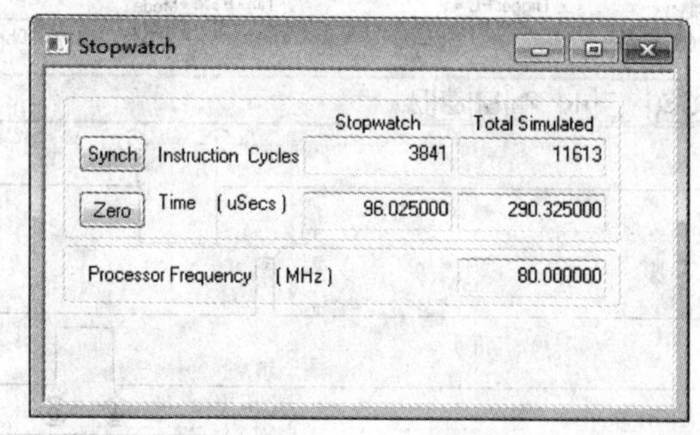

图 2.14　Stopwatch 对话框

如果要计算某一段子程序实际运行的时间，可以在这段程序的头、尾处设置断点。当运行到程序头时，单击图 2.14 的 Zero 按钮。当程序运行到程序尾中断时，图 2.14 显示的就是这段程序实际运行需要的时间。图 2.14 显示的是这段时间花费了 3 841 个指令周期，即 96.025 μs。而到此时，DSC 共执行了 11 613 条指令，即 290.325 μs。这里的时间指的是 DSC 实际运行的时间，而不是计算机运行的时间。

(3) SIM 仿真的 Stimulus 的设置与使用

这里重点介绍 Stimulus（激励）的使用。激励就是模拟外部线路输入信号给 DSC 的相关引脚或对某寄存器注入数据。如模拟外部按键、模拟其他芯片（或单片机）给被调试 DSC 发送信号，模拟一个外部输入的模拟电压给 DSC 进行 A/D 转换

(实际上是注入到 ADCBUFx 寄存器中)等。

在 SIM 仿真下,选择 Debugger→Stimulus 命令后,可以选择 New Workbook 或 Open Workbook。前者是新建一个激励仿真工作簿,后者是打开已有的激励仿真工作簿。激励输入设置对话框如图 2.15 所示。

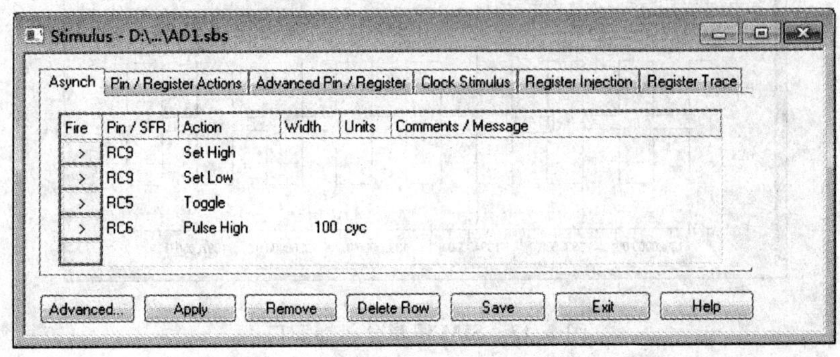

图 2.15 激励输入设置对话框

打开 Asynch 选项卡,可用鼠标模拟外部输入电平的高、低或脉冲输入。按照图 2.15 中的引脚动作设置,结果如图 2.16 的虚拟示波器所示。

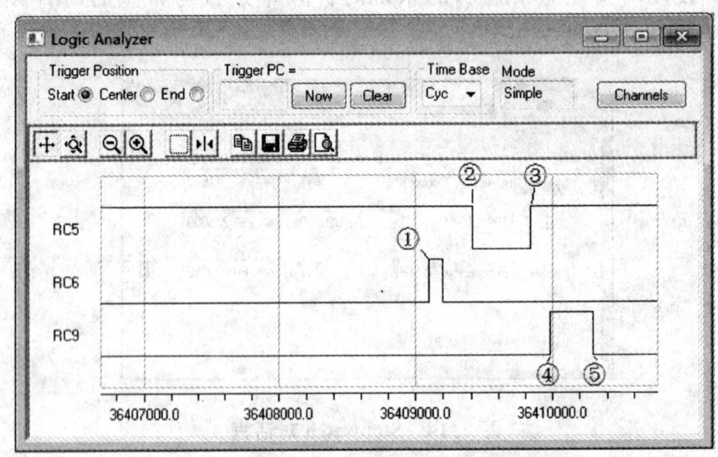

图 2.16 异步输入说明图

图 2.15 中,由于 RC6 的激励设置为脉冲,脉冲宽度设置为 100 个指令周期,因此当程序在运行时,点击图中 RC6 左边的 Fire,其运行结果如图 2.16 中的情况①:RC6 为高电平,延续时间为 100 个指令周期。当点击图 2.15 中 RC5 左边的 Fire 时,由于其设置为 Toggle(即翻转),因此结果为图 2.16 的情况②:RC5 从高电平变为低电平;再次点击 RC5 左边的 Fire 时,其电平从低电平变为高电平,如图 2.16 中的情况③。同样,分别点击 RC9 Set High 和 Set Low,情况如图 2.16 中的④和⑤。

在 SIM 仿真时,还可以仿真 A/D 转换和异步串行通信,此时需打开图 2.15 的

Register Injection 选项卡，即寄存器注入，如图 2.17 所示。图中是设置 A/D 采样值注入，A/D 采样值是由其中的文件给定的，如图选定的是文件名为 AN1345.TXT 的文本文件，设定其格式是十进制(也可为其他进制，单击时可选)，当数据不够时将从头循环注入。其中 AN1345.TXT 文本文件中一行可以有一个数据或多个数据，如有多个数据，数据间用空格隔开。该文件有 20 行数据，如下：

```
607   742   815   806
694   795   820   762
……
416   576   719   806
512   667   780   822
```

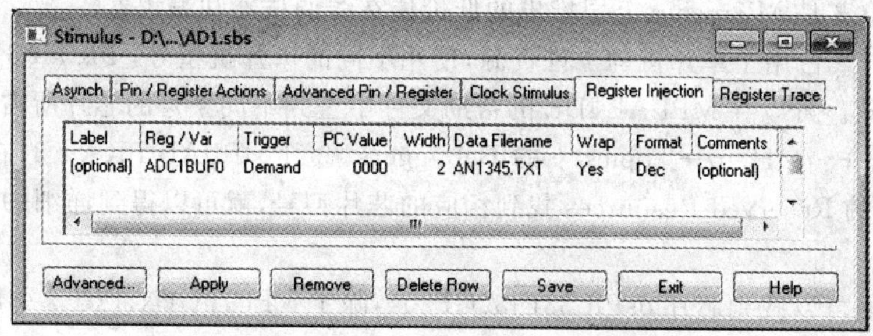

图 2.17　激励输入的寄存器注入设置对话框

这是给 A/D 转换结果寄存器 ADC1BUFx 注入数据，虽然实际上要为 ADC1BUF0、ADC1BUF1ADC1BUF2、ADC1BUF3 注入数据，但在此设置时，只要选择寄存器 ADC1BUF0，系统就会自动根据程序中的设置注入到不同的 A/D 结果寄存器。

说明：为 A/D 结果寄存器注入数据，可以根据情况用 EXCEL 等工具注入希望得到的数据，如注入正弦信号等。

还有其他选项卡，这里不作介绍。

编译正确后，就可以使用图 2.18 所示的调试运行工具栏进行运行调试。图 2.18 中的各个工具分别为：

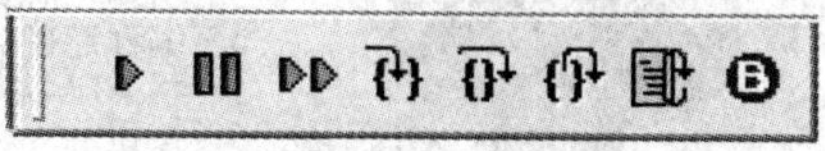

① 全速运行；

② 暂停运行；

③ 自动连续单步运行；

④ 单步运行(进入子程序)；

⑤ 宏单步运行(把子程序当成一步运行)；

⑥ 当运行在子程序中时，运行至子程序结束并回到相应的调用程序中；

①　②　③　④　⑤　⑥　⑦　⑧

图 2.18　调试运行工具栏

⑦ 复位；

⑧ 断点设置。

也可以从 Debugger 菜单中进行以上操作。

在单片机软件开发中，通过 SIM 仿真，可以仿真很多内容，建议读者多用多实践。

2. Proteus VSM 的使用

在 MPLAB IDE 下可以用 PROTEUS 仿真软件调试 DSC 程序。

在仿真工具选择 Proteus VSM 后，先调入已经画好的用于 PROTEUS 仿真的线路图，就可以进行仿真调试运行了。

3. PICkit3 的使用

PICkit 3 是 Microchip 公司推出的低价位在线调试器和编程器。

PICkit 3 占用了单片机的少许资源，使用不同的单片机型号，PICkit 3 占用的资源有所不同。可以在 MPLAB IDE 的帮助文件中查到不同型号的芯片所占资源的资料，菜单操作：在 Help→Topics 下的 Debuggers 找到 MPLAB PICkit 3，在 Getting Started 中的 Reserved Resources 找到相应的芯片型号，就可以得到详细的占用资源的情况。

如我们可以找到芯片 dsPIC33FJ32GP204，除了 VPP、PGDx、PGCx 引脚被 PICkit3 占用外，RAM 中的 0x800～0x81F、0x820～0x821、0x822～0x823、0x824～0x825、0x826～0x84F 也被系统占用。

图 2.19 为 PICkit3 及其接线示意图。

当程序编译正确后，就可以将编译正确的程序代码写入 DSC，然后调试运行。

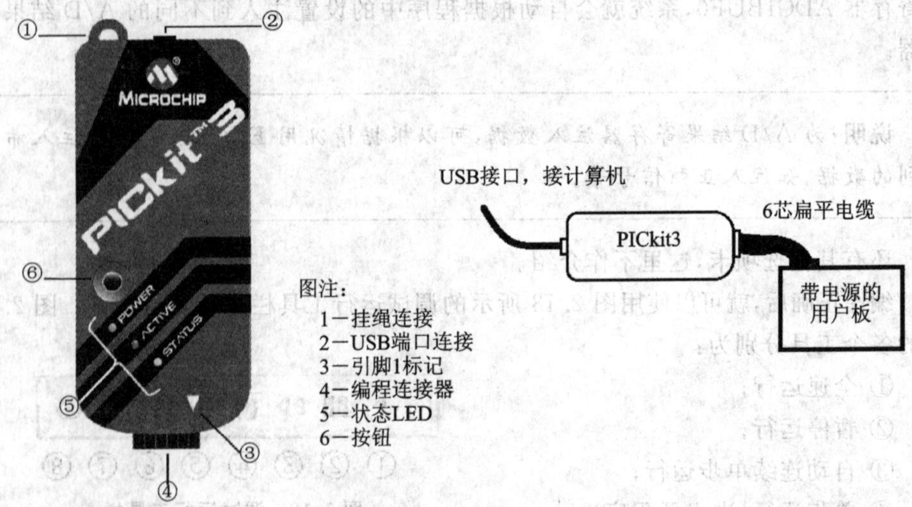

图 2.19 PICkit3 及其接线示意图

第3章

I/O 口

3.1 I/O 口概况

dsPIC33F 的所有 I/O 输入端口均为施密特触发器输入，因而提高了抗噪声能力。

需要注意的是，dsPIC33F 有最低限度的器件引脚连接要求。下面列出了必须始终连接的引脚名称：

- 所有 V_{DD} 和 V_{SS} 引脚；
- 不论是否使用 ADC 模块，AV_{DD} 和 AV_{SS} 引脚必须连接；
- V_{CAP}/V_{DDCORE}；
- MCLR 引脚；
- PGECx/PGEDx 引脚，用于进行在线串行编程（In-Circuit Serial Programming，ICSP）和调试；
- OSCI 和 OSCO 引脚，当使用外部振荡器源时。

此外，可能还需要连接以下引脚：V_{REF+}/V_{REF-} 引脚（在 ADC 模块的设置为外部参考电压时使用）。

以 dsPIC33FJ32GP204 为例，使用外部 XT 晶振时的基本接线如图 3.1 所示，这些是必须要连接的引脚，其他 I/O 引脚未给出。图中假设模拟电压和地与系统的电源地相同。这里 $V_{CC}=3.3$ V。

每个端口（可能有如 A、B、C、D、E、F、G 等，依不同的芯片而不同）引脚都有 3 个寄存器与端口引脚作为数字 I/O 时的工作直接相关，它们是：

① 数据方向控制寄存器 TRISx：该寄存器的每一位决定了该端口的每一引脚是输入还是输出。如果某位为 1，则该引脚是输入，为 0 则为输出。要注意的是，在各种复位后，所有端口引脚均默认为输入。

② 锁存器 LATx：读锁存器 LATx 时，读到的是锁存器中的值；写锁存器时，写入的是锁存器。

③ 端口 PORTx：读端口 PORTx 时，读到的是端口引脚的值；而写端口引脚时，写入的是锁存器。

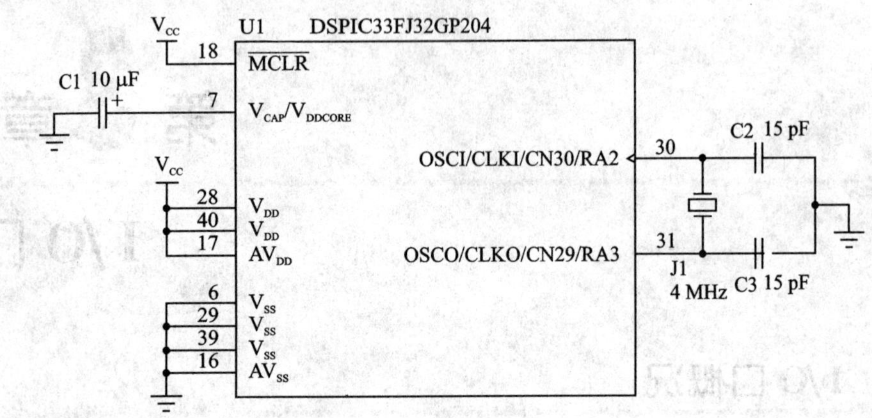

图 3.1　必须连接的引脚示意图

④ 漏极开路控制寄存器 ODCx：有些端口具有漏极开路功能，是否漏极开路，由此寄存器控制，相应的位为 1 时，该引脚漏极开路。

但漏极开路控制寄存器 ODCx 并非所有端口都有！

上面寄存器中的"x"可能为 A～G 等，依不同型号的 DSC 而定。图 3.2、图 3.3 分别为 dsPIC33FJ32GP204、dsPIC33FJ64GP706A 的 TQFP 封装的引脚图，从中可以看到其 I/O 引脚的分配情况。

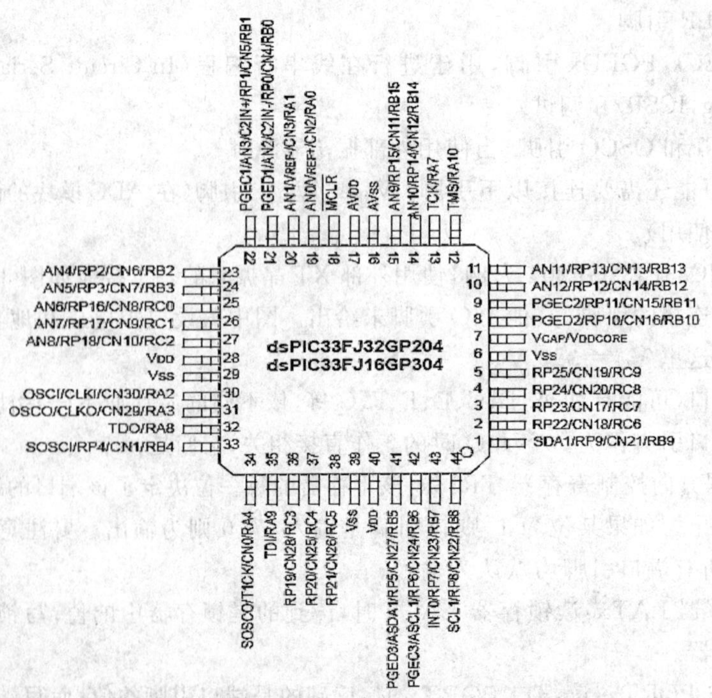

图 3.2　dsPIC33FJ32GP204 的 TQFP 封装的引脚图

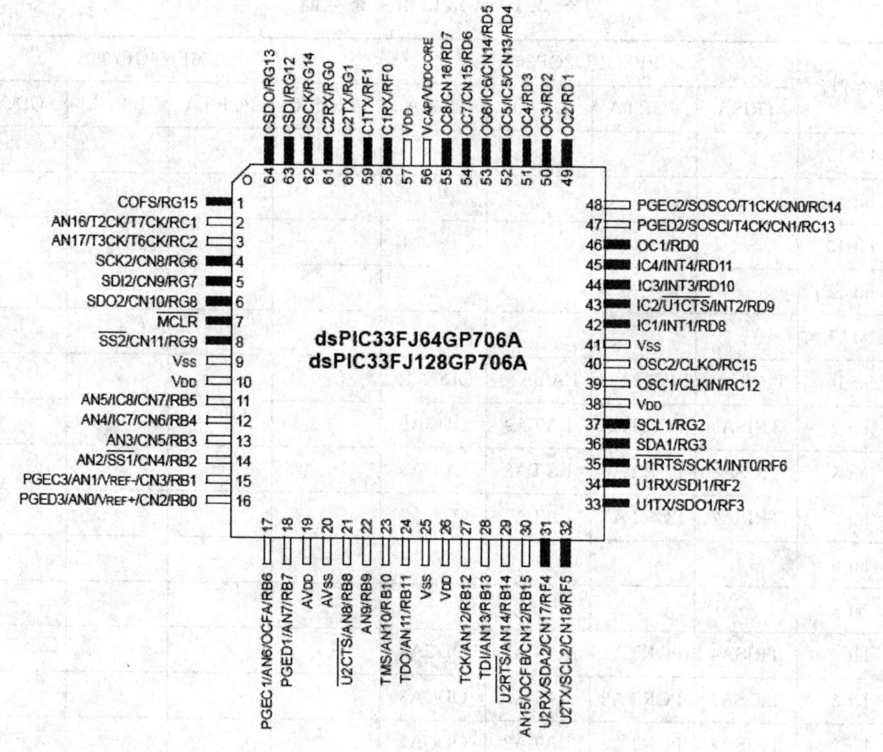

图 3.3 dsPIC33FJ64GP706A 的 TQFP 封装的引脚图

3.2 与 I/O 相关的寄存器

由于不同型号的 DSC 的引脚不同，这里仅介绍 dsPIC33FJ32GP204 和 dsPIC33FJ64GP706A 二种芯片的相关端口寄存器。

dsPIC33FJ32GP204 是一个 44 引脚的 DSC，它的 I/O 引脚为：A 口 9 个引脚，B 口 16 个引脚，C 口 10 个引脚，总的 I/O 引脚数为 35。

dsPIC33FJ64GP706A 是一个 64 引脚的 DSC，它的 I/O 引脚为：B 口 16 个引脚，C 口 6 个引脚，D 口 12 个引脚，F 口 7 个引脚，G 口 12 个引脚，总的 I/O 引脚数为 53。

可见不同的芯片端口差别很大，使用时要认真查阅芯片的数据手册。

表 3.1～3.6 为 dsPIC33FJ32GP204、dsPIC33FJ64GP706A 各端口相关寄存器说明。其中每个表中最后一行的复位值以 16 进制给出，值为“X”的表示为任意的随机值，被标为“—”的表示无该项内容。

表 3.1 A端口相关寄存器

寄存器名	dsPIC33FJ32GP204				dsPIC33FJ64GP706A			
	TRISA	PORTA	LATA	ODCA	TRISA	PORTA	LATA	ODCA
bit 15	—	—	—	—	—	—	—	—
bit 14	—	—	—	—	—	—	—	—
bit 13	—	—	—	—	—	—	—	—
bit 12	—	—	—	—	—	—	—	—
bit 11	—	—	—	—	—	—	—	—
bit 10	TRISA10	PORTA10	LATA10	ODCA10	—	—	—	—
bit 9	TRISA9	PORTA9	LATA9	ODCA9	—	—	—	—
bit 8	TRISA8	PORTA8	LATA8	ODCA8	—	—	—	—
bit 7	TRISA7	PORTA7	LATA7	ODCA7	—	—	—	—
bit 6	—	—	—	—	—	—	—	—
bit 5	—	—	—	—	—	—	—	—
bit 4	TRISA4	PORTA4	LATA4	ODCA4	—	—	—	—
bit 3	TRISA3	PORTA3	LATA3	ODCA3	—	—	—	—
bit 2	TRISA2	PORTA2	LATA2	ODCA2	—	—	—	—
bit 1	TRISA1	PORTA1	LATA1	ODCA1	—	—	—	—
bit 0	TRISA0	PORTA0	LATA0	ODCA0	—	—	—	—
复位值	0x079F	0xXXXX	0xXXXX	0x0000				

表 3.2 B端口相关寄存器

寄存器名	dsPIC33FJ32GP204				dsPIC33FJ64GP706A			
	TRISB	PORTB	LATB	ODCB	TRISB	PORTB	LATB	ODCB
bit 15	TRISB15	PORTB15	LATB15	ODCB15	TRISB15	PORTB15	LATB15	—
bit 14	TRISB14	PORTB14	LATB14	ODCB14	TRISB14	PORTB14	LATB14	—
bit 13	TRISB13	PORTB13	LATB13	ODCB13	TRISB13	PORTB13	LATB13	—
bit 12	TRISB12	PORTB12	LATB12	ODCB12	TRISB12	PORTB12	LATB12	—
bit 11	TRISB11	PORTB11	LATB11	ODCB11	TRISB11	PORTB11	LATB11	—
bit 10	TRISB10	PORTB10	LATB10	ODCB10	TRISB10	PORTB10	LATB10	—
bit 9	TRISB9	PORTB9	LATB9	ODCB9	TRISB9	PORTB9	LATB9	—
bit 8	TRISB8	PORTB8	LATB8	ODCB8	TRISB8	PORTB8	LATB8	—

续表 3.2

寄存器名	dsPIC33FJ32GP204				dsPIC33FJ64GP706A			
	TRISB	PORTB	LATB	ODCB	TRISB	PORTB	LATB	ODCB
bit 7	TRISB7	PORTB7	LATB7	ODCB7	TRISB7	PORTB7	LATB7	—
bit 6	TRISB6	PORTB6	LATB6	ODCB6	TRISB6	PORTB6	LATB6	—
bit 5	TRISB5	PORTB5	LATB5	ODCB5	TRISB5	PORTB5	LATB5	—
bit 4	TRISB4	PORTB4	LATB4	ODCB4	TRISB4	PORTB4	LATB4	—
bit 3	TRISB3	PORTB3	LATB3	ODCB3	TRISB3	PORTB3	LATB3	—
bit 2	TRISB2	PORTB2	LATB2	ODCB2	TRISB2	PORTB2	LATB2	—
bit 1	TRISB1	PORTB1	LATB1	ODCB1	TRISB1	PORTB1	LATB1	—
bit 0	TRISB0	PORTB0	LATB0	ODCB0	TRISB0	PORTB0	LATB0	—
复位值	0xFFFF	0xXXXX	0xXXXX	0x0000	0xFFFF	0xXXXX	0xXXXX	—

表 3.3 C端口相关寄存器

寄存器名	dsPIC33FJ32GP204				dsPIC33FJ64GP706A			
	TRISC	PORTC	LATC	ODCC	TRISC	PORTC	LATC	ODCC
bit 15	—	—	—	—	TRISC15	PORTC15	LATC15	—
bit 14	—	—	—	—	TRISC14	PORTC14	LATC14	—
bit 13	—	—	—	—	TRISC13	PORTC13	LATC13	—
bit 12	—	—	—	—	TRISC12	PORTC12	LATC12	—
bit 11	—	—	—	—	—	—	—	—
bit 10	—	—	—	—	—	—	—	—
bit 9	TRISC9	PORTC9	LATC9	ODCC9	—	—	—	—
bit 8	TRISC8	PORTC8	LATC8	ODCC8	—	—	—	—
bit 7	TRISC7	PORTC7	LATC7	ODCC7	—	—	—	—
bit 6	TRISC6	PORTC6	LATC6	ODCC6	—	—	—	—
bit 5	TRISC5	PORTC5	LATC5	ODCC5	—	—	—	—
bit 4	TRISC4	PORTC4	LATC4	ODCC4	—	—	—	—
bit 3	TRISC3	PORTC3	LATC3	ODCC3	—	—	—	—
bit 2	TRISC2	PORTC2	LATC2	ODCC2	TRISC2	PORTC2	LATC2	—
bit 1	TRISC1	PORTC1	LATC1	ODCC1	TRISC1	PORTC1	LATC1	—
bit 0	TRISC0	PORTC0	LATC0	ODCC0	—	—	—	—
复位值	0x03FF	0xXXXX	0xXXXX	0x0000	0xF006	0xXXXX	0xXXXX	—

表 3.4 D端口相关寄存器

寄存器名	dsPIC33FJ32GP204				dsPIC33FJ64GP706A			
	TRISD	PORTD	LATD	ODCD	TRISD	PORTD	LATD	ODCD
bit 15	—	—	—	—	—	—	—	—
bit 14	—	—	—	—	—	—	—	—
bit 13	—	—	—	—	—	—	—	—
bit 12	—	—	—	—	—	—	—	—
bit 11	—	—	—	—	TRISD11	PORTD11	LATD11	ODCD11
bit 10	—	—	—	—	TRISD10	PORTD10	LATD10	ODCD10
bit 9	—	—	—	—	TRISD9	PORTD9	LATD9	ODCD9
bit 8	—	—	—	—	TRISD8	PORTD8	LATD8	ODCD8
bit 7	—	—	—	—	TRISD7	PORTD7	LATD7	ODCD7
bit 6	—	—	—	—	TRISD6	PORTD6	LATD6	ODCD6
bit 5	—	—	—	—	TRISD5	PORTD5	LATD5	ODCD5
bit 4	—	—	—	—	TRISD4	PORTD4	LATD4	ODCD4
bit 3	—	—	—	—	TRISD3	PORTD3	LATD3	ODCD3
bit 2	—	—	—	—	TRISD2	PORTD2	LATD2	ODCD2
bit 1	—	—	—	—	TRISD1	PORTD1	LATD1	ODCD1
bit 0	—	—	—	—	TRISD0	PORTD0	LATD0	ODCD0
复位值	—	—	—	—	0x0FFF	0x0FFF	0xXXXX	0x0000

表 3.5 F端口相关寄存器

寄存器名	dsPIC33FJ32GP204				dsPIC33FJ64GP706A			
	TRISF	PORTF	LATF	ODCF	TRISF	PORTF	LATF	ODCF
bit 15	—	—	—	—	—	—	—	—
bit 14	—	—	—	—	—	—	—	—
bit 13	—	—	—	—	—	—	—	—
bit 12	—	—	—	—	—	—	—	—
bit 11	—	—	—	—	—	—	—	—
bit 10	—	—	—	—	—	—	—	—
bit 9	—	—	—	—	—	—	—	—
bit 8	—	—	—	—	—	—	—	—

续表 3.5

寄存器名	dsPIC33FJ32GP204				dsPIC33FJ64GP706A			
	TRISF	PORTF	LATF	ODCF	TRISF	PORTF	LATF	ODCF
bit 7	—	—	—	—	—	—	—	—
bit 6	—	—	—	—	TRISF6	PORTF6	LATF6	ODCF6
bit 5	—	—	—	—	TRISF5	PORTF5	LATF5	ODCF5
bit 4	—	—	—	—	TRISF4	PORTF4	LATF4	ODCF4
bit 3	—	—	—	—	TRISF3	PORTF3	LATF3	ODCF3
bit 2	—	—	—	—	TRISF2	PORTF2	LATF2	ODCF2
bit 1	—	—	—	—	TRISF1	PORTF1	LATF1	ODCF1
bit 0	—	—	—	—	TRISF0	PORTF0	LATF0	ODCF0
复位值	—	—	—	—	0x007F	0xXXXX	0xXXXX	0x0000

表 3.6 G 端口相关寄存器

寄存器名	dsPIC33FJ32GP204				dsPIC33FJ64GP706A			
	TRISG	PORTG	LATG	ODCG	TRISG	PORTG	LATG	ODCG
bit 15	—	—	—	—	TRISG15	PORTG15	LATG15	ODCG15
bit 14	—	—	—	—	TRISG14	PORTG14	LATG14	ODCG14
bit 13	—	—	—	—	TRISG13	PORTG13	LATG13	ODCG13
bit 12	—	—	—	—	TRISG12	PORTG12	LATG12	ODCG12
bit 11	—	—	—	—	—	—	—	—
bit 10	—	—	—	—	—	—	—	—
bit 9	—	—	—	—	TRISG9	PORTG9	LATG9	ODCG9
bit 8	—	—	—	—	TRISG8	PORTG8	LATG8	ODCG8
bit 7	—	—	—	—	TRISG7	PORTG7	LATG7	ODCG7
bit 6	—	—	—	—	TRISG6	PORTG6	LATG6	ODCG6
bit 5	—	—	—	—	—	—	—	—
bit 4	—	—	—	—	—	—	—	—
bit 3	—	—	—	—	TRISG3	PORTG3	LATG3	ODCG3
bit 2	—	—	—	—	TRISG2	PORTG2	LATG2	ODCG2
bit 1	—	—	—	—	TRISG1	PORTG1	LATG1	ODCG1
bit 0	—	—	—	—	TRISG0	PORTG0	LATG0	ODCG0
复位值	—	—	—	—	0xF3CF	0xXXXX	0xXXXX	0x0000

3.3 漏极开路配置

DSC器件有些端口引脚可被单独地配置为数字输出或漏极开路输出。并非所有的引脚都有此功能，表3.1～3.6中有ODCx的端口才有漏极开路的功能。从表3.3中的C端口相关寄存器可以看到，dsPIC33FJ64GP706A的C端口就没有漏极开路功能。

将ODCx其中的某位置1即可将相应的引脚配置为漏极开路输出。

这种漏极开路特性允许通过使用外部上拉电阻，在用作这种数字功能的引脚上产生高于V_{DD}的输出电平，这样在与5V芯片通信时容易匹配电平。允许的最大上拉电压为5.5 V。

如图3.4所示，这里用了dsPIC33FJ32GP204。

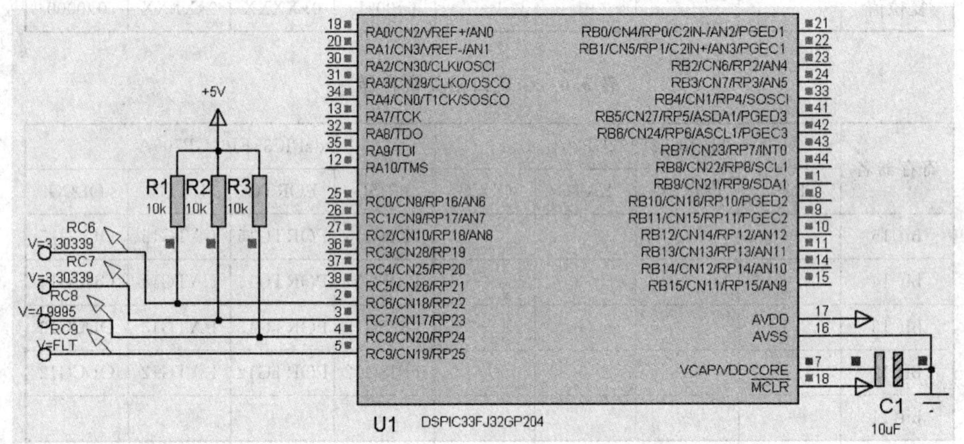

图3.4 漏极开路示意图

程序设置了dsPIC33FJ32GP204的RC6～RC9为输出口，RC8、RC9设置为漏极开路，RC6、RC7无漏极开路。在线路上，RC6、RC7、RC8各用一10 kΩ的电阻上拉到+5 V电源，而RC9不上拉。DSC的电源为+3.3 V。程序运行时让这4个引脚均输出高电平，结果如图3.4所示，漏极开路的RC8，被外部电阻上拉到了+5 V的电源，因此这个引脚的电压为5 V。RC9外部未上拉，因此其状态为FLT，即悬空输出高阻态。RC6、RC7由于被设置为禁止漏极开路，尽管外部有上拉电阻，其电平仍为DSC的输出电平3.3 V。相应的程序如下：

```
TRISC = 0x03F;
ODCC = 0x300;
PORTC = 0x3FF;
```

当让相应的引脚输出低电平时，如果此引脚被设置为漏极开路，则不管是否上拉，该引脚均输出低电平。

3.4 配置模拟端口引脚

ADxPCFGH、ADxPCFGL 和 TRIS 寄存器用于控制模/数转换器 ADC 端口引脚的操作。当使用端口引脚为模拟输入引脚时，须将相应的 TRIS 位置 1(输入)。

清零 ADxPCFGH 或 ADxPCFGL 寄存器中的任何位都会将相应的引脚配置为模拟引脚。默认时，ADxPCFGH 或 ADxPCFGL 的各位为 0，即这些引脚为模拟口功能。

读取端口寄存器时，所有配置为模拟输入通道的引脚均读为 0(低电平)。

如果对任何定义为数字输入的引脚(包括 ANx 引脚)输入模拟电平，则可能导致输入缓冲器的电流消耗超出规范值，使用时要注意。表 3.7 为寄存器 ADxPCFGH 和 ADxPCFGL 的各位说明，根据不同的芯片，并非所有的位都存在，使用前请查询芯片资料。

表 3.7 ADxPCFGH、ADxPCFGL：ADCx 端口配置寄存器

ADxPCFGL							
R/W-0	R/W-0	R/W-0	R/W-0	R/W-0	R/W-0	R/W-0	R/W-0
PCFG15	PCFG14	PCFG13	PCFG12	PCFG11	PCFG10	PCFG9	PCFG8
bit 15							bit 8
R/W-0	R/W-0	R/W-0	R/W-0	R/W-0	R/W-0	R/W-0	R/W-0
PCFG7	PCFG6	PCFG5	PCFG4	PCFG3	PCFG2	PCFG1	PCFG0
bit 7							bit 0
ADxPCFGH							
R/W-0	R/W-0	R/W-0	R/W-0	R/W-0	R/W-0	R/W-0	R/W-0
PCFG31	PCFG30	PCFG29	PCFG28	PCFG27	PCFG26	PCFG25	PCFG24
bit 15							bit 8
R/W-0	R/W-0	R/W-0	R/W-0	R/W-0	R/W-0	R/W-0	R/W-0
PCFG23	PCFG22	PCFG21	PCFG20	PCFG19	PCFG18	PCFG17	PCFG16
bit 7							bit 0

表 3.7 中的每一位对应于芯片的 ANx 引脚。相应的位为 0(默认值)，则该位对应的 ANx 引脚为模拟 I/O，为 1 则为数字 I/O。如要把 AN17 设置为数字口，则把 AD1PCFGH 的 bit 1 即 PCFG17 设置为 1 就可以了。可以简单地写为：

```
_PCFG17 = 1;
```

在有两个 ADC 模块的器件中，如果在 AD1PCFGH(L)和 AD2PCFGH(L)中相应的 PCFG 位被清零，则相应的引脚将被配置为模拟输入。也就是说，这两个寄存器的设置应一致。

说明：在以后的寄存器属性位中，各符号统一说明如下：

R/W　可读/写位；R：只读位。

-n　上电复位时的值；1：置 1；0 ：清 0；x：随机值。

-y　在上电复位时由配置位设置的值。

U-0　未实现，读为 0。

HS　由硬件置 1。

HC　由硬件清 0。

HSC　由硬件置 1/清 0。

3.5 输入状态变化与弱上拉

DSC 芯片中，凡是标为 CNx 的 I/O 端口均有输入状态变化中断功能，即当选定输入引脚的状态变化时，向处理器发出中断请求。该特性还可在休眠模式下检测到输入状态改变。不同型号的 DSC 的 CNx 引脚数不同，最多可以有 24 个外部信号(CN0～CN23)在输入状态发生变化时产生中断请求。

有四个与 CN 模块相关的控制寄存器。其中 CNEN1 和 CNEN2 寄存器，将其任一位置 1 将允许相应引脚的 CNx 中断，如表 3.8 所列。

表 3.8　CNENx、CNPUx：电平变化中断设置与弱上拉设置寄存器

寄存器名	dsPIC33FJ32GP204				dsPIC33FJ64GP706A			
	CNEN1	CNEN2	CNPU1	CNPU2	CNEN1	CNEN2	CNPU1	CNPU2
bit 15	CN15IE	—	CN15PUE	—	CN15IE	—	CN15PUE	—
bit 14	CN14IE	CN30IE	CN14PUE	CN30PUE	CN14IE	—	CN14PUE	—
bit 13	CN13IE	CN29IE	CN13PUE	CN29PUE	CN13IE	—	CN13PUE	—
bit 12	CN12IE	CN28IE	CN12PUE	CN28PUE	CN12IE	—	CN12PUE	—
bit 11	CN11IE	CN27IE	CN11PUE	CN27PUE	CN11IE	—	CN11PUE	—
bit 10	CN10IE	CN26IE	CN10PUE	CN26PUE	CN10IE	—	CN10PUE	—
bit 9	CN9IE	CN25IE	CN9PUE	CN25PUE	CN9IE	—	CN9PUE	—
bit 8	CN8IE	CN24IE	CN8PUE	CN24PUE	CN8IE	—	CN8PUE	—
bit 7	CN7IE	CN23IE	CN7PUE	CN23PUE	CN7IE	—	CN7PUE	—
bit 6	CN6IE	CN22IE	CN6PUE	CN22PUE	CN6IE	—	CN6PUE	—

续表 3.8

寄存器名	dsPIC33FJ32GP204				dsPIC33FJ64GP706A			
	CNEN1	CNEN2	CNPU1	CNPU2	CNEN1	CNEN2	CNPU1	CNPU2
bit 5	CN5IE	CN21IE	CN5PUE	CN21PUE	CN5IE	—	CN5PUE	—
bit 4	CN4IE	CN20IE	CN4PUE	CN20PUE	CN4IE	—	CN4PUE	—
bit 3	CN3IE	CN19IE	CN3PUE	CN19PUE	CN3IE	—	CN3PUE	—
bit 2	CN2IE	CN18IE	CN2PUE	CN18PUE	CN2IE	CN18IE	CN2PUE	CN18PUE
bit 1	CN1IE	CN17IE	CN1PUE	CN17PUE	CN1IE	CN17IE	CN1PUE	CN17PUE
bit 0	CN0IE	CN16IE	CN0PUE	CN16PUE	CN0IE	CN16IE	CN0PUE	CN16PUE
复位值	0x0000	0x0000	0x0000	0x0000	0x0000	0x0000	0x0000	0x0000

每个 CN 引脚内部都有一个与之相连的弱上拉电路。弱上拉电路充当连接到该引脚的电流源，当连接了按钮或键盘设备时，不再需要使用外部电阻。使用包含每个 CN 引脚控制位的 CNPU1 和 CNPU2 寄存器可分别使能各个上拉电路。将 CNPUx 任一控制位置 1 使能相应引脚的弱上拉功能。弱上拉功能只对被设置为输入的引脚有效。

还要对中断的其他寄存器设置才能进入电平变化中断，详见第 4 章。

表 3.8 为 dsPIC33FJ32GP204、dsPIC33FJ64GP706A 芯片的电平变化中断功能控制寄存器 CNENx 和弱上拉控制寄存器 CNPUx 的说明。

【例 3.1】 电平变化中断及弱上拉程序示例

本例芯片为 dsPIC33FJ32GP204，具体线路如图 3.5 所示，RC0～RC3 为按键输入，这 4 个引脚设置为内部弱上拉，因此外部不要接上拉电阻。RB0～RB3 分别接 LED，当有按键按下时，相应的 LED 亮，放开按键时 LED 灭。图中的情况是按下 RC2 的按键的情况，此时 RB2 的 LED 亮。

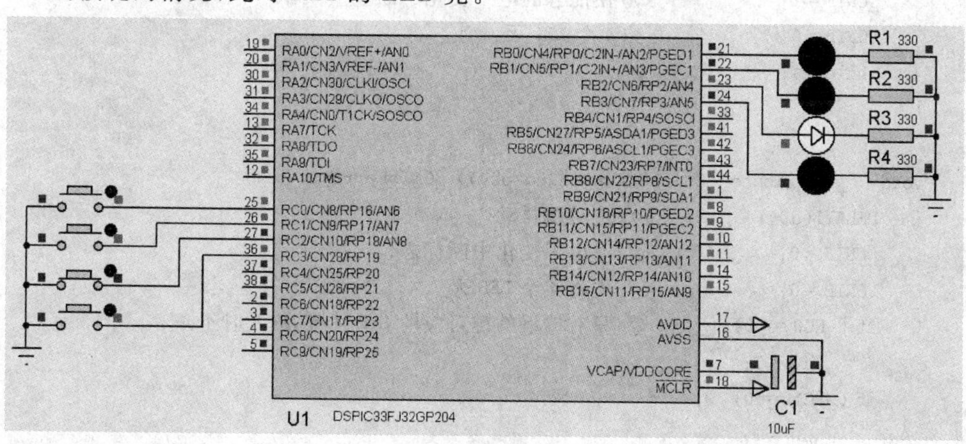

图 3.5 电平变化中断及弱上拉线路图

【例 3.1】 程序

```
#include "P33FJ32GP204.H"
void   __attribute__((interrupt,auto_psv)) _CNInterrupt(void);
void DELAY1(unsigned int);
int main(void)
{
    TRISC = 0x00F;          //C 口低 4 位为输入
    _PCFG6 = 1;             //RC0/AN6 为数字口
    _PCFG7 = 1;             //RC1/AN7 为数字口
    _PCFG8 = 1;             //RC2/AN8 为数字口
    _CN8IE = 1;             //RC0/CN8 电平变化中断使能
    _CN9IE = 1;             //RC1/CN9 电平变化中断使能
    _CN10IE = 1;            //RC2/CN10 电平变化中断使能
    _CN28IE = 1;            //RC3/CN28 电平变化中断使能
    _CN8PUE = 1;            //RC0/CN8 弱上拉使能
    _CN9PUE = 1;            //RC1/CN9 弱上拉使能
    _CN10PUE = 1;           //RC2/CN10 弱上拉使能
    _CN28PUE = 1;           //RC3/CN28 弱上拉使能
    TRISB = 0xFFF0;         //B 口低 4 位为输出
    _PCFG2 = 1;             //RB0/AN2 为数字口
    _PCFG3 = 1;             //RB1/AN3 为数字口
    _PCFG4 = 1;             //RB2/AN4 为数字口
    _PCFG5 = 1;             //RB3/AN5 为数字口
    _IPL = 4;               //CPU 中断优先级 = 4
    _CNIP = 7;              //电平变化中断优先级为最高,7 级
    _CNIF = 0;              //清电平变化中断标志位
    _CNIE = 1;              //使能总的电平变化中断
    PORTB = 0;              //4 个 LED 灭
    while(1);
}

void   __attribute__((interrupt,auto_psv)) _CNInterrupt(void)
{   DELAY1(30);             //按键防抖动
    _CNIF = 0;              //清电平变化中断标志位
    PORTB = 0;              //先将 4 个 LED 灭
    if (_RC0 == 0)          //只有按下的键对应的 LED 才亮,放开时不亮
        _RB0 = 1;
    if (_RC1 == 0)
        _RB1 = 1;
    if (_RC2 == 0)
        _RB2 = 1;
```

```
        if (_RC3 == 0)
        _RB3 = 1;
    }

//======延时 n ms,7.37MHz FRC
void DELAY1(unsigned int n)
{   unsignedintj,k;
    for (j = 0;j<n;j ++ )
        for (k = 525;k>0;k -- )
        {   Nop();Nop();Nop();   }
}
```

程序中中断的设置部分如果读者没看懂,可以暂时先跳过。

需要说明的是,电平变化中断指的是,当所设置的若干引脚允许电平变化中断时,只要这些引脚中有任何一个电平发生变化,就产生电平变化中断标志,即 CNIF 被置 1。显然,电平从高到低,或者电平从低到高,都将产生中断标志。如果只想让电平从高到低变化有效,则可以按本例中的中断处理方法,即判断相应的引脚为低电平时,才执行相应的处理程序。

程序中的防抖动,是用中断延时 30 ms 的方法,清中断标志只能放在延时之后,否则就起不到按键防抖动的作用了。

3.6 外设引脚的可重映射功能选择

在低引脚数(44 引脚及以下)的 DSC 芯片中,为了在设计时能提供尽可能多的外设功能,并减少 I/O 引脚功能的冲突,增加了输入/输出引脚功能可由程序选择的功能,即输入/输出引脚可由程序决定其功能,称之为可重定向,或可重映射引脚。因此在图 3.2 中看不到 dsPIC33FJ32GP204 相关功能的引脚标志,如异步串行通信、输入捕捉、输出比较等功能的引脚。

只有那些标为 RPx 的引脚,才具有输入/输出可重定向的功能。如 dsPIC33FJ32GP204,可重映射的引脚数为 26,相应的引脚标注为 RP0～RP25。

3.6.1 控制外设引脚选择

有重映射功能的芯片各有二组寄存器分别用于输入与输出映射。不同的芯片这些寄存器有所不同。dsPIC33FJ32GP204 器件有 17 个寄存器用于可重映射的外设配置:

- 输入可重映射的外设寄存器(9 个);
- 输出可重映射的外设寄存器(8 个)。

这里仅给出 dsPIC33FJ32GP204 的相关寄存器,其他型号请查阅芯片资料。

RPINRx 寄存器用来配置外设输入映射，dsPIC33FJ32GP204 可重映射的外设输入选择与输出选择如表 3.9、表 3.10 所列。每个寄存器包含 5 位字段的组合，表 3.11 和表 3.12 为外设引脚输入寄存器和输出寄存器的相关说明。

表 3.9 dsPIC33FJ32GP204 可重映射的外设输入选择

输入名称	功能名称	寄存器	配置位
外部中断 1	INT1	RPINR0	INT1R<4:0>
外部中断 2	INT2	RPINR1	INT2R<4:0>
Timer2 外部时钟	T2CK	RPINR3	T2CKR<4:0>
Timer3 外部时钟	T3CK	RPINR3	T3CKR<4:0>
输入捕捉 1	IC1	RPINR7	IC1R<4:0>
输入捕捉 2	IC2	RPINR7	IC2R<4:0>
输入捕捉 7	IC7	RPINR10	IC7R<4:0>
输入捕捉 8	IC8	RPINR10	IC8R<4:0>
输出比较故障 A	OCFA	RPINR11	OCFAR<4:0>
UART 1 接收	U1RX	RPINR18	U1RXR<4:0>
UART 1 允许发送	U1CTS	RPINR18	U1CTSR<4:0>
SPI 1 数据输入	SDI1	RPINR20	SDI1R<4:0>
SPI 1 时钟输入	SCK1IN	RPINR20	SCK1R<4:0>
SPI 1 从选择输入	SS1IN	RPINR21	SS1R<4:0>

表 3.10 dsPIC33FJ32GP204 可重映射引脚的输出选择

功 能	RPnR<4:0>	输出名称
NULL	00000	RPn 连接到默认端口引脚
U1TX	00011	RPn 连接到 UART1 发送
U1RTS	00100	RPn 连接到 UART1 请求发送
SDO1	00111	RPn 连接到 SPI1 数据输出
SCK1OUT	01000	RPn 连接到 SPI1 时钟输出
SS1OUT	01001	RPn 连接到 SPI1 从选择输出
OC1	10010	RPn 连接到输出比较 1
OC2	10011	RPn 连接到输出比较 2

表 3.11 RPINRx:外设引脚选择输入寄存器(dsPIC33FJ32GP204)

寄存器名称	bit 15～bit 13	bit 12～bit 8	bit 7～bit 5	bit 4～bit 0	复位状态
RPINR0	—	INT1R<4:0>	—	—	0x1F00
RPINR1	—	—	—	INT2R<4:0>	0x001F
RPINR3	—	T3CKR<4:0>	—	T2CKR<4:0>	0x1F1F
RPINR7	—	IC2R<4:0>	—	IC1R<4:0>	0x1F1F
RPINR10	—	IC8R<4:0>	—	IC7R<4:0>	0x1F1F
RPINR11	—	—	—	OCFAR<4:0>	0x001F
RPINR18	—	U1CTSR<4:0>	—	U1RX<R4:0>	0x1F1F
RPINR20	—	SCK1R<4:0>	—	SDI1R<4:0>	1F1F
RPINR21	—	—	—	SS1R<4:0>	0x001F

表 3.12 RPORx:外设引脚选择输出寄存器(dsPIC33FJ32GP204)

寄存器名称	bit 15～13	bit 12～bit 8	bit 7～5	bit 4～bit 0	复位状态
RPOR0	—	RP1R<4:0>	—	RP0R<4:0>	0x0000
RPOR1	—	RP3R<4:0>	—	RP2R<4:0>	0x0000
RPOR2	—	RP5R<4:0>	—	RP4R<4:0>	0x0000
RPOR3	—	RP7R<4:0>	—	RP6R<4:0>	0x0000
RPOR4	—	RP9R<4:0>	—	RP8R<4:0>	0x0000
RPOR5	—	RP11R<4:0>	—	RP10R<4:0>	0x0000
RPOR6	—	RP13R<4:0>	—	RP12R<4:0>	0x0000
RPOR7	—	RP15R<4:0>	—	RP14R<4:0>	0x0000
RPOR8	—	RP17R<4:0>	—	RP16R<4:0>	0x0000
RPOR9	—	RP19R<4:0>	—	RP18R<4:0>	0x0000
RPOR10	—	RP21R<4:0>	—	RP20R<4:0>	0x0000
RPOR11	—	RP23R<4:0>	—	RP22R<4:0>	0x0000
RPOR12	—	RP25R<4:0>	—	RP24R<4:0>	0x0000

3.6.2 控制配置改变

dsPIC33F 可以在运行时更改外设的重映射,因此必须对外设重映射设置一些限制条件以防意外更改配置,保证系统的安全可靠运行。

dsPIC33F 器件具有 3 种措施以防对外设映射的更改:

1. 控制寄存器锁定序列

在正常操作下，不允许写入 RPINRx 和 RPORx 寄存器。尝试写入操作看似正常执行，但实际上寄存器的内容保持不变。要更改这些寄存器，必须用硬件进行解锁。寄存器锁定由 IOLOCK 位(OSCCON“＜”6“＞”)控制。将 IOLOCK 置 1 可防止对控制寄存器的写操作；将 IOLOCK 清 0 则允许写操作。要置 1 或清零 IOLOCK，必须执行特定的命令序列：

① 将 46h 写入 OSCCON＜7:0＞。

② 将 57h 写入 OSCCON＜7:0＞。

③ 通过一次操作清 0(或置 1)IOLOCK。

以上的锁定操作可以利用头文件“PPS.H”的宏定义直接写：

```
PPSLock
```

因为在头文件 PPS.H 中有如下定义(读者可以参考附录 A.2 中第 44 条)：

```
#define  PPSUnLock          __builtin_write_OSCCONL(OSCCON & 0xbf)
#define  PPSLock            __builtin_write_OSCCONL(OSCCON | 0x40)
```

同样解锁也只需写：

```
PPSUnLock
```

前提是程序的开头要包括“PPS.H”头文件。

2. 连续状态监视

除了防止直接写操作，RPINRx 和 RPORx 寄存器的内容一直由影子寄存器通过硬件进行监视。如果任何被监视寄存器发生了意外更改(例如外部干扰)，将会触发配置不匹配的复位。

3. 配置位引脚选择锁定

为了进一步确保安全，可以将器件配置为防止对 RPINRx 和 RPORx 寄存器进行多于一次的写操作，即只允许对 RPINRx 和 RPORx 寄存器一次操作。

在默认(未编程)状态下，配置位中的 IOL1WAY 为 1，即只能对 RPINRx 和 RPORx 寄存器进行一次修改。不建议把此位写为 0，除非你确实需要这样做。

由于解锁序列是时序敏感的，它必须作为汇编语言程序执行，并与更改振荡器配置方式相同。如果应用程序是用 C 语言或其他高级语言编写的，则解锁序列应通过写行内汇编来完成。

【例 3.2】 输入/输出可重映射示例

以一个实例来说明可重映射引脚的配置与使用，使用的线路图如图 3.6 所示。

本例中分别用一个输入和一个输出映射。RC4/RP20 被映射外部中断 INT1 输入，RC9/RP25 被映射输出比较 OC1 的输出。输出比较被设置为输出电平翻转，而

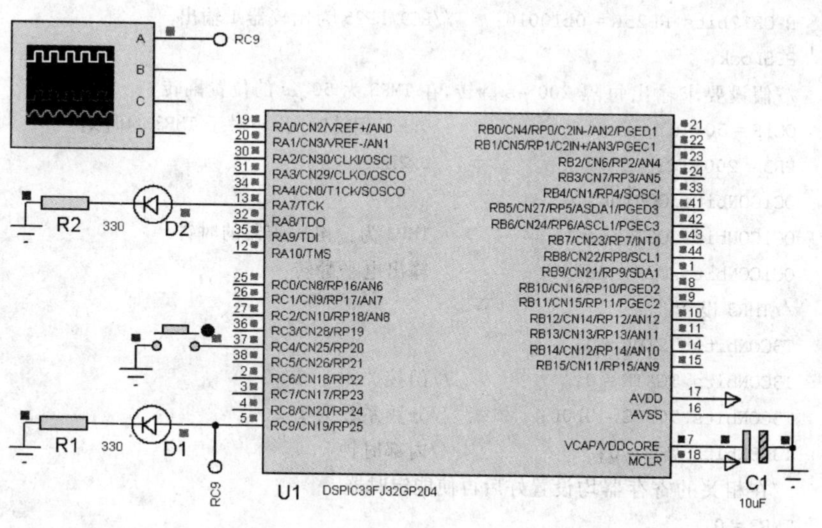

图 3.6　输入输出可重映射线路图

INT1 接一个按键，当此按键按下时，让接于 RA7 的 LED 电平翻转，因此仿真运行可以看到接于 RC9 的 D1 在闪亮。如果按下按键，则接于 RA7 的 LED 亮或灭。程序中关于比较器、定时器等内容见相关章节。

【例 3.2】　程序

```
#include "P33FJ32GP204.H"
#include "PPS.H"

_FOSCSEL(FNOSC_FRC & IESO_OFF);    //内部 FRC
_FOSC(POSCMD_EC & OSCIOFNC_ON & IOL1WAY_ON & FCKSM_CSDCMD); //只允许一次配置 I/O 映射
_FICD(JTAGEN_OFF & ICS_PGD1);

void    __attribute__((interrupt,auto_psv)) _INT1Interrupt(void);
void DELAY1(unsigned int);

#define LED _RA7
#define TCY 0.27137
int main(void)
{
    //引脚设置
    TRISC = 0x1FF;                    //RC9 为输出
    _CN25PUE = 1;                     //RC4/CN25 弱上拉使能
    _TRISA7 = 0;                      //RA7 为输出
    PPSUnLock;
    RPINR0bits.INT1R = 20;            //RC4/RP20 为 INT1 中断输入
```

```
    RPOR12bits.RP25R = 0b10010;      //RC9/RP25 为比较器 1 输出
    PPSLock;
    //假设要求输出每隔 200 μs 翻转，在 TMR3 为 50 μs 的位置翻转
    OC1R = 50/TCY;                   //0xB8，翻转时间，相对于 TMR3 的时刻
    PR3 = 200/TCY - 1;               //0x2E0
    OC1CONbits.OCSIDL = 0;
    OC1CONbits.OCTSEL = 1;           //TMR3 为输出比较器的时钟
    OC1CONbits.OCM = 0b011;          //输出电平翻转
    //TMR3 设置
    T3CONbits.TSIDL = 0;
    T3CONbits.TGATE = 0;             //门控关闭
    T3CONbits.TCKPS = 0b00;          //分频系数为 1:1
    T3CONbits.TCS = 0;               //内部时钟
    //在相关的寄存器均设置好后再使能定时器
    TMR3 = 0;
    T3CONbits.TON = 1;
    _IPL = 4;                        //CPU 中断优先级 = 4
    _INT1IP = 7;                     //INT1 中断优先级为最高，7 级
    _INT1EP = 1;                     //INT1 下降沿中断
    _INT1IF = 0;                     //清 INT1 中断标志位
    _INT1IE = 1;                     //使能 INT1 中断
    while(1);
}

void  __attribute__((interrupt,auto_psv)) _INT1Interrupt(void)
{   DELAY1(10);                      //按键防抖动
    _INT1IF = 0;                     //清电平变化中断标志位
    LED = ~LED;                      //电平翻转
}
```

延时子程序 DELAY1 见例 3.1 程序。

第4章

中 断

4.1 中断概述

dsPIC33F 中断控制器将众多的外设中断请求信号缩减到一个到 dsPIC33F CPU 的中断请求。其特性如下：

- 多达 8 个处理器异常和软件陷阱；
- 7 个用户可选择的中断优先级；
- 具有最多达 118 个向量的中断向量表(Interrupt Vector Table,IVT)；
- 每个中断或异常源都有唯一的向量；
- 指定的用户优先级中的固定优先级；
- 用于支持调试的备用中断向量表(Alternate Interrupt Vector Table,AIVT)；
- 固定的中断进入和返回延时。

4.2 中断向量表

中断向量表 IVT(Interrupt Vectors Table)如图 4.1 所示。IVT 位于程序存储器中,起始存储单元地址是 000004h。IVT 包含 126 个向量,由 8 个不可屏蔽的陷阱向量和多达 118 个中断源组成。每个中断源都有自己的中断向量,每个中断向量都包含 24 位宽的地址。每个中断向量存储单元中设置的值是其对应的中断服务程序 ISR(Interrupt Service Routine,ISR)的起始地址。

中断向量有一个自然优先级,也就是说每个中断向量的优先级与其在向量表中的位置有关。如果其他方面都相同,则较低地址的中断向量具有较高的自然优先级。如果在中断优先级设置相同的情况下,则 IRQ 值小的中断优先于 IRQ 值大的。例如,假设程序中设置了 INT0 和 INT1 的中断优先级都为 4,即默认的中断优先级,如果同时发生 INT0 和 INT1 中断,则 INT0 优先,这是因为 INT0 的 IRQ=0,而 INT1 的 IRQ=20。

IVT 中部分向量暂时未用,目前 dsPIC33F 器件实现了最多达 67 个唯一中断和 5 个不可屏蔽的陷阱,如表 4.1 所列。表中的主向量名 IVT 和备用向量名 AIVT 指

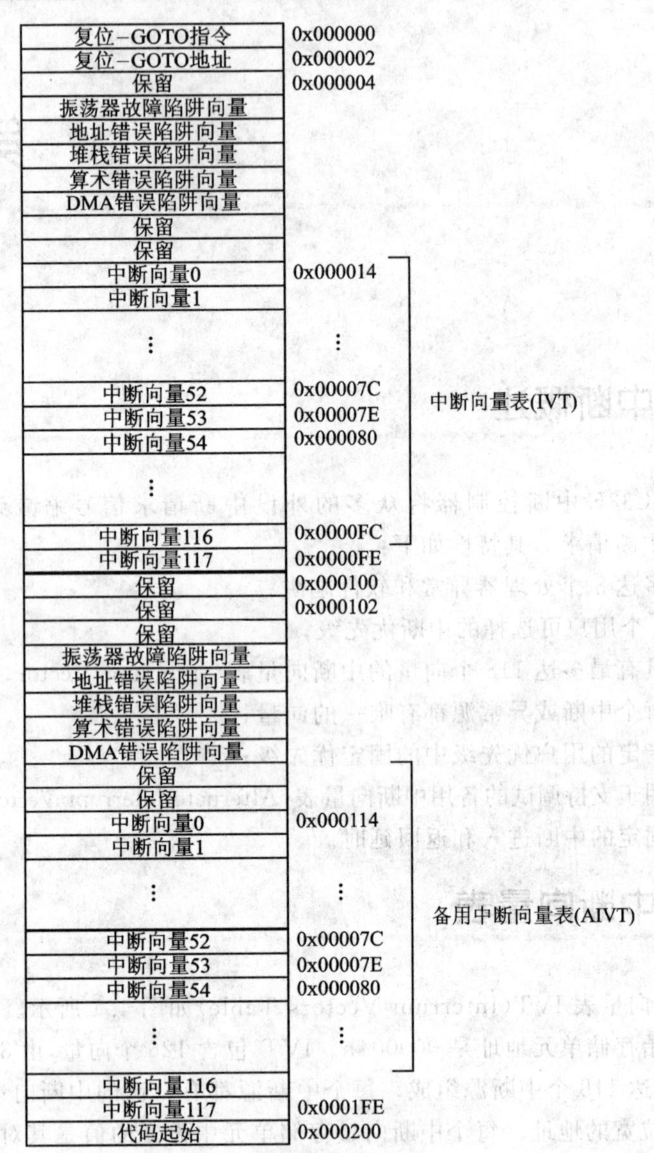

图 4.1 dsPIC33F 中断向量表结构图

的是在 C30 中定义的向量名。

备用中断向量表 AIVT(Alternate Interrupt Vectors Table)位于 IVT 之后。ALTIVT 控制位(寄存器 INTCON2<15>)控制对 AIVT 的访问。如果 ALTIVT 位置 1,所有中断和异常处理将使用备用向量而不是默认的向量。备用向量 AIVT 与默认向量 IVT 的结构完全一样。

AIVT 支持调试功能,它提供了一种不需要将中断向量再编程就可以在应用和支持环境之间切换的方法。

表4.1 中断向量表

IRQ#	主向量名 IVT	IVT 地址	备用向量名 AIVT	AIVT 地址	说 明
N/A	_ReservedTrap0	0x000004	_AltReservedTrap0	0x000084	保留
N/A	_OscillatorFail	0x000006	_AltOscillatorFail	0x000086	振荡器故障陷阱
N/A	_AddressError	0x000008	_AltAddressError	0x000088	地址错误陷阱
N/A	_StackError	0x00000A	_AltStackError	0x00008A	堆栈错误陷阱
N/A	_MathError	0x00000C	_AltMathError	0x00008C	数学错误陷阱
N/A	_DMACError	0x00000E	_AltDMACError	0x00008E	DMA 冲突错误陷阱
N/A	_ReservedTrap6	0x000010	_AltReservedTrap6	0x000090	保留
N/A	_ReservedTrap7	0x000012	_AltReservedTrap7	0x000092	保留
0	_INT0Interrupt	0x000014	_AltINT0Interrupt	0x000114	INT0 外部中断 0
1	_IC1Interrupt	0x000016	_AltIC1Interrupt	0x000116	IC1 输入捕捉 1
2	_OC1Interrupt	0x000018	_AltOC1Interrupt	0x000118	OC1 输出比较 1
3	_T1Interrupt	0x00001A	_AltT1Interrupt	0x00011A	Timer1 超时
4	_DMA0Interrupt	0x00001C	_AltDMA0Interrupt	0x00011C	DMA 0 中断
5	_IC2Interrupt	0x00001E	_AltIC2Interrupt	0x00011E	IC2 输入捕捉 2
6	_OC2Interrupt	0x000020	_AltOC2Interrupt	0x000120	OC2 输出比较 2
7	_T2Interrupt	0x000022	_AltT2Interrupt	0x000122	Timer2 超时
8	_T3Interrupt	0x000024	_AltT3Interrupt	0x000124	Timer3 超时
9	_SPI1ErrInterrupt	0x000026	_AltSPI1ErrInterrupt	0x000126	SPI1 错误中断
10	_SPI1Interrupt	0x000028	_AltSPI1Interrupt	0x000128	SPI1 传输完成中断
11	_U1RXInterrupt	0x00002A	_AltU1RXInterrupt	0x00012A	UART1RX UART1 接收器
12	_U1TXInterrupt	0x00002C	_AltU1TXInterrupt	0x00012C	UART1TX UART1 发送器
13	_ADC1Interrupt	0x00002E	_AltADC1Interrupt	0x00012E	ADC 1 转换完成
14	_DMA1Interrupt	0x000030	_AltDMA1Interrupt	0x000130	DMA 1 中断
15	_Interrupt15	0x000032	_AltInterrupt15	0x000132	保留
16	_SI2C1Interrupt	0x000034	_AltSI2C1Interrupt	0x000134	从 I2C 中断 1
17	_MI2C1Interrupt	0x000036	_AltMI2C1Interrupt	0x000136	主 I2C 中断 1
18	_Interrupt18	0x000038	_AltInterrupt18	0x000138	保留
19	_CNInterrupt	0x00003A	_AltCNInterrupt	0x00013A	CN 输入变化中断
20	_INT1Interrupt	0x00003C	_AltINT1Interrupt	0x00013C	INT1 外部中断 1
21	_ADC2Interrupt	0x00003E	_AltADC2Interrupt	0x00013E	ADC 2 转换完成

续表 4.1

IRQ#	主向量名 IVT	IVT 地址	备用向量名 AIVT	AIVT 地址	说 明
22	_IC7Interrupt	0x000040	_AltIC7Interrupt	0x000140	IC7 输入捕捉 7
23	_IC8Interrupt	0x000042	_AltIC8Interrupt	0x000142	IC8 输入捕捉 8
24	_DMA2Interrupt	0x000044	_AltDMA2Interrupt	0x000144	DMA 2 中断
25	_OC3Interrupt	0x000046	_AltOC3Interrupt	0x000146	OC3 输出比较 3
26	_OC4Interrupt	0x000048	_AltOC4Interrupt	0x000148	OC4 输出比较 4
27	_T4Interrupt	0x00004A	_AltT4Interrupt	0x00014A	Timer4 超时
28	_T5Interrupt	0x00004C	_AltT5Interrupt	0x00014C	Timer5 超时
29	_INT2Interrupt	0x00004E	_AltINT2Interrupt	0x00014E	INT2 外部中断 2
30	_U2RXInterrupt	0x000050	_AltU2RXInterrupt	0x000150	UART2RX UART2 接收器
31	_U2TXInterrupt	0x000052	_AltU2TXInterrupt	0x000152	UART2TX UART 2 发送器
32	_SPI2ErrInterrupt	0x000054	_AltSPI2ErrInterrupt	0x000154	SPI2 错误中断
33	_SPI2Interrupt	0x000056	_AltSPI2Interrupt	0x000156	SPI2 传输完成中断
34	_C1RxRdyInterrupt	0x000058	_AltC1RxRdyInterrupt	0x000158	CAN1 接收数据就绪
35	_C1Interrupt	0x00005A	_AltC1Interrupt	0x00015A	CAN1 完成中断
36	_DMA3Interrupt	0x00005C	_AltDMA3Interrupt	0x00015C	DMA 3 中断
37	_IC3Interrupt	0x00005E	_AltIC3Interrupt	0x00015E	IC3 输入捕捉 3
38	_IC4Interrupt	0x000060	_AltIC4Interrupt	0x000160	IC4 输入捕捉 4
39	_IC5Interrupt	0x000062	_AltIC5Interrupt	0x000162	IC5 输入捕捉 5
40	_IC6Interrupt	0x000064	_AltIC6Interrupt	0x000164	IC6 输入捕捉 6
41	_OC5Interrupt	0x000066	_AltOC5Interrupt	0x000166	OC5 输出比较 5
42	_OC6Interrupt	0x000068	_AltOC6Interrupt	0x000168	OC6 输出比较 6
43	_OC7Interrupt	0x00006A	_AltOC7Interrupt	0x00016A	OC7 输出比较 7
44	_OC8Interrupt	0x00006C	_AltOC8Interrupt	0x00016C	OC8 输出比较 8
45	_Interrupt45	0x00006E	_AltInterrupt45	0x00016E	保留
46	_DMA4Interrupt	0x000070	_AltDMA4Interrupt	0x000170	DMA 4 中断
47	_T6Interrupt	0x000072	_AltT6Interrupt	0x000172	Timer6 超时
48	_T7Interrupt	0x000074	_AltT7Interrupt	0x000174	Timer7 超时
49	_SI2C2Interrupt	0x000076	_AltSI2C2Interrupt	0x000176	从 I2C 中断 2
50	_MI2C2Interrupt	0x000078	_AltMI2C2Interrupt	0x000178	主 I2C 中断 2
51	_T8Interrupt	0x00007A	_AltT8Interrupt	0x00017A	Timer8 超时
52	_T9Interrupt	0x00007C	_AltT9Interrupt	0x00017C	Timer9 超时

续表 4.1

IRQ#	主向量名 IVT	IVT 地址	备用向量名 AIVT	AIVT 地址	说 明
53	_INT3Interrupt	0x00007E	_AltINT3Interrupt	0x00017E	INT3 外部中断 3
54	_INT4Interrupt	0x000080	_AltINT4Interrupt	0x000180	INT4 外部中断 4
55	_C2RxRdyInterrupt	0x000082	_AltC2RxRdyInterrupt	0x000182	CAN2 接收数据就绪
56	_C2Interrupt	0x000084	_AltC2Interrupt	0x000184	CAN2 完成中断
57	_PWMInterrupt	0x000086	_AltPWMInterrupt	0x000186	PWM 周期匹配
58	_QEIInterrupt	0x000088	_AltQEIInterrupt	0x000188	QEI 位置计数器比较
59	_DCIErrInterrupt	0x00008A	_AltDCIErrInterrupt	0x00018A	DCI CODEC 错误中断
60	_DCIInterrupt	0x00008C	_AltDCIInterrupt	0x00018C	DCI CODEC 传输完成
61	_DMA5Interrupt	0x00008E	_AltDMA5Interrupt	0x00018E	DMA 通道 5 中断
62	_Interrupt62	0x000090	_AltInterrupt62	0x000190	保留
63	_FLTAInterrupt	0x000092	_AltFLTAInterrupt	0x000192	FLTA MCPWM 故障 A
64	_FLTBInterrupt	0x000094	_AltFLTBInterrupt	0x000194	FLTB MCPWM 故障 B
65	_U1ErrInterrupt	0x000096	_AltU1ErrInterrupt	0x000196	UART1 错误中断
66	_U2ErrInterrupt	0x000098	_AltU2ErrInterrupt	0x000198	UART2 错误中断
67	_Interrupt67	0x00009A	_AltInterrupt67	0x00019A	保留
68	_DMA6Interrupt	0x00009C	_AltDMA6Interrupt	0x00019C	DMA 通道 6 中断
69	_DMA7Interrupt	0x00009E	_AltDMA7Interrupt	0x00019E	DMA 通道 7 中断
70	_C1TxReqInterrupt	0x0000A0	_AltC1TxReqInterrupt	0x0001A0	CAN1 发送数据请求
71	_C2TxReqInterrupt	0x0000A2	_AltC2TxReqInterrupt	0x0001A2	CAN2 发送数据请求
72	_Interrupt72	0x0000A4	_AltInterrupt72	0x0001A4	保留
⋮	⋮	⋮	⋮	⋮	
117	_Interrupt 117	0x0000FE	_AltInterrupt 117	0x0001FE	

使用中断或备用中断向量的中断服务程序的名字须使用按表 4.1 的主向量名 IVT 或备用向量名 AIVT 加上“Interrupt”而成的中断服务程序名。

如使用 IRQ=3 的定时器 TMR1 溢出中断时，应书写如下：

```
void __attribute__((__interrupt__, auto_psv)) _T1Interrupt(void)
{
    …
}
```

或

```
void __attribute__((__interrupt__, auto_psv)) _AltT1Interrupt(void)
{
    …
}
```

4.3 中断控制和状态寄存器

dsPIC33F 器件最多有 31 个用于中断控制器的寄存器,它们是:

- INTCON1;
- INTCON2;
- IFS0~IFS4,5 个;
- IEC0~IEC4,5 个;
- IPC0~IPC17,18 个;
- INTTREG。

INTCON1 和 INTCON2 控制全局中断。INTCON1 包含中断嵌套禁止位(NSTDIS)和处理器陷阱源的控制和状态标志。INTCON2 寄存器控制外部中断请求信号行为和备用中断向量表的使用。

IFS0~IFS4 寄存器为中断请求标志。每个中断源都有一个状态位,由各自的外设或外部信号置 1,须由软件清 0。

IEC0~IEC4 寄存器包含所有的中断允许位。这些控制位用于单独允许或禁止相应的功能模块中断。

IPC0~IPC17 寄存器用于设置每个中断源的中断优先级。可以给用户中断源分配从 0~7 间的 8 个优先级之一,数值越高优先级越高。每个中断源占用了 3 位优先级寄存器,每个寄存器(16 位)最多包含了 4 个中断源的优先级设置位(部分位为空)。

INTTREG 寄存器包含相关的中断向量编号和新的 CPU 中断优先级,分别锁存在 INTTREG 寄存器中的向量编号(VECNUM<6:0>)和中断优先级(ILR<3:0>)位域中。新的中断优先级是等待处理中断的优先级。

尽管两个 CPU 控制寄存器(SR 和 CORCON)不是中断控制硬件的特定组成部分,但它们仍包含控制中断功能的位。

CPU 状态寄存器 SR 包含 IPL<2:0>位(SR<7:5>)。这些位表示当前 CPU 中断优先级。用户可以写 IPL 位更改当前 CPU 优先级。

CORCON 寄存器包含 IPL3 位,这个位与 IPL<2:0>位一起表示当前 CPU 优先级。IPL3 是一个只读位,所以用户软件不能屏蔽陷阱事件。

表 4.2~4.7 给出了与中断有关的相关寄存器,与中断无关的位不说明。

表 4.2 CPU 状态寄存器 SR

R-0	R-0	R/C-0	R/C-0	R-0	R/C-0	R-0	R/W-0
OA	OB	SA	SB	OAB	SAB	DA	DC
bit 15							bit 8
R/W-0(1)	R/W-0(1)	R/W-0(1)	R-0	R/W-0	R/W-0	R/W-0	R/W-0
IPL＜2:0＞			RA	N	OV	Z	C
bit 7							bit 0

◆ bit 7～5 IPL＜2:0＞:CPU 中断优先级状态位

111:CPU 中断优先级为 7(15),禁止用户中断;

110:CPU 中断优先级为 6(14);

101:CPU 中断优先级为 5(13);

100:CPU 中断优先级为 4(12);

011:CPU 中断优先级为 3(11);

010:CPU 中断优先级为 2(10);

001:CPU 中断优先级为 1(9);

000:CPU 中断优先级为 0(8)。

注(1):IPL＜2:0＞位与 IPL＜3＞位(CORCON＜3＞)一起构成 CPU 的中断优先级。如果 IPL＜3＞=1,那么上面括号中的值表示 IPL;当 IPL＜3＞=1 时禁止用户中断。

当 NSTDIS (INTCON1＜15＞)=1 时,IPL＜2:0＞状态位为只读。

表 4.3 内核控制寄存器 CORCON

U-0	U-0	U-0	R/W-0	R/W-0	R-0	R-0	R-0
—	—	—	US	EDT	DL＜2:0＞		
bit 15							bit 8
R/W-0	R/W-0	R/W-1	R/W-0	R/C-0	R/W-0	R/W-0	R/W-0
SATA	SATB	SATDW	ACCSAT	IPL3	PSV	RND	IF
bit 7							bit 0

◆ bit 3 IPL3:CPU 中断优先级状态位

1:CPU 中断优先级大于 7;

0:CPU 中断优先级为 7 或更小。

IPL3 位与 IPL＜2:0＞位(SR＜7:5＞)一起构成 CPU 的中断优先级。

表 4.4 中断控制寄存器 INTCON1

R/W-0	R/W-0	R/W-0	R/W-0	R/W-0	R/W-0	R/W-0	R/W-0
NSTDIS	OVAERR	OVBERR	COVAERR	COVBERR	OVATE	OVBTE	COVTE
bit 15							bit 8
R/W-0	R/W-0	R/W-0	R/W-0	R/W-0	R/W-0	R/W-0	U-0
SFTACERR	DIV0ERR	DMACERR	MATHERR	ADDRERR	STKERR	OSCFAIL	—
bit 7							bit 0

◆ bit 15 NSTDIS:中断嵌套禁止位

1:禁止中断嵌套;

0:使能中断嵌套。

◆ bit 14 OVAERR:累加器 A 溢出陷阱标志位

1:陷阱由累加器 A 溢出引起;

0:陷阱不是由累加器 A 溢出引起。

◆ bit 13 OVBERR:累加器 B 溢出陷阱标志位

1:陷阱由累加器 B 溢出引起;

0:陷阱不是由累加器 B 溢出引起。

◆ bit 12 COVAERR:累加器 A 灾难性溢出陷阱标志位

1:陷阱由累加器 A 灾难性溢出引起;

0:陷阱不是由累加器 A 灾难性溢出引起。

◆ bit 11 COVBERR:累加器 B 灾难性溢出陷阱标志位

1:陷阱由累加器 B 灾难性溢出引起;

0:陷阱不是由累加器 B 灾难性溢出引起。

◆ bit 10 OVATE:累加器 A 溢出陷阱允许位

1:使能累加器 A 溢出陷阱;

0:禁止陷阱。

◆ bit 9 OVBTE:累加器 B 溢出陷阱允许位

1:使能累加器 B 溢出陷阱;

0:禁止陷阱。

◆ bit 8 COVTE:灾难性溢出陷阱允许位

1:使能累加器 A 或 B 的灾难性溢出陷阱;

0:禁止陷阱。

◆ bit 7 SFTACERR:累加器移位错误状态位

1:算术错误陷阱由非法累加器移位引起;

0:算术错误陷阱不是由非法累加器移位引起。

◆ bit 6 DIV0ERR:算术错误状态位

1:算术错误陷阱由被零除引起;

0:算术错误陷阱不是由被零除引起。

◆ bit 5 DMACERR:DMA 控制器错误状态位

1:发生了 DMA 控制器错误陷阱;

0:未发生 DMA 控制器错误陷阱。

◆ bit 4 MATHERR:算术错误状态位

1:发生了算术错误陷阱;

0:未发生算术错误陷阱。

◆ bit 3 ADDRERR:地址错误陷阱状态位

1:发生了地址错误陷阱;

0:未发生地址错误陷阱。

◆ bit 2 STKERR:堆栈错误陷阱状态位

1:发生了堆栈错误陷阱;

0:未发生堆栈错误陷阱。

◆ bit 1 OSCFAIL:振荡器故障陷阱状态位

1:发生了振荡器故障陷阱;

0:未发生振荡器故障陷阱。

表 4.5 中断控制寄存器 INTCON2

R/W-0	R-0	U-0	U-0	U-0	U-0	U-0	U-0
ALTIVT	DISI	—	—	—	—	—	—
bit 15							bit 8
U-0	U-0	U-0	R/W-0	R/W-0	R/W-0	R/W-0	R/W-0
—	—	—	INT4EP	INT3EP	INT2EP	INT1EP	INT0EP
bit 7							bit 0

◆ bit 15 ALTIVT:备用中断向量表使能位

1:使用备用中断向量表;

0:使用标准(默认)向量表。

◆ bit 14 DISI:DISI 指令状态位

1:执行了 DISI 指令;

0:没有执行 DISI 指令。

◆ bit 4 INT4EP:外部中断 4 边沿检测极性选择位

1:下降沿中断;

0:上升沿中断。

◆ bit 3 INT3EP:外部中断 3 边沿检测极性选择位

1:下降沿中断;

0:上升沿中断。

◆ bit 2 INT2EP:外部中断 2 边沿检测极性选择位

1:下降沿中断;

0:上升沿中断。

◆ bit 1 INT1EP:外部中断 1 边沿检测极性选择位

1:下降沿中断;

0:上升沿中断。

◆ bit 0 INT0EP:外部中断 0 边沿检测极性选择位

1:下降沿中断;

0:上升沿中断。

表 4.6 中断控制和状态寄存器 INTTREG

R-0	R/W-0	U-0	U-0	R-0	R-0	R-0	R-0
—	—	—	—	ILR＜3:0＞			
bit 15							bit 8
U-0	R-0	R-0	R-0	R-0	R-0	R-0	R-0
—	VECNUM＜6:0＞						
bit 7							bit 0

◆ bit 11～8 ILR＜3:0＞:新的 CPU 中断优先级位

1111:CPU 中断优先级为 15;

⋮

0001:CPU 中断优先级为 1;

0000:CPU 中断优先级为 0。

◆ bit 6～0 VECNUM＜6:0＞:待处理中断向量编号位

0111111:待处理中断向量的编号为 135;

⋮

0000001:待处理中断向量的编号为 9;

0000000:待处理中断向量的编号为 8。

注意:INTTREG 是只读寄存器!

由于中断源较多,因此中断标志位寄存器、中断允许寄存器和中断优先级控制寄存器以总表的形式给出,如表 4.7 所列。

寄存器 IFS0～IFS4 中,位名最后二位均为"IF",为中断标志位,1 为产生了中断请求,0 为无中断请求;寄存器 IEC0～IEC4 中,位名最后二位均为"IE",为中断允许

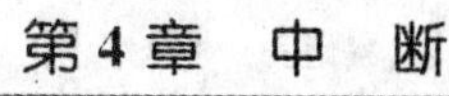

位,1为允许,0为禁止;寄存器IPC0～IPC17中,位名最后二位均为"IP",为中断优先级,为0b111时中断优先级为7(最高优先级中断),为0b001时中断优先级为1,为0b000时中断优先级为0,即禁止中断。

表4.7中的符号说明如下,x的范围随不同的芯片型号而定:

DMAx:DMA通道x中断,x=0～7;

ADx:ADx模块中断,x=1,2;

UxTX、UxRX:通用异步发送和接收中断,x=1,2;

SPIxE:SPI错误中断,x=1,2;

Tx:定时器溢出中断,x=1～9;

INTx:外部中断,x=0～4;

ICx:输入捕捉中断,x=1～8;

OCx:输出比较中断,x=1～8;

CN:电平变化中断;

CxTX、CxRX:ECAN发送和接收中断,x=1,2;

Cx:ECANx事件,x=1,2;

MI2Cx、SI2Cx:主、从I2C事件中断;

PWM:PWM中断;

QEI:正交编码器(电机模块才有,MC)中断;

DCI:DCI事件中断;

DCIE:DCI错误中断;

FLTA、FLTB:PWM故障A、B中断。

表4.7 IFSx、IECx、IPCx:中断标志、允许、优先级控制寄存器

SFR名称	bit 15	bit 14	bit 13	bit 12	bit 11	bit 10	bit 9	bit 8
IFS0	—	DMA1IF	AD1IF	U1TXIF	U1RXIF	SPI1IF	SPI1EIF	T3IF
IFS1	U2TXIF	U2RXIF	INT2IF	T5IF	T4IF	OC4IF	OC3IF	DMA2IF
IFS2	T6IF	DMA4IF	—	OC8IF	OC7IF	OC6IF	OC5IF	IC6IF
IFS3	FLTAIF	—	DMA5IF	DCIIF	DCIEIF	QEIIF	PWMIF	C2IF
IFS4	—	—	—	—	—	—	—	—
IEC0	—	DMA1IE	AD1IE	U1TXIE	U1RXIE	SPI1IE	SPI1EIE	T3IE
IEC1	U2TXIE	U2RXIE	INT2IE	T5IE	T4IE	OC4IE	OC3IE	DMA2IE
IEC2	T6IE	DMA4IE	—	OC8IE	OC7IE	OC6IE	OC5IE	IC6IE
IEC3	FLTAIE	—	DMA5IE	DCIIE	DCIEIE	QEIIE	PWMIE	C2IE
IEC4	—	—	—	—	—	—	—	—

续表 4.7

SFR 名称	bit 15	bit 14	bit 13	bit 12	bit 11	bit 10	bit 9	bit 8
IPC0	—	T1IP<2:0>			—	OC1IP<2:0>		
IPC1	—	T2IP<2:0>			—	OC2IP<2:0>		
IPC2	—	U1RXIP<2:0>			—	SPI1IP<2:0>		
IPC3	—	—	—	—	—	DMA1IP<2:0>		
IPC4	—	CNIP<2:0>			—	—	—	—
IPC5	—	IC8IP<2:0>			—	IC7IP<2:0>		
IPC6	—	T4IP<2:0>			—	OC4IP<2:0>		
IPC7	—	U2TXIP<2:0>			—	U2RXIP<2:0>		
IPC8	—	C1IP<2:0>			—	C1RXIP<2:0>		
IPC9	—	IC5IP<2:0>			—	IC4IP<2:0>		
IPC10	—	OC7IP<2:0>			—	OC6IP<2:0>		
IPC11	—	T6IP<2:0>			—	DMA4IP<2:0>		
IPC12	—	T8IP<2:0>			—	MI2C2IP<2:0>		
IPC13	—	C2RXIP<2:0>			—	INT4IP<2:0>		
IPC14	—	DCIEIP<2:0>			—	QEIIP<2:0>		
IPC15	—	FLTAIP<2:0>			—	—	—	—
IPC16	—	—	—	—	—	U2EIP<2:0>		
IPC17	—	C2TXIP<2:0>			—	C1TXIP<2:0>		

SFR 名称	bit 7	bit 6	bit 5	bit 4	bit 3	bit 2	bit 1	bit 0	复位值
IFS0	T2IF	OC2IF	IC2IF	DMA0IF	T1IF	OC1IF	IC1IF	INT0IF	0x0000
IFS1	IC8IF	IC7IF	AD2IF	INT1IF	CNIF	—	MI2C1IF	SI2C1IF	0x0000
IFS2	IC5IF	IC4IF	IC3IF	DMA3IF	C1IF	C1RXIF	SPI2IF	SPI2EIF	0x0000
IFS3	C2RXIF	INT4IF	INT3IF	T9IF	T8IF	MI2C2IF	SI2C2IF	T7IF	0x0000
IFS4	C2TXIF	C1TXIF	DMA7IF	DMA6IF	—	U2EIF	U1EIF	FLTBIF	0x0000
IEC0	T2IE	OC2IE	IC2IE	DMA0IE	T1IE	OC1IE	IC1IE	INT0IE	0x0000
IEC1	IC8IE	IC7IE	AD2IE	INT1IE	CNIE	—	MI2C1IE	SI2C1IE	0x0000
IEC2	IC5IE	IC4IE	IC3IE	DMA3IE	C1IE	C1RXIE	SPI2IE	SPI2EIE	0x0000
IEC3	C2RXIE	INT4IE	INT3IE	T9IE	T8IE	MI2C2IE	SI2C2IE	T7IE	0x0000
IEC4	C2TXIE	C1TXIE	DMA7IE	DMA6IE	—	U2EIE	U1EIE	FLTBIE	0x0000
IPC0	—	IC1IP<2:0>			—	INT0IP<2:0>			0x4444

续表 4.7

SFR名称	bit 7	bit 6	bit 5	bit 4	bit 3	bit 2	bit 1	bit 0	复位值
IPC1	—	IC2IP<2:0>			—	DMA0IP<2:0>			0x4444
IPC2	—	SPI1EIP<2:0>			—	T3IP<2:0>			0x4444
IPC3	—	AD1IP<2:0>			—	U1TXIP<2:0>			0x4444
IPC4	—	MI2C1IP<2:0>			—	SI2C1IP<2:0>			0x4444
IPC5	—	AD2IP<2:0>			—	INT1IP<2:0>			0x4444
IPC6	—	OC3IP<2:0>			—	DMA2IP<2:0>			0x4444
IPC7	—	INT2IP<2:0>			—	T5IP<2:0>			0x4444
IPC8	—	SPI2IP<2:0>			—	SPI2EIP<2:0>			0x4444
IPC9	—	IC3IP<2:0>			—	DMA3IP<2:0>			0x4444
IPC10	—	OC5IP<2:0>			—	IC6IP<2:0>			0x4444
IPC11	—	—	—	—	—	OC8IP<2:0>			0x4444
IPC12	—	SI2C2IP<2:0>			—	T7IP<2:0>			0x4444
IPC13	—	INT3IP<2:0>			—	T9IP<2:0>			0x4444
IPC14	—	PWMIP<2:0>			—	C2IP<2:0>			0x4444
IPC15	—	DMA5IP<2:0>			—	DCIIP<2:0>			0x4444
IPC16	—	U1EIP<2:0>			—	FLTBIP<2:0>			0x4444
IPC17	—	DMA7IP<2:0>			—	DMA6IP<2:0>			0x4444

4.4 中断设置过程

4.4.1 中断的初始化

中断的初始化过程如下：

① 嵌套中断设置，将 NSTDIS 控制位（INTCON1<15>）置 1（禁止嵌套中断）或清 0（允许嵌套中断）。

② 设置相应功能模块的中断优先级，即对相应的 IPCx 控制寄存器位进行设置。如果不需要多个优先级，可以将所有允许中断源的 IPCx 寄存器控制位编程为相同的非零值。注意，在芯片复位时，IPCx 寄存器为每个中断源分配中断优先级为 4。

③ 将相应 IFSx 寄存器中与外设相关的中断标志状态位清 0。

④ 通过将相应 IECx 寄存器中与中断源相关的中断允许控制位置 1，即允许该中断源。

4.4.2 中断服务程序

这里只介绍用C30语言的中断服务程序的编写。

在中断服务程序中,应对相应的中断标志清0,否则,在退出中断服务程序后会立即再次进入中断服务程序,原因就是,如果没有清0,此中断请求(即中断标志位)仍存在。

4.4.3 陷阱服务程序

陷阱服务程序(Trap Service Routine,TSR)类似于中断服务程序,也必须将INTCON1寄存器中相应的陷阱状态标志清0,以免重新进入陷阱服务程序。

4.4.4 禁止中断

这里只给出用C30编程禁止中断的方法。不能禁止陷阱类错误,即只有IRQ才能禁止中断。

可单独禁止或允许每个中断源。每个IRQ都有一个中断允许位,该位位于中断允许控制寄存器(IECn)中。把中断允许位置1将允许相应的中断;把中断允许位清0将禁止相应的中断。器件复位时,所有中断允许位都被清0。另外,处理器还有一个禁止中断指令(DISI),可在指定的指令周期数内禁止所有中断。

可通过行内汇编在C程序中使用DISI指令。例如下面的行内汇编语句:

```
__asm__ volatile ("disi #16");
```

将在源程序中这条语句的所在处发出指定的DISI指令。采用这种方式使用DISI的一个缺点是,C编程人员不能确定C编译器如何将C源代码翻译为机器指令,因此可能难以确定DISI指令的周期数。通过将要保护以免受中断影响的代码放在DISI指令对中断的操作之间,可以解决这个问题。DISI指令的第一条指令将周期数设置为最大值,第二条指令将周期数设置为0。例如:

```
__asm__ volatile("disi #0x3FFF"); //禁止中断,这里#0x3FFF是大于后面指令代码周
                                  //期数
... 被保护的C代码 ...
__asm__ volatile("disi #0x0000"); //使能中断
```

另一种可选的方案是直接写DISICNT寄存器(禁止中断计数器寄存器)来允许中断。只有当发出DISI指令后且DISICNT寄存器的内容非0时,才能修改DISICNT。

```
__asm__ volatile("disi #0x3FFF"); //禁止中断
... 被保护的C代码 ...
DISICNT = 0x0000;                 //使能中断
```

如需要禁止优先级为7的中断,则只能通过修改COROCON的位IPL来禁止这些中断。所提供的支持文件中包含一些有用的预处理宏函数,有助于安全地修改IPL值。这些宏是:

```
SET_CPU_IPL(ipl)
SET_AND_SAVE_CPU_IPL(save_to, ipl)
RESTORE_CPU_IPL(saved_to)
```

读者可以打开相应的头文件来查阅这些宏定义。

例如,可能希望保护一个代码段使之不受中断的影响。下面的代码将调整当前的IPL设置并将IPL恢复到先前的值。

```
void foo(void)
{
intcurrent_cpu_ipl;
SET_AND_SAVE_CPU_IPL(current_cpu_ipl, 7); //禁止中断
... 被保护的C代码 ...
RESTORE_CPU_IPL(current_cpu_ipl);        //IPL恢复到先前的值
}
```


4.5　中断程序示例

【例4.1】　中断优先级仿真与程序示例

在本例中,用了三个按键,分别接于INT0、INT1、INT2,它们的中断优先级分别被设置为5、6、7,而CPU的中断优先级为4,线路图见图4.2。程序中设置为允许中断嵌套。每个按键按下时,进入该中断服务程序时,让对应的LED亮5 s。如果有新的中断产生,新的中断优先级高于当前中断优先级,则CPU会进入新的中断服务程序;如果新的中断优先级低于当前的中断优先级,则须等待当前的中断服务程序完成后才能进入新的中断服务程序。运行时从LED的亮灭情况可以很清楚地看到中断优先级的情况。

图4.3为先按S1、再按S2、最后按S0的运行情况说明,这里按键的间隔都在5 s之内,即在前一个中断未完成时按键。对照图4.3(a)、4.3(b),执行过程说明如下:

①:在Ⓐ时刻按下S1按键,程序进入INT1中断服务程序,其优先级为6。

②:在执行INT1中断服务程序期间,在Ⓑ时刻按下S2按键。由于S2相应的INT2中断优先级为7,比INT1中断级别高,因此程序暂停INT1中断服务程序,进入INT2中断服务程序。在执行INT2服务程序期间,在Ⓒ时刻按下S0按键,由于S0相应的INT0中断优先级为5,比INT2中断级别低,因此INT0中断被挂起。

③:INT2中断服务程序执行完毕,回到原先被暂停的INT1中断服务程序。

④:INT1中断服务程序执行完毕,进入被挂起的INT0中断。

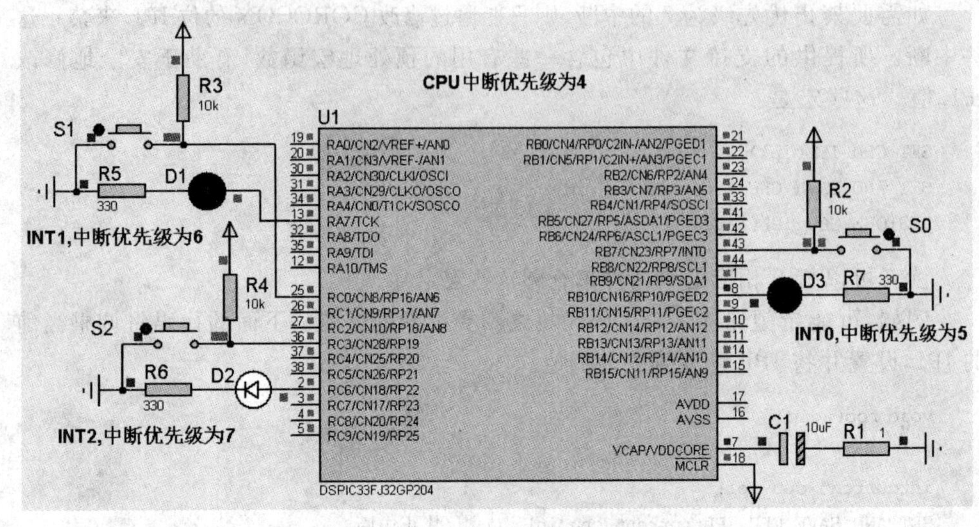

图 4.2 中断优先级示例线路图

⑤:INT0 中断服务程序执行完毕,回到主程序。

可以通过运行这个程序,按不同的按键来看不同优先级程序中断的情况,帮助读者理解中断优先级。

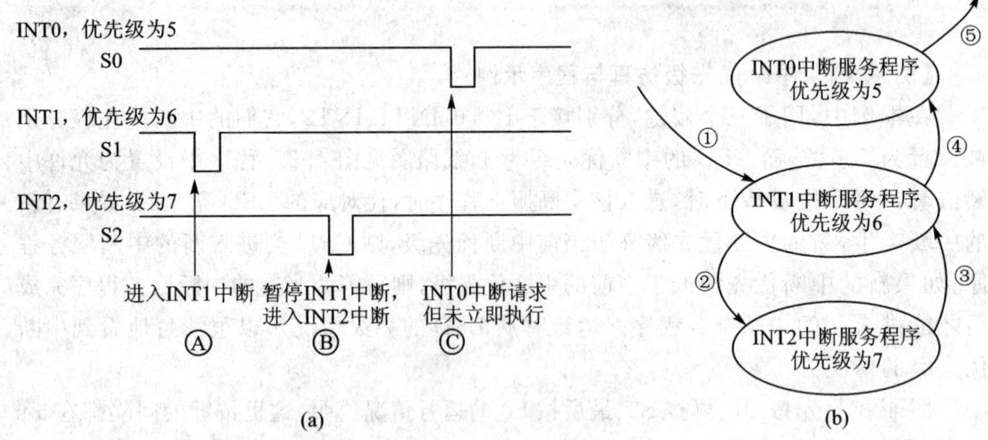

图 4.3 中断优先级程序执行过程

【例 4.1】 程序

```
//中断优选级示意,Tcy = 0.271 37 μs
#include "P33FJ32GP204.H"
#include "PPS.H"
_FOSCSEL(FNOSC_FRC & IESO_OFF);
_FOSC(POSCMD_EC & OSCIOFNC_ON & IOL1WAY_ON & FCKSM_CSDCMD);
```

```
_FICD(JTAGEN_OFF & ICS_PGD1);

#define _ISR1 __attribute__((interrupt, auto_psv))
#define LED0       _RB10
#define LED1       _RA7
#define LED2       _RC6

void _ISR1 _INT0Interrupt(void);
void _ISR1 _INT1Interrupt(void);
void _ISR1 _INT2Interrupt(void);
void DELAY1(unsigned int);

int main(void)
{   CORCONbits.IPL3 = 0;    //CPU 中断优先级小于或等于 7,如大于 7 则其他中断均被禁止
    SRbits.IPL = 4;             //CPU 中断优先级为 4
    INTCON1bits.NSTDIS = 0;     //禁止中断嵌套
    INTCON2 = 0x07;             //INT0、INT1、INT2 均为下降沿中断
    IEC0bits.INT0IE = 1;        //允许 INT0 中断
    IEC1bits.INT1IE = 1;        //允许 INT1 中断
    IEC1bits.INT2IE = 1;        //允许 INT2 中断
    IPC0bits.INT0IP = 5;        //INT0 中断优先级为 5
    IPC5bits.INT1IP = 6;        //INT1 中断优先级为 6
    IPC7bits.INT2IP = 7;        //INT2 中断优先级为 7

    _TRISB10 = 0;               //LED0 端口设置
    _TRISB7 = 1;                //INT0 输入口设置
    _TRISA7 = 0;                //LED1 端口设置
    _TRISC0 = 1;                //INT1 输入口设置
    _TRISC6 = 0;                //LED2 端口设置
    _TRISC3 = 1;                //INT2 输入口设置
    AD1PCFGL = 0xFFFF;          //相应的口均设置为数字口
    PPSUnLock;
    RPINR0bits.INT1R = 16;      //RC0/RP16 为 INT1 输入脚
    RPINR1bits.INT2R = 19;      //RC3/RP19 为 INT2 输入脚
    PPSLock;
    DELAY1(1000);
    while(1);
}

//中断优先级为 5 的 INT0 中断服务程序
void _ISR1 _INT0Interrupt(void)
{   LED0 = 1;
```

```
    DELAY1(5000);
    IFS0bits.INT0IF = 0;
    LED0 = 0;
}

//中断优先级为 6 的 INT1 中断服务程序
void _ISR1 _INT1Interrupt(void)
{   LED1 = 1;
    DELAY1(5000);
    IFS1bits.INT1IF = 0;
    LED1 = 0;
}

//中断优先级为 7 的 INT2 中断服务程序
void _ISR1 _INT2Interrupt(void)
{   LED2 = 1;
    DELAY1(5000);
    IFS1bits.INT2IF = 0;
    LED2 = 0;
}
```


DELAY1 程序见例 3.1

【例 4.2】 非屏蔽中断陷阱示意

在本例中，显示非屏蔽中断陷阱处理过程，程序有意将除数变为 0，出现了被 0 除的严重错误，此类错误是在表 4.1 中的前 8 个不可屏蔽的 MathError 向量。程序中的最后一行为通过软件强制复位的嵌入汇编指令，执行此句将使 CPU 复位。如果没有此句，程序将返回原来的程序继续执行。可以根据具体情况决定是否让程序复位或继续后续程序的执行。

【例 4.2】 程序

```
//非屏蔽中断陷阱示意，Tcy = 0.271 37 μs
#include "P33FJ32GP204.H"
_FOSCSEL(FNOSC_FRC & IESO_OFF);
_FOSC(POSCMD_EC & OSCIOFNC_ON & IOL1WAY_ON & FCKSM_CSDCMD);
_FICD(JTAGEN_OFF & ICS_PGD1);

#define _ISR1 __attribute__((interrupt,auto_psv))
void _ISR1 _MathError(void);
float A[10];

int main(void)
{   unsigned char i,j;
```

```
    SRbits.IPL = 0b110;            //CPU 中断优先级为 6
    i = 4;j = 0;

        while(1)
{   A[j] = 10/i;                   //有意让分母 i 经过一段运行后为 0
    j = j + 1;
    i = i - 1;
};
}

//数学错误类陷阱中断服务程序
void _ISR1 _MathError(void)
{   if (INTCON1bits.DIV0ERR == 1)              //判断是否属于被 0 除的计算错误
    {   INTCON1bits.DIV0ERR = 0;
        INTCON1bits.MATHERR = 0;
        __asm__ volatile ("RESET");            //程序将产生复位
    }
}
```

第5章

系统配置

与 Microchip 公司的其他 PIC 单片机一样，DSC 的配置位是为了对所用的芯片的基本功能参数进行设定，这些设定是通过芯片的烧写存入特定的程序存储器空间的，且在运行中不能修改，只有重新烧写程序才能修改它。

器件配置寄存器允许每个用户根据具体要求，设置器件的某些功能以适应应用的需要。器件配置寄存器是程序存储器映射空间中的非易失性存储单元，在掉电期间仍保存在程序存储器中。这些配置寄存器保存器件的全局设置信息，诸如振荡器来源、看门狗定时器模式和代码保护设置等等。

DSC 器件配置寄存器映射在程序存储器以地址 0xF80000 开始的单元中，在器件正常工作期间可以访问这些单元。此区域也称为“配置空间”。

5.1 器件配置综述

可以通过对配置位编程（读为 0）或不编程（读为 1）来选择不同的器件配置。器件配置寄存器的映射汇总见表 5.1。表 5.1 给出了 FBS、FSS、FGS、FOSCSEL、FOSC、FWDT、FPOR 和 FICD 配置寄存器中各个配置位的说明。

注意：不同系列、不同型号的 DSC 的配置寄存器可能不同，使用时请一定要参照相关的数据手册和头文件中关于配置位的宏定义。

配置寄存器的地址 0xF80000 超出了用户程序存储空间。实际上，它属于只能使用表读和表写访问的配置存储空间（0x800000～0xFFFFFF）。所有器件配置寄存器的高字节的 8 位总为 0xFF，即配置位只用了低 8 位。

为了避免在代码执行期间配置被意外改变，所有的可编程配置位只可被写入一次，除非擦除该芯片重新写入程序。

在使用 C30 时，配置寄存器在相应芯片的头文件中已经有了宏定义。在后述寄存器说明中相应的 C30 定义的常数名也会给出，方便读者编程。在编程中，每个域只能有一个选项，并用按位与的办法写在相应的配置函数中。如果未写配置函数，则使用默认值，即用表 5.1 中各位均为 1 的选项。

表 5.1　器件配置寄存器的映射(只给出低 8 位)

地　址	名　称	bit 7	bit 6	bit 5	bit 4	bit 3	bit 2	bit 1	bit 0
0xF8000	FBS	RBS<1:0>		—	—	BSS<2:0>			BWRP
0xF8002	FSS	RSS<1:0>		—	—	SSS<2:0>			SWRP
0xF8004	FGS	—	—	—	—	—	GSS1	GSS0	GWRP
0xF8006	FOSCSEL	IESO	—	—	—		FNOSC		
0xF8008	FOSC	FCKSM<1:0>		—	—	—	OSCIOFNC	POSCMD<1:0>	
0xF800A	FWDT	FWDTEN	WINDIS	—	WDTPRE	WDTPOST<3:0>			
0xF800C	FPOR	PWMPIN(1)	HPOL(1)	LPOL(1)	—	—	FPWRT<2:0>		
0xF800E	保留	保留(2)							
0xF8010	FUID0	用户部件 ID 字节 0							
0xF8012	FUID1	用户部件 ID 字节 1							
0xF8014	FUID2	用户部件 ID 字节 2							
0xF8016	FUID3	用户部件 ID 字节 3							

(1) 仅在电机控制系列(MC)中使用,其他系列(GP、GS)中,这些位未用。

(2) 这些保留的位读为 1 并且必须被编程为 1。

5.2　FBS 配置寄存器

FBS 为引导段程序闪存写保护配置寄存器,见表 5.2,它包含 3 个域,分别是引导段程序闪存写保护、引导段程序闪存代码保护大小和引导段 RAM 代码保护设置。

表 5.2～表 5.4 的几个缩写含义如下:

- VS:reset/interrupt vector space,复位中断向量空间。
- BS:boot segment,引导段。
- EOM:end of memory,程序结束地址,即最大的程序地址。

表 5.2　FBS(引导段程序闪存写保护)

寄存器名:FBS 引导段程序闪存写保护,C30 定义的配置位函数名:_FBS()				
位域名	功　能	值	说　明	C30 定义的常数名
BWRP	引导段程序闪存写保护	1	引导段可写,默认值	BWRP_WRPROTECT_OFF
		0	引导段被写保护	BWRP_WRPROTECT_ON

续表 5.2

寄存器名:FBS引导段程序闪存写保护,C30定义的配置位函数名:_FBS()				
位域名	功　能	值	说　明	C30定义的常数名
BSS<2:0>	引导段程序闪存代码保护大小	x11	无引导程序闪存段,引导空间为1K指令字减去VS大小,默认值	BSS_NO_BOOT_CODE或 BSS_NO_FLASH
		110	标准安全;引导程序闪存段开始于VS末端,结束于0007FEh	BSS_SMALL_FLASH_STD或 BSS_STRD_SMALL_BOOT_CODE
		010	高安全;引导程序闪存段开始于VS末端,结束于0007FEh	BSS_SMALL_FLASH_HIGH或 BSS_HIGH_SMALL_BOOT_CODE
		引导空间为4K指令字减去VS大小		
		101	标准安全;引导程序闪存段开始于VS末端,结束于001FFEh	BSS_MEDIUM_FLASH_STD或 BSS_STRD_MEDIUM_BOOT_CODE
		001	高安全;引导程序闪存段开始于VS末端,结束于001FFEh	BSS_MEDIUM_FLASH_HIGH或 BSS_HIGH_MEDIUM_BOOT_CODE
		引导空间为8K指令字减去VS大小		
		100	标准安全;引导程序闪存段开始于VS末端,结束于003FFEh	BSS_LARGE_FLASH_STD或 BSS_STRD_LARGE_BOOT_CODE
		000	高安全;引导程序闪存段开始于VS末端,结束于003FFEh	BSS_LARGE_FLASH_HIGH或 BSS_HIGH_LARGE_BOOT_CODE
RBS<1:0>	引导段RAM代码保护	11	未定义引导RAM,默认值	RBS_NO_RAM或 RBS_NO_BOOT_RAM
		10	引导RAM为128字节	RBS_SMALL_RAM或 RBS_SMALL_BOOT_RAM
		01	引导RAM为256字节	RBS_MEDIUM_RA或 RBS_MEDIUM_BOOT_RAM
		00	引导RAM为1 024字节	RBS_LARGE_RAM或 RBS_LARGE_BOOT_RAM

5.3 FSS配置寄存器

FSS为安全段程序闪存代码保护配置寄存器,见表5.3,它包含3个域,分别是安全段程序闪存写保护、安全段程序代码保护大小和安全段RAM代码保护设置。

表 5.3　FSS(安全段程序闪存代码保护)

寄存器名:FSS,C30 定义的配置位函数名:_FSS()				
位域名	功　能	值	说　明	C30 定义的常数名
SWRP	安全段程序闪存写保护	1	安全段可写,默认值	SWRP_WRPROTECT_OFF
		0	安全段被写保护	SWRP_WRPROTECT_ON
SSS<2:0>	安全段程序代码保护大小	这里以 64K 闪存的器件为例,不同的器件,此段有所不同,请参阅相应的数据手册		
		x11	无安全程序闪存段,默认值	SSS_NO_FLASH 或 SSS_NO_SEC_CODE
		安全空间为 4K 指令字减去 BS 大小		
		110	标准安全;安全程序闪存段开始于 BS 末端,结束于 0x001FFE	SSS_SMALL_FLASH_STD 或 SSS_STRD_SMALL_SEC_CODE
		010	高安全;安全程序闪存段开始于 BS 末端,结束于 0x001FFE	SSS_SMALL_FLASH_HIGH 或 SSS_HIGH_SMALL_SEC_CODE
		安全空间为 8K 指令字减去 BS 大小		
		101	标准安全;安全程序闪存段开始于 BS 末端,结束于 0x003FFE	SSS_MEDIUM_FLASH_STD 或 SSS_STRD_MEDIUM_SEC_CODE
		001	高安全;安全程序闪存段开始于 BS 末端,结束于 0x003FFE	SSS_MEDIUM_FLASH_HIGH 或 SSS_HIGH_MEDIUM_SEC_CODE
		安全空间为 16K 指令字减去 BS 大小		
		100	标准安全;安全程序闪存段开始于 BS 末端,结束于 0x007FFE	SSS_LARGE_FLASH_STD 或 SSS_STRD_LARGE_SEC_CODE
		000	高安全;安全程序闪存段开始于 BS 末端,结束于 0x007FFE	SSS_LARGE_FLASH_HIGH 或 SSS_HIGH_LARGE_SEC_CODE
RSS<1:0>	安全段 RAM 代码保护	11	未定义安全 RAM,默认值	RSS_NO_RAM 或 RSS_NO_SEC_RAM
		10	安全 RAM 为 256 字节减去 BS RAM 大小	RSS_SMALL_RAM 或 RSS_SMALL_SEC_RAM
		01	安全 RAM 为 2 048 字节减去 BS RAM 大小	RSS_MEDIUM_RAM 或 RSS_MEDIUM_SEC_RAM
		00	安全 RAM 为 4 096 字节减去 BS RAM 大小	RSS_LARGE_RAM 或 RSS_LARGE_SEC_RAM

5.4　FGS 配置寄存器

FGS 为通用段代码保护配置寄存器,见表 5.4,它包含 2 个域,分别为通用段代码保护位和通用段写保护位,前者为保护程序不被读出,后者为保护程序不被改写。

表 5.4 FGS(通用段代码保护)

寄存器名:FGS,C30 定义的配置位函数名:_FGS()				
位域名	功 能	值	说 明	C30 定义的常数名
GSS<1:0>	通用段代码保护位	11	用户程序存储区不被代码保护,默认值	GSS_OFF 或 GCP_OFF
		10	标准安全;通用程序闪存段开始于 SS 末端,结束于 EOM	GSS_STD 或 GCP_ON
		0x	高安全;通用程序闪存段开始于 SS 末端,结束于 EOM	GSS_HIGH
GWRP	通用段写保护位	1	用户程序存储器不被写保护	GWRP_OFF
		0	用户程序存储器被写保护	GWRP_ON

5.5 FOSCSEL 配置寄存器

FOSCSEL 为振荡器选择配置寄存器,见表 5.5,它包含 2 个域,分别是双速振荡器启动使能位和初始振荡器源选择位,前者决定是否有双速振荡器,后者决定用何种初始振荡器。

表 5.5 FOSCSEL(振荡器选择)

寄存器名:FOSCSEL,C30 定义的配置位函数名:_FOSCSEL()				
位域名	功 能	值	说 明	C30 定义的常数名
IESO	双速振荡器启动使能位	1	使用 FRC 启动器件,然后自动切换到就绪的用户选择振荡器源,默认值	IESO_ON
		0	使用用户选择的振荡器源启动器件	IESO_OFF
FNOSC<2:0>	初始振荡器源选择位	111	带后分频器的内部快速 RC(FRC)振荡器,默认值	FNOSC_LPRCDIVN
		110	带 16 分频的内部快速 RC(FRC)振荡器	FNOSC_FRCDIV16
		101	LPRC 振荡器	FNOSC_LPRC
		100	辅助(LP)振荡器	FNOSC_SOSC
		011	带 PLL 的主(XT、HS 或 EC)振荡器	FNOSC_PRIPLL
		010	主振荡器(XT、HS 或 EC)	FNOSC_PRI
		001	带 PLL 的内部快速 RC(FRC)振荡器	FNOSC_FRCPLL
		000	FRC 振荡器	FNOSC_FRC

由于 DSC 的振荡器比较复杂,在第 6 章中将专门介绍,这里只给出相关配置寄存器的说明。

5.6 FOSC 配置寄存器

FOSC 为振荡器配置寄存器，它包含 4 个域，见表 5.6，分别是时钟切换模式位、外设引脚单次配置选择、OSCO 引脚功能位和主振荡器模式选择位。

表 5.6 FOSC(振荡器配置)

寄存器名:FOSC,C30 定义的配置位函数名:_FOSC()				
位域名	功 能	值	说 明	C30 定义的常数名
FCKSM ＜1:0＞	时钟切换模式位	1x	禁止时钟切换，禁止故障保护时钟监视器	FCKSM_CSDCMD
		01	使能时钟切换，禁止故障保护时钟监视器	FCKSM_CSECMD
		00	使能时钟切换，使能故障保护时钟监视器	FCKSM_CSECME
IOL1WAY(1)	外设引脚单次配置选择	1	只允许一次重新配置	IOL1WAY_ON
		0	允许多次重新配置	IOL1WAY_OFF
OSCIOFNC	OSCO 引脚功能位(XT 和 HS 模式除外)	1	OSCO 为时钟输出	OSCIOFNC_OFF
		0	OSCO 为通用数字 I/O 引脚	OSCIOFNC_ON
POSCMD ＜1:0＞	主振荡器模式选择位	11	禁止主振荡器	POSCMD_NONE
		10	HS 晶振模式	POSCMD_HS
		01	XT 晶振模式	POSCMD_XT
		00	EC(外部时钟)模式	POSCMD_EC

(1) 此位并非所有的 dsPIC33F 芯片都有，请查阅相关芯片资料。

5.7 FWDT 配置寄存器

FWDT 为看门狗定时器配置寄存器，它包含 4 个域，见表 5.7，分别是看门狗定时器使能位、看门狗定时器窗口使能位、看门狗定时器预分频比位和看门狗定时器后分频比位。

dsPIC33F 器件的看门狗定时器 WDT 由专用的内部 LPRC 振荡器(低功耗内部振荡器)驱动，LPRC 频率为 32.768 kHz。这一频率的信号可以输入给可配置为 32 分频或 128 分频的预分频器。预分频比由 WDTPRE 配置位设置。

使用 32.768 kHz 的输入信号，预分频器在 32 分频模式下将产生一个 1 ms 的 WDT 超时周期，而在 128 分频模式下超时周期为 4 ms。

分频比可变的后分频器对 WDT 预分频器的输出进行分频并扩展超时周期范围。后分频比由 WDTPOST＜3:0＞配置位控制，该配置位共允许选择 16 种设置，从 1:1～1:32 768。

表 5.7 FWDT(看门狗定时器配置)

寄存器名:FWDT,C30 定义的配置位函数名:_FWDT()				
位域名	功 能	值	说 明	C30 定义的常数名
FWDTEN	看门狗定时器使能位	1	始终使能看门狗定时器,即 WDT 始终使能,不能用软件关闭 WDT,RCON 寄存器中的 SWDTEN 位不起作用	FWDTEN_ON
		0	通过用户软件使能/禁止看门狗定时器,即可通过清 RCON 寄存器中的 SWDTEN 位来禁止 WDT	FWDTEN_OFF
WINDIS	看门狗定时器窗口使能位	1	非窗口模式下的看门狗定时器	WINDIS_OFF
		0	窗口模式下的看门狗定时器	WINDIS_ON
WDTPRE	看门狗定时器预分频比位	1	1:128	WDTPRE_PR128
		0	1:32	WDTPRE_PR32
WDTPOST	看门狗定时器后分频比位	1111	1:32 768,即 $1:2^{15}$	WDTPOST_PS32768
		1110	1:16 384,即 $1:2^{14}$	WDTPOST_PS16384
		…		
		0001	1:2,即 $1:2^{1}$	WDTPOST_PS2
		0000	1:1,即 $1:2^{0}$	WDTPOST_PS1

WDT 的溢出时间 T_{WTO} 计算公式如下:

$$T_{WTO} = N1 \times N2 \times T_{LPRC}$$

式中,N1 为 WDT 的预分频比;N2 为 WDT 的后分频比;T_{LPRC} 为 LPRC 时钟周期,$T_{LPRC}=1/32.768\ \text{kHz} \approx 30.5\ \mu\text{s}$。

从表 5.7 可知,N1 的最大值为 128,N2 的最大值为 32 768,因此 WDT 的最大溢出周期为

$$T_{WTOMAX} = 30.5\ \mu\text{s} \times 128 \times 32\,768 \approx 128\ \text{s}$$

N1 的最小值为 32,N2 的最小值为 1,因此 WDT 的最小溢出周期为

$$T_{WTOMIN} = 30.5\ \mu\text{s} \times 32 \times 1 \approx 1\ \text{ms}$$

需要注意的是,LPRC 的振荡周期与温度关系极大,如在 dsPIC33FJ64GP706A 资料中,在不同的温度下,其误差范围如下:

- ±30%,运行环境温度在-40~+85 ℃时;
- ±35%,运行环境温度-40~+125 ℃时;
- ±70%,运行环境温度-40~+150 ℃时。

不同型号的 DSC,此数值也可能不同。在使用时要特别注意。

表 5.8 为不同的分频比下的 WDT 溢出时间的理论值和在±35%、±30%误差的上下限值,供使用时参考。

表 5.8 不同分频比的 WDT 溢出时间表

序号	后分频	32 预分频/s					128 预分频/s				
		−35%	−30%	理论值	+30%	+35%	−35%	−30%	理论值	+30%	+35%
1	1	0.0007	0.0007	0.001	0.0013	0.0014	0.0026	0.0028	0.004	0.0052	0.0054
2	2	0.0013	0.0014	0.002	0.0026	0.0027	0.0052	0.0056	0.008	0.0104	0.0108
3	4	0.0026	0.0028	0.004	0.0052	0.0054	0.0104	0.0112	0.016	0.0208	0.0216
4	8	0.0052	0.0056	0.008	0.0104	0.0108	0.0208	0.0224	0.032	0.0416	0.0432
5	16	0.0104	0.0112	0.016	0.0208	0.0216	0.0416	0.0448	0.064	0.0832	0.0864
6	32	0.0208	0.0224	0.032	0.0416	0.0432	0.0832	0.0896	0.128	0.1664	0.1728
7	64	0.0416	0.0448	0.064	0.0832	0.0864	0.1664	0.1792	0.256	0.3328	0.3456
8	128	0.0832	0.0896	0.128	0.1664	0.1728	0.3328	0.3584	0.512	0.6656	0.6912
9	256	0.1664	0.1792	0.256	0.3328	0.3456	0.6656	0.7168	1.024	1.3312	1.3824
10	512	0.3328	0.3584	0.512	0.6656	0.6912	1.3312	1.4336	2.048	2.6624	2.7648
11	1024	0.6656	0.7168	1.024	1.3312	1.3824	2.6624	2.8672	4.096	5.3248	5.5296
12	2048	1.331	1.434	2.048	2.662	2.765	5.325	5.734	8.192	10.650	11.059
13	4096	2.662	2.867	4.096	5.325	5.530	10.650	11.469	16.384	21.299	22.118
14	8192	5.325	5.734	8.192	10.650	11.059	21.299	22.938	32.768	42.598	44.237
15	16384	10.650	11.469	16.384	21.299	22.118	42.598	45.875	65.536	85.197	88.474
16	32768	21.299	22.938	32.768	42.598	44.237	85.197	91.750	131.072	170.394	176.947

WDT 预分频器和后分频器在以下条件被清 0：

- 在器件出现任何复位时；
- 在完成时钟切换后，无论时钟切换是由软件引起还是由硬件引起的；
- 当进入休眠模式或空闲模式；
- 当器件退出休眠模式或空闲模式恢复正常工作时；
- 当在正常执行过程中使用 CLRWDT 指令时。

如果使能 WDT，则它在休眠或空闲模式下仍将继续运行。当发生 WDT 超时时，将唤醒器件并且代码将继续从 PWRSAV（进入休眠或空闲模式）指令处开始执行。当器件唤醒后，需要用软件将相应的 SLEEP 或 IDLE 位（RCON＜3:2＞）清 0。

当 WDT 溢出时，必须用软件将该标志位 WDTO（RCON＜4＞）清 0。

WDT 的使能或禁止由 FWDT 配置寄存器中的 FWDTEN 配置位控制。当 FWDTEN 配置位置 1 时，WDT 始终是使能的。即只有当 FWDT 配置寄存器中的 FWDTEN 设置为 0 时，才能通过软件来启动 WDT 或关闭 WDT。通过将 SWDT-EN 控制位（RCON＜5＞）置 1，即通过软件使能 WDT。

任何器件复位都会使 SWDTEN 控制位清 0。

如果 WINDIS 位(FWDT<6>)清 0,WDT 将工作在窗口模式。如图 5.1 所示,即 CLRWDT 指令应仅在 WDT 周期最后 25%中被应用软件执行。该 CLRWDT 窗口可通过使用定时器确定。如果在该窗口之前执行 CLRWDT 指令,将会使 WDT 复位。这种特性在要求程序执行时间不能太快和太慢时会用到,但之前所述的温度导致 LPRC 工作周期时间的影响必须考虑。

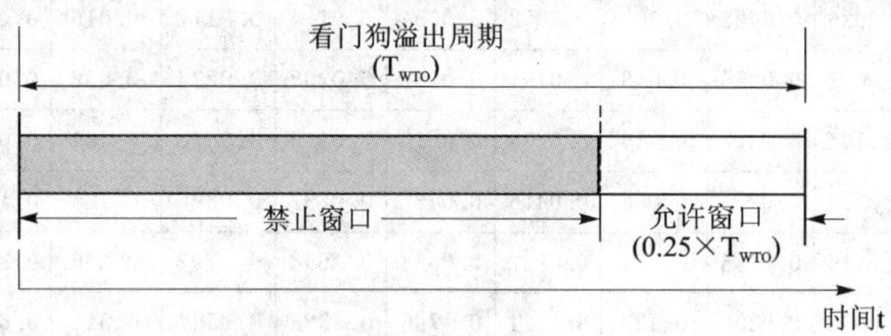

图 5.1 WDT 的窗口模式

【例 5.1】 看门狗 WDT 的使用

如图 5.2 所示,用 2 个接于 RB0、RB1 的 LED 来示意 WDT 的溢出与否。LED1 闪亮,说明 WDT 未溢出;当 LED2 亮时,说明 WDT 溢出。

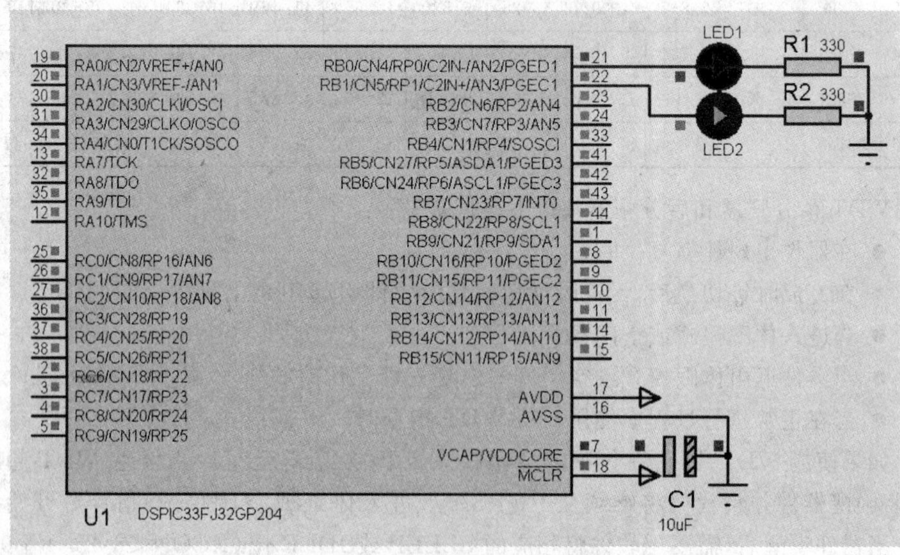

图 5.2 WDT 的使用示意线路图

本例中,WDT 的配置位设置为:

- FWDTEN_OFF,即通过用户程序来启动或关闭 WDT,因此程序中要通过语句"RCONbits.SWDTEN=1"来启动 WDT;
- WINDIS_OFF,WDT 的窗口模式关闭;

- WDTPRE_PR128，WDT 预分频比为 1∶128；
- WDTPOST_PS256，WDT 后分频比为 1∶256。

因此 WDT 的溢出周期为

$$T_{WTO} = 30.5\ \mu s \times 128 \times 256 \approx 1\ s$$

因此当程序中的延时时间为 1 500 ms 时，即 DELAY(1500)，清 WDT 的周期小于 WDT 的溢出周期，程序的运行结果将导致 WDT 溢出复位，因此出现了如图 5.2 所示的 LED2 亮的情况。

如果把程序中的延时时间改为 500 ms，即 DELAY(500)，程序将正常运行，永远不会复位，因此只出现 LED1 亮、LED2 灭的情况。

【例 5.1】 程序

```
#include "P33FJ32GP204.H"

_FOSCSEL(FNOSC_FRC & IESO_OFF);      //内部 FRC,Fosc = 7.37MHz
_FOSC(POSCMD_EC & OSCIOFNC_ON & IOL1WAY_ON & FCKSM_CSDCMD);  //只允许一次配置 I/O 映射
_FICD(JTAGEN_OFF & ICS_PGD2);
_FWDT(FWDTEN_OFF & WINDIS_OFF & WDTPRE_PR128 & WDTPOST_PS256);
//TWTO = 31.25 × 128 × 256 = 1.024s

#define LED1 _RB0
#define LED2 _RB1
void DELAY1(unsigned int);

int main(void)
{
    _PCFG2 = 1;                      //RB0/AN2 为数字口
    _PCFG3 = 1;                      //RB1/AN3 为数字口
    TRISB = 0xFFFC;                  //RB0、RB1 为输出口
    RCONbits.SWDTEN = 1;             //启动 WDT
    if (RCONbits.WDTO == 1)          //判断是否有 WDT 溢出的情况
    {   LED1 = 0;Nop();LED2 = 1;RCONbits.WDTO = 0;}    //WDT 溢出
    else
    {   LED1 = 1;Nop();LED2 = 0;}    //没有 WDT 溢出

    while(1)
    {   DELAY1(1500);                //延时 1 500 ms 时,WDT 溢出,LED1 灭,LED2 亮
                                     //延时 500 ms 时,WDT 不溢出,LED1 闪亮
        ClrWdt();                    //清 WDT。如前面的延时大于设置的 1 s,
                        //程序运行到此句前就导致 WDT 溢出复位,即这句永远运行不到
        LED1 = ~LED1;                //如能执行到此,说明无 WDT 溢出
    };
```

```
    return(0);
}
```

延时子程序 DELAY1 见例 3.1。

【例 5.2】 看门狗 WDT 窗口模式的使用

仍用图 5.2 的线路(但此时用 SIM 仿真,在 PROTEUS 中不能仿真窗口模式),程序中配置位中的 WDT 设置为窗口模式:

- FWDTEN_ON:始终使能 WDT,即 RCON 寄存器的位 SWDTEN 无效;
- WINDIS_ON:WDT 工作在窗口模式下;
- WDTPRE_PR32:WDT 预分频比为 1:32;
- WDTPOST_PS1024:WDT 后分频比为 1:1 024。

因此 WDT 的溢出周期为

$$T_{WTO} = 30.5\ \mu s \times 32 \times 1\ 024 \approx 1\ s, 0.75 \times 1\ s = 0.75\ s$$

因此当程序中的延时时间为 500 ms 时,即 DELAY(500),清 WDT 周期不在 WDT 的允许清 WDT 的窗口内,程序出现了复位情况,即 LED1 灭、LED2 亮。当延时时间为 900 ms 时,即 DELAY(900),清 WDT 周期在 WDT 的窗口中的后 25%,即在允许清 WDT 的窗口内,程序执行正常,LED2 灭,LED1 闪亮。

【例 5.2】 程序

```
#include "P33FJ32GP204.H"
//WDT 的窗口模式不能在 PROTEUS 中仿真,在 SIM 仿真与实物验证正确,在实物运行时须脱机
//运行
_FOSCSEL(FNOSC_FRC & IESO_OFF);      //内部 FRC,Fosc = 7.37MHz
_FOSC(POSCMD_EC & OSCIOFNC_ON & IOL1WAY_ON & FCKSM_CSDCMD);
_FICD(JTAGEN_OFF & ICS_PGD2);
_FWDT(FWDTEN_ON & WINDIS_ON & WDTPRE_PR32 & WDTPOST_PS1024);
//TWTO = 31.25 × 32 × 1024 = 1.024s
//FWDTEN_ON:始终使能 WDT;  WINDIS_ON:WDT 工作于窗口模式

#define LED1 _RB0
#define LED2 _RB1
void DELAY1(unsigned int);

int main(void)
{
    _PCFG2 = 1;                       //RB0/AN2 为数字口
    _PCFG3 = 1;                       //RB1/AN3 为数字口
    TRISB = 0xFFFC;                   //RB0,RB1 为输出口
    //RCONbits.SWDTEN = 1;            //在配置位 FWDTEN_ON 时,此位无效
```

```
if (RCONbits.WDTO == 1)          //判断是否有 WDT 溢出的情况
{   LED1 = 0;Nop();LED2 = 1;RCONbits.WDTO = 0;}    //WDT 溢出复位
else
{   LED1 = 1;Nop();LED2 = 0;} //没有 WDT 溢出
while(1)
{   DELAY1(500); //延时满足 768 ms<T<1 024 ms,才不会导致 WDT 溢出(0.75×1.024
                // = 0.768 s)
    ClrWdt();                    //延时 500 ms,程序将复位,延时 900 ms,LED1 闪亮
    LED1 = ~LED1;
};
return(0);
}
```

延时子程序 DELAY1 见例 3.1。

5.8 FPOR 配置寄存器

表 5.9 为 dsPIC33FJ64MC706A 的 MCPWM 模块及上电定时器配置寄存器 FPOR,它包含 4 个域,分别是电机控制 PWM 模块引脚模式位、电机控制 PWM 高端极性位、电机控制 PWM 低端极性位和上电复位定时器值选择位。如果是通用的 GP 系列,则只有上电复位定时器选择位,无前 3 个域。

表 5.9 FPOR(PWM 模块及上电定时器配置)

寄存器名:FPOR,C30 定义的配置位函数名:_FPOR()				
位域名	功 能	值	说 明	C30 定义的常数名
PWMPIN	电机控制 PWM 模块引脚模式位	1	器件复位时,PWM 模块引脚由 PORT 寄存器控制(三态)	PWMPIN_ON
		0	器件复位时,PWM 模块引脚由 PWM 模块控制(配置为输出引脚)	PWMPIN_OFF
HPOL	电机控制 PWM 高端极性位	1	PWM 模块高端输出引脚的输出极性为高电平有效状态	HPOL_ON
		0	PWM 模块高端输出引脚的输出极性为低电平有效状态	HPOL_OFF
LPOL	电机控制 PWM 低端极性位	1	PWM 模块低端输出引脚的输出极性为高电平有效状态	LPOL_ON
		0	PWM 模块低端输出引脚的输出极性为低电平有效状态	LPOL_OFF

续表 5.9

寄存器名:FPOR,C30 定义的配置位函数名:_FPOR()				
位域名	功 能	值	说 明	C30 定义的常数名
FPWRT<2:0>	上电复位定时器值选择	111	PWRT=128 ms	FPWRT_PWR128
		110	PWRT=64 ms	FPWRT_PWR64
		101	PWRT=32 ms	FPWRT_PWR32
		100	PWRT=16 ms	FPWRT_PWR16
		011	PWRT=8 ms	FPWRT_PWR8
		010	PWRT=4 ms	FPWRT_PWR4
		001	PWRT=2 ms	FPWRT_PWR2
		000	PWRT=禁止	FPWRT_PWR1

5.9 FICD 配置寄存器

FICD 为调试烧写引脚配置寄存器,它包含 2 个域,见表 5.10,分别是 JTAG 使能位和在线调试引脚选择位。

表 5.10 FICD(调试烧写引脚配置)

寄存器名:FICD,C30 定义的配置位函数名:_FICD()				
位域名	功 能	值	说 明	C30 定义的常数名
JTAGEN	JTAG 使能位	1	使能 JTAG	JTAGEN_ON
		0	禁止 JTAG	JTAGEN_OFF
ICS<1:0>	在线调试引脚选择位	11	在 PGEC1 和 PGED1 上进行通信	ICS_PGD1
		10	在 PGEC2 和 PGED2 上进行通信	ICS_PGD2
		01	在 PGEC3 和 PGED3 上进行通信	ICS_PGD3
		00	保留	—

dsPIC33F 支持传统的 ICD 或 PIC KIT3 在线编程,即通过 2 根通信线(一为数据,一为时钟线),加上 V_{PP} 编程电源进行在线编程。还支持 JTAG 在线编程,即通过标准的 JTAG 接口(4 线: TMS、TCK、TDI、TDO)进行在线编程。

在 ICD 或 PIC KIT3 在线编程中,由于可能与用户使用的引脚冲突,在线编程引脚可以有 3 种方案供选择。

假设有如图 5.3 所示的应用线路图,使用 PIC KIT3 在线调试,由于在线调试通信用的时钟线 RB1/PGEC1(引脚号为 22)被用户使用,因此不能使用 PGEC1 和 PGED1 进行通信,只能用 PGEC2 和 PGED2 或 PGEC3 和 PGED4,因此该配置位的

C30 程序可写为如下：

```
_FICD(JTAGEN_OFF & ICS_PGD2);
```

或：

```
_FICD(JTAGEN_OFF & ICS_PGD3);
```

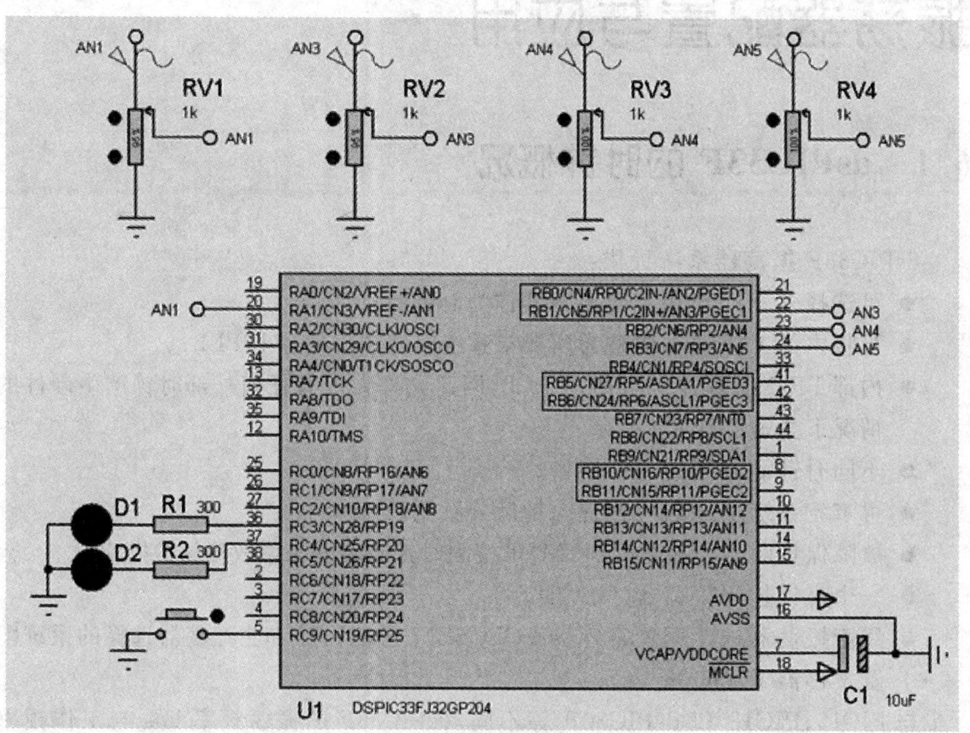

图 5.3　PIC KIT3 在线调试配置说明

第 6 章

振荡器配置与应用

6.1 dsPIC33F 的时钟概况

dsPIC33F 振荡器系统提供：

- 可选择多种外部和内部振荡器作为时钟源；
- 可将内部工作频率调整为所要求系统时钟频率的片上 PLL；
- 内部 FRC 振荡器也可使用 PLL，因此允许在没有任何外部时钟产生硬件的情况下全速工作；
- 不同时钟源之间的时钟切换；
- 可节省系统功耗的可编程时钟后分频器；
- 故障保护时钟监视器(FSCM)可检测时钟故障并采取故障保护措施；
- 一个时钟控制寄存器(OSCCON)；
- 用于振荡器选择配置寄存器 FOSCSEL(见表 5.5)和主振荡器选择的系统配置寄存器 FOSC(见表 5.6)。

与 PIC16、PIC18 和 dsPIC30F 等不同，dsPIC33F 的振荡频率 F_{OSC} 与工作频率 F_{CY} 的关系为

$$F_{CY} = F_{OSC}/2 \tag{6.1}$$

图 6.1 为 dsPIC33F 的振荡器系统简化框图，图中的 S0～S7 的含义如表 6.1 所列。

dsPIC33F 具有丰富的时钟系统可供选择，共提供 7 种系统时钟选择：

- FRC 振荡器：FRC(快速 RC)内部振荡器工作频率的标称值为 7.37 MHz；用户可以通过对特殊功能寄存器 CLKDIV 的位 FRCDIV<2:0>来指定 FRC 时钟的分频比(1:2～1:256)，从而调节 FRC 的频率；
- 带 PLL 的 FRC 振荡器；
- 主振荡器(XT、HS 或 EC)。

主振荡器能以下列 3 个之一作为其时钟源：

① XT(晶振)：3～10 MHz 范围的晶振和陶瓷谐振器。晶振连接在 OSC1 和 OSC2 引脚之间。

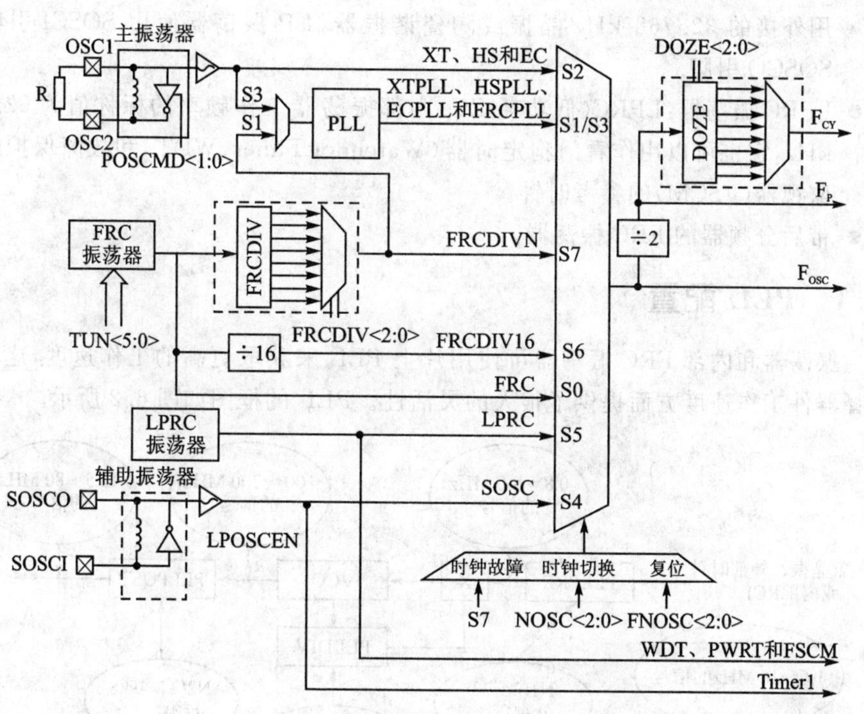

图6.1 dsPIC33F的振荡器系统简化框图

表6.1 图6.1中S0～S7的含义

符 号	振荡模式
S0	FRC振荡器
S1	带PLL的FRC振荡器
S2	主振荡器(XT、HS、EC)
S3	带PLL的主振荡器（XTPLL、HSPLL、ECPLL)
S4	辅助振荡器（SOSC)
S5	低功耗RC振荡器(LPRC)
S6	带16分频的FRC振荡器(FRCDIV16)
S7	带后分频器的FRC振荡器(FRCDIVN)

② HS(高速晶振)：10～40 MHz范围的晶振。晶振连接在OSC1和OSC2引脚之间。

③ EC(外部时钟)：0.8～64 MHz范围内的外部时钟信号。外部时钟信号直接施加到OSC1引脚。

● 带PLL的主振荡器。

● 辅助(LP或SOSC)振荡器：辅助(LP)振荡器是为低功耗运行而设计的，它使用外接的 32.768 kHz 晶振或陶瓷谐振器，LP 振荡器使用 SOSCI 引脚和 SOSCO 引脚。

- LPRC 振荡器：LPRC（低功耗 RC）内部振荡器工作频率的标称值为 32.768 kHz，它也可以用作看门狗定时器（WatchdogTimer，WDT）和故障保护时钟监视器（FSCM）的参考时钟。
- 带后分频器的 FRC 振荡器。

6.1.1 PLL 配置

主振荡器和内部 FRC 振荡器可使用片上 PLL 来获取更高的工作速度，这使得在选择器件工作速度方面提供了很大的灵活性。PLL 的框图如图 6.2 所示。

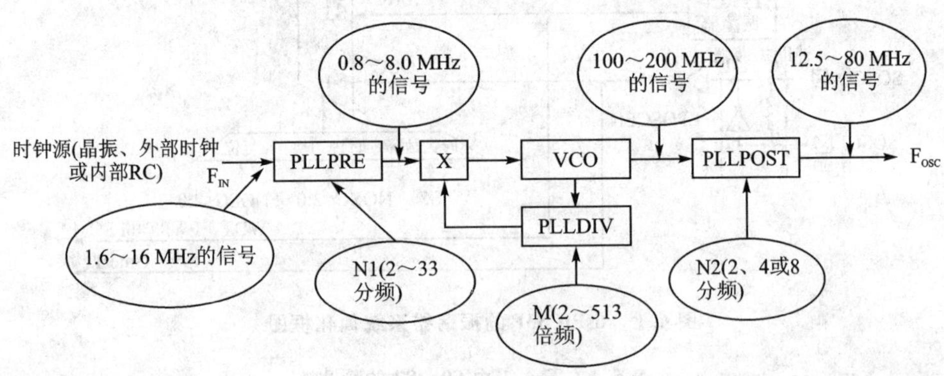

图 6.2 dsPIC33F PLL 框图

如图 6.2 所示，各点的频率与 N1、M、N2 系数的配置，要求如下：

- F_{IN}表示主振荡器或 FRC 的输出，它须满足 1.6～16 MHz。
- 经预分频因子 N1（2、3、…、33 分频），得到的频率须在 0.8～8.0 MHz 范围内。
- PLLDIV＜8:0＞位（PLLFBD＜8:0＞）选择 PLL 反馈倍频比 M，这些位提供可使到 VCO 的输入信号倍频的因子 M。得到 VCO 输出频率范围须在 100～200 MHz 范围内。
- VCO 输出进一步被后分频因子 N2 分频。使用 PLLPOST＜1:0＞位（CLKDIV＜7:6＞）来选择该因子。N2 可以是 2、4 或 8，适当选择因子 N2，使 PLL 输出频率（F_{OSC}）在 12.5～80 MHz 范围内，以产生 6.25～40 MIPS 的器件工作速度。

即输出频率 F_{OSC}与输入频率 F_{IN}的关系为

$$F_{OSC} = \frac{F_{IN} \times M}{N1 \times N2} \tag{6.2}$$

表 6.2 为用于时钟选择的配置位值。

表 6.2 用于时钟选择的配置位值

振荡器模式	振荡器源	POSCMD<1:0>	FNOSC<2:0>	备 注
带N分频的FRC振荡器(FRCDIVN)	内部	11	111	默认配置*
带16分频的FR振荡器(FRCDIV16)	内部	11	110	注1
低功耗RC振荡器(LPRC)	内部	11	101	注1
辅助振荡器(SOSC)	辅助	11	100	注1
带PLL的主振荡器(HSPLL)	主	10	011	—
带PLL的主振荡器(XTPLL)	主	01	011	—
带PLL的主振荡器(ECPLL)	主	00	011	注1
主振荡器(HS)	主	10	010	—
主振荡器(XT)	主	01	010	—
主振荡器(EC)	主	00	010	注1
带PLL的FRC振荡器(FRCPLL)	内部	11	001	注1
FRC振荡器(FRC)	内部	11	000	注1

* 由FOSC配置寄存器的OSCIOFNC配置位确定的引脚OSC2的功能。

6.1.2 与振荡器相关的寄存器介绍

第5章介绍的配置寄存器,它们保存于程序存储器的特殊区间,是只读的,当它们被写入后就不能修改。配置寄存器与振荡器有关的有FOSC和FOSCSEL。还有其他特殊功能寄存器与振荡器有关,表6.3~6.6分别介绍如下。

振荡器控制寄存器OSCCON:此寄存器为振荡器状态及振荡器切换控制专用,通过该寄存器可以知道当前CPU的振荡器模式,以及当时钟在切换时,是否已经达到了稳定等。

由于本寄存器涉及到振荡方式的更改,为了保证系统振荡方式免受外界干扰,必须使用特定的写入顺序才能正确修改OSCCON寄存器。建议使用内建函数来改写这个寄存器,参见例6.9及附录A.2中第44和45条。

表 6.3 OSCCON:振荡器控制寄存器

U-0	R-0	R-0	R-0	U-0	R/W-y	R/W-y	R/W-y
—	COSC<2:0>			—	NOSC<2:0>		
bit 15							bit 8

R/W-0	U-0	R-0	U-0	R/C-0	U-0	R/W-0	R/W-0
CLKLOCK	—	LOCK	—	CF	—	LPOSCEN	OSWEN
bit 7							bit 0

◆ bit 14～12 COSC＜2:0＞:当前振荡器选择位(只读)

000:快速 RC 振荡器(FRC);

001:带 PLL 的快速 RC 振荡器(FRC);

010:主振荡器(XT、HS 和 EC);

011:带 PLL 的主振荡器(XT、HS 和 EC);

100:辅助振荡器(SOSC);

101:低功耗 RC 振荡器(LPRC);

110:带 16 分频的快速 RC 振荡器(FRC);

111:带 n 分频的快速 RC 振荡器(FRC)。

◆ bit 10～8 NOSC＜2:0＞:新振荡器选择位

000:快速 RC 振荡器(FRC);

001:带 PLL 的快速 RC 振荡器(FRC);

010:主振荡器(XT、HS 和 EC);

011:带 PLL 的主振荡器(XT、HS 和 EC);

100:辅助振荡器(SOSC);

101:低功耗 RC 振荡器(LPRC);

110:带 16 分频的快速 RC 振荡器(FRC);

111:带 n 分频的快速 RC 振荡器(FRC)。

◆ bit 7 CLKLOCK:时钟锁定使能位

1:如果 FCKSM1=1,那么时钟和 PLL 配置被锁定;如果 FCKSM1＝0,那么时钟和 PLL 配置可以被修改。

0:时钟和 PLL 选择未被锁定,配置可以被修改。

◆ bit 5 LOCK:PLL 锁定状态位(只读)

1:表示 PLL 处于锁定状态,或 PLL 起振定时器延时结束;

0:表示 PLL 处于失锁状态,起振定时器在运行或 PLL 被禁止。

◆ bit 3 CF:时钟故障检测位(由应用程序读/清 0)

1:FSCM 检测到时钟故障;

0:FSCM 未检测到时钟故障。

◆ bit 1 LPOSCEN:辅助(LP)振荡器使能位

1:使能辅助振荡器;

0:禁止辅助振荡器。

◆ bit 0 OSWEN:振荡器切换使能位

1:请求切换到由 NOSC＜2:0＞位指定的振荡器;

0:振荡器切换完成。

表 6.4 CLKDIV:时钟分频比寄存器 CLKDIV

R/W-0	R/W-0	R/W-0	R/W-0	R/W-0	R/W-1	R/W-0	R/W-0
ROI	DOZE＜2:0＞			DOZEN(1)		FRCDIV＜2:0＞	
bit 15							bit 8
R/W-0	R/W-1	U-0	R/W-0	R/W-0	R/W-0	R/W-0	R/W-0
PLLPOST＜1:0＞				—		PLLPRE＜4:0＞	
bit 7							bit 0

◆ bit 15 ROI:中断恢复位

1:中断将清 0 DOZEN 位,并且处理器时钟与外设时钟比被设置为 1:1;

0:中断对 DOZEN 位无影响。

◆ bit 14～12 DOZE＜2:0＞:处理器时钟分频比选择位

111:$F_{CY}/128$;

110:$F_{CY}/64$;

101:$F_{CY}/32$;

100:$F_{CY}/16$;

011:$F_{CY}/8$;

010:$F_{CY}/4$;

001:$F_{CY}/2$;

000:$F_{CY}/1$(默认)。

◆ bit 11 DOZEN:DOZE 模式使能位

1:DOZE＜2:0＞位域指定外设时钟和处理器时钟之间的比率;

0:处理器时钟与外设时钟比率强制为 1:1。

◆ bit 10～8 FRCDIV＜2:0＞:内部快速 RC 振荡器后分频比位

000:FRC 1 分频(默认);

001:FRC 2 分频;

010:FRC 4 分频;

011:FRC 8 分频;

100:FRC 16 分频;

101:FRC 32 分频;

110:FRC 64 分频;

111:FRC 256 分频。

◆ bit 7～6 PLLPOST＜1:0＞:PLL VCO 输出分频比选择位,即式(6.2)中的 N2,PLL 后分频比

00:N2=2;

01:N2=4(默认值);

10:保留;

11:N2=8。

◆ bit 4～0 PLLPRE<4:0>:PLL相位检测器输入分频比位,即式(6.2)中的N1,PLL预分频比

00000:N1=2;

00001:N1=3;

⋮

11111:N2=33。

即PLL预分频比N1=PLLPRE<4:0>值+2。

注意: 当ROI位被置1且发生中断时,该位被清0。

表6.5 PLLFBD:PLL反馈倍频比寄存器

U-0	U-0	U-0	U-0	U-0	U-0	U-0	R/W-0(1)
—	—	—	—	—	—	—	PLLDIV<8>
bit 15							bit 8
R/W-0	R/W-0	R/W-1	R/W-1	R/W-0	R/W-0	R/W-0	R/W-0
PLLDIV<7:0>							
bit 7							bit 0

◆ bit 8～0 PLLDIV<8:0>:PLL反馈倍频比位,即式(6.2)中的M,PLL倍频比

000000000:M=2;

000000001:M=3;

000000010:M=4;

⋮

111111111:M=513。

即PLL倍频比M=PLLDIV<8:0>值+2。

表6.6 OSCTUN:FRC振荡器调节寄存器

U-0	U-0	U-0	U-0	U-0	U-0	U-0	U-0
—	—	—	—	—	—	—	—
bit 15							bit 8
U-0	U-0	R/W-0	R/W-0	R/W-0	R/W-0	R/W-0	R/W-0
—	—	TUN<5:0>					
bit 7							bit 0

◆ bit 5～0 TUN＜5：0＞：FRC 振荡器调节位

详见表 6.7。

TUN 按照每位 0.375%标称频率调整，6 位的 TUN 按照其二进制补码的格式存放。因此，TUN 最大值为 0b011111＝＋31，相应的最大频率为(1＋31×0.375%)×7.37 MHz≈8.226 8 MHz。TUN 最小值为 0b100000＝－32，相应的最小频率为(1－32×0.375%)×7.37 MHz≈6.485 6 MHz。

表 6.7 TUN＜5：0＞与振荡频率 F_{OSC} 的关系

数 值	TUN＜5：0＞	±%	F_{OSC} /MHz	数 值	TUN＜5：0＞	±%	F_{OSC} /MHz	数 值	TUN＜5：0＞	±%	F_{OSC} /MHz
31	011111	11.625	8.226 8	9	001001	3.375	7.618 7	－13	110011	－4.875	7.0107
30	011110	11.250	8.199 1	8	001000	3.000	7.591 1	－14	110010	－5.250	6.983 1
29	011101	10.875	8.171 5	7	000111	2.625	7.563 5	－15	110001	－5.625	6.955 4
28	011100	10.500	8.143 9	6	000110	2.250	7.535 8	－16	110000	－6.000	6.927 8
27	011011	10.125	8.116 2	5	000101	1.875	7.508 2	－17	101111	－6.375	6.900 2
26	011010	9.750	8.088 6	4	000100	1.500	7.480 6	－18	101110	－6.750	6.872 5
25	011001	9.375	8.060 9	3	000011	1.125	7.452 9	－19	101101	－7.125	6.844 9
24	011000	9.000	8.033 3	2	000010	0.750	7.425 3	－20	101100	－7.500	6.817 3
23	010111	8.625	8.005 7	1	000001	0.375	7.397 6	－21	101011	－7.875	6.789 6
22	010110	8.250	7.9780	0	000000	0.000	7.370 0	－22	101010	－8.250	6.762 0
21	010101	7.875	7.950 4	－1	111111	－0.375	7.342 4	－23	101001	－8.625	6.734 3
20	010100	7.500	7.922 8	－2	111110	－0.750	7.314 7	－24	101000	－9.000	6.706 7
19	010011	7.125	7.895 1	－3	111101	－1.125	7.287 1	－25	100111	－9.375	6.679 1
18	010010	6.750	7.867 5	－4	111100	－1.500	7.259 5	－26	100110	－9.750	6.651 4
17	010001	6.375	7.839 8	－5	111011	－1.875	7.231 8	－27	100101	－10.125	6.623 8
16	010000	6.000	7.812 2	－6	111010	－2.250	7.204 2	－28	100100	－10.500	6.596 2
15	001111	5.625	7.784 6	－7	111001	－2.625	7.176 5	－29	100011	－10.875	6.568 5
14	001110	5.250	7.756 9	－8	111000	－3.000	7.148 9	－30	100010	－11.250	6.540 9
13	001101	4.875	7.729 3	－9	110111	－3.375	7.121 3	－31	100001	－11.625	6.513 2
12	001100	4.500	7.701 7	－10	110110	－3.750	7.093 6	－32	100000	－12.000	6.485 6
11	001011	4.125	7.674 0	－11	110101	－4.125	7.066 0	—	—	—	—
10	001010	3.750	7.646 4	－12	110100	－4.500	7.038 4	—	—	—	—

6.2 FRC 振荡器

FRC 是 DSC 内部高速 RC 振荡器，标称振荡频率为 7.37 MHz，并可以通过软件修改 FRC 时钟的分频比(1:2～1:256)以调节 FRC 频率。

由于采用了内部 RC 振荡器，因此器件的 OSC1 和 OSC2 可以作为普通 I/O 口使用，但 OSC2 要先在配置位中设置(FOSC 的 OSCIOFNC 位，见表 5.6)。

由于温度等因素的影响，FRC 的最大可能误差为：

- ±2%，运行环境温度为－40～＋85 ℃。
- ±5%，运行环境温度为－40～＋125 ℃。

使用时要引起注意，即使用前须确定该误差是否影响实际应用。

除了振荡器控制寄存器 OSCCON、时钟分频比寄存器 CLKDIV 的位 PLLPOST＜1:0＞和 PLLPRE＜4:0＞位、PLL 反馈倍频比寄存器 PLLFBD 外，直接与 FRC 有关的相关寄存器如下：

- 配置寄存器 FOSCSEL 的位 FNOSC＜2:0＞，设定 FRC 的工作方式(见表 5.5)；
- 时钟分频比寄存器 CLKDIV 的位 FRCDIV＜2:0＞，决定 FRC 的后分频比(见表 6.4)；
- FRC 振荡器调节寄存器 OSCTUN(见表 6.6)，用来微调 FRC 的频率。

以下以若干个例子来说明 FRC 的使用。

【例 6.1】 使用 FRC 作为振荡器，并使用 OSCI 和 OSCO 引脚

所用的线路图如图 6.3 所示。本例中用标准的 FRC，未经过预分频和后分频，并利用 OSCI/RA2 和 OSCO/RA3 作为普通 I/O 脚来控制 LED 闪亮。

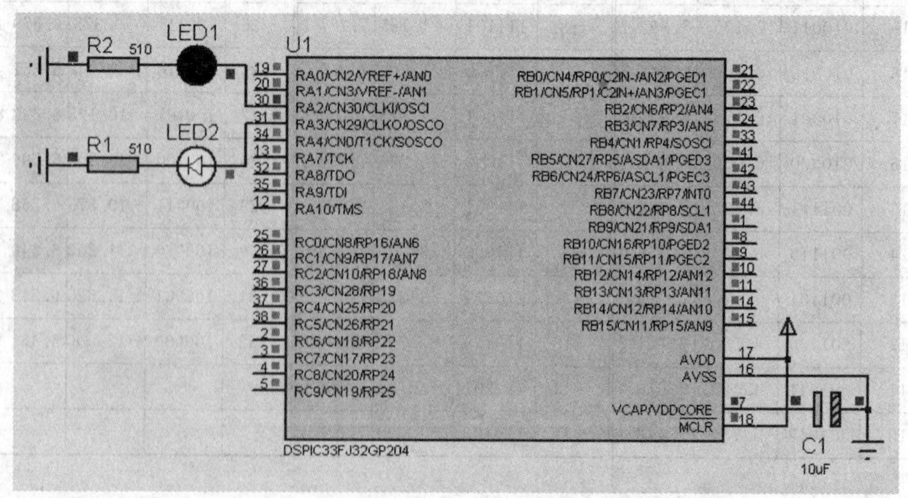

图 6.3 例 6.1 的线路图

注意，在 PROTEUS 仿真中，使用内部的 FRC 振荡器，不必在芯片的属性中设置器件的振荡频率，如果设置了频率，则会在仿真界面中提示说明所设置的频率无效。

在配置位函数 FOSCSEL()中，选择了"FNOSC_FRC"，即 FRC 振荡器，不带前后分频的 FRC 振荡。

在配置位函数 FOSC()中，选择了"OSCIOFNC_ON"，即选择 OSCO 为通用数字 I/O 引脚；选择了"POSCMD_NONE"，即禁止主振荡器，这是由于使用 FRC，就得禁止主振荡器。

程序在 PROTEUS 仿真和实物运行中，LED1 和 LED2 每隔 1 s 交替闪亮。

显然，如果将 FOSC 配置函数中的"OSCIOFNC_ON"改为"OSCIOFNC_OFF"，LED2 将不能工作。

【例 6.1】 程序

```
#include "p33fj32gp204.h"
//使用默认的 FRC,7.37MHz
//使用用户设定的振荡器,即 FRC 启动
_FOSCSEL(IESO_OFF & FNOSC_FRC);
//禁止时钟切换,禁止引脚多次配置,OSCO 为数字引脚,禁止主振荡器(选用 FRC 就得禁止主
//振荡器)
_FOSC(FCKSM_CSDCMD & IOL1WAY_ON & OSCIOFNC_ON & POSCMD_NONE);
_FICD(JTAGEN_OFF & ICS_PGD2);
void DELAY1(unsigned int);
#define LED1 _LATA2
#define LED2 _LATA3

int main(void)
{    TRISA = 0xFFF3;           //RA2、RA3 为输出
     LED1 = 1;
     Nop();
     LED2 = 0;
     while(1)
     {    DELAY1(1000);        //标准 FRC,延时 1000 ms
          LED1 = ~LED1;
          Nop();
          LED2 = ~LED2;
     };
     return(0);
}
```

延时子程序 DELAY1 见例 3.1。

【例 6.2】 使用带后分频的 FRC，并使用 OSCI 和 OSCO 引脚

本例仍使用图 6.3 所示的线路图，但在程序设置中使用了带后分频的 FRC。

配置位函数与前不同处为，在配置位函数 FOSCSEL()中，选择了“FNOSC_LPRCDIVN”，即带后分频的 FRC 振荡器。其他配置函数设置与例 6.1 相同。运行结果与例 6.1 的不同点是，LED1 和 LED2 的闪亮时间间隔从 1 s 延长至 4 s。

【例 6.2】 程序

```
#include "p33fj32gp204.h"
//使用默认的 FRC,7.37MHz,用 FRCDIV 分频比为 1:4
//使用用户设定的振荡器,即 FRC 启动,初始振荡器为带后分频的 FRC
_FOSCSEL(IESO_OFF & FNOSC_LPRCDIVN);
//禁止时钟切换,禁止引脚多次配置,OSCO 为数字引脚,禁止主振荡器(选用 FRC 就得禁止主
//振荡器)
_FOSC(FCKSM_CSDCMD & IOL1WAY_ON & OSCIOFNC_ON & POSCMD_NONE);
_FICD(JTAGEN_OFF & ICS_PGD2);
void DELAY1(unsigned int);
#define LED1 _LATA2
#define LED2 _LATA3

int main(void)
{   CLKDIVbits.FRCDIV = 0b010;             //FRC 4 分频,Fosc = 7.37 MHz/4 = 1.842 5 MHz
    while (OSCCONbits.COSC ! = 0b111);     //等待时钟稳定
    TRISA = 0xFFF3;                        //RA2、RA3 为输出
    LED1 = 1;
    Nop();
    LED2 = 0;
    while(1)
    {   DELAY1(1000); //在 PROTEUS 仿真下,当 FRCDIV = 0b000 时,即无分频时延时 1 001.1 ms
        LED1 = ～LED1; //当 FRCDI = 0b010,即 4 分频时延时 4 004.4 ms
        Nop();
        LED2 = ～LED2;
    };
    return(0);
}
```


延时子程序 DELAY1 见例 3.1。

【例 6.3】 使用微调频率的 FRC

本例仍使用图 6.3 所示的线路图，但使用了 OSCCON 的位 TUN<5:0>来微调系统的时钟，程序中设置了 TUN＝0b011111＝31，即最大频率为 8.266 8 MHz。通过示波器实测 RA2 或 RA3 引脚上的电平，高低电平的宽度可以看到，原来在 7.37 MHz 频率下延时 1 s 的程序，现在延时 0.88 s，与理论值基本吻合：

$$\frac{7.37\ \text{MHz}}{8.266\ 8\ \text{MHz}} = 0.89$$

需要说明的是，在 PROTEUS 中不能仿真 TUN<5:0>对频率的影响。

【例 6.3】　程序

```
#include "p33fj32gp204.h"
//使用默认的 FRC,7.37 MHz,用 OSCTUN 来调整器件工作频率 FOSC。不能在 PROTEUS 下仿
//真 TUN!
//使用用户设定的振荡器,即 FRC 启动,初始振荡器为带后分频的 FRC
_FOSCSEL(IESO_OFF & FNOSC_FRC);
//禁止时钟切换,禁止引脚多次配置,OSCO 为数字引脚,禁止主振荡器(选用 FRC 就得禁止主
//振荡器)
_FOSC(FCKSM_CSDCMD & IOL1WAY_ON & OSCIOFNC_ON & POSCMD_NONE);
_FICD(JTAGEN_OFF & ICS_PGD2);
void DELAY1(unsigned int);
#define LED1 _LATA2
#define LED2 _LATA3

int main(void)
{    TRISA = 0xFFF3;                      //RA2、RA3 为输出
     OSCTUNbits.TUN = 0b011111;           //调整为最快的工作频率,理论值为 8.226 8 MHz
     LED1 = 1;
     Nop();
     LED2 = 0;
     while(1)
     {   DELAY1(1000);                    //实测 0.88 s
         LED1 = ~LED1;
         Nop();
         LED2 = ~LED2;
     };
     return(0);
}
```

延时子程序 DELAY1 见例 3.1。

【例 6.4】　带 PLL 的 FRC，7.37 MHz，期望的总振荡频率为 60 MHz

本例使用了 PLL 锁相电路，把比较低的 FRC 的 7.37 MHz 频率，通过内部的 PLL 锁相电路提高到了期望的振荡频率 60 MHz。

还是使用图 6.3 的线路图。

从图 6.2 可以看到，要使用 PLL，需要设置三个参数：N1、M 和 N2，须满足 6.1.1 小节要求。

显然，只能通过设置 N1、M 和 N2 让总的振荡频率接近于 60 MHz，即要通过优化的方法选择一组 N1、M 和 N2，既满足 6.1.1 小节的要求，又使得总的振荡频率等于或最接近于 60 MHz。

由 6.1.1 小节可知，N1 的取值范围为 2～33 的整数，M 的取值范围为 2～512 的整数，N2 的取值为 2、4 或 8。因此可以用高级语言编程的方法确定这三个量。网上资料中的“OSC 计算. xls”是作者使用 VBA 编程设计的带 PLL 的参数选择 EXCEL表，程序中使用了优化算法，得到的结果是最接近期望的工作频率且满足 6.1.1小节三个要求的三个参数，其界面如图 6.4 所示。此 EXCEL 表使用说明如下：

① 如果您使用的初始振荡频率不在图中的“常用 F_{OSC}”列的前 7 行中，可以在第 8 行中输入您正在使用的初始振荡频率，本例需要的 7.37 MHz 已在列表中，不必输入。

② 如果您期望的工作频率不在“常用的工作频率”列的前 8 行，可以在第 9 行中输入您期望的工作频率。注意，这里是工作频率，即总的工作频率，为总的振荡频率的 1/2。本例为 30 MHz，已在列表中，不必输入。

③ 点击“输入频率”格，将下拉供您选择的初始频率，如本例选 7.37 MHz。

④ 点击“期望的工作频率”格，将下拉供您选择的工作频率，如本例选 30(振荡频率为 60 MHz)。

点击计算按钮后就可以在图 6.4 中的⑤、⑥、⑦得到 N1＝7、M＝114 和 N2＝2，即相应的 PLLPRE＝5、PLLDIV＝112、PLLPOST＝0。这些值是经过优化后的结果，理论值为 30.006 MHz，与期望值 30 MHz 非常接近。

程序仍用在 7.37 MHz 下延时 1 000 ms 的程序进行延时，实际延时时间应为：1 000 ms×7.37 MHz/60 MHz＝123 ms，通过实验实测，结果是正确的。

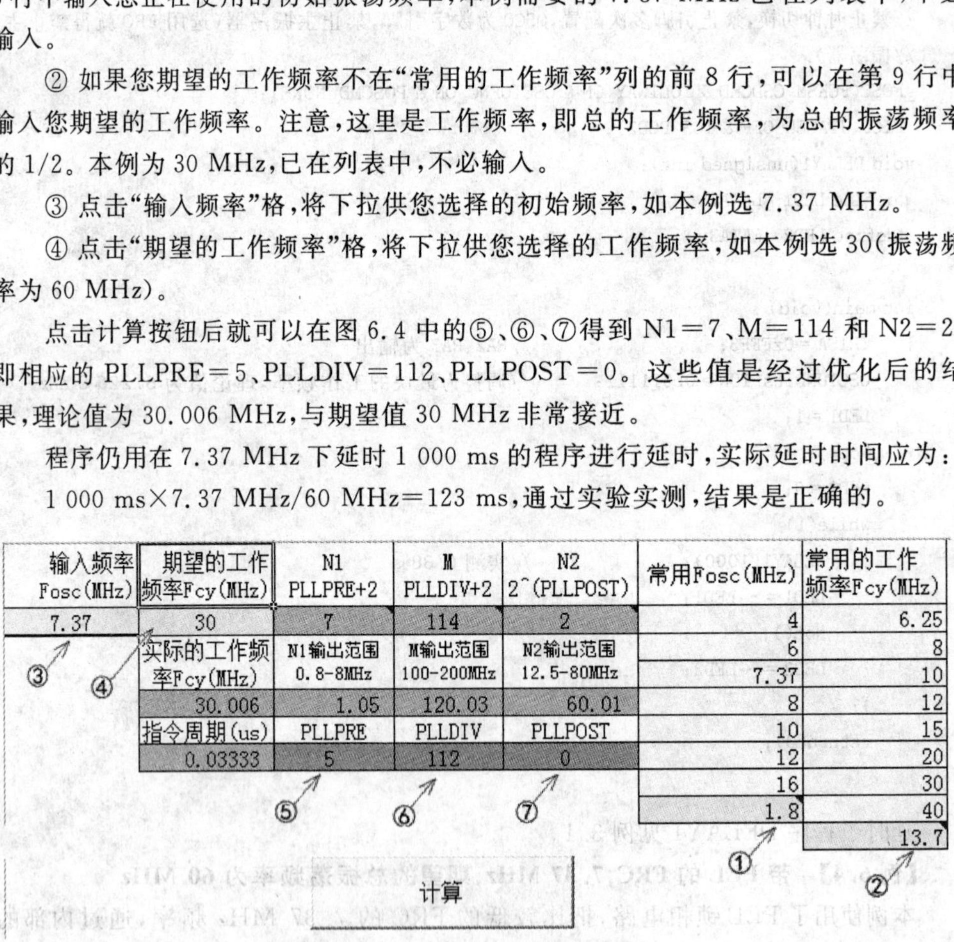

输入频率 Fosc(MHz)	期望的工作频率Fcy(MHz)	N1 PLLPRE+2	M PLLDIV+2	N2 2^(PLLPOST)
7.37	30	7	114	2
③	④ 实际的工作频率Fcy(MHz)	N1输出范围 0.8-8MHz	M输出范围 100-200MHz	N2输出范围 12.5-80MHz
	30.006	1.05	120.03	60.01
	指令周期(us)	PLLPRE	PLLDIV	PLLPOST
	0.03333	5 ⑤	112 ⑥	0 ⑦

常用Fosc(MHz) ①	常用的工作频率Fcy(MHz) ②
4	6.25
6	8
7.37	10
8	12
10	15
12	20
16	30
1.8	40
	13.7

计算

图 6.4 PLL 的 EXCEL 计算界面

【例 6.4】 程序

```
#include "p33fj32gp204.h"
//使用带 PLL 的 FRC,7.37MHz,期望的总振荡频率 60MHz
//使用 FRC 启动,初始振荡器为 PLL 的 FRC
_FOSCSEL(IESO_OFF & FNOSC_FRCPLL);
```

```
//禁止时钟切换,禁止引脚多次配置,OSCO 为数字引脚,禁止主振荡器(选用 FRC 就得禁止主
//振荡器)
_FOSC(FCKSM_CSDCMD & IOL1WAY_ON & OSCIOFNC_ON & POSCMD_NONE);
_FICD(JTAGEN_OFF & ICS_PGD2);
void DELAY1(unsigned int);
#define LED1 _LATA2
#define LED2 _LATA3

int main(void)
{    CLKDIVbits.PLLPRE = 5;     //N1 = 7,此输出为 7.37 MHz/7≈1.053 MHz,符合
                               //0.8～8.0 MHz 的要求
     PLLFBDbits.PLLDIV = 112;   //M = 114,此输出为 1.053 MHz×114≈120.04 MHz,符合
                               //100～200 MHz 的要求
     CLKDIVbits.PLLPOST = 0;    //N2 = 2,此输出为 120.04 MHz/2 = 60.02 MHz,符合
                               //12.5～80 MHz 的要求
     while(OSCCONbits.COSC ! = 0b001);     //等待时钟稳定
     TRISA = 0xFFF3;            //RA2、RA3 为输出
     LED1 = 1;
     Nop();
     LED2 = 0;
     TMR1 = 0;
     while(1)
     {    DELAY1(1000);         //理论延时 1 000×7.37 MHz/60 = 123ms,与实测相符
          LED1 = ～LED1;
          Nop();
          LED2 = ～LED2;
     };
     return(0);
}
```

延时子程序 DELAY1 见例 3.1。

6.3 主振荡器(XT、HS 或 EC)

使用如图 6.5 所示的外接振荡器时,当晶体振荡器 J1 的振荡频率在 3～10 MHz 范围时,为 XT(标准)方式;当振荡频率在 10～40 MHz 范围时,为 HS(高速晶振)方式。当使用外部时钟信号为 DSC 提供振荡信号时,外部时钟信号直接施加到 OSCI 引脚,此种方式为 EC(外部时钟)方式,这时,外部时钟信号的频率要求在 0.8～64 MHz 范围内。

使用晶振将使得 DSC 的振荡频率更加稳定和精准。

一般来说,器件的频率越高,计算速度越快,但频率越高,功耗也越高,越容易受

外部干扰。因此在确定器件的工作频率时要考虑这些因素。

以下以实例来说明主振荡器的使用。

【例 6.5】　不带 PLL 的简单 XT 振荡器方式

这种方式只要对相应的系统配置位设置，使用满足要求的晶振，接于相应的 OSCI 和 OSCO 接口，并联 2 个 20 pF 左右的电容就可以了，如图 6.5 所示。

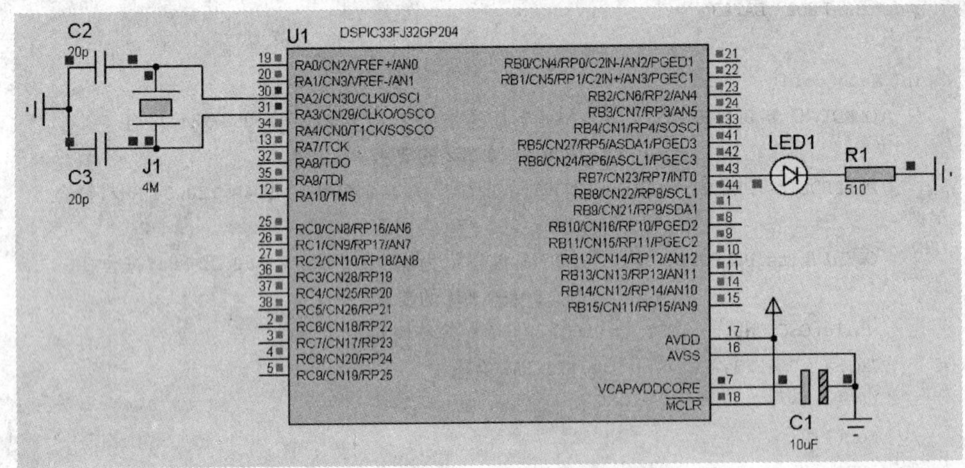

图 6.5　XT 振荡方式接线图

注意，在 PROTEUS 仿真中，所画的晶振频率是不起作用的，须在线路图中的 DSC 属性中设置器件的振荡频率为 4 MHz。其中的延时子程序的参数与前不同。

【例 6.5】　程序

```
#include "p33fj32gp204.h"


//禁止时钟切换,禁止引脚多次配置,振荡引脚,主振荡器为 XT
_FOSC(FCKSM_CSDCMD & IOL1WAY_ON & OSCIOFNC_OFF & POSCMD_XT)
//使用用户设定的振荡器启动,初始振荡器为 XT
_FOSCSEL(IESO_OFF & FNOSC_PRI);
_FICD(JTAGEN_OFF & ICS_PGD2);


void DELAY2(unsigned int);
#define LED1 _RB7

int main(void)
{    _TRISB7 = 0;
     LED1 = 1;
     while(1)
     {    DELAY2(1000);          //在 4 MHz 的工作频率下,延时 1 001.1 ms
          LED1 = ～LED1;
```

```
    };
    return(0);
}

//====== 延时(n)ms,4 MHz 振荡频率下
void DELAY2(unsigned int n)
{   unsigned int j,k;
    for (j = 0;j<n;j ++ )
        for (k = 284;k>0;k -- )
        {   Nop();Nop();Nop();   }
}
```

【例 6.6】 带 PLL 的 HS 振荡器方式

本例所用的线路仍为图 6.5,只是其中的晶振 J1 的振荡频率改为 12 MHz。在 PROTEUS 仿真时,双击 DSC 芯片,在弹出的属性窗口中把器件的振荡频率设置为 12 MHz。仿真时系统自动根据程序的设置,配置为 80 MHz 的振荡频率即 40 MHz 的工作频率运行。

本例的系数 N1、M 和 N2 也是利用 EXCEL 表"OSC 计算.xls"计算的。

【例 6.6】 程序


```
#include "p33fj32gp204.h"
//禁止时钟切换,禁止引脚多次配置,振荡引脚,主振荡器为 HS
_FOSC(FCKSM_CSDCMD & IOL1WAY_ON & OSCIOFNC_OFF & POSCMD_HS)
//使用用户设定的振荡器启动,初始振荡器为带 PLL 的主(XT、HS 或 EC)振荡器
_FOSCSEL(IESO_OFF & FNOSC_PRIPLL);
_FICD(JTAGEN_OFF & ICS_PGD2);

void DELAY1(unsigned int);
#define LED1 _RB7
//外接晶振 12 MHz,期望的工作频率 F_CY = 80 MHz,T_CY = 25 ns
int main(void)
{   CLKDIVbits.PLLPRE = 1;  //N1 = 3,此输出为 12 MHz/3 = 4 MHz,符合 0.8～8.0 MHz 的
                            //要求
    PLLFBDbits.PLLDIV = 38; //M = 40,此输出为 4 MHz×40≈160 MHz,符合 100～200 MHz 的
                            //要求
    CLKDIVbits.PLLPOST = 0; //N2 = 2,此输出为 160 MHz/2 = 80 MHz,符合 12.5～80 MHz 的
                            //要求
    while(OSCCONbits.COSC != 0b011);     //等待时钟稳定
    _TRISB7 = 0;
    LED1 = 1;
    while(1)
    {   DELAY1(1000);       //在 7.37 MHz 的工作频率下,延时 1 s
```

```
        LED1 = ~LED1;        //在 80 MHz 的工作频率下,仿真与实测均为 92 ms
    };
    return(0);
}
```

延时子程序 DELAY1 见例 3.1。

6.4 辅助振荡器(LP 或 SOSC)

辅助振荡器(LP 或 SOSC)是为低功耗运行而设计的,它使用外接的 32.768 kHz 晶振或陶瓷谐振器。它需要使用 SOSCI 引脚和 SOSCO 引脚。该振荡器还能为 TMR1 提供计数脉冲。

【例 6.7】 SOSC 辅助振荡器

相应的线路如图 6.6 所示,其中的晶振 J1 为时钟晶振,频率为 32.768 kHz。

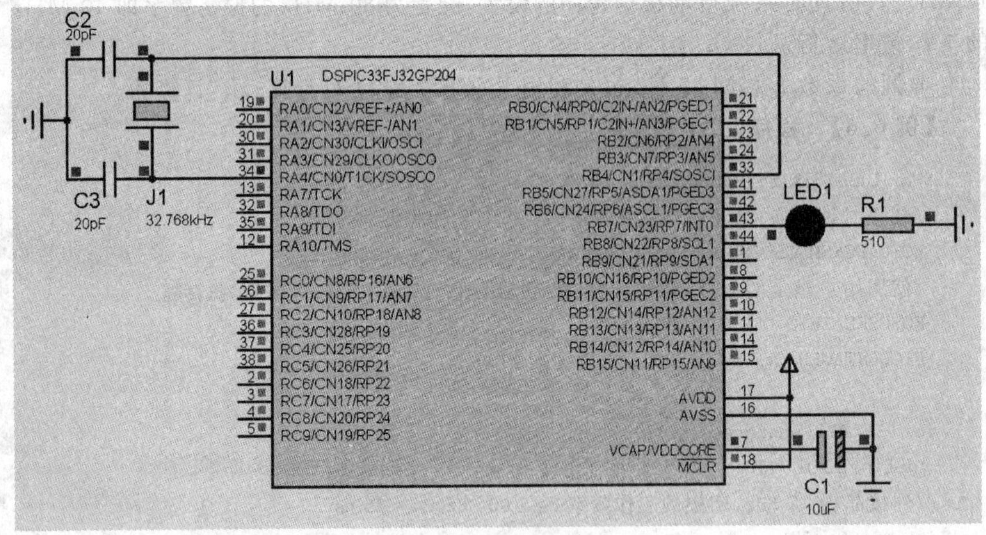

图 6.6 辅助振荡器线路图

【例 6.7】 程序

```
#include "p33fj32gp204.h"
//禁止时钟切换,禁止引脚多次配置,OSCO 引脚在 SOSC 模式下无效,禁止主振荡器
_FOSC(FCKSM_CSDCMD & IOL1WAY_ON & OSCIOFNC_ON & POSCMD_NONE)
//使用用户设定的振荡器启动,初始振荡器为辅助振荡器 SOSC
_FOSCSEL(IESO_OFF & FNOSC_SOSC);
_FICD(JTAGEN_OFF & ICS_PGD2);
void DELAY1(unsigned int);
#define LED _LATB7
```

```
int main(void)
{    __builtin_write_OSCCONH(0b00000100);      //NOSC = 0b100,新振荡器
     __builtin_write_OSCCONL(0b00000011);      //使能 SOSC 振荡器,切换使能
     while(OSCCONbits.COSC ! = 0b100);         //等待时钟稳定
     _TRISB7 = 0;
     LED = 1;
     while(1)
     {    DELAY1(1);  //在 7.37 MHz 下延时 1.006 ms,在 SOSC 振荡频率下,实物实测 227 ms
          LED = ~LED; //理论在 32.768 kHz 下延时 7 370 kHz × 1.006 ms/32.768 kHz = 226 ms
     };
          return(0);
}
```

延时子程序 DELAY1 见例 3.1。

6.5　低功耗内部振荡器(LPRC)

低功耗内部 RC 振荡器(LPRC)工作频率的标称值为 32.768 kHz,但它受温度、电压的影响较大。如 dsPIC33FJ32GP204 的相关指标如下:

- ±15%,运行环境温度为－40～＋85℃;
- ±40%,运行环境温度为－40～＋125℃;
- ±70%,运行环境温度为－40～＋150℃。

因此它只能用于对工作频率的精度与速度要求不高的场合。

不同型号的 DSC 芯片,此数据可能有所不同,请参阅相关资料手册。

LPRC 可以用作看门狗定时器(WatchdogTimer,WDT)和故障保护时钟监视器(FSCM)的参考时钟。

注意,此振荡方式在 PROTEUS 仿真中工作不正常。

【例 6.8】　LPRC 低功耗内部振荡器

本例与图 6.5 的线路相似,只是其中的外接晶振及其电容不接了,用的是内部低功耗 RC 振荡器,即 LPRC。

请读者注意程序中配置位 FOSC 和 FOSCSEL 的设定。注意:在 LPRC 振荡模式下,使用 PICKIT3 不能进行在线调试,只能烧写脱机运行。

【例 6.8】　程序

```
//在实物脱机状态运行正常
#include "p33fj32gp204.h"
//禁止时钟切换,禁止引脚多次配置,OSCO 为通用数字 I/O 引脚(在 LPRC 模式),禁止主振
//荡器
_FOSC(FCKSM_CSDCMD & IOL1WAY_ON & OSCIOFNC_ON & POSCMD_NONE)
```

```
//使用用户设定的振荡器启动,初始振荡器为 LPRC 振荡器
_FOSCSEL(IESO_OFF & FNOSC_LPRC);
_FICD(JTAGEN_OFF & ICS_PGD2);

void DELAY1(unsigned int);
#define LED1 _LATB7


int main(void)
{    __builtin_write_OSCCONH(0b00000101);       //NOSC = 0B101,LPRC
     while (OSCCONbits.COSC ! = 0b101);          //等待时钟稳定


     _TRISB7 = 0;
     LED1 = 1;
     while(1)
     {    DELAY1(10);        //在 7.37 MHz 下延时 10.024 ms,
          LED1 = ~LED1;      //实测在 LPRC 振荡方式下延时 2.16 s
     };
     return(0);
}
```


延时子程序 DELAY1 见例 3.1。

6.6 时钟切换

6.6.1 时钟切换工作原理

在软件控制下,系统可以在任何时候在四个时钟源(主振荡器、LP、FRC 和 LPRC)之间自由切换。为限制该灵活性可能产生的影响,dsPIC33F 器件的时钟切换过程带有安全锁定的时钟切换保障机制。

6.6.2 使能时钟切换

要使能时钟切换,配置寄存器 FOSC 中的 FCKSM1 配置位(即 FCKSM 的位 1)必须编程为 0(详情见表 5.6)。如果 FCKSM1 配置位未被设置为 1,则时钟切换功能和故障保护时钟监视器功能被禁止。

与时钟切换有密切关系的寄存器是 OSCCON。当时钟切换被禁止时,OSCCON 的 NOSC 控制位不能控制时钟选择。但是,其 COSC 位仍反映 FNOSC 配置位选择的时钟源。

当时钟切换被禁止时,OSCCON 的 OSWEN 控制位无效,它总是保持为 0。

6.6.3　振荡器切换步骤

执行时钟切换需要按以下列基本步骤进行：

① 需要时读取 COSC 位(OSCCON<14:12>)来确定当前振荡器源；

② 执行解锁序列以允许写入 OSCCON 寄存器的高字节；

③ 适当的值写入新振荡器源的 NOSC 控制位(OSCCON<10:8>)；

④ 执行解锁序列以允许写入 OSCCON 寄存器的低字节；

⑤ OSWEN 位置 1 来启动振荡器切换。

一旦基本序列完成，系统时钟硬件将自动进行如下响应：

① 时钟切换硬件将 NOSC 控制位的新值和 COSC 状态位作比较，如果相等，时钟切换为冗余操作。

② 如果启动了有效时钟切换，OSCCON 寄存器的 LOCK 位和 CF 位被清 0。

③ 如果新振荡器当前不在运行，硬件会将它开启；如果开启的是晶振，硬件将等待直到振荡器起振定时器(OST)超时；如果新的振荡源使用 PLL，硬件将等待直到检测到 PLL 锁定(LOCK=1)。

④ 硬件会等待新时钟源 10 个时钟周期，然后执行时钟切换。

⑤ 硬件对位 OSWEN 清 0，表示时钟切换成功，此外，NOSC 位的值被传送到 COSC 状态位中。

⑥ 此时旧时钟源被关闭，但 LPRC(如果 WDT 或 FSCM 被使能)或辅助振荡器 SOSC(如果 LPOSCEN 保持置 1 状态)除外。

以下以一个实例来说明时钟的切换编程与应用。

【例 6.9】　时钟切换，从 FRC 切换到带 PLL 的 XT 方式

如图 6.7 所示，线路设计了一个内部有弱上拉的按键接于 RB7/INT0，程序复位后开始运行时，系统采用的是 FRC 振荡方式，即用内部的 7.37 MHz 振荡器。当第一次按下按键 S0 时，程序将振荡器切换到带 PLL 的 XT 振荡方式，因此线路上要在 OSCI 和 OSCO 间接上一个晶振。这里接的为 4 MHz 晶振，要求经过 PLL 后得到的总的振荡频率为 40 MHz。

注意，程序中修改寄存器 OSCCON(高或低字节)，用了内建函数__builtin_write_OSCCONH 和__builtin_write_OSCCONL，这是因为要修改这个寄存器必须满足系统规定的“苛刻”条件才能正确修改。如写 OSCCON 的高字节，须先后写入 0x78 和 0x9A 后才能把要写的数据正确写入。同样，如写 OSCCON 的低字节，须先后写入 0x46 和 0x57 后才能把要写的数据正确写入。这是为了保证 OSCCON 不因信号干扰而被改写。在内建函数中已经帮我们把这些过程考虑好了，我们只需调用就可以了。

请读者重点看一下 INT0 中断服务程序中那些在开头加上“*”的语句，是让 DSC 进行振荡器切换的重点语句。这些“*”符号仅是为了重点提示，实际运行当然

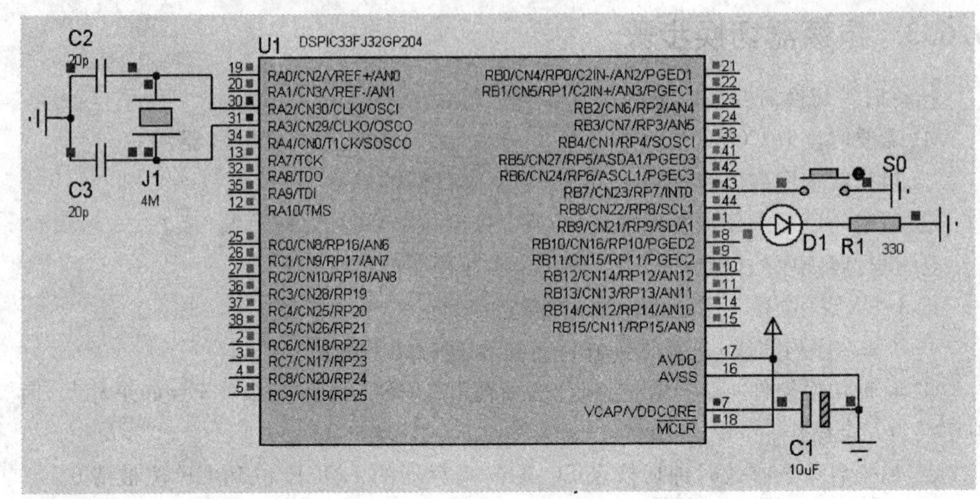

图 6.7 时钟切换线路图

得去掉。

在实物与 PROTEUS 仿真中可以看到，复位运行后，LED 每秒闪亮一次，当按下按键 S0 后，由于 DSC 的工作频率从 7.37 MHz 切换为 40 MHz，LED 的闪亮加快。测量(实物与 PROTEUS 仿真)表明，切换后的 LED 高或低电平的宽度为 184 ms，与理论值相符：

$$1\,001.1\ \text{ms} \times 7.37\ \text{MHz}/40\ \text{MHz} \approx 184\ \text{ms}$$

【例 6.9】 程序

```
#include "p33fj32gp204.h"
//原始晶振 FRC,后切换为 XT + PLL 方式,Fosc = 4MHz + PLL = 40MHz
//使能时钟切换,引脚配置 1 次,振荡引脚,主振荡器 XT,已经实物与 PROTEUS 仿真中运行正确
_FOSC(FCKSM_CSECMD & IOL1WAY_OFF & OSCIOFNC_OFF & POSCMD_XT)
//使用 FRC 启动器件,然后自动切换到就绪的用户选择振荡器源,初始振荡器为 FRC
_FOSCSEL(IESO_ON & FNOSC_FRC);
_FWDT(FWDTEN_OFF);
#define _ISR1 __attribute__((interrupt, auto_psv))
#define LED    _RB9
void _ISR1 _INT0Interrupt(void);
void DELAY1(unsigned int);
unsigned char FLAG = 0;
int main(void)
{   RCONbits.SWDTEN = 0;      //禁止 WDT
    CORCONbits.IPL3 = 0;      //CPU 中断优先级小于等于 7,如大于 7 则其他中断均被禁止
    SRbits.IPL = 4;           //CPU 中断优先级为 4
    INTCON1bits.NSTDIS = 0;   //禁止中断嵌套
```

```
    INTCON2bits.INT0EP = 1; //INT0 为下降沿中断
    IEC0bits.INT0IE = 1;    //允许 INT0 中断
    IPC0bits.INT0IP = 5;    //INT0 中断优先级为 5
    _CN23PUE = 1;           //RB7/CN23 弱上拉使能
    _TRISB9 = 0;            //LED 端口设置
    _TRISB7 = 1;            //INT0 输入口设置

    while(1)
    {   DELAY1(1000);       //标准 FRC,延时 1 001.1 ms
        LED = ~LED;         //当切换为 XT + PLL = 40 MHz,延时时间 = 1 001.1 ms×
                            //7.37 MHz/40 MHz = 184.45 ms
    }
    return(0);
}

void _ISR1 _INT0Interrupt(void)
{   DELAY1(30);
    IFS0bits.INT0IF = 0;
    if (FLAG == 0)       //只能切换一次
    {                    //切换到 XT + PLL,总的工作频率 F_CY = 4 MHz × (80/2/2)/2 = 20 MHz
        _PLLPRE = 0;     // N1 = 2,4 MHz/2 = 2 MHz,符合 0.8~8.0 MHz 的要求
        _PLLDIV = 78;    // M = 80,2 MHz × 80 = 160 MHz,符合 100~200 MHz 的要求
        _PLLPOST = 1;    // N2 = 4,160 MHz/4 = 40 MHz,符合 12.5~80 MHz 的要求

*       __builtin_write_OSCCONH(0b00000011);     //新振荡器为 XT/PLL
*       __builtin_write_OSCCONL(0x01);           //开始切换
*       while (OSCCONbits.COSC != 0b011);        //等待等切换完成
*       while(OSCCONbits.OSWEN == 1);            //确认已经切换完成
*       while(OSCCONbits.LOCK == 0);             //确认 PLL 已经锁定
        FLAG = 1;
    }
}
```

延时子程序 DELAY1 见例 3.1。

第7章

定时器

DSC 有多个 16 位定时器，因型号不同定时器的个数也不同。如 dsPIC33FJ32GP204 有 3 个 16 位定时器（Timer1、Timer2 和 Timer3），而 dsPIC33FJ64GP706A 有 9 个 16 位定时器（Timer1、Timer2、…、Timer9）。

DSC 中的定时器被分为两类：一类为只能单独运行的 Timer1，一类为能组合成 32 位定时器的 Timer2/3、Timer3/5、Timer6/7 和 Timer8/9。以下分别介绍这两类定时器。

7.1 定时器 Timer1

7.1.1 特点及简介

Timer1 模块是一个 16 位的定时器，可作为实时时钟的时间计数器，或作为自由运行的间隔定时器/计数器。

Timer1 可在以下三种模式下工作：

- 16 位定时器；
- 16 位同步计数器；
- 16 位异步计数器。

Timer1 还支持以下功能：

- 定时器门控操作；
- 可选的预分频比设置；
- 在 CPU 空闲模式和休眠模式期间的定时器操作；
- 在 16 位周期寄存器匹配时或外部门控信号的下降沿产生中断。

只有内部定时器才能进行门控计数控制。门控信号是从引脚 T1CK 输入的数字信号。如图 7.1 所示，当定时器的门控使能时，T1CK 信号低电平时不计数，T1CK 高电平才计数，当门控信号的下降沿时将产生 Timer1 中断，而 Timer1 溢出时不产生中断，这一点要特别加以注意。

Timer1 的内部结构如图 7.2 所示。除了作为普通的定时计数器外，它还可以通过外接时钟晶振（32.768 kHz），作为 Timer1 的时钟源，使其成为实时时钟，其接线见图 6.6。

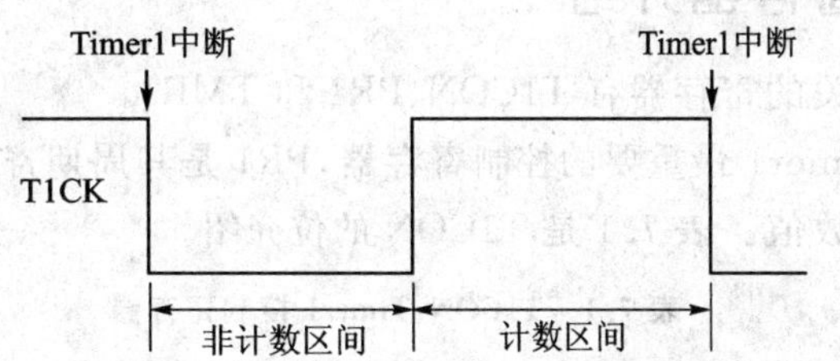

图 7.1　门控信号与 Timer1 计数的关系

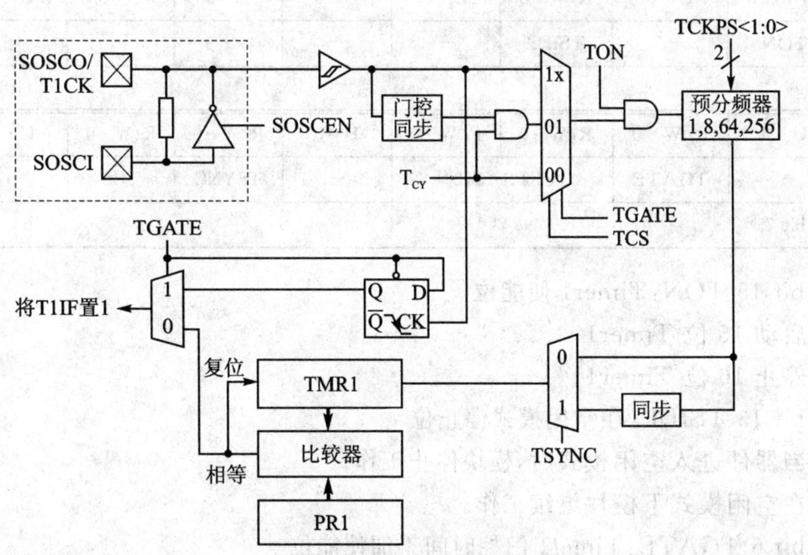

图 7.2　Timer1 内部结构框图

Timer1 启动时(TON＝1),Timer1 值从某个初值(即启动时 Timer1 的值)开始按一定的时间(或脉冲)加 1,当 Timer1＝PR1＋1 时,产生中断请求,Timer1 被自动清 0。

由上说明可知,使用 Timer1 延时的计算公式为

$$T = (PR1 + 1) \times T_{CY} \times K \tag{7.1}$$

式中:

T——要延时的时间,单位 μs;

T_{CY}——指令周期,单位 μs;

K——预分频系数,它只能为 1、8、64、256。

计算时要先算预分频系数 K。计算过程见例 7.1。

如果是计数器,则式(7.1)左边的 T 为计数值,并去掉式(7.1)中的 T_{CY}项,得到的结果是计数值,即脉冲数。

7.1.2 相关寄存器介绍

与 Timer1 相关的寄存器有 T1CON、PR1 和 TMR1。

T1CON 是 Timer1 最重要的控制寄存器，PR1 是其周期寄存器，TMR1 存放的就是 Timer1 的计数值。表 7.1 是 T1CON 的位介绍。

表 7.1 T1CON:Timer1 控制寄存器

U-0	R-0	R0	R-0	U-0	R/W-y	R/W-y	R/W-y
R/W-0	U-0	R/W-0	U-0	U-0	U-0	U-0	U-0
TON	—	TSIDL	—	—	—	—	—
bit 15							bit 8
U-0	R/W-0	R/W-0	R/W-0	U-0	R/W-0	R/W-0	U-0
—	TGATE	TCKPS＜1:0＞		—	TSYNC	TCS	—
bit 7							bit 0

◆ bit 15 TON:Timer1 使能位

1:启动 16 位 Timer1；

0:停止 16 位 Timer1。

◆ bit 13 TSIDL:在空闲模式停止位

1:当器件进入空闲模式时，模块停止工作；

0:在空闲模式下模块继续工作。

◆ bit 6 TGATE:Timer1 门控时间累加使能位

当 T1CS=1 时:此位被忽略。

当 T1CS=0 时:

  1:使能门控时间累加；

  0:禁止门控时间累加。

◆ bit 5～4 TCKPS＜1:0＞:Timer1 输入时钟预分频比选择位

11:1:256；

10:1:64；

01:1:8；

00:1:1。

◆ bit 2 TSYNC:Timer1 外部时钟输入同步选择位

当 TCS=1 时:

  1:同步外部时钟输入；

  0:不同步外部时钟输入。

当 TCS=0 时:此位被忽略。

◆ bit 1 TCS：Timer1 时钟源选择位

1：来自引脚 T1CK 的外部时钟（上升沿触发计数）；

0：内部时钟（FCY）。

7.1.3 实　例

以下用三个实例来说明 Timer1 的使用。

【例 7.1】 Timer 延时 500 ms

本例所用的线路图为图 7.3(a)，芯片使用 FRC 振荡方式，即 $F_{osc}=7.37$ MHz，$T_{CY}=0.271\ 37\ \mu s$。

假设要每隔 500 ms 让 LED1 亮或灭一次，即延时 500 ms，相关的计算如下：

由式(7.1)可得

$$500\ \text{ms} \times 1\ 000 = (\text{PR1}+1) \times T_{CY} \times K$$

先设 PR1=65 535，即最大值，可得 K≈27.1，Timer1 的预分频系数(1、8、64、256)取一个不小于该值的最小分频系数，即 K=64。

然后把 K=64 代入，四舍五入得到 PR1=28 788。

为了方便读者，可以用网上资料中的"TMR1 计算.xls"来计算延时或计数的定时器相关计算。

程序使用了中断方式，在每次 Timer1 溢出中断时，让 LED1 电平翻转，运行的结果如图 7.3(b)，延时时间确定为 500 ms。

【例 7.1】 程序

```
#include "p33fj32gp204.h"
//使用默认的 FRC,7.37MHz
//使用用户设定的振荡器,即 FRC 启动
_FOSCSEL(IESO_OFF & FNOSC_FRC);
//禁止时钟切换,禁止引脚多次配置,OSCO 为数字引脚,禁止主振荡器(选用 FRC 就得禁止主
//振荡器)
_FOSC(FCKSM_CSDCMD & IOL1WAY_ON & OSCIOFNC_ON & POSCMD_NONE);
_FICD(JTAGEN_OFF & ICS_PGD2);

void _ISR _T1Interrupt(void);
void T1_SET(void);
void DELAY1(unsigned int);
#define LED1 _RB0

int main(void)
{       RCONbits.SWDTEN = 0;            //禁止 WDT
        _PCFG2 = 1;                     //RB0/AN2 为数字引脚
        TRISB = 0xFFFE;                 //RB0 为输出口
```

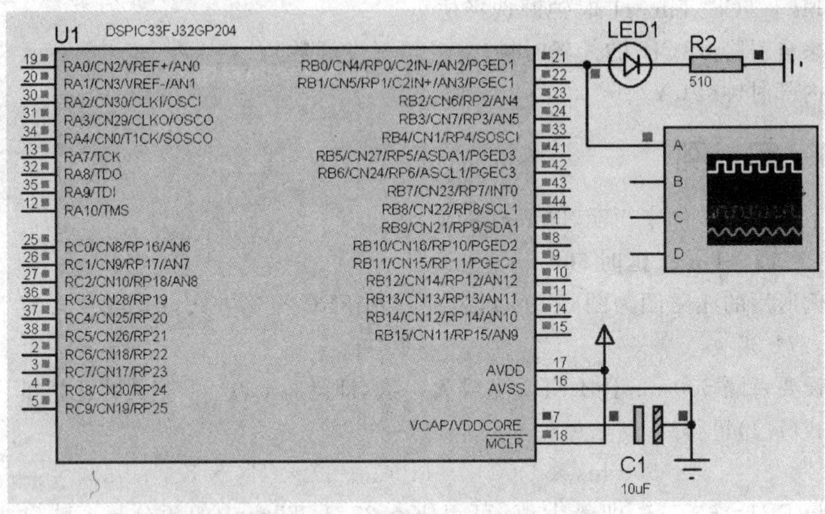

(a)

(b)

图 7.3 Timer1 延时线路图及其波形

```
    _RC6 = 0;
//TMR1 中断设置
    SRbits.IPL = 0b110;             //CPU 中断优先级为 6
    CORCONbits.IPL3 = 0;            //CPU 中断优先级≤7
    INTCON1bits.NSTDIS = 1;         //禁止嵌套中断
    INTCON2bits.ALTIVT = 0;         //使用标准中断向量
    IEC0bits.T1IE = 1;              //允许 T1 中断
    IPC0bits.T1IP = 0b111;          //T1 中断优先级为 7
//TMR1 设置,延时 500ms:
    T1CON = 0x0020;                 //内部延时,分频比为 1:64
    TMR1 = 0;
```

```
    PR1 = 28788;                  //在FRC振荡方式下延时500 ms的时间常数
    T1CONbits.TON = 1;            //启动Timer1

    while(1);
    return(0);
}

//TMR1中断服务程序
void __attribute__((__interrupt__, auto_psv, __shadow__)) _T1Interrupt(void)
{   IFS0bits.T1IF = 0;            //清中断标志位
    LED1 = ~LED1;                 //驱动LED的电平翻转
}
```

【例7.2】 Timer1内部定时器，使用门控信号

本例使用了Timer1的门控信号进行计数控制，线路图及门控信号如图7.4所示。门控信号用一个频率为10 Hz，即周期为100 ms、占空比为50%的脉冲信号。图中用了4个具有内部BCD转换的数码管来显示Timer1的计数值，忽略了限流电流，实际使用时一定要加上。本例仍使用FRC振荡器。

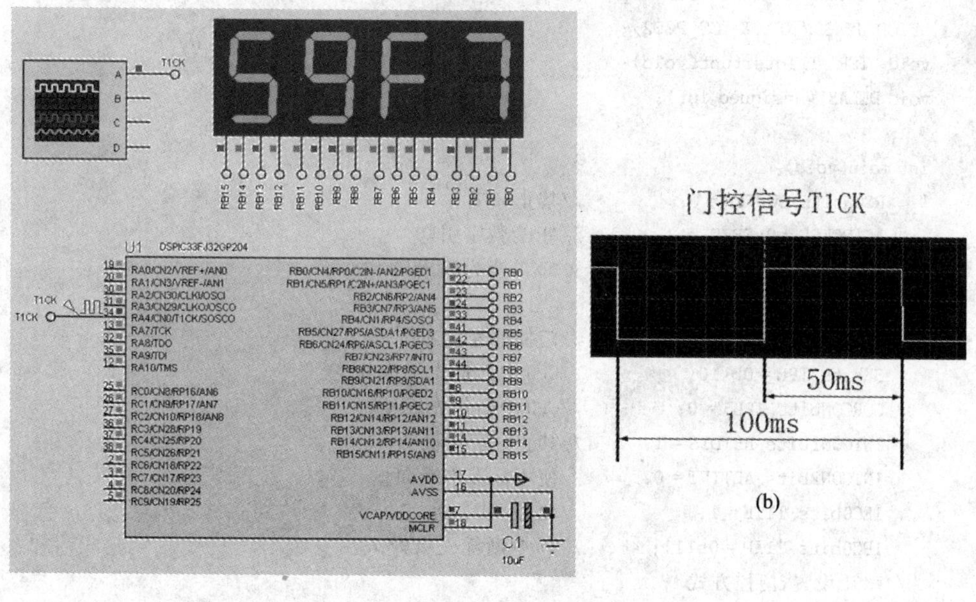

图7.4　Timer门控信号的使用

同样，本例须先计算Timer1的预分频系数。如图7.4(b)所示，在Timer1的计数期间(ΔT=50 ms)Timer1才对内部时钟F_{CY}计数，把T_{CY}=0.271 37 μs、PR1=65 535代入式(7.1)，可得

$$T = 50\ 000\ \mu s = 65\ 536 \times T_{CY} \times K$$

可得 K≈2.8,取 K=8。

可以通过实验来验证程序的正确与否：

$T=50\ 000\ \mu s=T1\times T_{CY}\times 8$,得到 T1≈23 031=0x59F7。

与图 7.4(a)看到的结果是相同的。

在 T1 中断服务程序中,计算的是 Timer1 在二次计数值的差。由于 PR1 设置为最大值 0xFFFF,因此当出现本次计数值 Timer1 小于前次计数值时,程序中用了把大数取反加 1 再加上前次值的方法计算时间差值。在中断服务程序中,用局部变量 T10 保存 Timer1 的前次计数值,因此 T10 被定义为静态变量。

【例 7.2】 程序

```
#include "p33fj32gp204.h"
//使用默认的 FRC,7.37MHz
//使用用户设定的振荡器,即 FRC 启动,初始振荡器为带后分频的 FRC
_FOSCSEL(IESO_OFF & FNOSC_FRC);
//禁止时钟切换,禁止引脚多次配置,OSCO 为数字引脚,禁止主振荡器(选用 FRC 就得禁止主
//振荡器)
_FOSC(FCKSM_CSDCMD & IOL1WAY_ON & OSCIOFNC_ON & POSCMD_NONE);
_FICD(JTAGEN_OFF & ICS_PGD2);
void _ISR _T1Interrupt(void);
void DELAY1(unsigned int);

int main(void)
{   RCONbits.SWDTEN = 0;              //禁止 WDT
    AD1PCFGL = 0xFFFF;                //AN 为数字引脚
    TRISB = 0x0000;                   //RB 口全为输出口
  //TMR1 中断设置
    _TRISA4 = 1;                      //门控信号输入
    SRbits.IPL = 0b110;               //CPU 中断优先级为 6
    CORCONbits.IPL3 = 0;              //CPU 中断优先级≤7
    INTCON1bits.NSTDIS = 1;           //禁止嵌套中断
    INTCON2bits.ALTIVT = 0;           //使用标准中断向量
    IEC0bits.T1IE = 1;                //允许 T1 中断
    IPC0bits.T1IP = 0b111;            //T1 中断优先级为 7
  //TMR1 设置,门控方式
    _TGATE = 1;                       //门控使能
    _TCKPS = 0b01;                    //8 分频
    TMR1 = 0;
    PR1 = 0xFFFF;                     //在门控方式下,此值须设置为最大值
    T1CONbits.TON = 1;                //启动 Timer1

    while(1);
```

```
    return(0);
}
//在门控方式下,只有 T1CK 信号为下降沿时才产生中断,而 TMR1 溢出不产生中断!
//在 10Hz 的门控信号下,显示值为 0x59F7 或 0x59F8
void __attribute__((__interrupt__, auto_psv)) _T1Interrupt(void)
{   static unsigned int T10;
    unsigned int T1,X;
    T1 = TMR1;
    IFS0bits.T1IF = 0;
    if (T1>T10)
        X = T1 - T10;
    else
    {   X = ~T10 + 1 + T1;
    }
    PORTB = X;
    T10 = T1;
}
```

【例 7.3】 用 SOSC 外部时钟振荡器设计一个实时时钟

本例线路图如图 7.5 所示,利用接于 SOSCI 和 SOSCO 间一个频率为 32.768 kHz 的时钟晶振作为振荡源,输出给 Timer1 作为一个实时时钟。因篇幅原因,本例只给出实时时钟的计时部分,未给出时钟的显示部分。有兴趣的读者自己可以加上 LCD 或数码管显示,加上按键(调整时间),就可以组成一个电子钟。

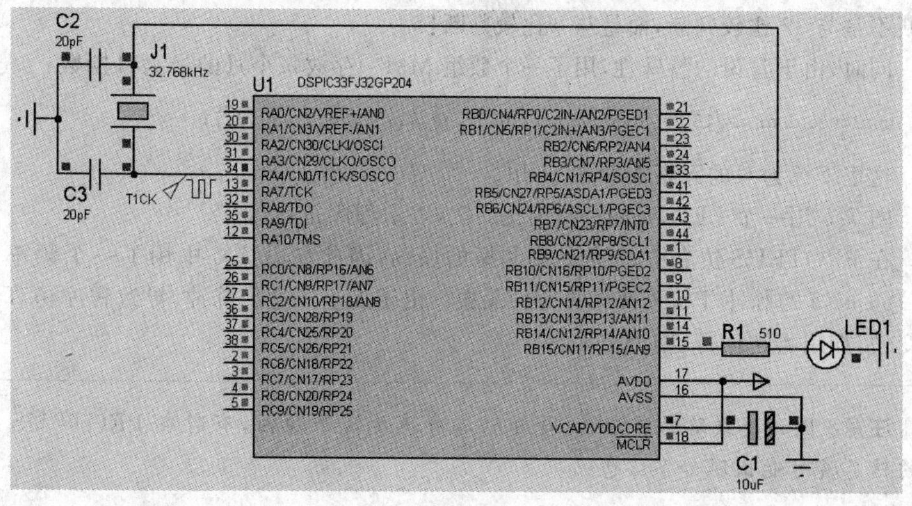

图 7.5 实时时钟振荡器线路图

由于要使能 SOSC 振荡器,因此必须将 OSCCON 的位 LPOSCEN 置 1,程序中用内建函数实现这一操作。

为了让 Timer1 每秒中断一次,由式(7.1)计算结果如下:

$$T_{CY}=1\ 000\ 000/32\ 768$$

容易得到 K=1。

$$1\ 000\ 000=(PR1+1)\times T_{CY}\times 1$$

得 PR1=32 767=0x7FFF。

为了方便进行时钟的计时,设计一个结构体 TIME,其定义如下:

```
struct {   unsigned SECOND:6;      //秒
          unsigned MINUTE:6;      //分
          unsigned HOUR:5;        //时
          unsigned DAY:5;         //日
          unsigned WEEKDAY:3;     //星期
          unsigned MONTH:4;       //月
          unsigned YEAR:7;        //年的个位与十位,百位和千位默认为 2 000
}TIME;
```

为了节省内存,各个变量的位数按照相应量的最大值确定:

- 秒、分为 6 位,最大值可达 63;
- 时、日为 5 位,最大值可达 31;
- 星期为 3 位,最大值可达 7;
- 年为 7 位,最大为 127。

这里特别指出,由于日期的最大值只能为 31,在进位判断时,由于程序采用先加 1 再判断,31+1=32;而日期只有 5 位,超出了其范围,即自动变为 0,所以在程序中判断不是与 32 比较判断,而是与 0 比较判断!

同时,由于月份的特殊性,用了一个数组 MM[]存放每个月的最大日期数:

```
unsigned char MM[13] = {0,31,28,31,30,31,30,31,31,30,31,30,31};
```

这里下标为 0 的元素 MM[0]不用。

图 7.5 用一个 LED,每隔一秒闪亮一次,表示程序正在运行。

在 PROTEUS 仿真中,不能仿真晶振的振荡,因此在图 7.5 中用了一个频率为 32.768 kHz 的脉冲 T1CK 来模拟时钟晶振。由于加上了这个脉冲,导致程序仿真运行变慢,如用实物运行,则为正常。

注意:因仿真线路的复杂性、计算机本身速度慢等原因,有时在 PROTEUS 仿真的信息窗可能出现如下信息:

⚠ Simulation is not running in real time due to excessive CPU load.

它仅是说明由于 CPU 负载原因,模拟仿真运行不是真实的速度,也就是说,计算机的运行速度跟不上,这不是错误。

【例 7.3】 程序

```
#include "p33fj32gp204.h"
//使用默认的 FRC,7.37MHz
//使用用户设定的振荡器,即 FRC 启动,初始振荡器为带后分频的 FRC
_FOSCSEL(IESO_OFF & FNOSC_FRC);
//禁止时钟切换,禁止引脚多次配置,OSCO 为数字引脚,禁止主振荡器(选用 FRC 就得禁止主
//振荡器)
_FOSC(FCKSM_CSDCMD & IOL1WAY_ON & OSCIOFNC_ON & POSCMD_NONE);
_FICD(JTAGEN_OFF & ICS_PGD2);
void _ISR _T1Interrupt(void);
void DELAY1(unsigned int);
struct {   unsigned SECOND:6;
    unsigned MINUTE:6;
    unsigned HOUR:5;
    unsigned DAY:5;
    unsigned WEEKDAY:3;
    unsigned MONTH:4;
    unsigned YEAR:7;
}TIME;
unsigned char MM[13] = {0,31,28,31,30,31,30,31,31,30,31,30,31};
#define LED1 _RB15

int main(void)
{   RCONbits.SWDTEN = 0;            //禁止 WDT
    _PCFG9 = 1;                     //AN9 为数字引脚
    _TRISB15 = 0;                   //LED
  //TMR1 中断设置
    SRbits.IPL = 0b110;             //CPU 中断优先级为 6
    CORCONbits.IPL3 = 0;            //CPU 中断优先级≤7
    INTCON1bits.NSTDIS = 1;         //禁止嵌套中断
    INTCON2bits.ALTIVT = 0;         //使用标准中断向量
    IEC0bits.T1IE = 1;              //允许 T1 中断
    IPC0bits.T1IP = 0b111;          //T1 中断优先级为 7
  //TMR1 设置,门控方式
    __builtin_write_OSCCONL(0b00000010);     //使能 SOSC 振荡器
    _TGATE = 0;
```

```
    _TCKPS = 0b00;                  //1 分频
    _TCS = 1;                       //对外部脉冲计数
    _TSYNC = 1;                     //同步
    TMR1 = 0;
    PR1 = 0x7FFF;                   //每秒中断一次的延时常数
    T1CONbits.TON = 1;              //启动 Timer1
    LED1 = 1;
    TIME.YEAR = 14;                 //设定默认的时间、日期
    TIME.MONTH = 1;
    TIME.DAY = 1;
    TIME.WEEKDAY = 3;
    TIME.HOUR = 8;
    TIME.MINUTE = 0;
    TIME.SECOND = 0;
    while(1);
    return(0);
}
```



```
//每秒中断一次,计算相关时间、日期等
void __attribute__((__interrupt__, auto_psv)) _T1Interrupt(void)
{   unsigned char M;                //临时变量,存放当月的最大天数
    LED1 = ~LED1;
    IFS0bits.T1IF = 0;
    TIME.SECOND ++ ;                //秒进位
    if (TIME.SECOND> = 60)
    {   TIME.SECOND = 0;
        TIME.MINUTE ++ ;            //分钟进位
        if (TIME.MINUTE> = 60)
        {   TIME.MINUTE = 0;
            TIME.HOUR ++ ;          //小时进位
            if ((TIME.HOUR)> = 24)
            {   TIME.HOUR = 0;
                M = MM[TIME.MONTH];
                if ((TIME.MONTH == 2) &&((TIME.YEAR % 4) == 0))
                    M ++ ;          //在 2000～2199 间的年份能被 4 整除的为闰年
                TIME.WEEKDAY ++ ;           //星期进位
```

```
            if (TIME.WEEKDAY>=7)
                TIME.WEEKDAY=0;          //星期日为0
            TIME.DAY++;                  //日期进位
            if (TIME.DAY>M || TIME.DAY==0)
                                         //当日期为31,再加1时将溢出,成为0!
            {   TIME.DAY=1;
                TIME.MONTH++;            //月份进位
                if (TIME.MONTH>12)
                {   TIME.MONTH=1;
                    TIME.YEAR++;         //年份进位
                    if (TIME.YEAR>100)
                        TIME.YEAR=0;
                }
            }
        }
    }
  }
}
```


7.2 定时器 Timer2/3、Timer4/5、Timer6/7、Timer8/9

除了 Timer1 外,可能还有 Timer2、Timer3、…、Timer9 16 位定时/计数器。

根据不同的型号,定时/计数器的个数可能有所不同,如 dsPIC33FJ32GP204 只有 Timer1、Timer2、Timer3,而 dsPIC33FJ64GP706A 有 Timer1、Timer2、…、Timer9 共 9 个定时/计数器,使用时请查阅相关的资料手册来确定定时/计数器的个数。

7.2.1 功能说明

定时器 Timer2、Timer3、…、Timer9 除了具有与 Timer1 相同的功能,即作为普通的 16 位定时器外,还能两两组成 32 位定时/计数器,同时支持以下功能:

- 输入捕捉和输出比较模块的时基(仅限 Timer2 和 Timer3);
- ADC1 事件触发器(仅限 Timer2/3);
- ADC2 事件触发器(仅限 Timer4/5);
- 触发 DMA 数据传输(仅限 Timer2 和 Timer3,如有 DMA 功能的话)。

图 7.6 为 Timer2/3 的 32 位定时器的内部结构示意框图,图 7.7 为 Timer2 的 16 位定时器的内部结构示意框图,图 7.8 为 Timer3 的 16 位定时器的内部结构示意框图。其他定时器可参考这三个图。

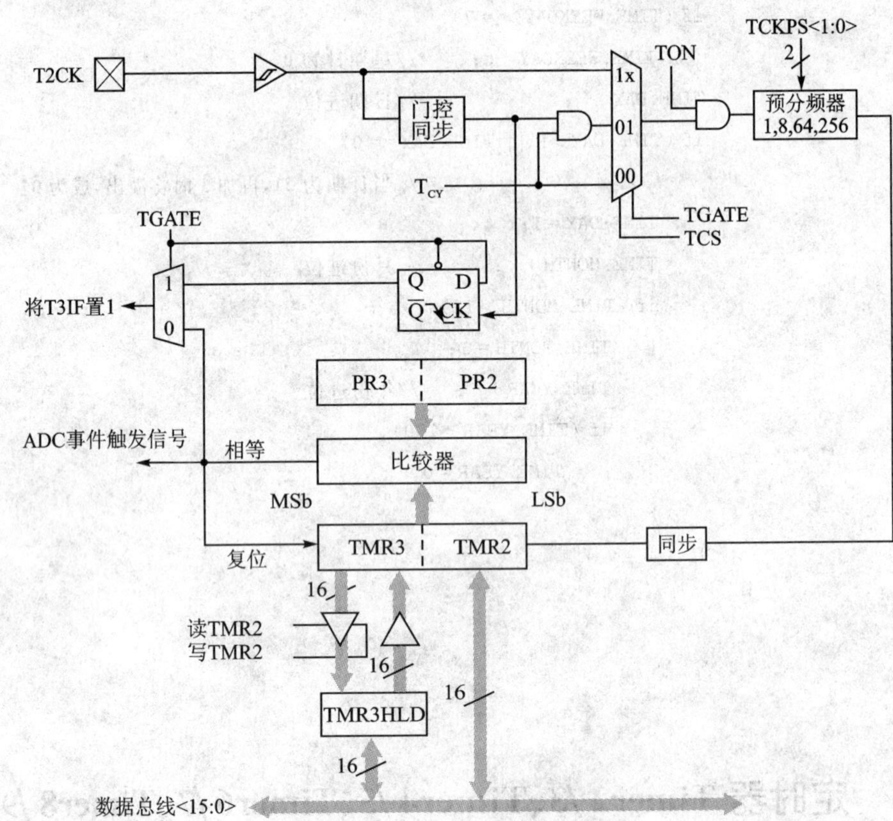

图 7.6 Timer2/3(32位)框图

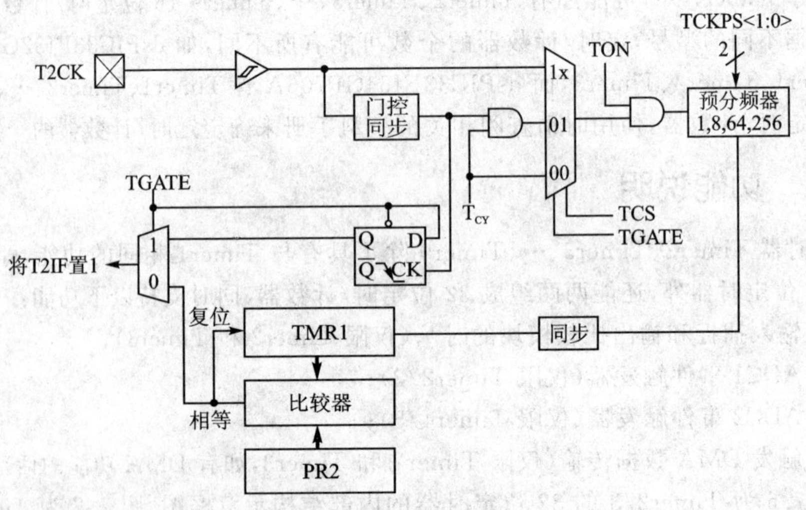

图 7.7 Timer2(16位)框图

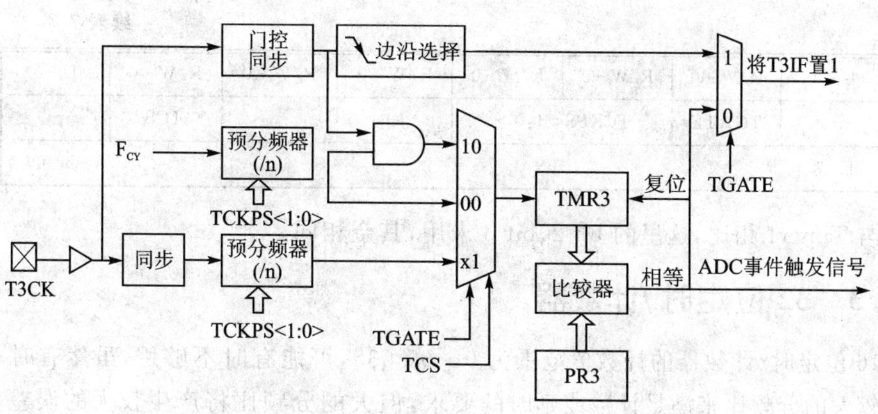

图 7.8　Timer3(16 位)框图

7.2.2　相关寄存器

与 Timerx 相关的寄存器有 TxCON、PRx 和 TMRx，x=2,3,…,9。

这里有两类定时器：一类为 Timer2、Timer4、Timer6、Timer8；另一类为 Timer3、Timer5、Timer7、Timer9。其控制寄存器稍有不同，以下只介绍与 Timer1 不同的部分(见表 7.2 和表 7.3)，相同的部分请参阅 7.1.2 小节。

表 7.2　TxCON(2、4、6、8)控制寄存器

U-0	R-0	R-0	R-0	U-0	R/W-y	R/W-y	R/W-y
R/W-0	U-0	R/W-0	U-0	U-0	U-0	U-0	U-0
TON	—	TSIDL	—	—	—	—	—
bit 15							bit 8
U-0	R/W-0	R/W-0	R/W-0	R/W-0	R/W-0	R/W-0	U-0
—	TGATE	TCKPS＜1：0＞		T32	TSYNC	TCS	—
bit 7							bit 0

◆ bit 3 T32：32 位定时器模式选择位

1：Timerx 和 Timery 形成一个 32 位定时器；

0：Timerx 和 Timery 作为两个 16 位定时器。

其他位说明与 Timer1 相同。

表 7.3　TyCON(3、5、7、9)控制寄存器

U-0	R-0	R-0	R-0	U-0	R/W-y	R/W-y	R/W-y
R/W-0	U-0	R/W-0	U-0	U-0	U-0	U-0	U-0
TON	—	TSIDL	—	—	—	—	—
bit 15							bit 8

续表 7.3

U-0	R/W-0	R/W-0	R/W-0	R/W-0	R/W-0	R/W-0	U-0
—	TGATE	TCKPS<1:0>		—	—	TCS	—
bit 7							bit 0

与Timer1相比,这里的bit 2、bit 3未用,其余相同。

7.2.3 32位定时/计数器

16位定时/计数器的计数值范围为0～65 535,可能有时不够用,虽然有时可以设置较大的分频比来满足计数或延时的要求,但大的分频比将产生较大的误差。32位定时/计数器的计数值范围为0～4 294 967 295(65 536×65 536－1),远大于16位计数器的计数范围。

在32位定时/计数器工作模式下,要注意以下几点:

- Timer2、Timer4、Timer6、Timer8为32位定时器的低位字,Timer3、Timer5、Timer7、Timer9是32位定时器的高位字;
- PR2、PR4、PR6、PR8为周期寄存器的低位字,PR3、PR5、PR7、PR9为周期寄存器的高位字;
- 用T2CON、T4CON、T6CON、T8CON来控制32位定时器的工作,而T3CON、T5CON、T7CON、T9CON失效;
- Timer2、Timer4、Timer6和Timer8时钟和门控输入用于32位定时器模块;
- 定时器中断由Timer3、Timer5、Ttimer7、Timer9中断标志位产生,因此中断的使能和优先级应对Timer3、Timer5、Timer7和Timer9的相关寄存器进行设置。

为避免在读/写32位定时/计数器时发生从低位字向高位字进位的情况而产生错误,DSC设置了一个高位字保持寄存器,即Timer3、Timer5、Timer7、Timer9都有相应的保持寄存器TMR3HLD、TMR5HLD、TMR7HLD、TMR9HLD。

以下以Timer2/Timer3构成的32位定时器为例进行说明。如读TMR2的值时,系统同时将TMR3的值读至TMR3HLD,TMR3HLD的值就是读取时刻32位定时/计数器的高位字Timer3的值。同样,当要写32定时/计数器Timer2/Timer3时,要先将高位字写入TMR3HLD,则当写TMR2时,系统同时刷新TMR2和TMR3的值。

假设现在要读取Timer4/5的值,应按如下顺序进行:

```
AL = TMR4;        //读 TMR4,同时系统将 TMR5 的值读出放在 Timer5 的保持寄存器 TMR5HLD 中
AH = TMR5HLD;     //获得 Timer4/5 的高位字
```

假设现在要把0x1234ABCD初值赋给Timer4/5,应按如下顺序进行:

```
TMR5HLD = 0x1234;        //先把高位字赋给 Timer5 的保持寄存器 TMR5HLD
TMR4 = 0xABCD;           //把新值写入 TMR4 的同时,把 TMR5HLD 的值写入 TMR5
```

以下以几个实例来说明32位定时/计数器的使用。

【例7.4】 32位内部定时器的使用

本例所用线路图如图7.9所示,假设系统运行在最高的80 MHz时钟下,即 $T_{CY}=25$ ns,现假设要精确延时2 ms,即分频比只采用1:1,此时按式(7.1)可得:

2 000 μs=(PR1+1)×0.025 μs×1,得到PR1=79 999=0x1387F。此值超出了PR1的最大值65 535。

因此要用32位定时器,假设用Timer2/3,将所计算的PR1值的高位字(0x0001)赋给PR3,低位字(0x387F)赋给PR2:

PR3=0x0001,PR2=0x387F

可以使用网上资源中的EXCEL文件"TMR23计算.xls"来计算32位定时/计数器的延时常数和分频比。

程序采用中断的方式,这里是Timer3中断,它每隔2 ms中断一次,程序让RB0的电平翻转,RB0连接示波器。

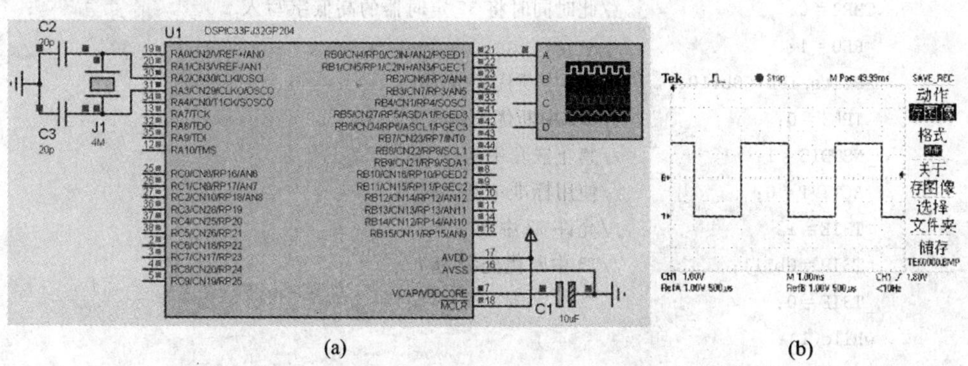

(a) (b)

图7.9 32位内部定时器示例线路图

程序运行结果的示波图实测波形如图7.9(b)所示,每隔精确的2 ms时间,RB0电平翻转。

【例7.4】 程序

```
#include "p33fj32gp204.h"
//禁止时钟切换,禁止引脚多次配置,振荡引脚,主振荡器为 HS
_FOSC(FCKSM_CSDCMD & IOL1WAY_ON & OSCIOFNC_OFF & POSCMD_XT)
//使用用户设定的振荡器启动,初始振荡器为带 PLL 的主振荡器(XT、HS 或 EC)
_FOSCSEL(IESO_OFF & FNOSC_PRIPLL);
_FICD(JTAGEN_OFF & ICS_PGD2);

void __attribute__((__interrupt__, auto_psv)) _T3Interrupt(void);
```

```
int main(void)
{   //外接 4 MHz 晶振,期望的工作频率为最高的 40 MHz,即 Fosc = 80 MHz
    CLKDIVbits.PLLPRE = 0;  //N1 = 2,此输出为 4 MHz/2 = 2 MHz,符合 0.8～8.0 MHz 的要求
    PLLFBDbits.PLLDIV = 78; //M = 80,此输出为 2 MHz×80≈160 MHz,符合 100～200 MHz 的
                            //要求
    CLKDIVbits.PLLPOST = 0; //N2 = 2,此输出为 160 MHz/2 = 80 MHz,符合 12.5～80 MHz 的
                            //要求
    while(OSCCONbits.COSC ! = 0b011);      //等待时钟稳定

    AD1PCFGL = 0xFFFF;          //所有的引脚均为数字脚
    TRISB = 0xFFFE;             //RB0 为输出口
    PR3 = 0x0001;
    PR2 = 0x387F;
    T2CON = 0x8008;             //1 分频,无门控,32 位
    T3CON = 0;                  //在 32 位下无关,可不写
    TMR3HLD = 0;                //先把 32 位定时器的高字节放在临时寄存器
    TMR2 = 0;                   //此时同时将 32 定时器的高低字写入
    _RB0 = 1;
    SRbits.IPL = 0b110;         //CPU 中断优先级为 6
    _IPL3 = 0;                  //CPU 中断优先级≤7
    _NSTDIS = 1;                //禁止嵌套中断
    _ALTIVT = 0;                //使用标准中断向量
    _T3IE = 1;                  //允许 T3 中断
    _T3IP = 0b111;              //T3 中断优先级为 7
    _T3IF = 0;
    while(1);
}
//Timer2/Timer3 的中断用 Timer3
void __attribute__((__interrupt__, auto_psv)) _T3Interrupt(void)
{   if (_T3IF == 1)
    {   _T3IF = 0;
        _RB0 = !_RB0;
    }
}
```

【例 7.5】 32 位外部计数器的使用

本例使用由 Timer2 和 Timer3 组成的 32 位的外部计数器,根据要求,外部脉冲信号须从 T2CK 引脚输入。芯片使用 dsPIC33FJ32GP204,因此必须用输入映射的功能。线路图如图 7.10 所示。线路仍采用 XT＋PLL 的振荡方式,工作频率为 F_{CY}＝40 MHz(T_{CY}＝25 ns),将 RC2/RP18 映射为 Timer2 的时钟输入 T2CK 引脚,

在仿真中把一个频率为100 kHz的脉冲输入至这个引脚,希望计数脉冲值达到100 000时产生中断。

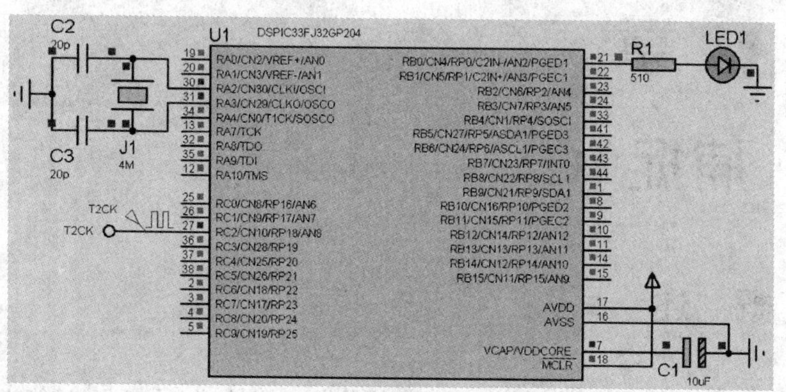

图7.10 32位外部计数器示例线路图

显然,如果不采用分频的方法,这个计数值超出了16位计数值的范围(0~65 535)。因此,这里使用了32位计数器。

100 000 =(PR+1),得到PR = 99 999 = 0x1869F,即PR3 = 0x0001,PR2 = 0x869F。

通过理论计算,图中的LED1闪亮的时间为

计数值×(脉冲的周期时间) = 100 000×(1/100 000 Hz) = 1 s

仿真运行的结果显示,LED1闪亮的时间间隔为精确的1 s。

【例7.5】 程序

这里只给出与例7.4不同的部分,未给出的与例7.4完全相同,完整程序请见网上资料。

```
…
#include "pps.h"
…
    _TRISC2 = 1;
    PPSUnLock;
    _T2CKR = 18;            //RC2/AN8/RP18为Timer2的时钟输入
    PPSLock;
…
    PR3 = 0x0001;
    PR2 = 0x869F;           //计数至100 000,PR = 99 999
    T2CON = 0x800A;         //1分频,无门控,32位,外部计数
…
```

第 8 章

输入捕捉 IC

8.1 概　述

所谓输入捕捉 IC(Input Capture)，指的是当 16 位定时/计数器(只能为 Timer2 或 Timer3，少数型号可能为其他定时器)在工作状态下(可为外部计数或内部延时)，如果在相应的 ICx 引脚发生了相关事件，则 DSC 自动将发生事件时刻的定时/计数器值复制到 ICxBUF 中。

dsPIC33FJ32GP204 有 4 个输入捕捉模块：IC1、IC2、IC7 和 IC8；dsPIC33FJ64-GP706 则有 8 个输入捕捉模块：IC1、IC2、…、IC8。

由于输入捕捉寄存器 ICxBUF 是 16 位的，因此所用的定时/计数器也只能是 16 位的，不能使用 32 位的定时/计数器。

如图 8.1 所示，dsPIC 的输入捕捉具有 4 级的 FIFO(先入先出)缓冲深度，即最多可以保存 4 个捕捉值，先读出的为最早捕捉的，最后读出的为最新捕捉的结果。但

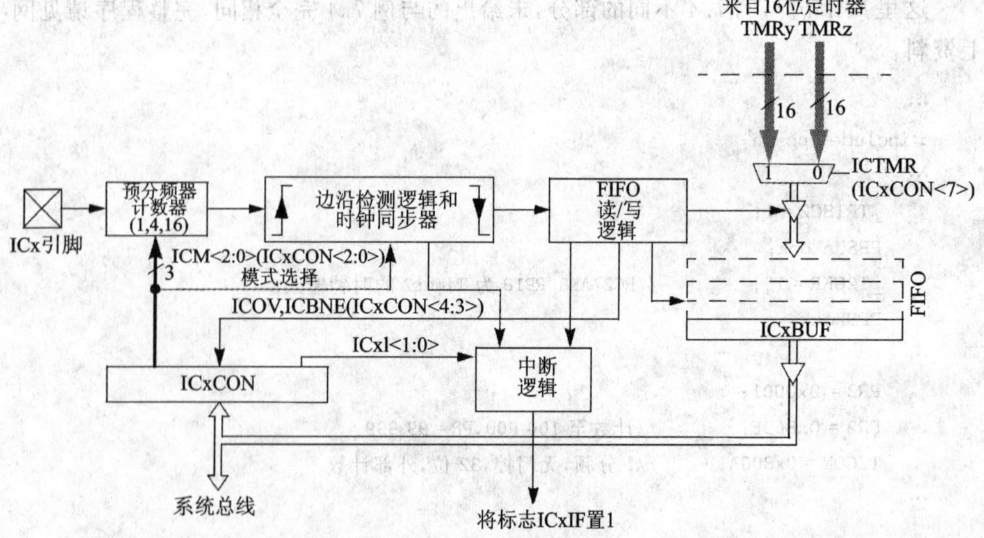

图 8.1　输入捕捉 ICx 内部结构框图

从寄存器上看，它只有一个 ICxBUF（x=1,2,…）。在连续读取 ICxBUF 时，应判断标志位 ICBNE（ICxCON＜3＞）是否为 1，为 1 表示缓冲区 ICxBUF 中还有未读出的捕捉值，相应的程序段见例 8.1。

如果用户没有及时读出捕捉的数值，捕捉的数据超过 4 个时将产生捕捉溢出，此时 ICOV（ICxCON＜4＞）将置 1，只能通过将 ICM（ICxCON＜2:0＞）设置为 0b000，即关闭 IC 模块才能将位 ICOV 清 0，或者把 ICxBUF 中的所有捕捉值读出。当 ICOV=1 时，无法进行新的捕捉。

可以把 ICM（ICxCON＜2:0＞）设置为 0b001，即每个边沿均产生捕捉，这样的设置可以使 IC1 作为一个额外的外部中断源。

8.2　相关寄存器介绍

与输入捕捉直接相关的寄存器有 ICxCON 和 ICxBUF，ICxBUF 就是存放捕捉到的定时/计数器的值，而 ICxCON 就是输入捕捉控制寄存器（见表 8.1）。

表 8.1　ICxCON：输入捕捉 x 控制寄存器

U-0	U-0	R/W-0	U-0	U-0	U-0	U-0	U-0
—	—	ICSIDL	—	—	—	—	—
bit 15							bit 8
R/W-0	R/W-0	R/W-0	R-0, HC	R-0, HC	R/W-0	R/W-0	R/W-0
ICTMR	ICI＜1:0＞		ICOV	ICBNE	ICM＜2:0＞		
bit 7							bit 0

◆ bit 13 ICSIDL：输入捕捉模块在空闲模式下停止的控制位

1：在 CPU 空闲模式下输入捕捉模块将停止工作；

0：在 CPU 空闲模式下输入捕捉模块将继续工作。

◆ bit 7 ICTMR：输出比较定时器选择位，不同型号的 DSC 此位可能有所不同

1：发生捕捉事件时捕捉 TMR2 的内容；

0：发生捕捉事件时捕捉 TMR3 的内容。

◆ bit 6～5 ICI＜1:0＞：选择发生每次中断捕捉的次数的位

11：每 4 次捕捉事件中断一次；

10：每 3 次捕捉事件中断一次；

01：每 2 次捕捉事件中断一次；

00：每次捕捉事件中断一次。

◆ bit 4 ICOV：输入捕捉溢出状态标志位（只读）

1：发生了输入捕捉溢出；

0：未发生输入捕捉溢出。

◆ bit 3 ICBNE：输入捕捉缓冲器空状态位（只读）

1：输入捕捉缓冲器非空，至少可以再读一次捕捉值；

0：输入捕捉缓冲器为空。

◆ bit 2～0 ICM＜2:0＞：输入捕捉模式选择位

111：当器件处于休眠或空闲模式时，输入捕捉通道仅用作中断引脚（只检测上升沿，所有其他控制位都不适用）；

110：未使用（模块禁止）；

101：捕捉模式，每 16 个上升沿捕捉一次；

100：捕捉模式，每 4 个上升沿捕捉一次；

011：捕捉模式，每个上升沿捕捉一次；

010：捕捉模式，每个下降沿捕捉一次；

001：捕捉模式，每个边沿（上升沿和下降沿）捕捉一次（ICI＜1:0＞位不控制该模式下的中断产生）；

000：输入捕捉模块关闭。

【例 8.1】　输入捕捉示例 1

如图 8.2 所示，DSC 芯片使用 dsPIC33FJ32GP204，把 RC9/RP25 引脚映射为输入捕捉 IC2，输入脉冲信号设置为 50 Hz，捕捉设置为每个上升沿捕捉一次，每捕捉 4 次中断一次，在中断服务程序中读出保存在缓冲区的 4 个捕捉值。

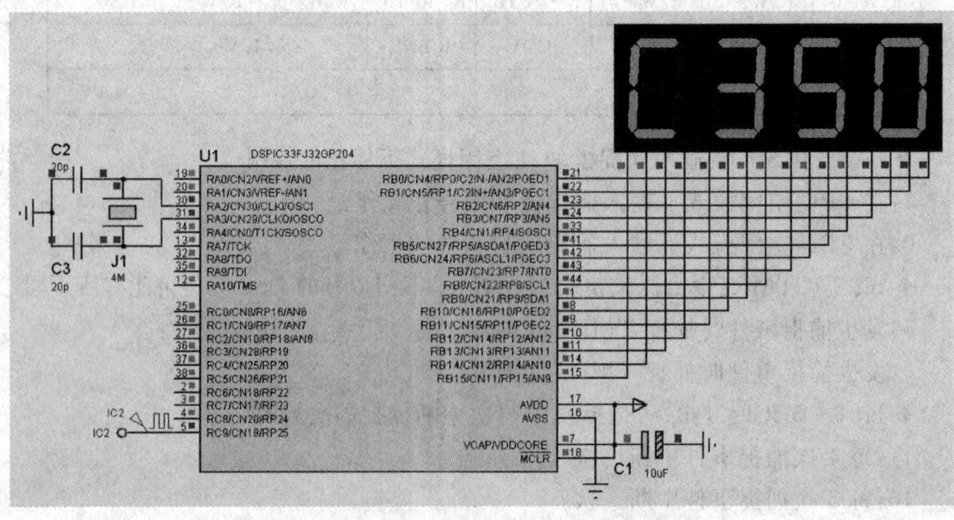

图 8.2　输入捕捉示例 1 线路图

芯片的工作频率设置为 F_{CY}＝20 MHz，指令周期 T_{CY}＝50 ns

IC2 的输入脉冲频率为 50 Hz，每个周期时间为 20 000 μs，共需指令数

$$20\,000\ \mu s/T_{CY} = 20\,000\ \mu s/0.05\ kHz = 400\,000$$

400 000/65 536≈6.1，故定时器的分频比 K 取 8。

理论的 2 个上升沿间的计数值之差应为：$20\,000\ \mu s/K/T_{CY} = 50\,000 = 0xC350$。如图 8.2 所示，PROTEUS 仿真的结果与之相吻合。

这里计算 2 个捕捉的差值，与例 7.2 相同。

【例 8.1】　程序

```
#include "P33FJ32GP204.H"
#include "PPS.H"
//禁止时钟切换,禁止引脚多次配置,振荡引脚,主振荡器为 XT
_FOSC(FCKSM_CSDCMD & IOL1WAY_ON & OSCIOFNC_OFF & POSCMD_XT)
//使用用户设定的振荡器启动,初始振荡器为带 PLL 的主(XT、HS 或 EC)振荡器
_FOSCSEL(IESO_OFF & FNOSC_PRIPLL);
_FICD(JTAGEN_OFF & ICS_PGD2);

void _ISR _IC2Interrupt(void);

int main(void)
{   //外接 4 MHz 晶振,通过 PLL 得到总振荡频率 40 MHz,F_CY = 20 MHz,T_CY = 50 ns
    CLKDIVbits.PLLPRE = 0;  //N1 = 2,此输出为 4 MHz/2 = 2 MHz,符合 0.8～8.0 MHz 的要求
    PLLFBDbits.PLLDIV = 78; //M = 80,此输出为 2 × 80 MHz≈160 MHz,符合 100～200 MHz 的
                            //要求
    CLKDIVbits.PLLPOST = 1; //N2 = 4,此输出为 160 MHz/4 = 40 MHz,符合 12.5～80 MHz 的
                            //要求
    while(OSCCONbits.COSC ! = 0b011);       //等待时钟稳定
    RCONbits.SWDTEN = 0;                    //禁止 WDT
    TRISB = 0;                              //B 口全为输出
    //T2 设置
    T2CONbits.TCKPS = 0b01;                 //分频系数为 1:8
    T2CONbits.TGATE = 0;                    //门控关闭
    T2CONbits.TCS = 0;                      //内部时钟为时基
    //IC2 设置
    TRISCbits.TRISC9 = 1;                   //设置 IC2 为输入
    PPSUnLock;
    RPINR7bits.IC2R = 25;                   //RC9/RP25 为 IC2 引脚
    PPSLock;
    IC2CONbits.ICM = 0b011;                 //每个上升沿捕捉一次
    IC2CONbits.ICI = 0b11;                  //4 次捕捉中断一次
    IC2CONbits.ICTMR = 1;                   //Timer2 为时基
    _IC2IF = 0;
    _IC2IE = 1;
```

```
    _IC2IP = 0b111;                         //IC2 中断优先级为 7
    SRbits.IPL = 0b110;                     //CPU 中断优先级为 6
    CORCONbits.IPL3 = 0;                    //CPU 中断优先级≤7
    TMR2 = 0;
    T2CONbits.TON = 1;                      //TMR2 开始工作
    while(1);
}

void __attribute__((__interrupt__,auto_psv,__shadow__)) _IC2Interrupt(void)
{   unsignedint X[4],Z;
    unsigned char i = 0;
    IFS0bits.IC2IF = 0;

    while (IC2CONbits.ICBNE == 1)           //一直读到缓冲区数据都读完为止
    {   X[i] = IC2BUF;
        i++;
    }
    if (X[3]>X[2])                          //只显示最新的一次捕捉与次新的捕捉值之差
        Z = X[3] - X[2];
    else
        Z = ~X[2] + X[3] + 1;               //当 X[3]<X[2]时用此算法计算二者之差
    PORTB = Z;
Nop();
}
```


【例 8.2】 输入捕捉示例 2

本例使用定时器 Timer3 对外部脉冲计数作为输入捕捉 IC2 的时基。所用的线路如图 8.3 所示。本例使用 MPLAB IDE 中的 SIM 仿真,从设置断点察看变量来验证程序正确与否。

Timer3 计数频率为 100 kHz,周期为 0.01 ms,输入到 IC2,要捕捉信号的频率为 100 Hz,即周期为 10 ms。

因此理论上每次捕捉时 Timer3 的计数值为 10 ms/0.01 ms=1 000=0x03E8。

SIM 仿真菜单操作:Debugger→Settings,弹出的对话框中在"Processor Frequency"项中将器件的振荡频率设置为 40 MHz(F_{CY}=20 MHz,T_{CY}=0.05 μs),如图 8.4 所示。

可以在 SIM 的仿真工作簿中仿真 RC5、RC9 的输入脉冲。

本例要求 RC5/T3CK 的脉冲为 100 kHz,即周期为 10 μs,相应的指令数为 0.01 ms×1000/0.05 μs=200,因此其高低电平的周期数各为 100。

RC9/IC2 为输入捕捉输入脚,要求的脉冲为 100 Hz,即周期为 10 ms,相应的指令数为 10 ms×1000/0.05 μs=200 000,因此其高低电平的周期数各为 100 000。

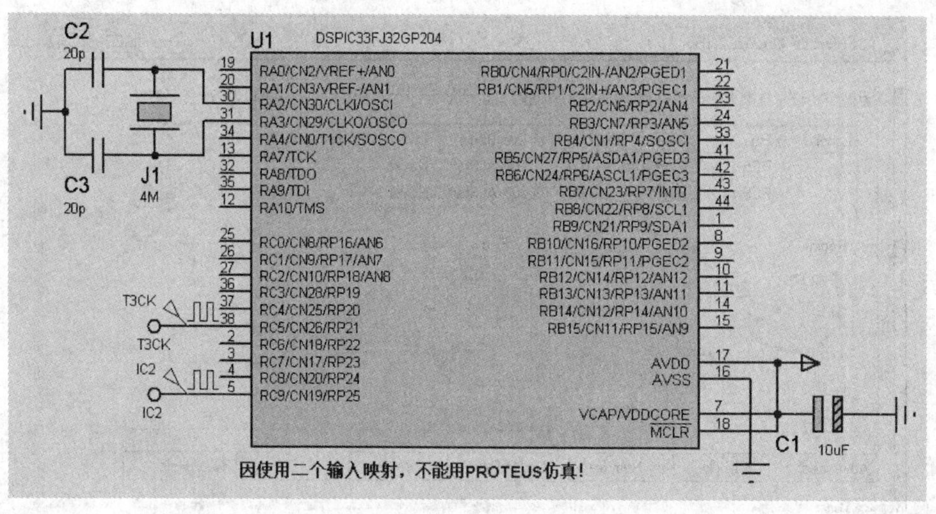

图 8.3　输入捕捉示例 2 线路图

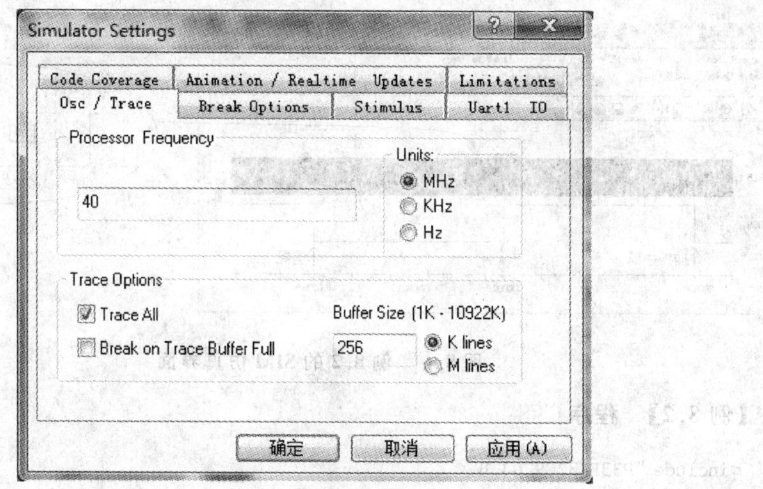

图 8.4　SIM 器件振荡频率设置

设置 RC5 和 RC9 的界面如图 8.5 所示。

SIM 仿真运行的界面如图 8.6 所示。在每个 RC9 的上升沿，CPU 产生捕捉中断，从设置断点察看变量，可知捕捉值为 1 000，与理论计算相同。图 8.6 右边放大部分的波形图中指示的数值 200 为 2 个光标间的周期数，相应的时间 $T=T_{CY}\times 200=0.05\ \mu s\times 200=10\ \mu s$，即前面设置的 100 kHz 脉冲的周期。

与例 8.1 的不同点在于，除了输入捕捉的时基由 Timer2 改为 Timer3 外，定时/计数器的计数源也改为外部脉冲。在 IC2 的中断服务程序中，使用了静态变量 X 来保存前一次的捕捉值，这样，当退出中断服务程序后，X 的值仍保留在内存中。

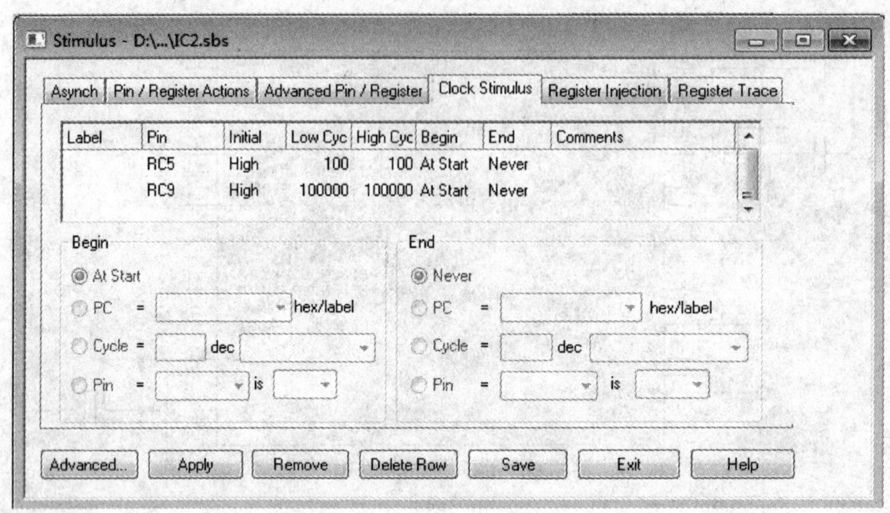

图 8.5　SIM 仿真输入设置

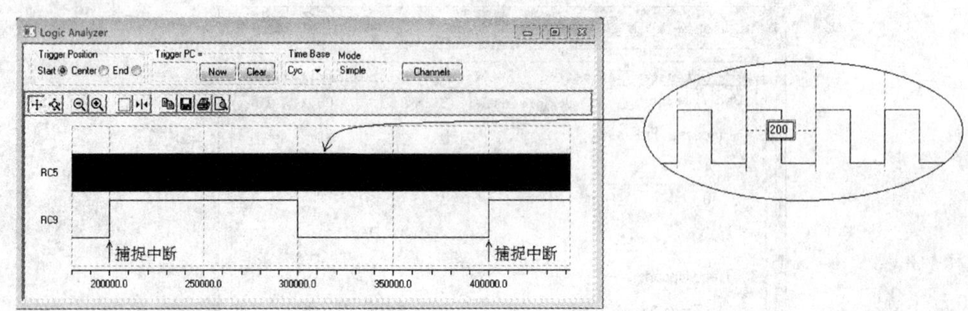

图 8.6　例 8.2 的 SIM 仿真界面

【例 8.2】　程序

```
#include "P33FJ32GP204.H"
#include "PPS.H"
//禁止时钟切换,禁止引脚多次配置,振荡引脚,主振荡器为 XT
_FOSC(FCKSM_CSDCMD & IOL1WAY_ON & OSCIOFNC_OFF & POSCMD_XT)
//使用用户设定的振荡器启动,初始振荡器为带 PLL 的主振荡器(XT、HS 或 EC)
_FOSCSEL(IESO_OFF & FNOSC_PRIPLL);
_FICD(JTAGEN_OFF & ICS_PGD2);

void _ISR _IC2Interrupt(void);

int main(void)
{    //外接 4 MHz 晶振,通过 PLL 得到总振荡频率 40 MHz,FCY = 20 MHz,TCY = 50 ns
     CLKDIVbits.PLLPRE = 0;   //N1 = 2,此输出为 4 MHz/2 = 2MHz,符合 0.8～8.0 MHz 的要求
```

```
    PLLFBDbits.PLLDIV = 78;  //M = 80,此输出为 2 MHz×80≈160 MHz,符合 100～200MHz 的
                             //要求
    CLKDIVbits.PLLPOST = 1;  //N2 = 4,此输出为 160 MHz/4 = 40 MHz,符合 12.5～80 MHz 的
                             //要求
    while(OSCCONbits.COSC != 0b011);     //等待时钟稳定
    RCONbits.SWDTEN = 0;                 //禁止 WDT
    //T3 设置
    _TRISC5 = 1;
    T3CONbits.TCKPS = 0b00;              //分频系数为 1:1
    T3CONbits.TGATE = 0;                 //门控关闭
    T3CONbits.TCS = 1;                   //外部计数
    //IC2 设置
    TRISCbits.TRISC9 = 1;                //设置 IC2 为输入
    PPSUnLock;
    RPINR7bits.IC2R = 25;                //RC9/RP25 为 IC2 引脚
    RPINR3bits.T3CKR = 21;               //RC5/RP21 为 Timer3 的外部计数脉冲输入口
    PPSLock;
    IC2CONbits.ICM = 0b011;              //每个上升沿捕捉一次
    IC2CONbits.ICI = 0b00;               //1 次捕捉中断一次
    IC2CONbits.ICTMR = 0;                //Timer3 为时基
    IC2BUF = 0;
    _IC2IF = 0;
    _IC2IE = 1;
    _IC2IP = 0b111;                      //IC2 中断优先级为 7
    SRbits.IPL = 0b110;                  //CPU 中断优先级为 6
    CORCONbits.IPL3 = 0;                 //CPU 中断优先级≤7
    TMR3 = 0;
    T3CONbits.TON = 1;                   //TMR3 开始工作
    while(1);
}

//IC2 中断服务程序
void __attribute__((__interrupt__,auto_psv,__shadow__)) _IC2Interrupt(void)
{   unsignedint Y,Z;
    static unsigned int X = 0;
    IFS0bits.IC2IF = 0;
    Y = IC2BUF;                          //读捕捉值
    if (Y>X)
        Z = Y - X;
    else
        Z = (~X) + Y + 1;                //如果后次捕捉值 Y 小于前次捕捉值,按此计算
    X = Y;                               //记下本次捕捉值
}
```

第 9 章

输出比较 OC

9.1 概 述

所谓输出比较 OC(Output Compare),指的是当 16 位定时/计数器(只能为 Timer2 或 Timer3,少数型号可能为其他定时器)在工作状态下(可为外部计数或内部延时),不停地与相关寄存器比较,如匹配则根据事先的设定,在相应的引脚上输出高电平或低电平。实际上,可以把 OC 模块看成一个 PWM 模块。

dsPIC33FJ32GP204 有 2 个输入捕捉模块:OC1、OC2;dsPIC33FJ64GP706 则有 8 个输入捕捉模块:IC1、IC2、…、IC8。

图 9.1 为输出比较内部结构框图。

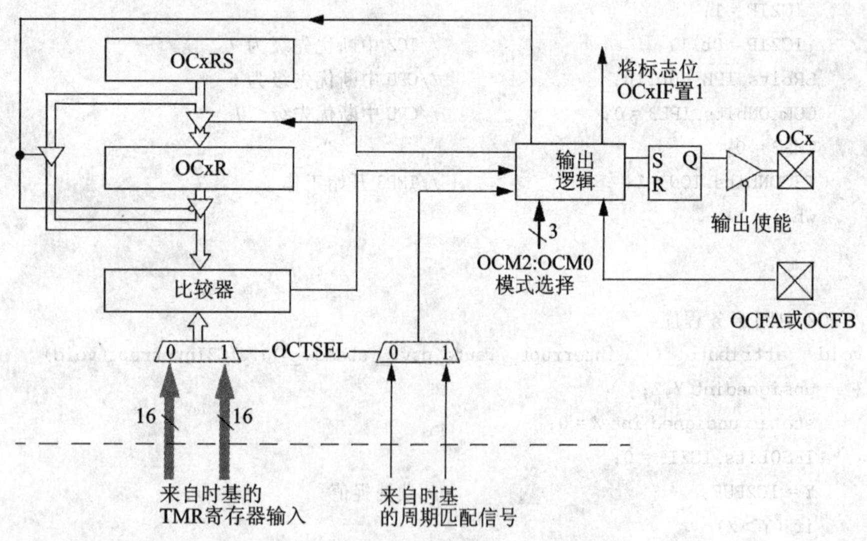

图 9.1 输出比较内部结构框图

9.2 相关寄存器介绍

与输出比较直接相关的寄存器有输出比较寄存器 OCxR、输出比较辅助寄存器

OCxRS 和输出比较控制寄存器 OCxRCON(x=1,2,…)(见表 9.1),其中 OCxR 和 OCxRS 用来存放输出脉冲的相关数据,从图 9.2 及后面的各例可以看出它们的作用。

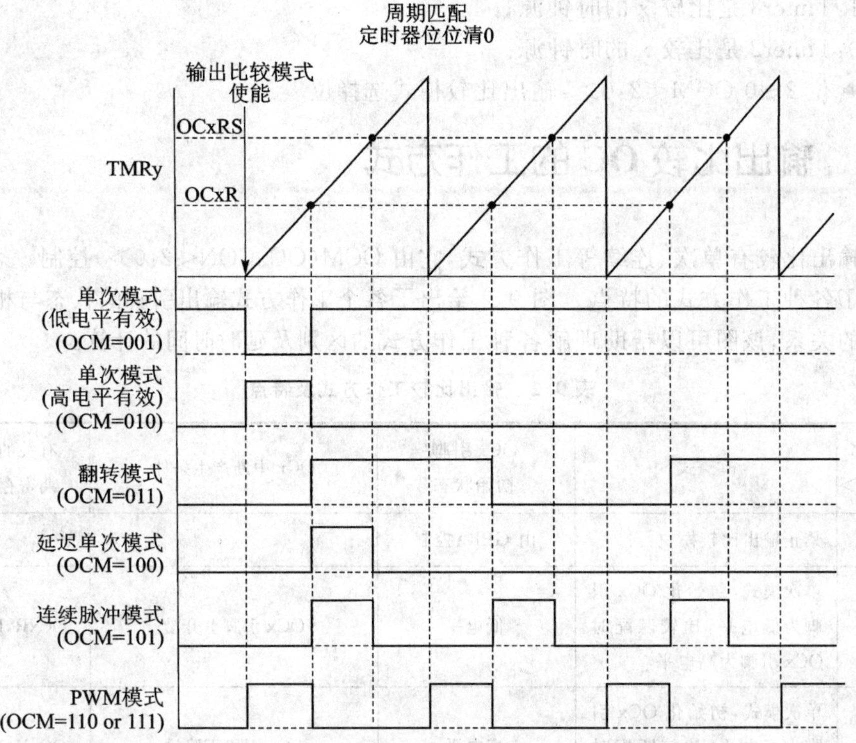

图 9.2 输出比较工作方式图解示意

表 9.1 输出比较控制寄存器 OCxRCON

U-0	U-0	R/W-0	U-0	U-0	U-0	U-0	U-0
—	—	OCSIDL	—	—	—	—	—
bit 15							bit 8
U-0	U-0	U-0	R-0HC	R/W-0	R/W-0	R/W-0	R/W-0
—	—	—	OCFLT	OCTSEL	OCM<2:0>		
bit 7							bit 0

◆ bit 13 OCSIDL:在空闲模式下停止输出比较控制位

1:输出比较 x 在 CPU 空闲模式下将停止;

0:输出比较 x 在 CPU 空闲模式下继续工作。

◆ bit 4 OCFLT:PWM 故障条件状态位(仅当 OCM<2:0>=111 时,才使用该位)

1：已经产生 PWM 故障条件（只能由硬件清零）；

0：未产生 PWM 故障条件。

◆ bit 3 OCTSEL：输出比较定时器选择位

1：Timer3 是比较 x 的时钟源；

0：Timer2 是比较 x 的时钟源。

◆ 位 2～0 OCM＜2:0＞：输出比较模式选择位

9.3 输出比较 OC 的工作方式

输出比较有单次、连续等工作方式，它由 OCM（OCxCON＜2:0＞）控制。表 9.2 给出了各种工作方式的特点。图 9.2 给出了各个工作方式输出引脚的状态与相关寄存器的关系，该图可以帮助理解各种工作方式的区别及延时时间的计算。

表 9.2 输出比较工作方式及特点

OCM＜2:0＞	模　式	OCx 引脚初始状态	OCx 中断产生条件	有关的周期寄存器
000	禁止输出比较模块	由 GPIO 控制	—	—
001	单次模式，初始化 OCx 引脚为低电平，比较匹配时 OCx 引脚为高电平	低电平	OCx 引脚上升沿	OCxR，PRy
010	单次模式，初始化 OCx 引脚为高电平，比较匹配时 OCx 引脚为低电平	高电平	OCx 引脚下降沿	OCxR，PRy
011	翻转模式，比较匹配时 OCx 引脚的电平翻转	保持当前状态	OCx 引脚上升或下降沿	OCxR，PRY
100	延迟单次模式，初始化 OCx 引脚为低电平，在 OCx 引脚上产生单个输出脉冲	低电平	OCx 引脚下降沿	OCxR，OCxRS
101	连续脉冲模式，初始化 OCx 引脚为低电平，在 OCx 引脚上产生连续的输出脉冲	低电平	OCx 引脚下降沿	OCxR，OCxRS
110	无故障保护的 PWM 模式	低电平，当 OCxR=0 高电平，当 OCxR≠0	无中断	OCxR
111	有故障保护的 PWM 模式	低电平，当 OCxR=0 高电平，当 OCxR≠0	OCFA 的下降沿，对 OC1～OC4 OCFB 的下降沿，对 OC5～OC8	OCxR

注意，在所有的输出比较模式中，当计数条件匹配时的一下指令周期才驱动相应引脚的电平，即定时器的值 TMRy＝OCxR＋1 或 TMRy＝OCxRS＋1 时，输出引脚的电平才根据程序的设置而改变。

以下以实例的方式介绍输出比较的各种工作模式。

9.3.1 单次比较模式(低电平有效和高电平有效)

在 OCM＝0b001 或 OCM＝0b010 时，即单次比较模式下，当产生匹配时，输出电平的变化只发生一次，除非重新设置 OCxCON。例 9.1 中给出了单次比较模式，并在按键中断中重新触发单次比较模式。

【例 9.1】 单次比较模式

如希望通过 OC1 产生高电平的宽度为 10 ms，假设 DSC 的工作频率 F_{CY}＝20 MHz，即 T_{CY}＝0.05 μs，从图 9.2 可得

$$10\,000\ \mu s = (OC1R + 1) \times T_{CY} \times K$$

要先求 Timer3 的预分频系数 K，令 OC1R 的值为最大的 65 535，可得分频比 K≈3.05，取 K＝8。

把 K＝8 代入，10 000 μs＝(OC1R＋1)×T_{CY}×K，得：OC1R＝24 999。

所用的线路如图 9.3 所示，本例把 OC1 映射到 RB9。

本例中的 Timer3 的周期寄存器 PR3 须设置为比 OC1R 大的任何值。

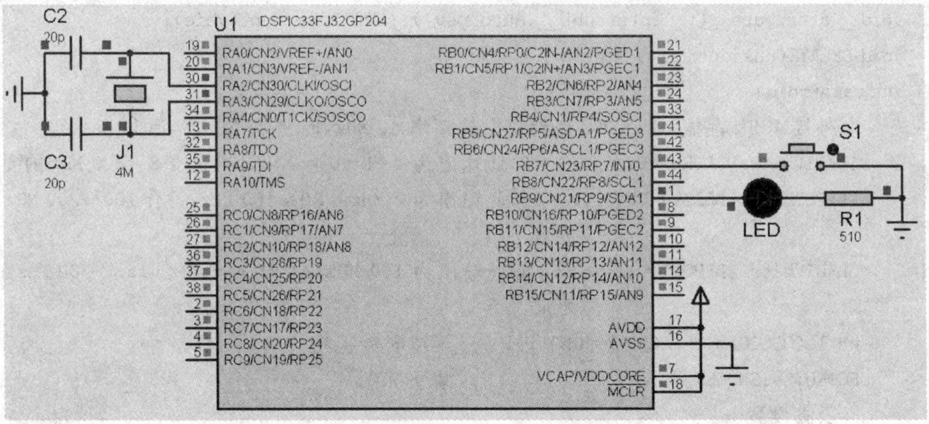

图 9.3 单次比较模式线路图

线路图中的按键 S1 接外部中断 INT0，程序设置为弱上拉，因此外部不必用上拉电阻。每按一下按键 S1，产生 INT0 中断，在中断服务程序中重新开启单次比较模式。

把本例中的 OCM 值从 0b010(单次高电平有效)修改为 0b001(单次低电平有效)，输出电平就从高电平变成低电平，如图 9.4 的示波图所示。

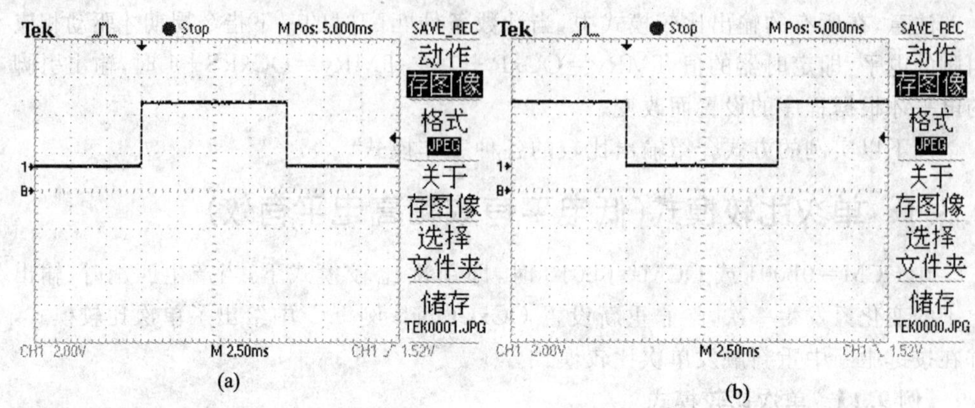

图 9.4　单次比较高电平有效(a)和低电平有效(b)示波图

【例 9.1】　程序

```
#include "P33FJ32GP204.H"
#include "PPS.H"
//禁止时钟切换,禁止引脚多次配置,振荡引脚,主振荡器为 XT
_FOSC(FCKSM_CSDCMD & IOL1WAY_ON & OSCIOFNC_OFF & POSCMD_XT)
//使用用户设定的振荡器启动,初始振荡器为带 PLL 的主振荡器(XT、HS 或 EC)
_FOSCSEL(IESO_OFF & FNOSC_PRIPLL);
_FICD(JTAGEN_OFF & ICS_PGD2);
void __attribute__((__interrupt__,auto_psv)) _INT0Interrupt(void);
void DELAY2(unsigned int);
int main(void)
{   //外接 4 MHz 晶振,通过 PLL 得到总振荡频率 40 MHz,FCY = 20 MHz,TCY = 50 ns
    CLKDIVbits.PLLPRE = 0;  //N1 = 2,此输出为 4 MHz/2 = 2 MHz,符合 0.8~8.0 MHz 的要求
    PLLFBDbits.PLLDIV = 78; //M = 80,此输出为 2 MHz×80≈160 MHz,符合 100~200 MHz 的
                            //要求
    CLKDIVbits.PLLPOST = 1; //N2 = 4,此输出为 160 MHz/4 = 40 MHz,符合 12.5~80 MHz 的
                            //要求
    while(OSCCONbits.COSC != 0b011);   //等待时钟稳定
    RCONbits.SWDTEN = 0;               //禁止 WDT
    //引脚设置
    TRISB = 0xFDFF;                    //B 口的 RB9 输出
    PPSUnLock;
    RPOR4bits.RP9R = 0b10010;          //OC1 连接到 RP9/RB9
    PPSLock;
    //TMR3 设置
    T3CONbits.TSIDL = 0;
    T3CONbits.TGATE = 0;               //门控关闭
    T3CONbits.TCKPS = 0b01;            //分频系数为 1:8
```

```
    T3CONbits.TCS = 0;                    //内部时钟为 TMR3 的时基
    TMR3 = 0;
    //要求输出一个高电平时间为 10 ms = 10 000 μs
    OC1R = 24999;                         //OC1R = 10 000/TCY/(8 - 1)
    PR3 = 0xFFFF;                         //只要 PR3 不小于 OC1R 即可
    OC1CONbits.OCSIDL = 0;
    OC1CONbits.OCTSEL = 1;                //TMR3 为时钟
    OC1CONbits.OCM = 0b010;               //单次模式,高电平有效输出
    //在相关的寄存器均设置好后再使能定时器
    T3CONbits.TON = 1;
    //INT0 设置
    _CN23PUE = 1;                         //RB7/CN23 弱上拉使能
    _INT0IE = 1;                          //INT0 中断使能
    _INT0EP = 1;                          //INT0 下降沿中断
    _INT0IF = 0;
    _INT0IP = 7;                          //INT0 中断优先级为 7
    SRbits.IPL = 5;                       //CPU 中断优先级为 5
    CORCONbits.IPL3 = 0;                  //CPU 中断优先级≤7
    while(1);
    return(0);
}

 //INT0 中断,开启输出比较单次模式
void __attribute__((__interrupt__,auto_psv)) _INT0Interrupt(void)
{   DELAY2(30);
    _INT0IF = 0;
    TMR3 = 0;
    OC1CONbits.OCM = 0b010;               //重新启动单次模式
}

//====== 延时(n)ms,Fosc = 40 MHz
void DELAY2(unsigned int n)
{   unsigned int j,k;
    for (j = 0;j<n;j ++ )
        for (k = 2855;k>0;k -- )
        {   Nop();Nop();Nop();  }
}
```

9.3.2 翻转模式

如图 9.2 所示,当 OCM＝0b011 时,即在翻转模式下,当定时器 TMRy 的值等于 OCxR＋1 时,OCx 引脚电平翻转;当 TMRy 计数至 PRy＋1 时,TMRy 被复位,重

新从0开始计数;当TMRy的值等于OCxR+1时,OCx引脚电平再翻转,一直循环。

可见在本模式下,输出的波形的周期与PRy有关,占空比恒定为50%,OCxR的值决定了输出脉冲的水平位置。

【例9.2】 比较翻转模式

假设要通过OC2输出周期为3 ms、电平翻转相对于定时器0点的位置为0.3 ms,仍采用例9.1中DSC的工作频率F_{CY}=20 MHz, T_{CY}=0.05 μs。这里使用Timer2作为输出比较的时基。

从图9.2可以看到,周期值是PRy+1的2倍,因此计算如下:

(3 ms/2)×1 000=65 536×T_{CY}×K,得K≈0.46,故取分频比K=1。

(3 ms/2)×1 000=(PR2+1)×T_{CY}×K,得PR2=29 999。

再计算OC2R,在本模式中,它决定了电平翻转的时刻。

0.3 ms×1 000=(OC2R+1)×T_{CY}×K,得到OC2R=5 999。

本例把OC2映射到RB9。所用的线路图仍为图9.3,但所接的LED为示意性的,只能从示波器上看到OC2引脚电平的交替变换,这是因为OC2输出的电平变换的时间太短了,肉眼不能分辨。图中的按键不用。

在SIM仿真下,如图9.5所示,时刻①的前一指令周期,定时器Timer2的值等于PR2;接着下一个指令周期,Timer2被复位,即TMR2被清0。Timer2从0开始计数,当TMR2=OC2R+1时,即图上的时刻②,此时输出引脚OC2(RB9)的电平翻转。Timer2继续计数,直到下一个时刻①。

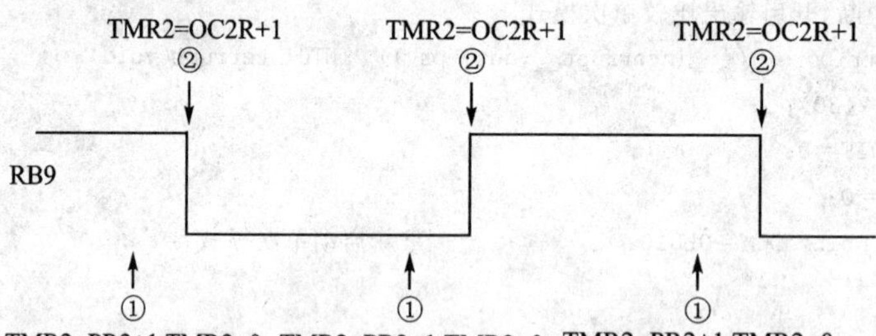

图9.5 比较翻转模式SIM仿真结果说明

本例中Timer2的周期寄存器PR2必须设置成比OC2R大的任何值。

【例9.2】 程序

```
#include "P33FJ32GP204.H"
#include "PPS.H"
//禁止时钟切换,禁止引脚多次配置,振荡引脚,主振荡器为XT
_FOSC(FCKSM_CSDCMD & IOL1WAY_ON & OSCIOFNC_OFF & POSCMD_XT)
//使用用户设定的振荡器启动,初始振荡器为带PLL的主振荡器(XT、HS或EC)
_FOSCSEL(IESO_OFF & FNOSC_PRIPLL);
_FICD(JTAGEN_OFF & ICS_PGD2);
```

```
void __attribute__((__interrupt__,auto_psv)) _INT0Interrupt(void);

int main(void)
{    //外接 4 MHz 晶振,通过 PLL 得到总振荡频率 40 MHz,FCY = 20 MHz,TCY = 50 ns
     CLKDIVbits.PLLPRE = 0;   //N1 = 2,此输出为 4 MHz/2 = 2 MHz,符合 0.8～8.0MHz 的要求
     PLLFBDbits.PLLDIV = 78;  //M = 80,此输出为 2 MHz×80≈160 MHz,符合 100～200 MHz 的
                              //要求
     CLKDIVbits.PLLPOST = 1;  //N2 = 4,此输出为 160 MHz/4 = 40 MHz,符合 12.5～80 MHz 的
                              //要求
     while(OSCCONbits.COSC ! = 0b011);     //等待时钟稳定
     RCONbits.SWDTEN = 0;                  //禁止 WDT
     //引脚设置
     TRISB = 0xFDFF;                       //B 口的 RB9 输出
     PPSUnLock;
     RPOR4bits.RP9R = 0b10011;             //OC2 连接到 RP9/RB9
     PPSLock;
     //TMR2 设置
     T2CONbits.TSIDL = 0;
     T2CONbits.TGATE = 0;                  //门控关闭
     T2CONbits.TCKPS = 0b00;               //分频系数为 1:1
     T2CONbits.TCS = 0;                    //内部时钟为 TMR3 的时基
     TMR2 = 0;
     //周期为 3 ms,电平翻转时刻为定时器 0 点的位置为 0.3 ms
     OC2R = 5 999;
     PR2 = 29 999;
     OC2CONbits.OCSIDL = 0;
     OC2CONbits.OCTSEL = 0;                //TMR2 为时钟
     OC2CONbits.OCM = 0b011;               //翻转模式
     //在相关的寄存器均设置好后再使能定时器
     T2CONbits.TON = 1;

     while(1);
     return(0);
}
```

9.3.3　延迟单次模式

如图 9.2 所示,当 OCM＝0b100 时,即在延迟单次模式下,除了使用输出比较寄存器 OCxR 外,还用了输出比较辅助寄存器 OCxRS。

【例 9.3】 延迟单次比较模式

希望用 OC2 产生单次的延迟脉冲，在定时器清 0 后延时 1 ms，产生一个脉冲宽度为 3 ms 的脉冲。DSC 的工作频率 F_{CY}＝20 MHz，T_{CY}＝0.05 μs。相关计算如下：

先计算最大值 OC2RS 的值，从图 9.2 可知：

(1 ms＋3 ms)×1 000＝65 536×T_{CY}×K，得 K≈1.22，取 K＝8。

把 K＝8 代入：1 ms×1 000＝(OC2R＋1)×T_{CY}×K，得到 OC2R＝2 499。

把 K＝8 代入：(1 ms＋3 ms)×1 000＝(OC2RS＋1)×T_{CY}×K，得到 OC2RS＝9 499。

本例用 Timer3 作为输出比较的时钟。OC2 仍映射到 RB9，故线路图与图 9.3 相同，其中的按键 S1 不用。

其仿真运行结果如图 9.6 所示，在本模式设置好之后，OC2 引脚输出低电平，Timer3 从 0 开始计数。当其值 TMR3＝OC2R＋1 时，OC2 引脚输出高电平；当 TMR3＝OC2RS＋1 时，OC2 引脚输出低电平，并一直保持低电平，除非重新对 OCM 赋值。

本例中 Timer3 的周期寄存器 PR3 必须设置成比 OC2RS 大的任何值。

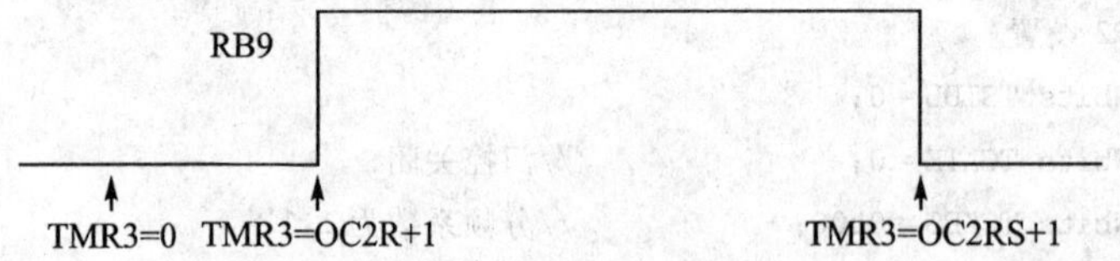

图 9.6 延迟单次比较模式输出波形说明

【例 9.3】 程序

```
#include "P33FJ32GP204.H"
#include "PPS.H"
//禁止时钟切换,禁止引脚多次配置,振荡引脚,主振荡器为 XT
_FOSC(FCKSM_CSDCMD & IOL1WAY_ON & OSCIOFNC_OFF & POSCMD_XT)
//使用用户设定的振荡器启动,初始振荡器为带 PLL 的主振荡器(XT、HS 或 EC)
_FOSCSEL(IESO_OFF & FNOSC_PRIPLL);
_FICD(JTAGEN_OFF & ICS_PGD2);
void __attribute__((__interrupt__,auto_psv)) _INT0Interrupt(void);
int main(void)
{    //外接 4 MHz 晶振,通过 PLL 得到总振荡频率 40 MHz,FCY = 20 MHz,TCY = 50 ns
     CLKDIVbits.PLLPRE = 0;  //N1 = 2,此输出为 4 MHz/2 = 2 MHz,符合 0.8~8.0 MHz 的要求
     PLLFBDbits.PLLDIV = 78; //M = 80,此输出为 2 MHz × 80≈160 MHz,符合 100~200 MHz 的
                             //要求
     CLKDIVbits.PLLPOST = 1; //N2 = 4,此输出为 160 MHz/4 = 40 MHz,符合 12.5~80 MHz 的
                             //要求
     while(OSCCONbits.COSC ! = 0b011);  //等待时钟稳定
```

```
    RCONbits.SWDTEN = 0;                   //禁止 WDT
    //引脚设置
    TRISB = 0xFDFF;                        //B 口的 RB9 输出
    PPSUnLock;
    RPOR4bits.RP9R = 0b10011;              //OC2 连接到 RP9/RB9
    PPSLock;
    //TMR3 设置
    T3CONbits.TSIDL = 0;
    T3CONbits.TGATE = 0;                   //门控关闭
    T3CONbits.TCKPS = 0b01;                //分频系数为 1:8
    T3CONbits.TCS = 0;                     //内部时钟为 TMR3 的时基
    TMR3 = 0;
    //OC2 设置
    OC2R = 2499;
    OC2RS = 9999;
    PR3 = 0xFFFF;                      //在延迟单次模式下与 PR2 无关,此值设为最大值即可
    OC2CONbits.OCSIDL = 0;
    OC2CONbits.OCTSEL = 1;                 //TMR3 为时钟
    OC2CONbits.OCM = 0b100;                //延迟单次模式
    //在相关的寄存器均设置好后再使能定时器
    T3CONbits.TON = 1;
    while(1);
    return(0);
}
```


9.3.4　连续脉冲模式

当 OCM=0b101 时,输出比较模块即工作在连续脉冲模式,它使用输出比较寄存器 OCxR 和输出比较辅助寄存器 OCxRS。

【例 9.4】　连续脉冲输出实例

希望用 OC2 产生如图 9.7 的连续脉冲。假设 DSC 的工作频率 $F_{CY}=20$ MHz, $T_{CY}=0.05\ \mu s$,使用 Timer3 作为 OC2 的时基。

对照图 9.2,相关计算如下:

时刻①为 TMR3=PR3+1,Timer3 复位,即 TMR3=0;

时刻②为 TMR3=OC2R+1;

时刻③为 TMR3=OC2RS+1。

要求的脉冲的周期为 5 ms:

5 ms×1 000=65 536×T_{CY}×K,K≈1.5,故取预分频系数 K=8。

1 ms×1 000=(OC2R+1)×T_{CY}×K,得 OC2R=2 499。

(1 ms+2 ms)×1 000=(OC2RS+1)×T_{CY}×K,得 OC2RS=7 499。

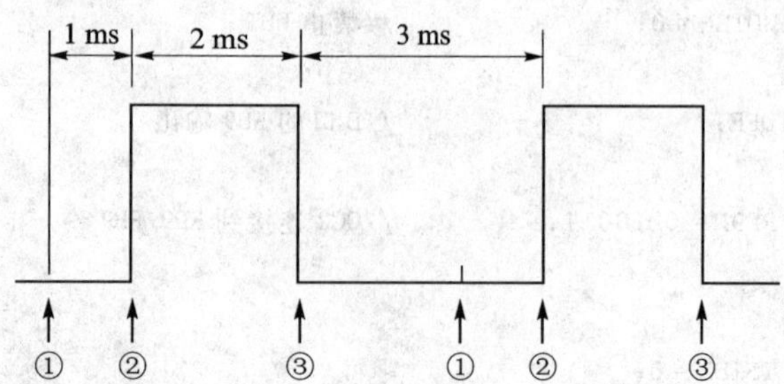

图 9.7　希望产生的连续脉冲时间要求

5 ms×1 000＝(PR3＋1)×T_{CY}×K，得 PR3＝12 499。

按以上设置后，程序在 SIM 和实物上运行的结果与期望的完全相同。

本例的程序除了以上的 PR3、OC2R、OC2RS 及 OCM 的设置与例 9.3 不同外，其余都相同，读者可参见网上资源中的程序。

9.3.5　PWM 模式(带故障保护与不带故障保护)

当 OCM＝0b110 或 0b111 时，输出比较模块即工作在 PWM 模式，使用输出比较寄存器 OCxRS 和 OCxR，但 OCxR 作为占空比寄存器，而 OCxRS 为占空比缓冲寄存器，即当 Timery 的值 TMRy＝PRy＋1 时(一个 PWM 周期结束)，CPU 自动将 OCxRS 的值装载到 OCxR 中。在 PWM 使能状态下，OCxR 是只读寄存器，这样设计的目的是为了保证在每个 PWM 周期中的占空比值是确定的，换句话说，用户修改 PWM 的占空比只能在下一 PWM 周期才有效。

OCM＝0b110 为普通 PWM 模式，而 OCM＝0b111 为带故障保护的 PWM 模式。带故障的 PWM 模式下，当相应的故障引脚为低电平时，PWM 输出被禁止，即为输出高阻态，保护输出线路不致损坏。一直到故障被消除，此引脚电平恢复为高电平时，重新设置 OCM＝0b111，才能重新输出 PWM 脉冲。

【例 9.5】　带故障保护的 PWM 输出

希望用 OC1 产生周期为 1 ms、占空比为 30％的 PWM 脉冲。假设 DSC 的工作频率 F_{CY}＝20 MHz，T_{CY}＝0.05 μs，使用 Timer3 作为 OC1 的时基。对照图 9.2，相关计算如下：

1 ms×1 000＝65 536×T_{CY}×K，K≈0.31，故取分频比 K＝1。

1 ms×1 000＝(PR3＋1)×T_{CY}×K，PR3＝19 999。

0.3×1 ms×1 000＝(OC1RS＋1)×T_{CY}×K，得 OCR1S＝5 999。

使用的线路如图 9.8 所示，图中用了一个开关 SW1 来模拟故障信号。运行表明，当 SW1 接于高电平时，PWM 正常输出脉冲；当 SW1 接到低电平时，由于故障保护，PWM 不输出。

程序中用了 OC1 中断。在 PWM 模式下，只有出现故障，引脚 OCFA 或 OCFB

引脚的下降沿才进入 OC1 中断。在中断服务程序中采用“死等”的方式，只要这个引脚的电平是低电平就一直等待，直到这个引脚为高电平，再重新设置 OCM 为 PWM 模式，即重新恢复 PWM。

如图 9.9 所示，程序运行的输出波形与预期的相同。

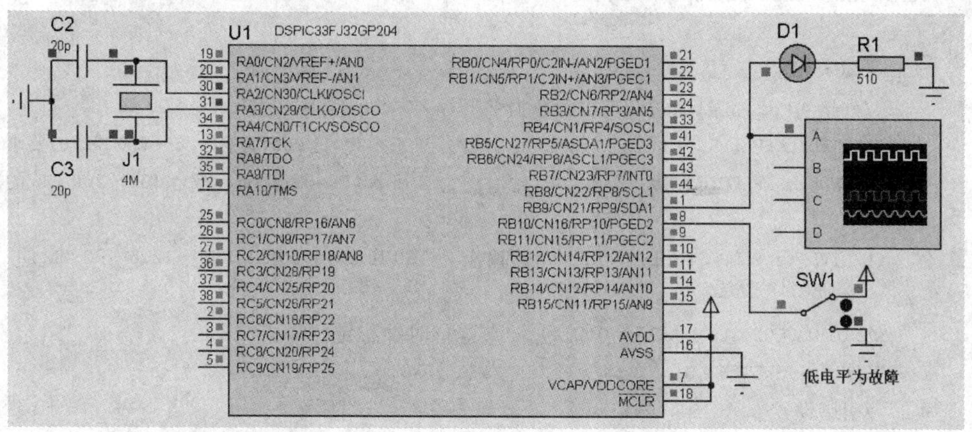

图 9.8　带故障保护的 PWM 线路图

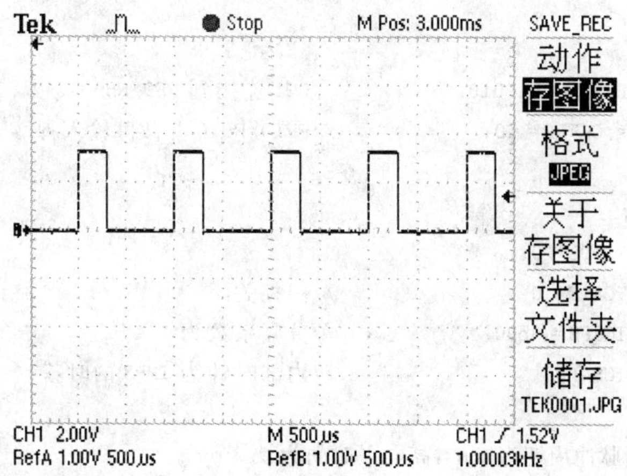

图 9.9　例 9.5 的 PWM 波形输出

【例 9.5】　程序

```
#include "P33FJ32GP204.H"
#include "PPS.H"
//禁止时钟切换,禁止引脚多次配置,振荡引脚,主振荡器为 XT
_FOSC(FCKSM_CSDCMD & IOL1WAY_ON & OSCIOFNC_OFF & POSCMD_XT)
//使用用户设定的振荡器启动,初始振荡器为带 PLL 的主振荡器(XT、HS 或 EC)
_FOSCSEL(IESO_OFF & FNOSC_PRIPLL);
```

```
//由于 RB10/PGED2 被用于 PWM 的故障保护，故用 PGED1 作为调试与烧写的通信引脚
_FICD(JTAGEN_OFF & ICS_PGED1);

#define _ISR1 __attribute__((interrupt, auto_psv))
void _ISR1 _OC1Interrupt(void);

int main(void)
{   //外接 4 MHz 晶振，通过 PLL 得到总振荡频率 40 MHz，FCY = 20 MHz，TCY = 50 ns
    CLKDIVbits.PLLPRE = 0;   //N1 = 2，此输出为 4 MHz/2 = 2 MHz，符合 0.8～8.0 MHz 的要求
    PLLFBDbits.PLLDIV = 78;  //M = 80，此输出为 2 MHz×80≈160 MHz，符合 100～200 MHz 的
                             //要求
    CLKDIVbits.PLLPOST = 1;  //N2 = 4，此输出为 160 MHz/4 = 40 MHz，符合 12.5～80 MHz 的
                             //要求
    while(OSCCONbits.COSC != 0b011);    //等待时钟稳定
    RCONbits.SWDTEN = 0;                //禁止 WDT
    //引脚设置
    _TRISB9 = 0;                        //RB9 为输出
    Nop();
    _RB9 = 0;
    PPSUnLock;
    RPOR4bits.RP9R = 0b10010;           //OC1 连接到 RP9/RB9
    RPINR11bits.OCFAR = 10;             //RP10/RB10 为故障输入脚
    PPSLock;
    //TMR3 设置
    T3CONbits.TSIDL = 0;
    T3CONbits.TGATE = 0;                //门控关闭
    T3CONbits.TCKPS = 0b00;             //分频系数为 1:1
    T3CONbits.TCS = 0;                  //内部时钟为 TMR3 的时基
    TMR3 = 0;
    //要求输出脉冲周期为 1 ms，高电平时间为 0.3 ms
    OC1RS = 5999;
    PR3 = 19999;
    OC1CONbits.OCSIDL = 0;
    OC1CONbits.OCTSEL = 1;              //TMR3 为时钟
    OC1CONbits.OCM = 0b111;             //带故障保护的 PWM 模式
    _OC1IE = 1;
    _OC1IP = 7;
    SRbits.IPL = 0b100;                 /CPU 中断优先级 = 4
    //在相关的寄存器均设置好后再使能定时器
    T3CONbits.TON = 1;
```

```
    while(1);
    return(0);
}

//输出比较中断服务程序
void _ISR1 _OC1Interrupt(void)
{   while (_RB10 == 0);                 //只有故障清除才允许进入 PWM
    _OC1IF = 0;
    OC1CONbits.OCM = 0b111;             //必须重新设置才能进入 PWM 模式
}
```

第10章

模/数转换器 ADC

10.1 概　述

dsPIC33F 器件最多有 32 个 ADC 输入通道，最多有 2 个 ADC 模块(ADCx，其中 x=1 或 2)，每个模块都有一组特殊功能寄存器。

dsPIC33F 的 ADC 模块的分辨率为 10 位/12 位，可以通过程序选择。作为单通道采样时，ADC 的分辨率可为 10 位或 12 位；当进行多通道同时采样时，ADC 的分辨率只能为 10 位。

当 ADC 的参考电压设置为电源电压 3.3 V、10 位分辨率时，每位相当于 3.3 V/1 024≈3.22 mV；12 位分辨率时，每位相当于 3.3 V/4 096≈0.806 mV。

10 位 ADC 配置具有如下主要特性：

- 转换速度最高为 1.1 Msps(sps：samples per second，每秒采样数)；
- 最多 32 个模拟输入引脚；
- 外部参考电压输入引脚；
- 可对最多四个模拟输入引脚同时进行采样；
- 自动通道扫描模式；
- 可选转换触发源；
- 可选缓冲器填充模式；
- 四种结果对齐选项(有符号/无符号，小数/整数)；
- 可在 CPU 休眠和空闲模式下继续工作。

12 位 ADC 配置支持所有上述特性，但以下情况除外：

- 在 12 位配置中，支持最大 500 ksps 的转换速度；
- 在 12 位配置中，只有 1 个采样/保持放大器，因此不支持多通道同时采样。

根据特定器件的引脚配置，ADC 最多有 32 个模拟输入引脚，指定为 AN0～AN31。此外，有两个可用于外部参考电压连接的模拟输入引脚。这些参考电压输入可以和其他模拟输入引脚复用。

dsPIC33FJ32GP204 只有一个 ADC 模块，AN0～AN12 共 13 个模拟输入引脚。

dsPIC33FJ64GP706A 有 2 个 ADC 模块，AN0～AN17 共 18 个模拟输入引脚。

对具有 DMA 功能的芯片，如 dsPIC33FJ64GP706A，ADC1 和 ADC2 都具有能触发 DMA 数据传输功能。

对于没有 DMA 模块的芯片，如 dsPIC33FJ32GP204，其内部有 16 个 ADC 缓存寄存器，它们被命名为 ADC1BUF0、ADC1BUF1、ADC1BUF2、…、ADC1BUFE、ADC1BUFF。

具有 DMA 模块的芯片，如 dsPIC33FJ64GP706A，1 个 ADC 模块只有一个 ADC 缓存寄存器 ADC1BUF0，它要通过 DMA 将 ADC 转换的结果自动存于 DMA RAM 中。因此有 2 个模块的 ADC 芯片，就有 ADC1BUF0 和 ADC2BUF0 两个 ADC 缓存寄存器。

图 10.1 为 dsPIC33FJ64GP706A 的 ADC1 的内部结构框图。其他型号请查阅相应的数据手册。

10.2 ADC 和 DMA

对于有 DMA 模块的芯片，ADC1 和 ADC2 都能触发 DMA 数据传输功能。如果将 ADC1 或 ADC2 选择为 DMAIRQ 源，当 AD1IF 或 AD2IF 位由于 ADC1 或 ADC2 采样转换结束被置 1 时，就会发生 DMA 传输。

有 DMA 模块的芯片，SMPI<3:0>位（ADxCON2<5:2>）用来选择 DMA-RAM 缓冲器指针增加的频率。

ADDMABM 位（ADxCON1<12>）决定转换结果填充到 ADC 使用的 DMARAM 缓冲器中的方式。如果该位置 1，则将数据以 ADC 转换的顺序写入 DMA 缓冲器。模块将为 DMA 通道提供一个与非 DMA 独立缓冲器使用的地址相同的地址。如果 ADDMABM 位清 0，那么 DMA 缓冲器以分散/集中模式写入数据。依据模拟输入的编号和 DMA 缓冲器的大小，模块为 DMA 通道提供分散/集中地址。

10.3 相关寄存器介绍

这里介绍 ADC 模块 1 的相关寄存器（见表 10.1～表 10.10），ADC 模块 2 的相关寄存器除了名字改为 AD2xxx 外，其余与 ADC 模块 1 相同，具体请查阅相关芯片的数据手册。

注：本节的寄存器为 dsPIC33FJ64GP706A 的数据，其他芯片可能有所不同，请查阅相关数据手册。

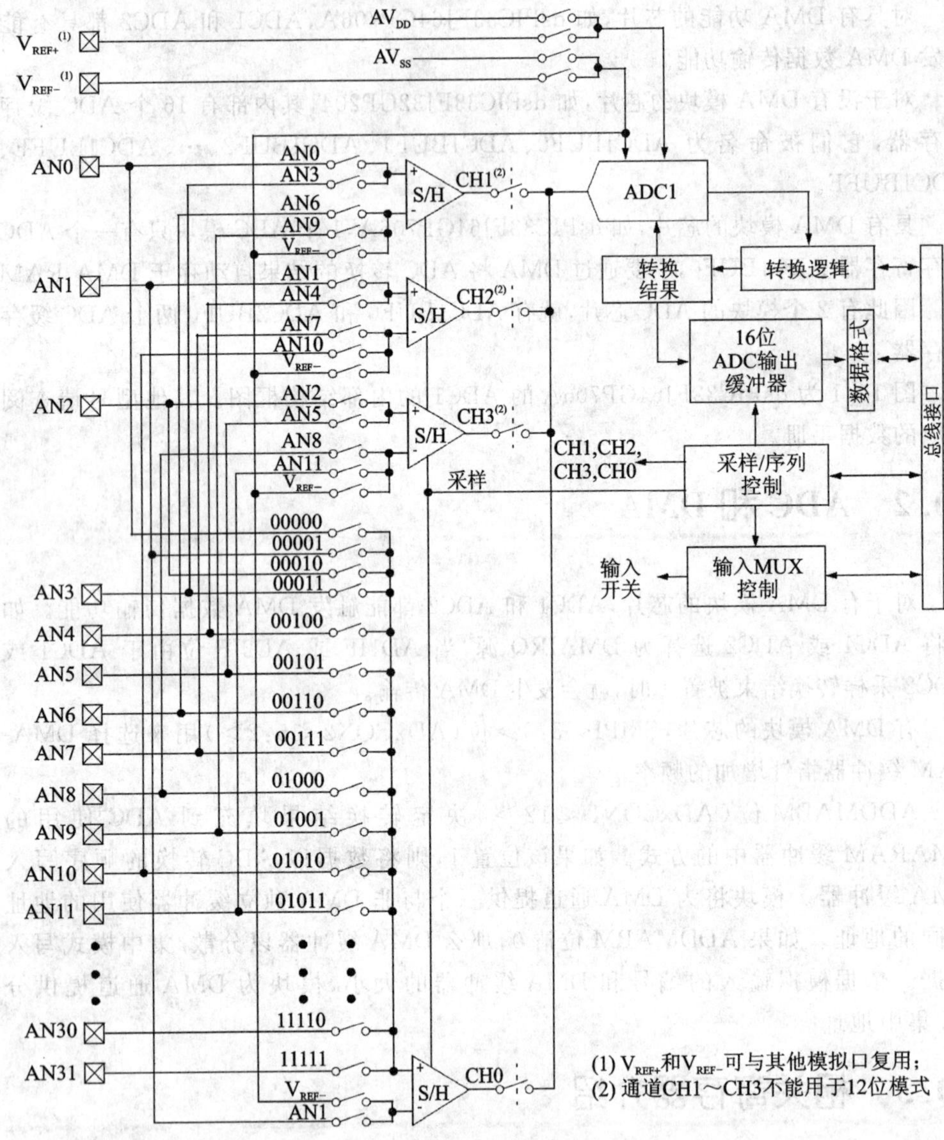

图 10.1　dsPIC33FJ64GP706A 的 ADC1 内部结构框图

表 10.1　AD1CON1：ADC 控制寄存器 1

R/W－0	U－0	R/W－0	R/W－0	U－0	R/W－0	R/W－0	R/W－0
ADON	—	ADSIDL	ADDMABM	—	AD12B	FORM<1：0>	
bit 15							bit 8
R/W－0	R/W－0	R/W－0	U－0	R/W－0	R/W－0	R/W－0 HC，HS	R/C－0 HC，HS
SSRC<2：0>			—	SIMSAM	ASAM	SAMP	DONE
bit 7							bit 0

◆ bit 15 ADON:ADC 工作模式位

1:ADC 模块正在工作;

0:ADC 模块关闭。

◆ bit 13 ADSIDL:空闲模式停止位

1:当器件进入空闲模式时,模块停止工作;

0:模块在空闲模式下继续工作。

◆ bit 12 ADDMABM:DMA 缓冲器构建模式位,只在具有 DMA 功能的芯片才有效

1:DMA 缓冲器以转换的顺序写入,模块将为 DMA 通道提供一个与非 DMA 独立缓冲器使用的地址相同的地址;

0:DMA 缓冲器以分散/集中模式写入,依据模拟输入的编号和 DMA 缓冲器的大小,模块为 DMA 通道提供分散/集中地址。

◆ bit 10 AD12B:10 位或 12 位工作模式位

1:12 位 ADC;

0:10 位 ADC。

◆ bit 9～8 FORM＜1:0＞:数据输出格式位

对于 10 位工作:

11:有符号的小数(D_{OUT}＝sddd dddd dd00 0000,其中 s＝d＜9＞取反);

10:小数(D_{OUT}＝dddd dddd dd00 0000);

01:有符号的整数(D_{OUT}＝ssss sssd dddd dddd,其中 s＝d＜9＞取反);

00:整数(DOUT＝0000 00dd dddd dddd)。

对于 12 位工作:

11:有符号的小数(D_{OUT}＝sddd dddd dddd 0000,其中 s＝d＜11＞取反);

10:小数(D_{OUT}＝dddd dddd dddd 0000);

01:有符号的整数(D_{OUT}＝ssss sddd dddd dddd,其中 s＝d＜11＞取反);

00: 整数(D_{OUT}＝0000 dddd dddd dddd)。

◆ bit 7～5 SSRC＜2:0＞:采样时钟源选择位

111:由内部计数器结束采样并启动转换(自动转换);

110:保留;

101:保留;

100:保留;

011:由 MPWM 间隔结束采样并启动转换;

010:定时器(ADC1 采用 Timer3,ADC2 采用 Timer5)比较结束采样并启动转换;

001:由 INT0 引脚的有效跳变沿结束采样并启动转换;

000:由清 0 采样位(SAMP)结束采样并启动转换。

◆ bit 3 SIMSAM：同步采样选择位(仅当 CHPS＜1：0＞＝01 或 1x 时适用)

当 AD12B＝1 时，SIMSAM 为 U－0，未实现，读为 0。

1：同时采样 CH0、CH1、CH2 和 CH3(当 CHPS＜1：0＞＝1x 时)，或同时采样 CH0 和 CH1(当 CHPS＜1：0＞＝01 时)；

0：按顺序依次采样多路通道。

◆ bit 2 ASAM：ADC 采样自动开始位

1：最后一次转换结束后立即开始采样，SAMP 位自动置 1；

0：SAMP 位置 1 时开始采样。

◆ bit 1 SAMP：ADC 采样使能位

1：ADC 采样/保持放大器正在采样；

0：ADC 采样/保持放大器保持采样结果。

如果 ASAM＝0，则由软件写入 1 开始采样；如果 ASAM＝1，该位由硬件自动置 1。

如果 SSRC＝000，则由软件写入 0 结束采样并开始转换。如果 SSRC≠000，则由硬件自动清 0 来结束采样并开始转换。

◆ bit 0 DONE：ADC 转换状态位

1：ADC 转换完成；

0：ADC 转换未开始或在进行中。

当 ADC 转换完成时，由硬件自动置 1。可由软件写入 0 来清 DONE 状态位(不允许由软件写入 1)，将此位清 0 不会影响进行中的任何操作，在新的转换开始时由硬件自动清 0。

表 10.2　AD1CON2：ADC 控制寄存器 2

R/W－0	R/W－0	R/W－0	U－0	U－0	R/W－0	R/W－0	R/W－0
VCFG＜2：0＞			—	—	CSCNA	CHPS＜1：0＞	
bit 15							bit 8
R－0	U－0	R/W－0	R/W－0	R/W－0	R/W－0	R/W－0	R/W－0
BUFS	—	SMPI＜3：0＞				BUFM	ALTS
bit 7							bit 0

◆ bit 15～13 VCFG＜2：0＞：转换器参考电压配置位

	ADREF＋	ADREF－
000：	AV_{DD}	AV_{SS}
001：	外部 V_{REF+}	AV_{SS}
010：	AV_{DD}	外部 V_{REF-}
011：	外部 V_{REF+}	外部 V_{REF-}

1xx:　　AV_{DD}　　　　　　　　AV_{ss}

◆ bit 10 CSCNA:选择是否在使用采样多路开关 A 时扫描 CH0+输入的位

1:扫描输入;

0:不扫描输入。

◆ bit 9~8 CHPS<1:0>:选择通道使用的位

当 AD12B=1 时,CHPS<1:0>为 U-0,未实现,读为 0。

1x:转换 CH0、CH1、CH2 和 CH3;

01:转换 CH0 和 CH1;

00:转换 CH0。

◆ bit 7 BUFS:缓冲器填充状态位(只在 BUFM=1 时有效)

1:ADC 当前在填充缓冲区的后半部分,用户应访问前半部分中的数据;

0:ADC 当前在填充缓冲区的前半部分,用户应访问后半部分中的数据。

◆ bit 5~2 SMPI<3:0>:无 DMA 的芯片为选择每次中断的采样数

注意,是采样的次数不是转换的次数。

1111:每完成 16 次采样产生中断;

1110:每完成 15 次采样产生中断;

⋮

0001:每完成 2 次采样产生中断;

0000:每完成 1 次采样产生中断。

有 DMA 的芯片为选择 DMA 地址的递增速率。

◆ bit 1 BUFM:缓冲器填充模式选择位

1:在第一次中断发生时从缓冲区的前半部分开始填充,而在下一次中断发生时从缓冲区后半部分开始填充;

0:总是从前半部分开始填充缓冲区。

◆ bit 0 ALTS:备用输入采样模式选择位

1:在第一次采样时使用采样多路开关 A 选择的输入通道,而下一次采样时使用采样多路开关 B 选择的输入通道;

0:总是使用采样多路开关 A 选择的输入通道。

表 10.3　AD1CON3:ADC 控制寄存器 3

R/W-0	U-0	U-0	R/W-0	R/W-0	R/W-0	R/W-0	R/W-0
ADRC	—	—	SAMC<4:0>				
bit 15							bit 8
U-0	U-0	R/W-0	R/W-0	R/W-0	R/W-0	R/W-0	R/W-0
ADCS<7:0>							
bit 7							bit 0

◆ bit 15 ADRC：ADC 转换时钟源位

1：ADC 的内部 RC 时钟；

0：时钟由系统时钟产生。

◆ bit 12～8 SAMC＜4：0＞：自动采样时间位

11111：31×T_{AD}；

⋮

00001：1×T_{AD}；

00000：0×T_{AD}。

◆ bit 7～0 ADCS＜7：0＞：ADC 转换时钟选择位

11111111～01000000：保留；

00111111：T_{AD}＝T_{CY}×(ADCS＜7：0＞＋1)＝64×T_{CY}；

⋮

00000010：T_{AD}＝T_{CY}×(ADCS＜7：0＞＋1)＝3×T_{CY}；

00000001：T_{AD}＝T_{CY}×(ADCS＜7：0＞＋1)＝2×T_{CY}。

表 10.4 AD1CON4：ADC 控制寄存器 4

U-0	U-0	U-0	U-0	U-0	U-0	U-0	U-0
—	—	—	—	—	—	—	—
bit 15							bit 8
U-0	U-0	U-0	U-0	U-0	R/W-0	R/W-0	R/W-0
—	—	—	—	—	DMABL＜2：0＞		
bit 7							bit 0

◆ bit 2～0 DMABL＜2：0＞：选择每路模拟输入的 DMA 缓冲单元数量

111：给每路模拟输入分配 128 字的缓冲区；

110：给每路模拟输入分配 64 字缓冲区；

101：给每路模拟输入分配 32 字缓冲区；

100：给每路模拟输入分配 16 字缓冲区；

011：给每路模拟输入分配 8 字的缓冲区；

010：给每路模拟输入分配 4 字的缓冲区；

001：给每路模拟输入分配 2 字的缓冲区；

000：给每路模拟输入分配 1 字的缓冲区。

表 10.5 AD1CHS123：AD1 输入通道 1、2、3 选择寄存器

U-0	U-0	U-0	U-0	U-0	R/W-0	R/W-0	R/W-0
—	—	—	—	—	CH123NB＜1：0＞		CH123SB
bit 15							bit 8
U-0	U-0	U-0	U-0	U-0	R/W-0	R/W-0	R/W-0
—	—	—	—	—	CH123NA＜1：0＞		CH123SA
bit 7							bit 0

◆ bit 10～9 CH123NB＜1:0＞:采样多路开关B的通道1、2和3的反相输入选择位

当AD12B=1时，CH123NB为U-0,未实现,读为0。

11:CH1的反相输入为AN9,CH2的反相输入为AN10,CH3的反相输入为AN11;

10:CH1的反相输入为AN6,CH2的反相输入为AN7,CH3的反相输入为AN8;

0x:CH1、CH2和CH3的反相输入都为V_{REF-}。

◆ bit 8 CH123SB:采样多路开关B的通道1、2和3的同相输入选择位

当AD12B=1时,CHxSA为U-0,未实现,读为0。

1:CH1的同相输入为AN3,CH2的同相输入为AN4,CH3的同相输入为AN5;

0:CH1的同相输入为AN0,CH2的同相输入为AN1,CH3的同相输入为AN2。

◆ bit 2～1 CH123NA＜1:0＞:采样多路开关A的通道1、2和3的反相输入选择位

当AD12B=1时,CHxNA为U-0,未实现,读为0。

11:CH1的反相输入为AN9,CH2的反相输入为AN10,CH3的反相输入为AN11;

10:CH1的反相输入为AN6,CH2的反相输入为AN7,CH3的反相输入为AN8;

0x:CH1、CH2和CH3的反向输入都为V_{REF-}。

◆ bit 0 CH123SA:采样多路开关A的通道1、2和3的同相输入选择位

当AD12B=1时,CHxSA为U-0,未实现,读为0。

1:CH1的同相输入为AN3,CH2的同相输入为AN4,CH3的同相输入为AN5;

0:CH1的同相输入为AN0,CH2的同相输入为AN1,CH3的同相输入为AN2。

表10.6 AD1CHS0:ADC1输入通道0选择寄存器

R/W-0	U-0	U-0	R/W-0	R/W-0	R/W-0	R/W-0	R/W-0
CH0NB	—	—	CH0SB＜4:0＞				
bit 15							bit 8
R/W-0	U-0	U-0	R/W-0	R/W-0	R/W-0	R/W-0	R/W-0
CH0NA	—	—	CH0SA＜4:0＞				
bit 7							bit 0

◆ bit 15 CH0NB:采样多路开关B的通道0反相输入选择位,与bit 7定义相同

◆ bit 12～8 CH0SB＜4:0＞:采样多路开关B的通道0同相输入选择位,与位＜4:0＞定义相同

◆ bit 7 CH0NA:采样多路开关 A 的通道 0 反相输入选择位

1:通道 0 的反相输入为 AN1;

0:通道 0 的反相输入为 V_{REF-}。

◆ bit 4～0 CH0SA<4:0>:采样多路开关 A 的通道 0 同相输入选择位

11111:通道 0 的同相输入为 AN31;

11110:通道 0 的同相输入为 AN30;

⋮

00010:通道 0 的同相输入为 AN2;

00001:通道 0 的同相输入为 AN1;

00000:通道 0 的同相输入为 AN0。

注:ADC2 只能选择 AN0 到 AN15 作同相输入。

表 10.7 AD1CSSH:ADC1 输入扫描选择寄存器的高位字

R/W-0	R/W-0	R/W-0	R/W-0	R/W-0	R/W-0	R/W-0	R/W-0
CSS31	CSS30	CSS29	CSS28	CSS27	CSS26	CSS25	CSS24
bit 15							bit 8
R/W-0	R/W-0	R/W-0	R/W-0	R/W-0	R/W-0	R/W-0	R/W-0
CSS23	CSS22	CSS21	CSS20	CSS19	CSS18	CSS17	CSS16
bit 7							bit 0

◆ bit 15～0 CSS<31:16>:ADC 输入扫描选择位

1:选择对 ANx 进行输入扫描;

0:输入扫描时跳过 ANx。

表 10.8 AD1CSSL:AD1 输入扫描选择寄存器的低位字

R/W-0	R/W-0	R/W-0	R/W-0	R/W-0	R/W-0	R/W-0	R/W-0
CSS15	CSS14	CSS13	CSS12	CSS11	CSS10	CSS9	CSS8
bit 15							bit 8
R/W-0	R/W-0	R/W-0	R/W-0	R/W-0	R/W-0	R/W-0	R/W-0
CSS7	CSS6	CSS5	CSS4	CSS3	CSS2	CSS1	CSS0
bit 7							bit 0

◆ bit 15～0 CSS<15:0>:ADC 输入扫描选择位

1:选择对 ANx 进行输入扫描;

0:输入扫描时跳过 ANx。

表 10.9 AD1PCFGH:ADC1 端口配置寄存器的高位字

R/W-0	R/W-0	R/W-0	R/W-0	R/W-0	R/W-0	R/W-0	R/W-0
PCFG31	PCFG30	PCFG29	PCFG28	PCFG27	PCFG26	PCFG25	PCFG24
bit 15							bit 8
R/W-0	R/W-0	R/W-0	R/W-0	R/W-0	R/W-0	R/W-0	R/W-0
PCFG23	PCFG22	PCFG21	PCFG20	PCFG19	PCFG18	PCFG17	PCFG16
bit 7							bit 0

◆ bit 15～0 PCFG<31:16>:ADC 端口配置控制位

1:端口引脚处于数字模式,使能端口读输入,ADC 输入多路开关连接到 AV_{SS};

0:端口引脚处于模拟模式,禁止端口读输入,ADC 对引脚电压进行采样。

表 10.10 AD1PCFGL:ADC1 端口配置寄存器的低位字

R/W-0	R/W-0	R/W-0	R/W-0	R/W-0	R/W-0	R/W-0	R/W-0
PCFG15	PCFG14	PCFG13	PCFG12	PCFG11	PCFG10	PCFG9	PCFG8
bit 15							bit 8
R/W-0	R/W-0	R/W-0	R/W-0	R/W-0	R/W-0	R/W-0	R/W-0
PCFG7	PCFG6	PCFG5	PCFG4	PCFG3	PCFG2	PCFG1	PCFG0
bit 7							bit 0

◆ bit 15～0 PCFG<15:0>:ADC 端口配置控制位

1:端口引脚处于数字模式,使能端口读输入,ADC 输入多路开关连接到 AV_{SS};

0:端口引脚处于模拟模式,禁止端口读输入,ADC 对引脚电压进行采样。

10.4 ADC 转换的相关参数与设置

10.4.1 ADC 转换时钟周期 T_{AD}

A/D 转换时钟周期 T_{AD}是 ADC 转换中一个重要的参数,可选择 ADC 内部专用 RC 时钟,也可用系统时钟,作为 A/D 转换时钟。由 ADRC(AD1CON3<15>)决定。而 T_{AD}的大小由式(10.1)决定:

$$T_{AD} = T_{CY}(ADCS + 1) \quad (10.1)$$

或

$$ADCS = T_{AD}/T_{CY} - 1 \quad (10.2)$$

其中 ADCS 由寄存器 AD1CON3<7:0>配置决定。

T_{AD}有一个最小值,它与 ADC 的位数有关,有时还与芯片的型号有关。

对于芯片 dsPIC33FJ32GP204，12 位 ADC 时，T_{AD}的最小值为 117.6 ns；而 10 位 ADC 时，T_{AD}的最小值为 76 ns。

对于芯片 dsPIC33FJ64GP706A，12 位 ADC 时，T_{AD}的最小值为 117.6 ns；而 10 位 ADC 时，T_{AD}的最小值为 65 ns。

在 ADC 设置中，T_{AD}必须不能小于上述的规定值，即在 AD1CON3 的 ADCS<7:0>位设置时要注意！

ADC 的整个采样时间如图 10.2 所示。在时刻①开始对模拟信号进行采集，时刻②采集完成，假设采集后即开始转换，因此时刻②也为开始转换时刻，时刻③为转换结束时刻。

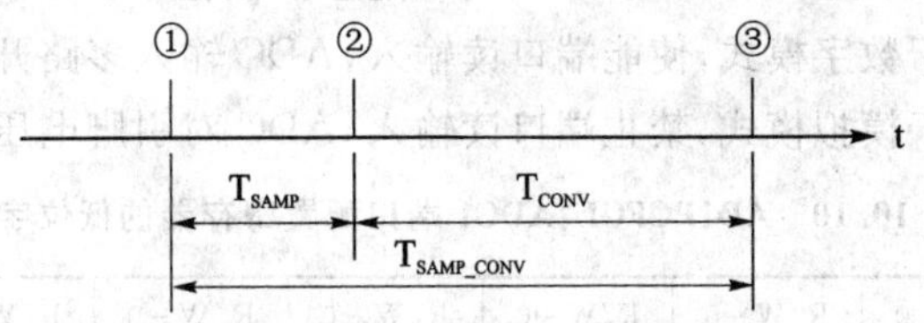

图 10.2　ADC 采样时间示意图

因此，ADC 采样时间 T_{SAMP_CONV}＝采集时间 T_{SAMP}＋转换时间 T_{CONV}。

12 位 ADC 的最小采集时间 $T_{SAMP}=3T_{AD}$。

10 位的最小采集时间 $T_{SAMP}=2T_{AD}$。

ADC 转换时间 T_{CONV}＝(A/D 位数＋2)× T_{AD}

因此，对于 dsPIC33FJ32GP204，12 位 ADC，最小的 $T_{SAMP\_CONV}=17\times T_{AD}=17\times 0.1176\ \mu s=2\mu s$

对于 10 位 ADC，最小的 $T_{SAMP\_CONV}=14\times T_{AD}=14\times 0.076\ \mu s=1.064\ \mu s$。

对于 dsPIC33FJ64GP706A，12 位 ADC，最小的 T_{SAMP_CONV}和 dsPIC33FJ32GP204 的相同，为 2 μs。

对于 10 位 ADC，最小的 $T_{SAMP\_CONV}=14\times T_{AD}=14\times 0.065\ \mu s=0.91\ \mu s$。

10.4.2　ADC 转换触发源

设置 AD1CON1 的位 SSRC<2:0>，选择触发 ADC 转换的方式。可选的有以下几种触发源：

- 由内部计数器即设置的时间启动自动转换；
- 由 MPWM 间隔结束采样并启动转换；
- 定时器比较结束采样并启动转换，其中 Timer3 触发 ADC1，Timer5 触发 ADC2；
- 由 INTx 引脚的有效跳变沿结束采样并启动转换；
- 手动，即程序清 0 采样位(SAMP)结束采样并启动转换。

10.4.3 采样多路开关

dsPIC33F 的每个 ADC 采样模块中都有一个多路开关，可以设置使用 A 或 B，这两个开关称为 MUX A、MUX B。

ALTS 位(ADxCON2<0>)确定 ADC 模块在连续采样期间在两组输入通道间切换。这两组控制位可以允许设置两种不同的模拟输入多路开关配置。

CH0SA<4:0>(ADxCHS0<4:0>)、CH0NA(ADxCHS0<7>)、CH123SA(ADxCHS123<0>)、CH123NA<1:0>(ADxCHS123<3:2>)指定的是 MUX A 开关配置。

CH0SB<4:0>(ADxCHS0<12:8>)、CH0NB(ADxCHS0<15>)、CH123SB(ADxCHS123<8>)、CH123NB<1:0>(ADxCHS123<10:9>)指定的是 MUX B 开关配置。

10.4.4 ADC 参考电压的选择

以下所述的引脚名及编号仅针对 dsPIC33FJ64GP706A。

可以选择外部电压作为 ADC 的正参考电压 V_{REF+} 和负参考电压 V_{REF-}，此两个引脚分别是 RB1/AN0/VREF＋和 RB1/AN1/VREF－，如要使用外部参考电压，要对 VCFG(AD1CON2<15:13>)进行适当的设置，并把相应的符合要求的电压输入到这两个引脚。

也可以把符合要求的 ADC 转换的参考电压接到 AV_{DD}(19 脚)和 AV_{SS}(20 脚)。

ADC 转换结果(整数格式时)ADC 与参考电压($V_{REF}=V_{REF+}-V_{REF-}$，或 $V_{REF}=AV_{DD}-AV_{SS}$)的关系是

$$\text{ADC 结果}=\frac{V_{IN}}{V_{REF+}-V_{REF-}}\times(2^N-1) \tag{10.3}$$

这里，V_{IN} 为输入的模拟电压，V_{REF+} 和 V_{REF-} 为 ADC 的正参考电压和负参考电压，N 为 A/D 位数，N＝10 或 12。

因此，对于 10 位和 12 位的 ADC 分频率，分别有

$$\text{ADC 结果}=\frac{V_{IN}}{V_{REF+}-V_{REF-}}\times 1\,023 \tag{10.4}$$

$$\text{ADC 结果}=\frac{V_{IN}}{V_{REF+}-V_{REF-}}\times 4\,095 \tag{10.5}$$

dsPIC33F 对 $V_{IN}(V_{IN+}-V_{IN-})$、V_{REF+} 和 V_{REF-} 有一定要求，特别在使用非电源电压作为参考电压时要特别注意。这些要求如表 10.11 所列。

表10.11 ADC模块对相关模拟电压的要求

项目	符号	说明	最小值	最大值	备注
器件电源	AV_{DD}	模块电源 V_{DD}	$V_{DD}-0.3$ V 和 3.0 V 中的较大值	$V_{DD}+0.3$ V 和 3.6 V 中的较小值	—
	AV_{SS}	模块电源 V_{SS}	$V_{SS}-0.3$ V	$V_{SS}+0.3$ V	—
参考输入	V_{REFH}	参考电压高电压	$AV_{SS}+2.7$ V 或 3 V	AV_{DD} 或 3.6 V	$V_{REFH}=AV_{DD}$，$V_{REFL}=AV_{SS}=0$
	V_{REFL}	参考电压低电压	AV_{SS} 或 0 V	$AV_{DD}-2.7$ V 或 0 V	$V_{REFH}=AV_{DD}$，$V_{REFL}=AV_{SS}=0$
	V_{REF}	绝对参考电压	3 V	3.6 V	$V_{REF}=V_{REFH}-V_{REFL}$
模拟输入	V_{INH}	输入电压范围 V_{INH}	V_{INL}	V_{REFH}	该电压反映采样/保持通道0、1、2和3(CH0～CH3)的同相输入
	V_{INL}	输入电压范围 V_{INL}	V_{REFL}	$AV_{SS}+1V$	该电压反映采样/保持通道0、1、2和3(CH0～CH3)的反相输入

10.5 无DMA模块的ADC实例

以下以实例的形式来说明各种无DMA模块的ADC转换程序与过程。在本节的实例中，芯片均采用无DMA模块的dsPIC33FJ32GP204，如无特别说明，振荡方式均用XT+PLL，外部接4 MHz晶振，通过PLL达到最高的$F_{osc}=80$ MHz，即$F_{CY}=40$ MHz，$T_{CY}=25$ ns。

所有的程序中均设定$T_{AD}=5\times T_{CY}=125$ ns，因此，对于10位ADC，转换时间$T_{CONV}=12T_{AD}=1.5\mu s$，对于12位ADC，转换时间$T_{CONV}=14T_{AD}=1.75\ \mu s$

【例10.1】 手动采样示例

本例手动对指定模拟通道AN8进行采样转换，采样时间间隔为100 μs，转换结束后自动采样。用定时器Timer1计时。所用的线路图为图10.3。接于示波器的引脚RC0、RC1是为了方便观察ADC采样过程，程序中用了宏替换P1和P2代表RC0和RC1。

程序设置SSRC=0b000(手动模式)及ASAM=1(自动采样位使能)，6次采样产生中断。

在Timer1溢出中断时，通过程序让SAMP=0，即所谓的“手动”采样转换。

程序中设置为BUFM=1，即ADC结果先存放于0x0开始的单元填充缓冲器，在下一次中断发生时从地址0x8开始填充的轮换填充方式，因此在读取ADC结果时要判断当前ADC的存放位置。

图 10.4 给出了程序的运行过程。

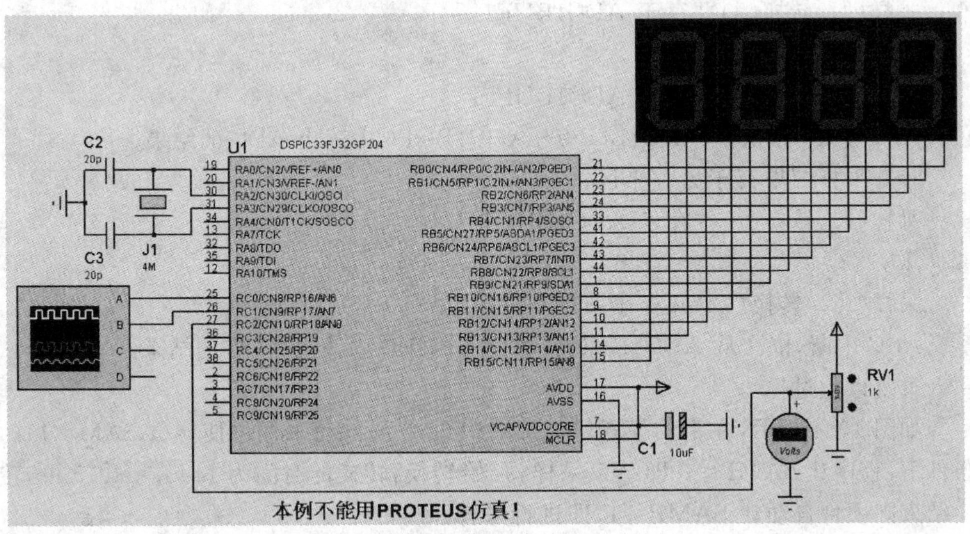

图 10.3　例 10.1 线路图

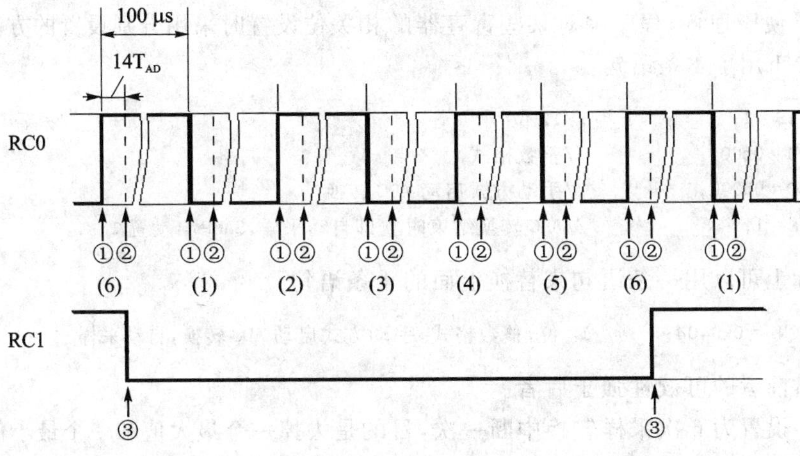

图 10.4　例 10.1 过程示意图

(1)～(6)分别为第 1 次采样转换到第 6 次采样转换。

其中：

时刻①为 Timer1 溢出中断，程序强制让 SAMP＝0，即立即结束采样，开始 ADC 转换；

时刻②为 ADC 转换结束，CPU 自动让 SAMP 置 1，自动进行采样，为下一次转换作准备；

时刻③为完成了 6 次 ADC 转换，CPU 让 DNOE＝1，发生 ADC 中断。

程序的执行过程如下：

采样(1),转换(1)并存于 ADC1BUF0;

采样(2),转换(2)并存于 ADC1BUF1;

⋮

采样(6),转换(6)并存于 ADC1BUF5;

ADC 中断,依次从 ADC1BUF0～ADC1BUF6 中读出 ADC 的结果;

接着采样结果存于另一半区;

采样(7),转换(7)并存于 ADC1BUF8;

⋮

采样(12),转换(12)并存于 ADC1BUFD;

ADC 中断,依次从 ADC1BUF8～ADC1BUFD 中读出 ADC 的结果。

重复以上过程。

如图 10.4 所示,在手动模式(SSRC＝0b000)及自动采样位使能(ASAM＝1)的条件下,程序让 SAMP＝0 即结束采样,开始转换,转换的时间为 $14T_{AD}=1.75\ \mu s$,转换结束则硬件自动让 SAMP＝1,即进行采样。

当 6 次 ADC 转换结束后,硬件自动让 DONE＝1,一直保持到下一次 Timer1 中断时程序对 SAMP 清 0,开始 ADC 转换,DONE 又被硬件清 0,表示转换正在进行。

为了便于理解,程序中对某些寄存器的相关位设置时采用分别设置的方法,如对 AD1CON1 用了 4 条语句:

```
_AD12B = 1;            //12 位
_FORM = 0b00;          //整数格式
_SSRC = 0b000;         //手动方式启动 ADC 转换
_ASAM = 1;             //ADC 转换结束时立即自动采样,SAMP 自动置 1
```

实际上可以用一条语句来替换上面的 4 条语句:

```
AD1CON1 = 0x0404;    //12 位,整数格式,手动方式启动 ADC 转换,自动采样
```

显然前者的可读性强于后者。

程序设置为 6 次采样转换中断一次,目的是去掉一个最大值和一个最小值,剩下的 4 个取其平均数作为采样值,即所谓数字滤波,除以 4 可以用右移 2 次的简单算法完成。

【例 10.1】　程序

```
#include "P33FJ32GP204.H"
//禁止时钟切换,禁止引脚多次配置,振荡引脚,主振荡器为 XT
_FOSC(FCKSM_CSDCMD & IOL1WAY_ON & OSCIOFNC_OFF & POSCMD_XT)
//使用用户设定的振荡器启动,初始振荡器为带 PLL 的主振荡器(XT、HS 或 EC)
_FOSCSEL(IESO_OFF & FNOSC_PRIPLL);
_FICD(JTAGEN_OFF & ICS_PGD1);
#define P1 _LATC0
```

```
#define P2 _LATC1
void __attribute__((__interrupt__, auto_psv)) _T1Interrupt(void);
void __attribute__((__interrupt__, auto_psv)) _ADC1Interrupt(void);

int main(void)
{   //外接4 MHz晶振,通过PLL得到总振荡频率80 MHz,FCY = 40 MHz,TCY = 25 ns
    CLKDIVbits.PLLPRE = 0;  //N1 = 2,此输出为4 MHz/2 = 2 MHz,符合0.8~8.0 MHz的要求
    PLLFBDbits.PLLDIV = 78; //M = 80,此输出为2 MHz×80≈160 MHz,符合100~200 MHz的
                            //要求
    CLKDIVbits.PLLPOST = 0; //N2 = 2,此输出为160 MHz/2 = 80 MHz,符合12.5~80 MHz的
                            //要求
    while(OSCCONbits.COSC != 0b011);   //等待时钟稳定
    RCONbits.SWDTEN = 0;    //禁止WDT

    TRISB = 0;              //RB口全为输出
    _PCFG8 = 0;             //RC2/AN8为模拟输入
    _TRISC2 = 1;            //RC2/AN8为输入引脚
    _PCFG6 = 1;             //RC0/AN6为数字输出
    _TRISC0 = 0;            //RC0/AN6为输出脚
    _PCFG7 = 1;             //RC1/AN7为数字输出
    _TRISC1 = 0;            //RC1/AN7为输出引脚
//AD1CON1设置,未设置位按默认值,下同
    _AD12B = 1;             //12位
    _FORM = 0b00;           //整数格式
    _SSRC = 0b000;          //手动方式启动ADC转换
    _ASAM = 1;              //ADC转换结束时立即自动采样,SAMP自动置1
                            //但在PROTEUS仿真下不能采样,实物和SIM仿真正确!
//AD1CON2设置
    _VCFG = 0b000;          //ADC参考电压为AVDD和AVSS,即电源电压
    _CSCNA = 0;             //不扫描
    _SMPI = 5;              //6次A/D转换产生一次中断
    _BUFM = 1;              //第一次从0开始填充缓冲器,第2次从8开始填充缓冲器
    _ALTS = 0;              //只用A开关
//AD1CON3设置
    _ADRC = 0;              //系统时钟作为ADC时钟
    _ADCS = 4;              //TAD = 5×TCY = 125 ns>117.6 ns
//AD1CHS0设置
    _CH0NA = 0;             //模拟电压负端输入接VRFEF-,即地
    _CH0SA = 8;             //模拟电压正端输入接AN8
//TMR1设置
    T1CON = 0x0000;         //1:1分频
    PR1 = 3999;             //延时100 μs
```

```
    TMR1 = 0;
    _T1IF = 0;
    _T1IE = 1;
    _T1IP = 7;
    _AD1IF = 0;
    _AD1IE = 1;
    _AD1IP = 6;

    _IPL = 4;                  //CPU 中断优先级为 4
    _IPL3 = 0;                 //CPU 中断优先级≤7
    _NSTDIS = 1;               //禁止嵌套中断
    _ALTIVT = 0;               //使用标准中断向量
    T1CONbits.TON = 1;         //启动定时器
    AD1CON1bits.ADON = 1;      //启动 ADC 模块
    PORTB = 0;
    P1 = 1;
    P2 = 1;
    while(1);
    return(0);
}

void __attribute__((__interrupt__, auto_psv)) _T1Interrupt(void)
{   _T1IF = 0;
    P1 = ~P1;               //电平翻转
    _SAMP = 0;              //结束采样,开始 ADC 转换,理论上为 14×TAD = 1.75 μs,转换结束
}

void __attribute__((__interrupt__, auto_psv)) _ADC1Interrupt(void)
{   unsignedint AD_MAX,AD_MIN,AD[6],AD1;
    unsigned long AD_SUM;
    unsigned char i;
    volatile unsigned int * P;
    P2 = ~P2;                  //电平翻转
    _AD1IF = 0;
    if (_BUFS == 0)
        P = &ADC1BUF8;         //当前缓冲器在 0~7,故要从 AD1BUF8 开始读
    else
        P = &ADC1BUF0;         //当前缓冲器在 8~F,故要从 AD1BUF0 开始读
    AD_SUM = 0;AD_MAX = 0;AD_MIN = 0xFFFF;
    for (i = 0;i<6;i ++ )
    {   AD[i] = * P;           //读 A/D 缓冲区的内容
        AD_SUM + = AD[i];
```

```
        if (AD[i]>AD_MAX) AD_MAX = AD[i];
        if (AD[i]<AD_MIN) AD_MIN = AD[i];
    }
    AD_SUM - = AD_MAX;
    AD_SUM - = AD_MIN;
    AD1 = AD_SUM>>2;
    PORTB = AD1;
}
```

【例 10.2】　INT0 触发 ADC 转换实例

本例用 INT0 的有效跳变触发 ADC,用扫描方式对 AN0、AN1、AN2、AN3、AN8 进行 ADC 转换,5 次转换结束产生 ADC 中断,ADC 缓存都从 ADC1BUF0 开始存放。

这里用输出比较 OC 产生周期为 10 μs 的脉冲输出给 INT0,仅是示意性的,为了说明如何使用 INT0 触发 ADC。实际使用中,可用 Timer3 来触发 ADC。

线路图如图 10.5 所示,用 5 个接于电源的电位器的输出作为 5 路模拟通道的转换电压。本例将 RC0 的输出接至示波器指示程序的执行情况。

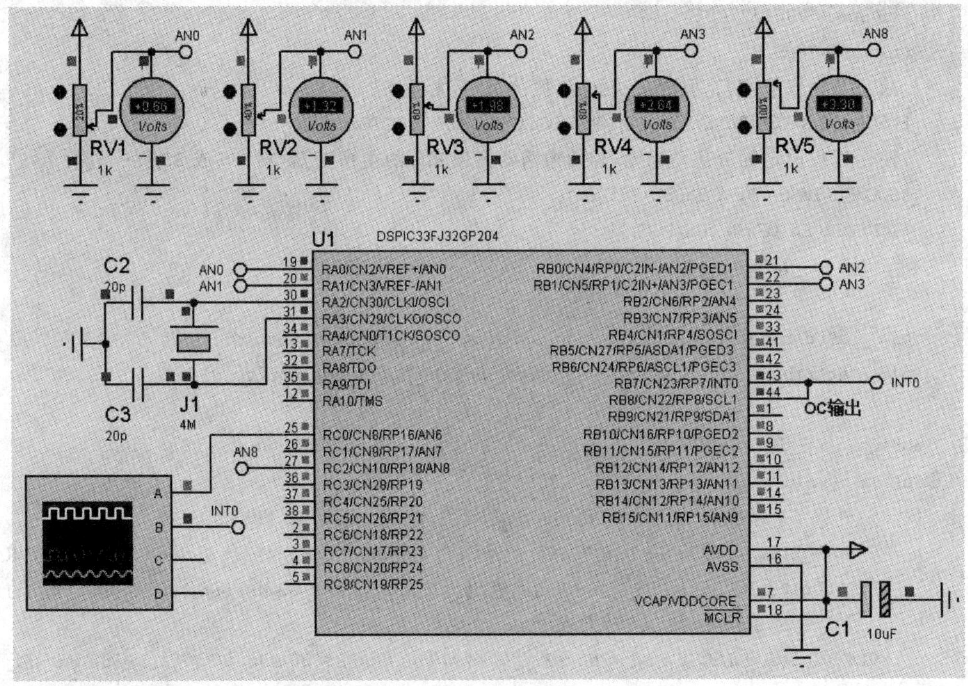

图 10.5　例 10.2 线路图

程序运行的波形在示波器看到的与 PROTEUS 仿真中相同,图 10.6 为 PROTEUS 仿真中的波形图。图中上面波形为程序在 ADC 中断时让引脚 RC0 的电平翻转,下面的脉冲为产生的输出比较(RC8)脉冲,作为 INT0(RB7)的输入脉冲,其周期为 10 μs，即每隔 10 μs 触发一次 ADC 转换。

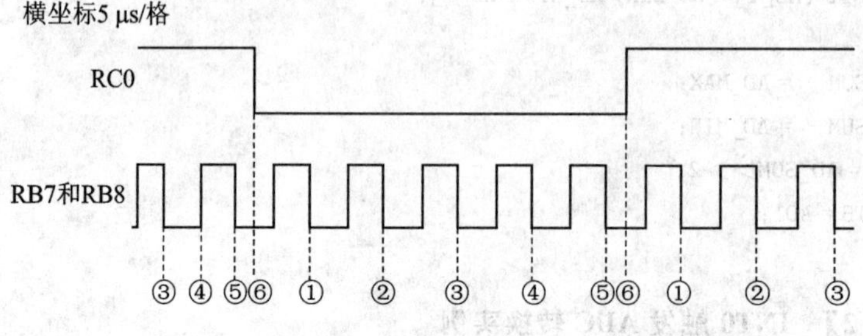

图 10.6　例 10.2 的运行说明

时刻①～⑤分别为启动第 1 次转换（AN0）到第 5 次转换（AN8）的时刻，时刻⑥为第 5 次转换结束并进入 ADC 中断的时刻。时刻⑤和时刻⑥的时间间隔由两部分组成，一部分为 ADC 转换时间（$14T_{AD}$），另一部分为中断响应时间（包括现场保护的时间）。

【例 10.2】　程序

```
#include "P33FJ32GP204.H"
#include "PPS.H"
//禁止时钟切换,禁止引脚多次配置,振荡引脚,主振荡器为 XT
_FOSC(FCKSM_CSDCMD & IOL1WAY_ON & OSCIOFNC_OFF & POSCMD_XT)
//使用用户设定的振荡器启动,初始振荡器为带 PLL 的主振荡器(XT、HS 或 EC)
_FOSCSEL(IESO_OFF & FNOSC_PRIPLL);
_FICD(JTAGEN_OFF & ICS_PGD2);
#define P1 _LATC0

void __attribute__((__interrupt__, auto_psv)) _T1Interrupt(void);
void __attribute__((__interrupt__, auto_psv)) _ADC1Interrupt(void);

unsignedint AD[5];
int main(void)
{    //外接 4 MHz 晶振,通过 PLL 得到总振荡频率 80 MHz,F_CY = 40 MHz,T_CY = 25 ns
     CLKDIVbits.PLLPRE = 0;   // N1 = 2,此输出为 4 Mhz/2 = 2 MHz,符合 0.8～8.0 MHz 的要求
     PLLFBDbits.PLLDIV = 78; //M = 80,此输出为 2 MHz × 80≈160 MHz,符合 100～200 MHz 的
                             //要求
     CLKDIVbits.PLLPOST = 0; //N2 = 2,此输出为 160 MHz/2 = 80 MHz,符合 12.5～80 MHz 的
                             //要求
     while(OSCCONbits.COSC ! = 0b011);   //等待时钟稳定
     RCONbits.SWDTEN = 0;                //禁止 WDT
     TRISA = 0xFFFF;
     TRISB = 0xFEFF;                     //除 RB8 外,其余 B 口为输入口
     TRISC = 0xFFFE;                     //RC0 为输出,其余 C 口为输入口
```

```
    AD1PCFGL = 0xFEF0;                    //AN0、AN1、AN2、AN3、AN8 为模拟口
//AD1CON1 设置,未设置位按默认值,下同
    _AD12B = 1;                           //12 位
    _FORM = 0b00;                         //整数格式
    _SSRC = 0b001;                        //INT0 启动 ADC 转换
    _ASAM = 1;                            //ADC 转换结束时立即自动采样,SAMP 自动置 1
//AD1CON2 设置
    _VCFG = 0b000;                        //ADC 参考电压为 AVDD 和 AVSS,即电源电压
    _CSCNA = 1;                           //扫描
    _SMPI = 4;                            //5 次 A/D 转换产生一次中断
    _BUFM = 0;                            //总是从 ADC1BUF0 开始填充
    _ALTS = 0;                            //只用 A 开关
//AD1CON3 设置
    _ADRC = 0;                            //系统时钟作为 ADC 时钟
    _ADCS = 4;                            //TAD = 5 × TCY = 125 ns>117.6 ns
//AD1CHS0 设置
    _CH0NA = 0;                           //模拟电压负端输入接 VREF- 即地
    _CH0SA = 8;                           //模拟电压正端输入接 AN8
//AD1CSSL 设置
    AD1CSSL = 0x010F;                     //扫描 AN0、AN1、AN2、AN3、AN8
//INT0 设置
    _INT0EP = 1;                          //INT0 下降沿有效
    _AD1IF = 0;
    _AD1IE = 1;
    _AD1IP = 6;
//OC2 设置
    PPSUnLock;
    RPOR4bits.RP8R = 0b10011;             //OC2 连接到 RP8/RB8
    PPSLock;
//TMR2 设置
    T2CONbits.TSIDL = 0;
    T2CONbits.TGATE = 0;                  //门控关闭
    T2CONbits.TCKPS = 0b00;               //分频系数为 1:1
    T2CONbits.TCS = 0;                    //内部时钟为 TMR2 的时基
    TMR2 = 0;
//翻转周期为 5 μs,电平翻转时刻为定时器 0,得到的脉冲周期为 10 μs
    OC2R = 0;                             //此值与本例无关
    PR2 = 199;
    OC2CONbits.OCSIDL = 0;
    OC2CONbits.OCTSEL = 0;                //TMR2 为时钟
    OC2CONbits.OCM = 0b011;               //翻转模式
    T2CONbits.TON = 1;                    //在相关的寄存器均设置好后再使能定时器
```

```
    _IPL = 4;                           //CPU 中断优先级为 4
    _IPL3 = 0;                          //CPU 中断优先级≤7
    _NSTDIS = 1;                        //禁止嵌套中断
    _ALTIVT = 0;                        //使用标准中断向量
    T1CONbits.TON = 1;                  //启动定时器
    AD1CON1bits.ADON = 1;               //启动 ADC 模块
    P1 = 1;
    while(1);
    return(0);
}

void __attribute__((__interrupt__, auto_psv)) _ADC1Interrupt(void)
{   volatile unsigned int * P;
    unsigned char i;
    P1 = ~P1;                           //电平翻转
    _AD1IF = 0;
    P = &ADC1BUF0;
    for (i = 0;i<5;i++)
        AD[i] = * P++;                  //逐一读 ADC 缓冲区的内容
    Nop();
}
```


【例 10.3】　使用 A、B 多路开关的同时采样 4 个通道示例

在实际应用中，常要对若干量进行同时采样，即同一时刻对几个量进行采样而不是顺序采样，这就要用到 ADC 同时采样的功能。

dsPIC33F 的一个 ADC 模块可以同时最多对 4 个通道采样。

本例对 4 个通道同时进行采样，采样的间隔为 250 μs，设置为 2 次采样中断一次，即 SMPI＝1。需要特别注意的是，在 4 路同时采样时，每次采样 4 个通道，因此 2 次采样可以得到 8 个 ADC 数据。

本例还使用了 A、B 多路开关，ALTS＝1，共有 8 个通道接于 A、B 开关的输入口，程序及线路的通道设置为：

- 采样多路开关 A、B 的所有通道的负端均接 V_{REF-}，即接地；
- 多路开关 A 的 CH0 的正输入为 AN6；
- 多路开关 A 的 CH1 的正输入为 AN0；
- 多路开关 A 的 CH2 的正输入为 AN1；
- 多路开关 A 的 CH3 的正输入为 AN2；
- 多路开关 B 的 CH0 的正输入为 AN7；
- 多路开关 B 的 CH1 的正输入为 AN3；
- 多路开关 B 的 CH2 的正输入为 AN4；

● 多路开关 B 的 CH3 的正输入为 AN5。

由于采用了同时采样的方式，因此 ADC 模块只能工作于 10 位分辨率模式下。

所用的线路如图 10.7 所示(本例不能用 PROTEUS 仿真)。

线路中的 RC4 用来指示 ADC 中断的脉冲，每次 ADC 中断时让此引脚的电平翻转，因此从示波器上看到此引脚的脉冲时间间隔应为 500 μs。

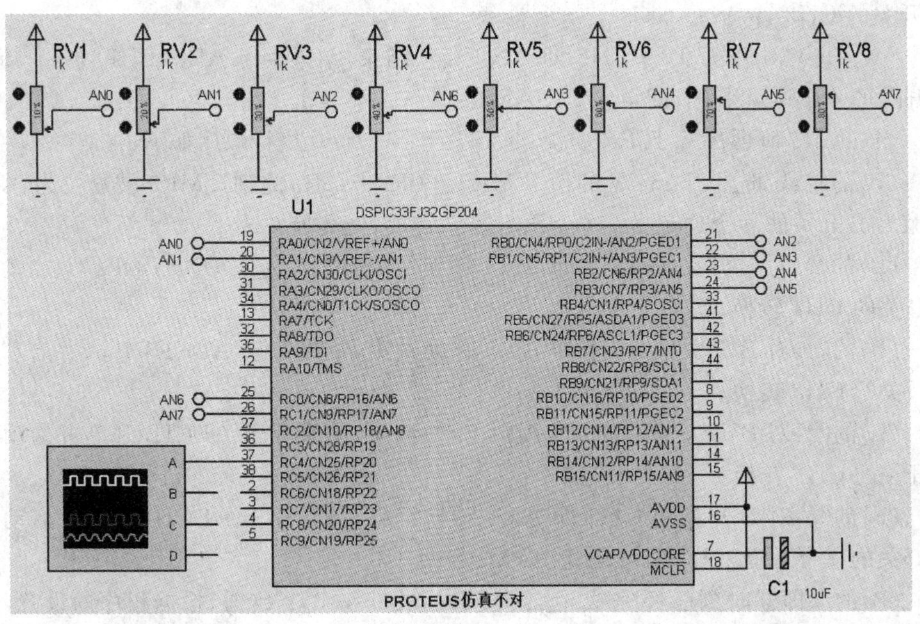

图 10.7　例 10.3 线路图

程序运行的情况通过图 10.8 中来说明。

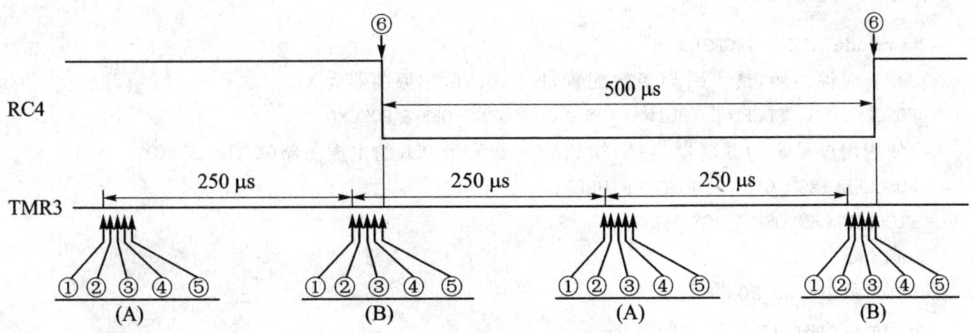

图 10.8　例 10.3 程序运行说明图

图 10.8 中的(A)、(B)分别为对 A 开关和 B 开关的时刻，各时刻说明如下：

(A)的①：定时器 Timer3 的值 TMR3＝PR3＋1 的时刻，此刻 TMR3 被复位为 0，CPU 自动让 SAMP＝0(此前 SAMP＝1，正在对 A 开关的 4 个通道采样)，即结束对 A 开关 4 个通道的采样，开始逐一转换，此刻先转换 CH0；

(A)的②:对 A 开关的 CH0 即 AN6 转换结束,结果存于 ADC1BUF0,并启动对 A 开关的 CH1 转换;

(A)的③:对 A 开关的 CH1 即 AN0 转换结束,结果存于 ADC1BUF1,并启动对 A 开关的 CH2 转换;

(A)的④:对 A 开关的 CH2 即 AN1 转换结束,结果存于 ADC1BUF2,并启动对 A 开关的 CH3 转换;

(A)的⑤:对 A 开关的 CH3 即 AN2 转换结束,结果存于 ADC1BUF3,并启动对 B 开关的 4 个通道采样,即自动让 SAMP=1。

当 TMR3 值再次等于 PR3+1,即(B)的①时刻,其执行顺序如下:

(B)的①:定时器 Timer3 的值 TMR3=PR3+1 时,此刻 TMR3 被复位为 0,即结束对 B 开关的 4 个通道的采样,开始逐一转换,先转换 CH0;

(B)的②:对 B 开关的 CH0 即 AN7 转换结束,结果存于 ADC1BUF4,并启动对 B 开关的 CH1 转换;

(B)的③:对 B 开关的 CH1 即 AN3 转换结束,结果存于 ADC1BUF5,并启动对 B 开关的 CH2 转换;

(B)的④:对 B 开关的 CH2 即 AN4 转换结束,结果存于 ADC1BUF6,并启动对 B 开关的 CH3 转换;

(B)的⑤:对 B 开关的 CH3 即 AN5 转换结束,结果存于 ADC1BUF7,并启动对 A 开关的 4 个通道采样,即自动让 SAMP=1。

(B)的⑤即⑥时刻已经完成了二次采样,共获得 8 个数据,根据程序的设置,此时 DONE(AD1CON1<0>)和 AD1IF 均被置 1,进入 ADC1 中断。

要注意的是,虽然转换是分时进行的,但所转换的电压是同一时刻的采样值。

【例 10.3】 程序

```
#include "P33FJ32GP204.H"
//禁止时钟切换,禁止引脚多次配置,振荡引脚,主振荡器为 XT
_FOSC(FCKSM_CSDCMD & IOL1WAY_ON & OSCIOFNC_OFF & POSCMD_XT)
//使用用户设定的振荡器启动,初始振荡器为带 PLL 的主振荡器(XT、HS 或 EC)
_FOSCSEL(IESO_OFF & FNOSC_PRIPLL);
_FICD(JTAGEN_OFF & ICS_PGD2);
#define P1 _LATC4
unsigned int AD[50][8];
unsigned char N = 0,N1 = 0;
void __attribute__((__interrupt__, auto_psv)) _ADC1Interrupt(void);

int main(void)
{   //外接 4 MHz 晶振,通过 PLL 得到总振荡频率 80 MHz,FCY = 40 MHz,TCY = 25 ns
    CLKDIVbits.PLLPRE = 0;   //N1 = 2,此输出为 4 MHz/2 = 2 MHz,符合 0.8～8.0 MHz 的要求
    PLLFBDbits.PLLDIV = 78; //M = 80,此输出为 2 MHz×80≈160 MHz,符合 100～200 MHz 的
```

```
                              //要求
    CLKDIVbits.PLLPOST = 0;  //N2 = 2,此输出为 160 MHz/2 = 80 MHz,符合 12.5～80 MHz 的
                              //要求
    while(OSCCONbits.COSC ! = 0b011);   //等待时钟稳定
    RCONbits.SWDTEN = 0;      //禁止 WDT
//AD 转换设置
    TRISB = 0xFFFF;
    TRISC = 0xFFEF;
    //AD1PCFGL
    AD1PCFGL = 0xE000;        //AN0～AN12 全为模拟脚
    //AD1CON1
    _AD12B = 0;               //10 位 A/D
    _FORM = 0b00;             //A/D 结果为整数
    _SSRC = 0b010;            //定时器 3 比较匹配,结束采样立即转换
    _SIMSAM = 1;              //同时采样
    _ASAM = 1;                //转换结束即开始采样
    //AD1CON2
    _VCFG = 0;                //A/D 参考电压为电源电压
    _CSCNA = 0;               //禁止扫描
    _CHPS = 0b11;             //同时采样 4 个通道
    _SMPI = 1;                //2 次采样后中断(共得到 8 个转换值)
    _BUFM = 0;                //ADC 结果整数格式
    _ALTS = 1;                //用 A、B 开关
    //AD1CON3
    _ADRC = 0;                //系统时钟作为 ADC 时钟
    _ADCS = 4;                //TAD = 5 × TCY = 125 ns＞117.6 ns
    //AD1CHS0
    _CH0NA = 0;               //采样多路开关 A 的 CH0 的负输入 GND
    _CH0SA = 6;               //采样多路开关 A 的 CH0 的正输入 AN6
    _CH0NB = 0;               //采样多路开关 B 的 CH0 的负输入 GND
    _CH0SB = 7;               //采样多路开关 B 的 CH0 的正输入 AN7
    //AD1CHS123
    _CH123SB = 1;             //B 开关同相接法,CH1:AN3,CH2:AN4,CH3:AN5
    _CH123NB = 0;             //B 开关的 CH1、CH2、CH3 的反相端接 VREF-,即 GND
    _CH123SA = 0;             //A 开关同相接法,CH1:AN0,CH2:AN1,CH3:AN2
    _CH123NA = 0;             //A 开关的 CH1、CH2、CH3 的反相端接 VREF-,即 GND
    //TMR3 设置
    T3CON = 0x0000;           //1:1分频
    PR3 = 9999;               //延时 250 μs
    TMR3 = 0;
    _T3IF = 0;
    //ADC 中断设置
```

```
    _AD1IF = 0;
    _AD1IE = 1;
    _AD1IP = 6;
    //总的中断设置
    _IPL = 4;                   //CPU 中断优先级为 4
    _IPL3 = 0;                  //CPU 中断优先级≤7
    _NSTDIS = 1;                //禁止嵌套中断
    _ALTIVT = 0;                //使用标准中断向量
    T3CONbits.TON = 1;          //启动定时器
    AD1CON1bits.ADON = 1;       //启动 ADC 模块
    P1 = 1;
    while(1);
    return(0);
}

//2 次采样,时间间隔为 500 μs,每次采样 4 个通道,共有 8 个 ADC 数据
void __attribute__((__interrupt__, auto_psv)) _ADC1Interrupt(void)
{   volatile unsigned int * P = &ADC1BUF0;
    unsigned char i;
    P1 = ~P1;                   //电平翻转
    _AD1IF = 0;
    for (i = 0;i<8;i ++ )       //读 8 个 A/D 结果
    {   AD[N][i] = * P;
        P ++ ;
    }
    N ++ ;
    if (N> = 50)
        N = 0;
}
```


【例 10.4】 交流电压真有效值采样计算

从电路的知识可知,对于一个周期为 T 的交流信号 u(不管它是否是正弦),其真有效值 U 按下式计算:

$$U = \sqrt{\frac{1}{T}\int_0^T u^2 \mathrm{d}t} \tag{10.6}$$

当使用 DSC 等器件对其检测时,通常是使用离散的数值法,上式的离散式为

$$U = \sqrt{\frac{1}{N}\sum_{i=1}^{N} u_i^2} \tag{10.7}$$

式中 N 为一个周期的采样点数,u_i 为第 i 个点的交流信号采样值。

如果要对单相功率 P 进行检测,则用如下公式

$$P = \int_{T}^{T} (u \times i) \mathrm{d}t \tag{10.8}$$

其离散式为

$$P = \sqrt{\frac{1}{N} \sum_{i=1}^{n} (u_i \times i_i)} \tag{10.9}$$

其中的 u_i、i_i 为同一时刻的电压和电流的瞬时值，即在采样时，这两个值必须是同一时刻采样得到的值，所以要用到同时采样。

电网的电压频率是在一定范围内波动的，为了保证检测精度，需对其周期 T 进行检测，图 10.9 中的脉冲形成线路是利用比较器 TLC393，把输入的交流电压与 0 值（地）比较，当输入的电压大于 0 时输出为正，反之为负。

程序中的周期 T 测量是用输入比较（IC）功能进行的，把经过脉冲形成线路得到的脉冲接到 RC9，RC9 被映射为输入比较 IC2。

由于 dsPIC33F 的 ADC 模块只接受正的电压，因此图 10.9 中利用绝对值线路将输入的有正负的电压调理成只有正的信号。

其信号调理部分输入/输出的仿真波形如图 10.10 所示。

图中只给出了 AN6 的输入线路。实际上这个可以是一个没有中性点的、采用二瓦特表法的三相检测线路，在同一时刻对线电压 U_{AB}、线电流 i_A、线电压 u_{CB}、线电流 i_C 进行采样，最后计算得到三相功率，即 AN6 相当于线电压 u_{AB} 的信号，AN0，AN1，AN2 相当于线电流 i_A、线电压 u_{CB}、线电流 i_C 信号。另外三个信号的线路与 AN6 的线路是一样的，只是仿真互感器的变压器的参数可能要适当修改。

程序首先对脉冲信号的周期 T 进行采集计算，本例一个周期采样 64 个点，每个点的采样间隔 DT＝T/64，即每间隔 DT 时间进行一次 ADC 采样，在 4 次 ADC 转换结束时即做平方计算及累加。

为了验证同时采样的效果，本例将同一个经调理后的交流信号输入到 4 个通道中进行同时采样。经实际验证，4 个通道同时采样的 ADC 转换误差最大不超过 1 位。

程序基本设置：

- 总振荡频率为 50 MHz，F_{CY}＝25 MHz，T_{CY}＝40 ns；
- 10 位 ADC，只用 A 开关，4 路同时采样；
- 用 Timer3 自动触发 ADC，4 次采样后进入 ADC 中断；
- Timer3 的溢出时间由捕捉得到的周期 T 再经 64 分频得到。

现在用图 10.11 来说明程序的执行过程，帮助读者理解 ADC 的采样过程。

①：获得一个捕捉，经计算获得采样间隔的 64 分频的延时时间常数 PR3，使能 ADC 并启动 Timer3。

②：已经完成了 4 次采样，每次同时采样 4 个通道 CH0（AN6）、CH1（AN0）、CH2（AN1）和 CH3（AN2），共有 16 个转换后的数据，存于 ADC1BUF0～ADC1BUFF，刚好存满。从 ADC1BUF0 开始，分别为第一次采样的 AN6、AN0、

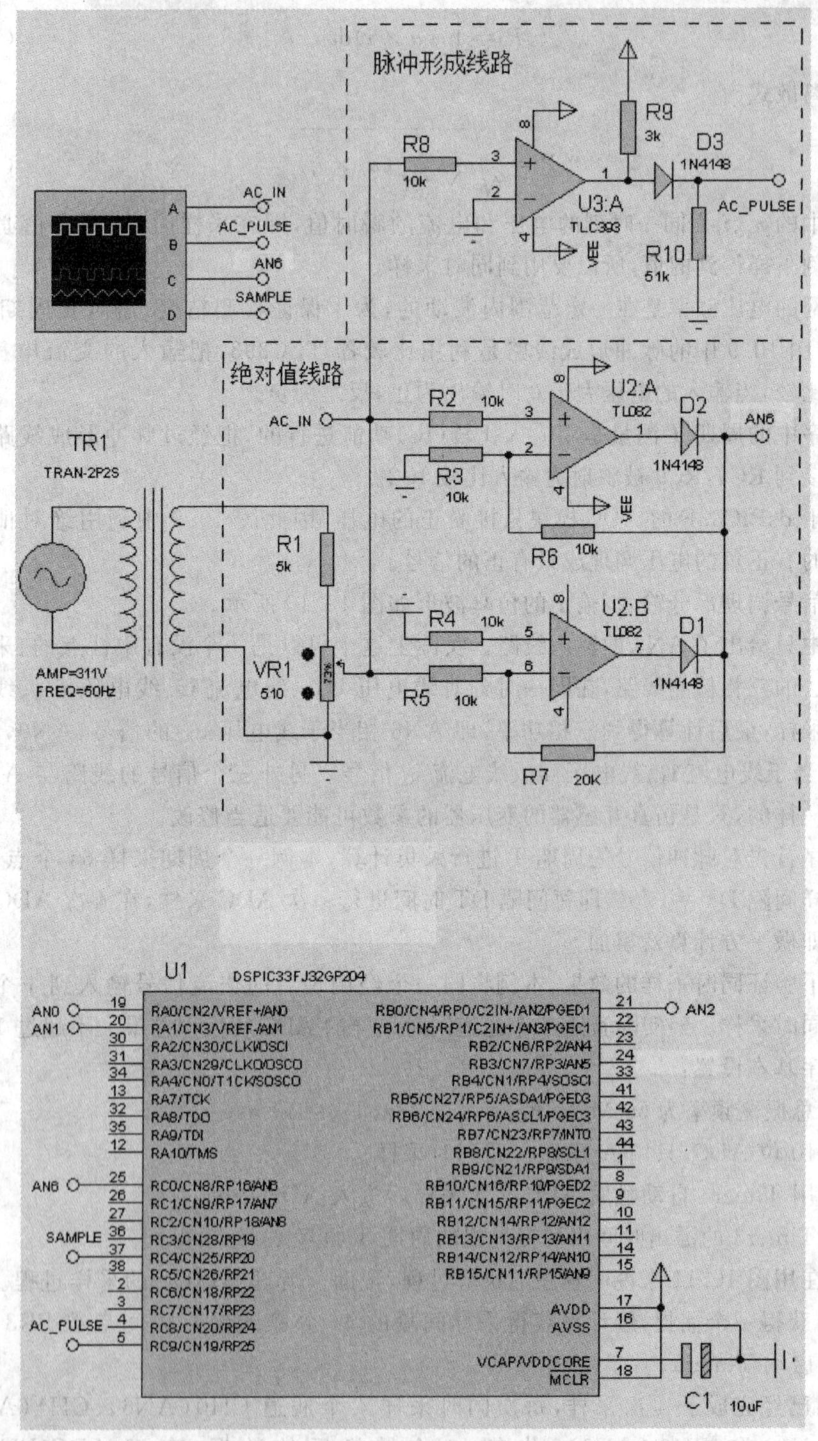

图 10.9 例 10.4 交流电压采样线路图

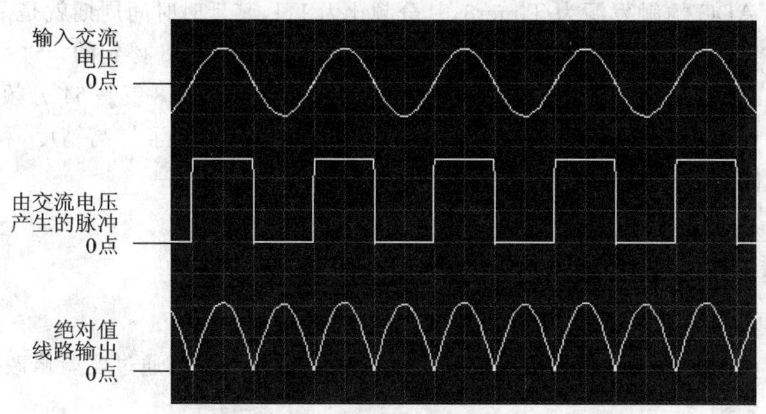

图 10.10　例 10.4 交流电压采样电路的输入/输出波形图

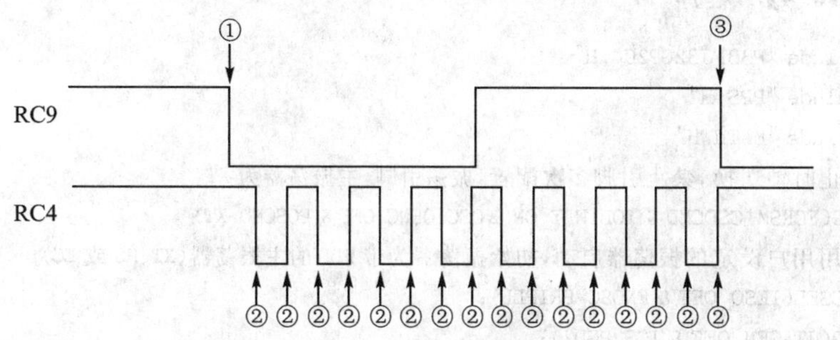

图 10.11　例 10.4 程序执行过程示意图

AN1 和 AN2，第二次采样的第一次采样的 AN6、AN0、AN1 和 AN2，…，第 4 次采样的第一次采样的 AN6、AN0、AN1 和 AN2。时刻②与②之间的间隔为周期 T 的 (1/64)×4＝1/16。

③：完成了 64 次采样(16 次中断)，一个周期采样结束，进行有效值的计算。禁止 ADC，关闭 Timer3。

程序中用了一个变量 NUM，其值在 0～9 间变化，只有当 NUM＝1 的周期才进行 ADC 采样，其他周期不采样，根据情况可以修改。

这里只为了说明 ADC 转换，没有加上显示等线路，有兴趣的读者可以加上 LCD 或数码管等，编制显示程序就可以了。

由于已经检测了电源的周期，因此容易编程增加功能，显示电源的频率。

在程序中用到了开方计算，因此在头文件中要包含“MATH. H”。

程序中的分频计算说明如下：

本例中使用的 T_{CY}＝40 ns，对于一个工频电压的周期 20 ms(左右)，在输入捕捉 IC2 的时钟 Timer2 分频比设定为 1∶8，即最大的延时时间为 65 536×0.04 μs×8≈21 ms。

用于 ADC 的触发源为 Timer3，其分频比为 1:1，其延时时间周期就是采样间隔的时间，PR3 是将 IC2 捕捉得到的时间 Z 右移 3 次即再除以 8 得到的。这是因为捕捉到 Timer2 的时间间隔 Z 已经是 8 分频的结果，只要再除以 8 就是 64 分频了，所以这里用右移 3 次的方法获得了 ADC 采样间隔常数 PR3。为了提高精度，程序中用了特殊的四舍五入的算法：

```
if ((Z & 0b0100) == 0b0100)
    Y++;                    //四舍五入!
```

即要右移 3 次的数 Z，其位 2 为 1 时就得“入”，即加 1。

程序如下，其中定义的常数 K 可以根据实际线路的参数，通过实验修改，并最终通过实验来确定。

注意，本例不能用 PROTEUS 仿真，只能用实物运行或 SIM 仿真。

【例 10.4】　程序

```
#include "P33FJ32GP204.H"
#include "PPS.H"
#include "MATH.H"
//禁止时钟切换，禁止引脚多次配置，振荡引脚，主振荡器为 XT
_FOSC(FCKSM_CSDCMD & IOL1WAY_ON & OSCIOFNC_OFF & POSCMD_XT)
//使用用户设定的振荡器启动，初始振荡器为带 PLL 的主振荡器(XT、HS 或 EC)
_FOSCSEL(IESO_OFF & FNOSC_PRIPLL);
_FICD(JTAGEN_OFF & ICS_PGD2);
#define P1 _LATC4
#define K 0.0418117
unsigned int AD1[64],AD2[64],AD3[64],AD4[64];
unsigned char N = 0;
float U1,U2,U3,U4;

void __attribute__((__interrupt__, auto_psv)) _ADC1Interrupt(void);
void __attribute__((__interrupt__, auto_psv)) _IC2Interrupt(void);

int main(void)
{   //外接 4 MHz 晶振，通过 PLL 得到总振荡频率 50 MHz，FCY = 25 MHz，TCY = 40 ns
    CLKDIVbits.PLLPRE = 0;  //N1 = 2，此输出为 4 MHz/2 = 2 MHz，符合 0.8～8.0 MHz 的要求
    PLLFBDbits.PLLDIV = 48; //M = 50，此输出为 2 MHz×50≈100 MHz，符合 100～200 MHz 的
                            //要求
    CLKDIVbits.PLLPOST = 0; //N2 = 2，此输出为 100 MHz/2 = 50 MHz，符合 12.5～80 MHz 的
                            //要求
    while(OSCCONbits.COSC != 0b011);  //等待时钟稳定
    RCONbits.SWDTEN = 0;    //禁止 WDT
//AD 转换设置
```

```
    TRISB = 0xFFFF;
    TRISC = 0xFFEF;
//AD1PCFGL
    AD1PCFGL = 0xE000;          //AN0～AN12 全为模拟脚
//AD1CON1
    _AD12B = 0;                 //10 位 A/D
    _FORM = 0b00;               //A/D 结果为整数
    _SSRC = 0b010;              //定时器 3 比较匹配,结束采样立即转换
    _SIMSAM = 1;                //同时采样
    _ASAM = 1;                  //转换结束即开始采样
//AD1CON2
    _VCFG = 0;                  //A/D 参考电压为电源电压
    _CSCNA = 0;                 //禁止扫描
    _CHPS = 0b11;               //同时采样 4 个通道
    _SMPI = 3;                  //4 次采样后中断(共得到 16 个转换值)
    _BUFM = 0;
    _ALTS = 0;                  //只用 A 开关
//AD1CON3
    _ADRC = 0;                  //系统时钟作为 ADC 时钟
    _ADCS = 3;                  //TAD = 4 × TCY = 160 ns>117.6 ns
//AD1CHS0
    _CH0NA = 0;                 //采样多路开关 A 的 CH0 的负输入 GND
    _CH0SA = 6;                 //采样多路开关 A 的 CH0 的正输入 AN6
//AD1CHS123
    _CH123SA = 0;               //A 开关同相接法,CH1:AN0,CH2:AN1,CH3:AN2
    _CH123NA = 0;               //A 开关的 CH1、CH2、CH3 的反相端接 VREF-,即 GND
//TMR3 设置,作为 ADC 转换的触发源
    T3CONbits.TCKPS = 0b00; //分频系数为 1:1
    PR3 = 0xFFFF;               //暂取最大值
    TMR3 = 0;
//T2 设置,作为 IC2 的时基
    T2CONbits.TCKPS = 0b01; //分频系数为 1:8
//IC2 设置
    TRISCbits.TRISC9 = 1;   //设置 IC2 为输入
    PPSUnLock;
    RPINR7bits.IC2R = 25;   //RC9/RP25 为 IC2 引脚
    PPSLock;
    IC2CONbits.ICM = 0b010; //每个下降沿捕捉一次
    IC2CONbits.ICI = 0b00;  //1 次捕捉中断一次
    IC2CONbits.ICTMR = 1;   //Timer2 为时基
    IC2BUF = 0;
//IC2、ADC 及总中断设置
```

```
    _IC2IF = 0;
    _IC2IE = 1;
    _IC2IP = 0b111;          //IC2 中断优先级为 7
    _T3IF = 0;
    _AD1IF = 0;
    _AD1IE = 1;
    _AD1IP = 6;
    _IPL = 4;                //CPU 中断优先级为 4
    _IPL3 = 0;               //CPU 中断优先级≤7
    _NSTDIS = 1;             //禁止嵌套中断
    _ALTIVT = 0;             //使用标准中断向量
    T2CONbits.TON = 1;       //启动 T2
    AD1CON1bits.ADON = 1;    //启动 ADC 模块
    P1 = 1;
    while(1);
    return(0);
}

//4 次采样,时间间隔为通过捕捉计算,每次采样 4 个通道,共有 16 个 ADC 数据
void __attribute__((__interrupt__, auto_psv)) _ADC1Interrupt(void)
{   volatile unsigned int * P = &ADC1BUF0;
    unsigned long B0;
    static unsigned long B1,B2,B3,B4;
    unsigned char i;
    P1 = ~P1;                //电平翻转
    _AD1IF = 0;
    if (N == 0)
    {  B1 = 0;B2 = 0;B3 = 0;B4 = 0;  }
    for (i = 0;i<4;i++)
    {    AD1[N] = *(P++);AD2[N] = *(P++);AD3[N] = *(P++);AD4[N] = *(P++);

         B0 = AD1[N];B0 = B0 * B0;B1 + = B0;
         B0 = AD2[N];B0 = B0 * B0;B2 + = B0;
         B0 = AD3[N];B0 = B0 * B0;B3 + = B0;
         B0 = AD4[N];B0 = B0 * B0;B4 + = B0;

         N+ = 1;
    }
    if (N> = 64)             //每周期采 64 个点
    {    U1 = (float)B1;U1 = sqrt(U1) * K;
         U2 = (float)B2;U2 = sqrt(U2) * K;
         U3 = (float)B3;U3 = sqrt(U3) * K;
```

```
        U4 = (float)B4;U4 = sqrt(U4) * K;
        T3CONbits.TON = 0;  //关闭 Timer3
        _ADON = 0;          //禁止 ADC
        N = 0;
    }
}

void __attribute__((__interrupt__,auto_psv)) _IC2Interrupt(void)
{   unsigned int Y,Z;
    static unsigned int X = 0;
    static unsigned char NUM = 0;
    IFS0bits.IC2IF = 0;
    Y = IC2BUF;                 //读捕捉值
    if (NUM == 1)               //只有 NUM = 1 的周期才进行捕捉计算,准备下一周期采样
    {   if (Y>X)
            Z = Y - X;
        else
            Z = (~X) + Y + 1;//如果后次捕捉值 Y 小于前次捕捉值,按此计算

        Y = Z>>3;               //1 周期采样 64 次,Timer2 为 8 分频,Timer3 为 1 分频,右移 3
                                  次相当于除以 8,得 64 分频
        if ((Z & 0b0100) == 0b0100)
            Y++ ;               //四舍五入
        PR3 = Y - 1;
        TMR3 = PR3>>1;          //第一次采样提前
        T3CONbits.TON = 1;  //启动定时器 T3,准备 A/D
        _ADON = 1;
    }
    NUM++ ;
    X = Y;                      //记下本次捕捉值
    if (NUM>= 10)               //其余 9 个周期不采样
        NUM = 0;
}
```

10.6 带 DMA 模块的 ADC 实例

以下以实例的形式来说明带有 DMA 的 dsPIC 芯片的 ADC 转换过程。在本节的实例中,芯片均采用带 DMA 模块的 dsPIC33FJ64GP706A,其 DMA RAM 范围为 0x4000～x47FE,共 2 KB。如无特别说明,振荡方式均用 XT＋PLL,外部接 4 MHz 晶振,通过 PLL 达到最高的 $F_{osc}=80$ MHz,即 $F_{CY}=40$ MHz,$T_{CY}=25$ ns。

在目前的PROTEUS最高版本中,不能仿真此芯片。

读者应在学习了第16章DMA的相关内容后再看本节内容。

【例10.5】 DMA连续乒乓模式、按采样顺序保存方式,5路扫描12位ADC

本例采样了直接数据存取(DMA)的连续乒乓模式,按照采样的顺序在DMA RAM中保存ADC的结果,所用的线路如图10.12所示:5个模拟输入通道分别为AN1、AN3、AN4、AN5和AN9,由于采用了12位ADC,因此不能使用同时采样的方式,这里用了扫描的方式进行ADC转换。

基本设置:

- ADC用Timer3触发,采样间隔为62.5 μs,完成5次采样DMA地址加1,扫描5个通道。
- 通过DMA0通道传送ADC结果,DMA0 RAM的主寄存器起始地址设置为0x4000,辅助寄存器起始地址设置为0x4300,连续乒乓模式,传送320次发生中断。因此,每个模拟通道的数据是320/5=64个ADC的结果。

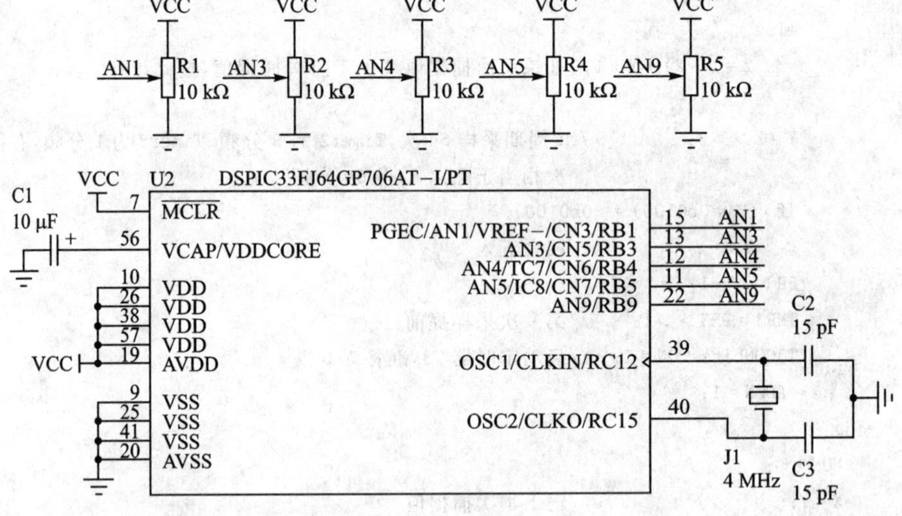

图10.12 例10.5线路图

程序运行的结果如表10.12所列,表格中的第1列为DMA的地址,第一行为DMA地址的低位值。表格中带框的数据为采样的次序,如数字③表示第3次采样的数据。

第1个采样值保存在由DMA0STA给出的DMA的地址0x4000,第2个数据保存在0x4002……第320个数据保存在0x427E,接着产生了DMA0中断,第321次采样的结果就存在由DMA0STB给出的DMA的地址0x4300中,第322个数据保存在0x4302……第640个数据保存在0x457E,接着产生了DMA0中断,下一次采样的结果就保存在0x4000中。

表 10.12　例 10.5 采样/保存顺序

地　址	0	2	4	6	8	A	C	E
0x4000	1	2	3	4	5	6	7	8
0x4010	9	10	11	12	13	14	15	16
⋮					⋮			
0x4270	313	314	315	316	317	318	319	320
⋮					⋮			
0x4300	321	322	323	324	325	326	327	328
0x4310	329	330	331	332	333	334	335	336
⋮					⋮			
0x4570	633	634	635	636	637	638	639	640

由上可见，5 个通道的数据是“分散”保存于 DMA RAM 中的，必须按照存放次序分别读取这些结果。在 DMA0 中断服务程序中，先判断当前存放的数据区是在 DMA0STA 还是 DMA0STB，然后再依次读取各个模拟通道的数据。

【例 10.5】　程序

```
#include "P33FJ64GP706A.H"
//12 位 A/D，每个 TMR3 触发 ADC 采样，采样顺序：AN1、AN3、AN4、AN5、AN9
//DMA 将 A/D 结果存入 DMA0STA 指定的地址内，满 320 次(DMA0CNT + 1)再存入 DMA0STB 指定的
//地址内
_FBS(BWRP_WRPROTECT_OFF & BSS_NO_FLASH & RBS_NO_BOOT_RAM);
_FSS(SWRP_WRPROTECT_OFF & SSS_NO_SEC_CODE & RSS_NO_SEC_RAM);
_FGS(GWRP_OFF & GCP_OFF);
_FOSCSEL(FNOSC_PRIPLL & IESO_OFF);
_FOSC(POSCMD_XT & OSCIOFNC_OFF & FCKSM_CSDCMD);
_FWDT(WDTPOST_PS32768 & WDTPRE_PR128 & WINDIS_OFF & FWDTEN_OFF);
_FPOR(FPWRT_PWR128);
_FICD(ICS_PGD2 & JTAGEN_OFF);

#define _ISR1 __attribute__((interrupt, auto_psv))
#define LED _RB7
#define LL 64
void _ISR1 _DMA0Interrupt(void);
unsigned int AA __attribute__ ((space(dma),address(0x4000)));  //只为了获得首址
unsigned int BB __attribute__ ((space(dma),address(0x4300)));  //只为了获得首址

unsigned int AN1[LL],AN3[LL],AN4[LL],AN5[LL],AN9[LL];
volatile unsigned int *P, *PA, *PB;
```

```
int main(void)
{   //外接 4MHz 晶振,通过 PLL 得到总振荡频率 80 MHz,FCY = 40 MHz,TCY = 25 ns
    CLKDIVbits.PLLPRE = 0;       //N1 = 2,此输出为 4 MHz/2 = 2 MHz,符合 0.8~8.0 MHz 的
                                 //要求
    PLLFBDbits.PLLDIV = 78;      //M = 80,此输出为 2 MHz × 80 = 160 MHz,符合 100~200 MHz
                                 //的要求
    CLKDIVbits.PLLPOST = 0;      //N2 = 2,此输出为 160 MHz/2 = 80 MHz,符合 12.5~80 MHz
                                 //的要求
    while(OSCCONbits.COSC != 0b011);    //等待时钟稳定
    RCONbits.SWDTEN = 0;         //禁止 WDT
//AD 转换设置
    TRISB = 0xFF7F;              //只有 RB7 为输出
    AD1PCFGH = 0xFFFF;
    AD1PCFGL = 0xFDC5;           //AN1、AN3、AN4、AN5、AN9 为模拟口
//AD1CON1
    _ADDMABM = 1;                //DMA 按照 ADC 转换顺序来存放
    _AD12B = 1;                  //12 位 A/D
    _FORM = 0;
    _SSRC = 0b010;               //Timer3
    _SIMSAM = 0;
    _ASAM = 1;                   //转换结束自动采
//AD1CON2
    _VCFG = 0b000;               //ADC 参考电压为电源电压
    _CSCNA = 1;                  //使能扫描
    _CHPS = 0b00;                //只转换 0 通道
    _SMPI = 4;                   //5 个通道,这里要设置为 4
    _BUFM = 0;                   //总是从头开始填充
    _ALTS = 0;                   //只用 A 开关
//AD1CON3
    _ADRC = 0;                   //使用系统时钟作为 ADC 时钟
    _ADCS = 5;                   //TAD = 6TCY = 150 ns,12 位的转换时间为 14TAD = 2.1 μs
//AD1CON4
    _DMABL = 0;                  //无关位

    AD1CHS0 = 0x0000;
    AD1CSSL = 0x023A;            //扫描 AN1、AN3、AN4、AN5、AN9
//TMR3 设置,延时 62.5 μs:
    PR3 = 2499;
    TMR3 = 0;
    T3CON = 0xA000;              //休眠时不工作,分频比 1:1,内部时钟
//DMA0 设置
```

```
    DMA0REQ = 0x000D;              //ADC1 触发 DMA
    DMA0STA = __builtin_dmaoffset(&AA);    //获得 DMA0 的主寄存器起始地址
    PA = &AA;
    DMA0STB = __builtin_dmaoffset(&BB);    //获得 DMA0 的辅寄存器起始地址
    PB = &BB;
    DMA0PAD = (volatile unsigned int)& ADC1BUF0;    //DMA0 通道指向 ADC1BUF0
    DMA0CNT = LL * 5 - 1;          //每完成 320 次采样/转换操作产生中断
    DMA0CONbits.SIZE = 0;          //字传输模式
    DMA0CONbits.DIR = 0;           //从外设到 DMA RAM
    DMA0CONbits.HALF = 0;          //整个数据传输完成中断
    DMA0CONbits.AMODE = 0b00;      //寄存器间接寻址后加 1 模式
    DMA0CONbits.MODE = 0b10;       //连续乒乓模式
    DMA0CONbits.CHEN = 1;

    _DMA0IE = 1;
    _DMA0IP = 7;
    SRbits.IPL = 0b100;            //CPU 中断优先级 = 4
    _ADON = 1;                     //A/D 模块使能
    LED = 1;
    while(1);
}

//二次中断间隔为 20 ms(0.062 5 ms × 320 = 20 ms),每个 A/D 通道的数据个数为 64
void _ISR1 _DMA0Interrupt(void)
{   unsigned char i;

    _DMA0IF = 0;
    LED = ~LED;                    //电平翻转
    if (_PPST0 == 0)               //判断从哪个地址开始读
        P = PA;
    else
        P = PB;
    for (i = 0;i<LL;i ++ )         //共读 320 个数据
    {   AN1[i] = * P ++ ;
        AN3[i] = * P ++ ;
        AN4[i] = * P ++ ;
        AN5[i] = * P ++ ;
        AN9[i] = * P ++ ;
    }
}
```

【例 10.6】 DMA 连续、禁止乒乓模式、按通道保存方式,5 路扫描 12 位 ADC

仍使用图 10.12 的线路图,基本设置与例 10.5 不同点如下:

- DMA0 禁止乒乓模式;
- DMA 按照模拟通道各自的缓存来存放;
- 每个模拟通道保留 64 个数据。

表 10.13 给出了 ADC 采样/保存的顺序,从中可见由于所用的 ADC 通道不连续,DMA RAM 中部分区间未用上。为了充分利用 DMA RAM 空间,建议在使用时应让所用的 ADC 通道从 AN0 开始连续使用,如本例应改为 AN0～AN4。

表 10.13　例 10.5 的 ADC 结果保存顺序

模拟通道	地　址	0	2	4	6	8	A	C	E
⋮	⋮					⋮			
AN1	0x4080	1	6	11	16	21	26	31	36
	⋮					⋮			
	0x40F0	281	286	291	296	301	306	311	316
⋮	⋮					⋮			
AN3	0x4180	2	7	12	17	22	27	32	37
	⋮					⋮			
	0x41F0	282	287	292	297	302	307	312	317
AN4	0x4200	3	8	13	18	23	28	33	38
	⋮					⋮			
	0x4270	283	288	293	298	303	308	313	318
AN5	0x4280	4	9	14	19	24	29	34	39
	⋮					⋮			
	0x42F0	284	289	294	299	304	309	314	319
⋮	⋮					⋮			
AN9	0x4480	5	10	15	20	25	30	35	40
	⋮					⋮			
	0x44F0	285	290	295	300	305	310	315	320

【例 10.6】 程序

本例程序与例 10.5 程序总体相同,但由于本例的 DMA 采用禁止乒乓模式,所以只用到 DMA0STA,DMA0STB 未用。例 10.5 中有关 DMA0STB 均删除,以下只给出与例 10.6 不同的部分程序,详见网上资料中的完整程序。

```
...
//AD1CON1
    _ADDMABM = 0;                              //DMA 按照模拟通道各自的缓存来存放
//DMA0 设置
    ...
//DMA0 设置
    ...
    DMA0STA = __builtin_dmaoffset(&AA);     //获得 DMA0 的主寄存器起始地址
    PA = &AA;
    DMA0CONbits.AMODE = 0b10;               //外设间接寻址模式
    DMA0CONbits.MODE = 0b00;                //禁止乒乓模式
    ...
void _ISR1 _DMA0Interrupt(void)
{   unsigned char i;
    volatile unsigned int *P1, *P3, *P4, *P5, *P9;
    _DMA0IF = 0;
    LED = ~LED;
    P1 = PA + LL;                           //获得各个通道 ADC 缓存的初始地址
    P3 = PA + LL * 3;
    P4 = PA + LL * 4;
    P5 = PA + LL * 5;
    P9 = PA + LL * 9;
    for (i = 0;i<LL;i ++ )
    {   AN1[i] = *P1 ++ ;
        AN3[i] = *P3 ++ ;
        AN4[i] = *P4 ++ ;
        AN5[i] = *P5 ++ ;
        AN9[i] = *P9 ++ ;
    }
}
```

【例 10.7】 使用 DMA 单次传送,同时采样 8 个通道的 ADC 实例

有时,可能会遇到要对多于 4 个模拟通道同时采样的情况,如要对三相功率进行检测,就要同时采样三相的电压电流信号,此时,4 个模拟通道同时采样不能满足要求。

本例是利用 dsPIC33FJ64GP706A 芯片的 2 个 ADC 模块同时启动 ADC1 和 ADC2 模块完成对 8 个通道同时采样的。所用的线路图如图 10.13 所示。为了证明采样的结果是 8 个通道同时采样,用一交流信号经精密整流后的信号接至 AN0～AN7 八个通道进行采样。

基本设置如下:

● ADC1、ADC2 模块,10 位 ADC,4 通道同时采样;

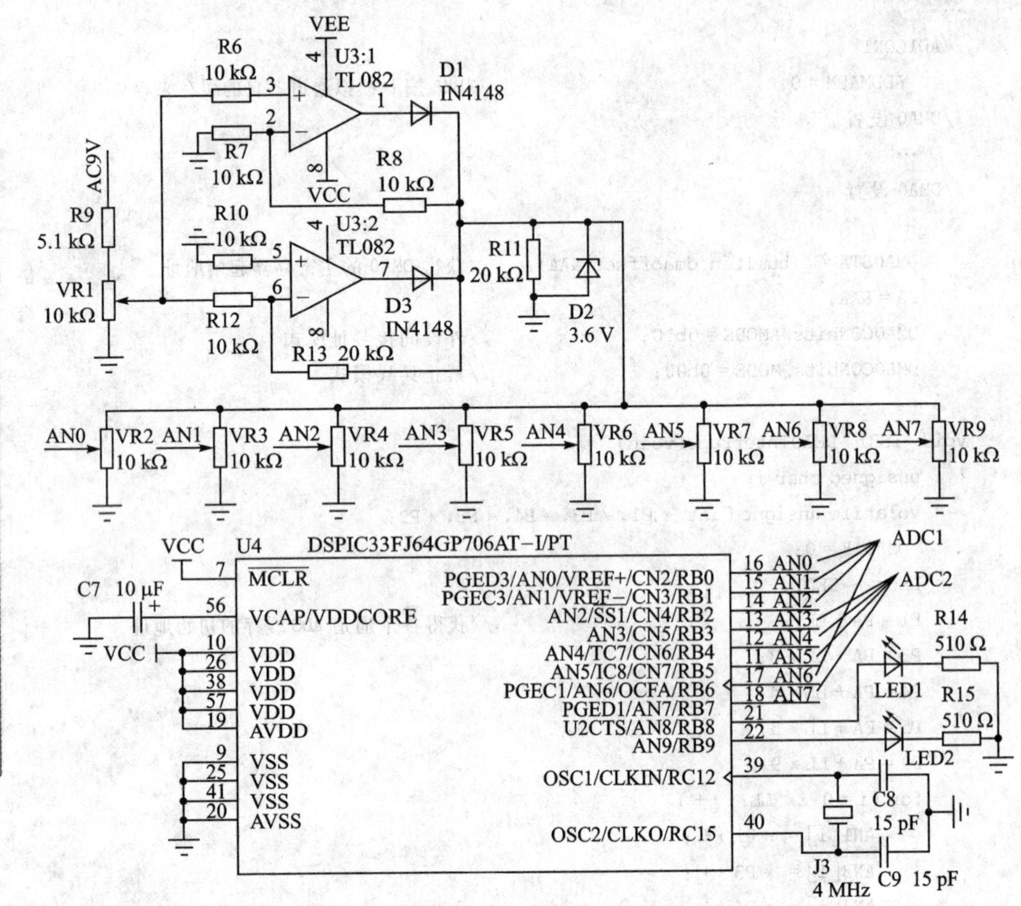

图 10.13　例 10.7 的 8 通道同时采样的线路图

- AN0、AN1、AN2、AN6 接 ADC1 模块，AN3、AN4、AN5、AN7 接 ADC2 模块；
- DMA1 为 ADC1 模块，DMA2 通道为 ADC2 模块，20 ms 内采样 128 次，间隔时间为 20 000 μs/128＝156.25 μs；
- 2 个 DMA 通道按照 ADC 转换顺序来存放。

为了能让 2 个 ADC 模块同时采样，程序中触发 ADC1 的 Timer3 和触发 ADC2 的 Timer5 的设置完全相同，并且同时启动 Timer3 和 Timer5(只差一个指令期间 25 ns)。

其 ADC 转换的顺序如表 10.14 所列，表中的数字表示转换/保存顺序。表中的每行为 8 个数据，正好等于每次同时采样的通道数 8，因此每一行的数据依次分别为 AN6(ADC1 的 CH0)、AN0(ADC1 的 CH1)、AN1(ADC1 的 CH2)、AN2(ADC1 的 CH3)、AN7(ADC2 的 CH0)、AN3(ADC2 的 CH1)、AN4(ADC2 的 CH2)、AN5(ADC2 的 CH3)。每一行的数据都是同一时刻采样的结果。

表 10.14 ADC 存放在 DMA RAM 中的顺序表

采样点	地 址	0	2	4	6	8	A	C	E
1	0	1	2	3	4	5	6	7	8
2	10	9	10	11	12	13	14	15	16
⋮	⋮								
40	270	313	314	315	316	317	318	319	320
41	280	321	322	323	324	325	326	327	328
42	290	329	330	331	332	333	334	335	336
⋮	⋮				⋮				
128	7F0	1017	1018	1019	1020	1021	1022	1023	1024

通过实物运行的 ADC 结果，图 10.14 给出了 8 个通道对同一交流电压的采样结果。可以看出，这 8 个通道波形重合，从数据上看，8 个通道间的最大 ADC 误差为 2。

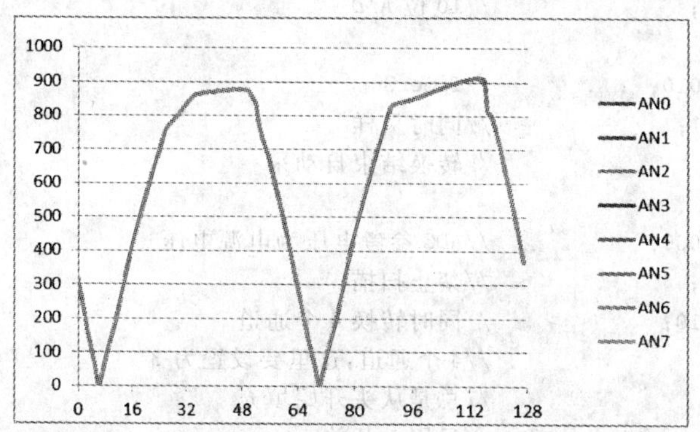

图 10.14 例 10.7 的 8 通道同时采样结果波形

【例 10.7】 程序

```
#include "P33FJ64GP706A.H"
//配置位程序同例 10.5

#define _ISR1 __attribute__((interrupt,auto_psv))
#define LED1 _LATB8
#define LED2 _LATB9
#define LL 128
void _ISR1 _DMA1Interrupt(void);
void _ISR1 _DMA2Interrupt(void);
volatile unsigned int * PA, * PB;
unsigned int AN0[LL],AN1[LL],AN2[LL],AN3[LL],AN4[LL],AN5[LL],AN6[LL],AN7[LL];
unsigned int AA __attribute__ ((space(dma),address(0x4000)));   //只为了获得首址
unsigned int BB __attribute__ ((space(dma),address(0x4400)));   //只为了获得首址
```

```
int main(void)
{   //外接 4 MHz 晶振，通过 PLL 得到总振荡频率 80 MHz，FCY = 40 MHz，TCY = 25 ns
    CLKDIVbits.PLLPRE = 0;      //N1 = 2，此输出为 4 MHz/2 = 2 MHz，符合 0.8～8.0 MHz 的
                                //要求
    PLLFBDbits.PLLDIV = 78;     //M = 80，此输出为 2 MHz×80 = 160 MHz，符合 100～200 MHz
                                //的要求
    CLKDIVbits.PLLPOST = 0;     //N2 = 2，此输出为 160 NHz/2 = 80 MHz，符合 12.5～80 MHz
                                //的要求
    while(OSCCONbits.COSC != 0b011);    //等待时钟稳定
    RCONbits.SWDTEN = 0;        //禁止 WDT
  //AD1 转换设置
    TRISB = 0xFCFF;             //RB8、RB9 为 LED 输出
    AD1PCFGH = 0xFFFF;
    AD1PCFGL = 0xFF00;          //AN0～AN7 为模拟口
    AD2PCFGL = 0xFF00;          //AN0～AN7 为模拟口
  //AD1CON1
    _ADDMABM = 1;               //DMA 按照 ADC 转换顺序来存放
    _AD12B = 0;                 //10 位 A/D
    _FORM = 0;
    _SSRC = 0b010;              //Timer3
    _SIMSAM = 1;                //同时采样
    _ASAM = 1;                  //转换结束自动采
  //AD1CON2
    _VCFG = 0b000;              //ADC 参考电压为电源电压
    _CSCNA = 0;                 //禁止扫描
    _CHPS = 0b10;               //同时转换 4 个通道
    _SMPI = 3;                  //4 个通道，这里要设置为 3
    _BUFM = 0;                  //总是从头开始填充
    _ALTS = 0;                  //只用 A 开关
  //AD1CON3
    _ADRC = 0;                  //使用系统时钟作为 ADC 时钟
    _ADCS = 5;                  //TAD = 6TCY = 150 ns，12 位的转换时间为 14TAD = 2.1 μs
  //AD1CON4
    _DMABL = 0;                 //无关位
  //AD1CHS0
    AD1CHS0 = 0x0006;           //CH0 的正输入为 AN6
  //AD1CH3123
    AD1CHS123 = 0x0000;         //CH1 接 AN0，CH2 接 AN1，CH3 接 AN2
  //TMR3 设置，延时 156.25 μs:
    PR3 = 6249;
    TMR3 = 0;
    T3CON = 0x2000;             //休眠时不工作，分频比 1:1，内部时钟
  //DMA1 设置
    DMA1REQ = 0x000D;           //ADC1 触发 DMA1
    DMA1STA = __builtin_dmaoffset(&AA);            //获得 DMA0 的主寄存器起始地址
```

```
    PA = &AA;
    DMA1PAD = (volatile unsigned int)& ADC1BUF0;  //DMA1 通道指向 ADC1BUF0
    DMA1CNT = LL * 4 - 1;            //每完成 512 次采样/转换操作产生中断
    DMA1CONbits.SIZE = 0;            //字传输模式
    DMA1CONbits.DIR = 0;             //从外设到 DMA RAM
    DMA1CONbits.HALF = 0;            //整个数据传输完成中断
    DMA1CONbits.AMODE = 0b00;        //寄存器间接寻址后加 1 模式
    DMA1CONbits.MODE = 0b01;         //一次模式,禁止乒乓

//AD2 转换设置,除了个别外,其余与 AD1 设置相同,以下只给出不同的部分
//AD2CON1
    ⋮
    AD2CON1bits.SSRC = 0b010;  //Timer5
    ⋮
//AD2CON2
    ⋮
//AD2CON3
    ⋮
//AD2CON4
    ⋮
//AD2CHS0
    AD2CHS0 = 0x0007;                //CH0 的正输入为 AN7
//AD2CH3123
    AD2CHS123 = 0x0001;              //CH1 接 AN3,CH2 接 AN4,CH3 接 AN5
//TMR5 设置,延时 156.25us:
    PR5 = 6249;
    T5CON = 0x2000;                  //休眠时不工作,分频比 1:1,内部时钟
//DMA2 设置,除了个别与 DMA1 不同外,其余相同
    DMA2REQ = 0x0015;                //ADC2 触发 DMA2
    DMA2STA = __builtin_dmaoffset(&BB);            //获得 DMA2 的主寄存器起始地址
    PB = &BB;
    DMA2PAD = (volatile unsigned int)& ADC2BUF0;  //DMA2 通道指向 ADC2BUF0
    ⋮
//中断设置
    _DMA1IE = 1;
    _DMA1IP = 6;
    _DMA2IE = 1;
    _DMA2IP = 6;
    _T1IE = 1;
    _T1IP = 7;
    SRbits.IPL = 0b100;              //CPU 中断优先级 = 4
    _NSTDIS = 1;                     //禁止中断嵌套
    AD1CON1bits.ADON = 1;            //AD1 模块使能
    AD2CON1bits.ADON = 1;            //AD2 模块使能
    LED1 = 1;LED2 = 0;
```

```
    T3CONbits.TON = 1;            //Timer3 和 Timer5 必须同时启动(只差一个指令周期)
    T5CONbits.TON = 1;
  //每隔 100 ms 启动一次 DMA1 和 DMA2
    PR1 = 62499;
    T1CON = 0x8020;               //1:64
    DMA1CONbits.CHEN = 1;
    DMA2CONbits.CHEN = 1;
    while(1);
}

//T1 延时 100 ms,启动 DMA1 和 DMA2 原先设置的一次模式
void _ISR1 _T1Interrupt(void)
{   _T1IF = 0;
    _DMA1IF = 0;_DMA2IF = 0;
    DMA1CONbits.CHEN = 1;         //按照原来设置,启动 DMA1 一次模式
    DMA2CONbits.CHEN = 1;         //按照原来设置,启动 DMA2 一次模式
}

//每次采样的总时间为 0.156 25 ms×128 = 20 ms,每个 A/D 通道的数据个数为 128
void _ISR1 _DMA1Interrupt(void)
{   unsigned char i;
    volatile unsigned int *P = PA;
    _DMA1IF = 0;
    LED1 = ~LED1;                 //电平翻转
    for (i = 0;i<LL;i++)
    {   AN6[i] = *P++;
        AN0[i] = *P++;
        AN1[i] = *P++;
        AN2[i] = *P++;
    }
}

void _ISR1 _DMA2Interrupt(void)
{   unsigned char i;
    volatile unsigned int *P = PB;
    _DMA2IF = 0;
    LED2 = ~LED2;
    for (i = 0;i<LL;i++)
    {   AN7[i] = *P++;
        AN3[i] = *P++;
        AN4[i] = *P++;
        AN5[i] = *P++;
    }
}
```

第11章

异步串行通信 UART

11.1 概述

通用异步收发器(Universal Asynchronous Receiver Transmitter,UART)模块是 dsPIC33F 系列器件的通信模块之一。它可以和外设(例如个人电脑、LIN、RS－232 和 RS－485 接口)通信的全双工异步系统。UART 模块还通过 UxCTS 和 UxRTS 引脚支持硬件流控制选项,其中还包括 IrDA 编码器和解码器。

不同型号的 dsPICF 可能有一个或两个 UART 模块,在本章中,用小写的 x 表示两个模块,如 UARTx 表示可能为 UART1 或 UART2。

图 11.1 为 UART 的简化框图。

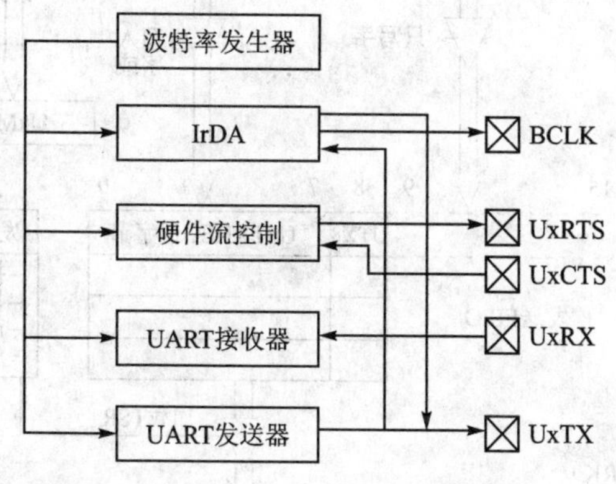

图 11.1　UART 简化框图

UART 模块的主要特性有:

- 通过 UxTX 和 UxRX 引脚进行全双工 8 位或 9 位数据传输;
- 偶校验、奇校验或无奇偶校验选项(对于 8 位数据);
- 一个或两个停止位;
- 通过 UxCTS 和 UxRTS 引脚实现硬件流控制;
- 完全集成的具有 16 位预分频器的波特率发生器;
- 当器件工作在 16 MIPS 时,波特率范围为 15 bps～1 Mbps;

- 4 级深度先进先出(First-In-First-Out,FIFO)发送数据缓冲器;
- 4 级深度 FIFO 接收数据缓冲器;
- 奇偶、帧和缓冲器溢出错误检测;
- 支持带地址检测的 9 位模式(第 9 位=1);
- 发送和接收中断;
- 所有 UART 错误条件下可分别产生中断;
- 用于支持诊断的环回模式;
- 支持同步和间隔字符;
- 支持自动波特率检测;
- IrDA 编码器和解码器逻辑;
- 用于 IrDA 支持的 16 倍频波特率时钟输出。

11.2　发送器

如图 11.2 所示,每一个 UART 都有一个 4 级深度、9 位宽的先进先出(FIFO)发送缓冲器,这些缓冲器是不能寻址的。

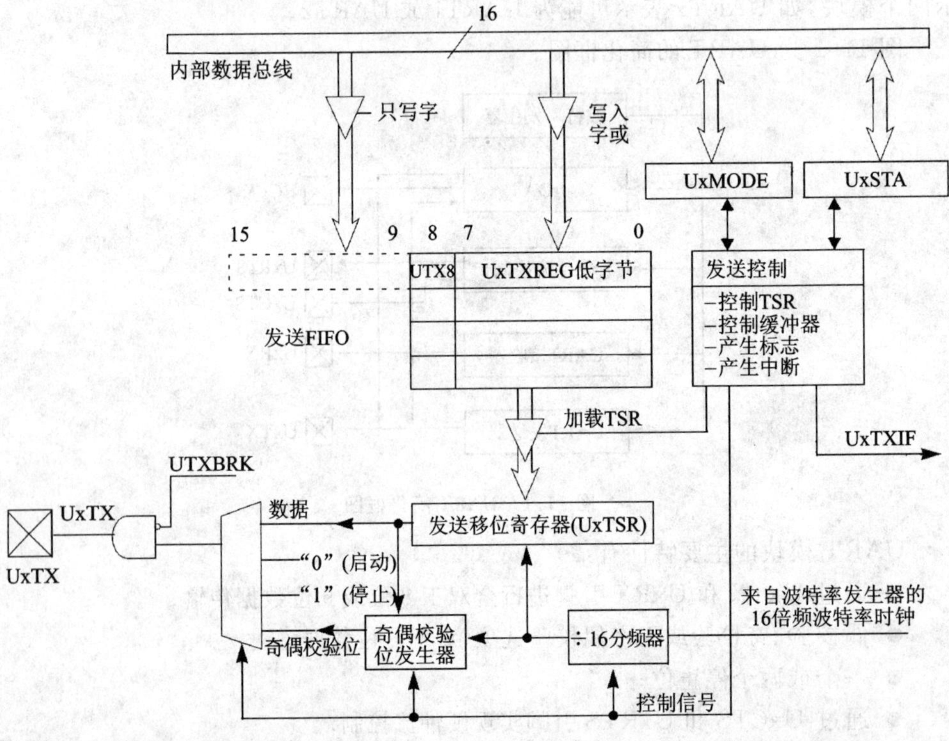

图 11.2　UART 的发送器框图

在发送使能状态下，如果发送缓冲器未满，写入到 UxTXREG 的数都将送到发送移位寄存器 UxTSR（不能寻址），只要移位寄存器 UxTSR 为空，而 4 级发送缓冲寄存器还有未发完的数据，则根据先进先出的原则，最先放入的要发送的数据被加载到 UxTSR 并开始发送。

如果发送缓冲器已满（发送数据的速度跟不上写入到 UxTXREG 的速度），则 UxSTA 的位 UTXBF 被置 1，发送缓冲器不会再接收用户写到 UxTXREG 的数据，直到发送缓冲器有空位，即至少有一个发送缓冲器是空的为止。

11.3 接收器

如图 11.3 所示，UART 接收器主要部分是接收移位寄存器 UxRSR，它是不可寻址的。

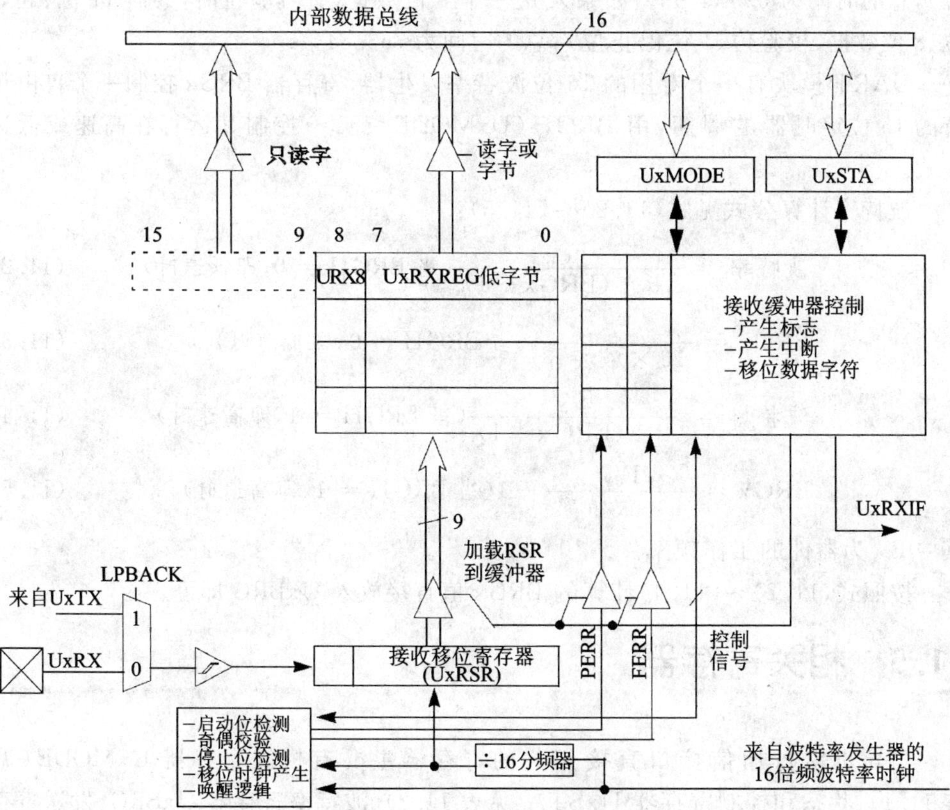

图 11.3 UART 的接收器框图

数据通过 UxRX 引脚接收并传送到具有 4 级深度的 FIFO 接收缓冲器中。用户在读取接收数据时只能与 UxRXREG 打交道，根据先入先出的原则读取。如果接收缓冲器中的 4 个接收数据未能读取，又有新的数据接收到 UxRSR 中，则产生接收溢出，UxSTA 的位 OERR 置 1，此后只要 OERR＝1，都将禁止 UxRSR 向接收缓冲器传送数据，直到用户将 OERR 清 0。

11.4 UART 波特率发生器(BRG)

波特率是用来反映串行通信快慢的，它以每秒发送的位数来表示，如波特率 14 400 表示每秒发送 14 400 位，即每位的时间 T_{bit} 与波特率的关系如下：

$$T_{bit} = \frac{1}{波特率}(s) = \frac{1\ 000\ 000}{波特率}(\mu s) \tag{11.1}$$

由此可知，14 400 的波特率，每位的时间 T_{bit}＝1 000 000/14 400 bps≈69.44 μs。如果发送一个 8 位数据，无校验位时，共需 10 位(起始位、8 位数据、1 位停止位)，总的时间为 694.4 μs。如果发送一个 8 位数据，有校验位时，共需 11 位(起始位、8 位数据、校验位、1 位停止位)，总的时间为 763.84 μs。

UART 模块有一个专用的 16 位波特率发生器，寄存器 BRGx 控制一个自由运行的 16 位定时器的周期，由 BRGH(UxMODE<3>)控制其运行在高速或低速模式。

波特率计算公式见式(11.2)～(11.5)：

$$波特率 = \frac{F_{CY}}{16 \times (BRGx + 1)}(当\ BRGH = 0,即低速时) \tag{11.2}$$

$$BRGx = \frac{F_{CY}}{16 \times 波特率}(当\ BRGH = 0,即低速时) \tag{11.3}$$

$$波特率 = \frac{F_{CY}}{4 \times (BRGx + 1)}(当\ BRGH = 1,即高速时) \tag{11.4}$$

$$BRGx = \frac{F_{CY}}{4 \times 波特率} - 1(当\ BRGH = 1,即高速时) \tag{11.5}$$

其中 F_{CY} 为器件的工作频率。

按照式(11.2)～(11.4)计算的 BRGx 值直接放入 UxBRG 即可。

11.5 相关寄存器

与异步串行通信接口直接相关的寄存器主要有模式寄存器 UxMODE(见表 11.1)、状态和控制寄存器 UxSTA(见表 11.2)、波特率寄存器 UxBRG、发送寄存器 UxTXREG、接收寄存器 UxRXREG。

在 8 位数据模式下，发送寄存器 UxTXREG 和接收寄存器 UxRXREG 的高 8 位均未使用。在 9 位模式下，如果是发送，则须把第 9 位数放进 UxTXREG 的位 8；如果是接收，则从 UxRXREG 的位 8 中读取第 9 位数据。

表 11.1 UxMODE:UART的模式控制寄存器

R/W-0	U-0	R/W-0	R/W-0	R/W-0	U-0	R/W-0	R/W-0
UARTEN	—	USIDL	IREN(1)	RTSMD	—	UEN<1:0>	
bit 15							bit 8
R/W-0 HC	R/W-0	R/W-0 HC	R/W-0	R/W-0	R/W-0	R/W-0	R/W-0
WAKE	LPBACK	ABAUD	URXINV	BRGH	PDSEL<1:0>		STSEL
bit 7							bit 0

◆ bit 15 UARTEN:UARTx使能位

1:使能UARTx,UARTx根据UEN<1:0>的定义控制所有UARTx引脚;

0:禁止UARTx,由端口锁存器控制所有UARTx引脚,UARTx的功耗最小。

◆ bit 13 USIDL:空闲模式停止位

1:当器件进入空闲模式时,模块停止工作;

0:在空闲模式下模块继续工作。

◆ bit 12 IREN:IrDA编码器和解码器使能位

此功能只能在16倍频BRG模式(BRGH=0)下使用。

1:使能IrDA编码器和解码器;

0:禁止IrDA编码器和解码器。

◆ bit 11 RTSMD:UxRTS引脚的模式选择位

1:UxRTS引脚处于单工模式;

0:UxRTS引脚处于流控制模式。

◆ bit 9~8 UEN<1:0>:UARTx使能位

11:使能并使用UxTX、UxRX和BCLK引脚,UxCTS引脚由端口锁存器控制;

10:使能并使用UxTX、UxRX、UxCTS和UxRTS引脚;

01:使能并使用UxTX、UxRX和UxRTS引脚,UxCTS引脚由端口锁存器控制;

00:使能并使用UxTX和UxRX引脚,UxCTS和UxRTS/BCLK引脚由端口锁存器控制。

◆ bit 7 WAKE:在休眠模式下检测到启动位唤醒使能位

1:UARTx将继续采样UxRX引脚,在出现下降沿时产生中断,在出现上升沿时硬件自动将该位清0,在自动波特率检测中须将此位置1;

0:禁止唤醒。

◆ bit 6 LPBACK:UARTx环回模式选择位

1:使能环回模式;

0:禁止环回模式。

◆ bit 5 ABAUD：自动波特率使能位

1：使能对下一个字符的波特率测量，须接收同步字段（55H），完成时由硬件清 0；

0：禁止或已完成波特率测量。

◆ bit 4 URXINV：接收极性翻转位

1：UxRX 的空闲状态是 0；

0：UxRX 的空闲状态是 1。

◆ bit 3 BRGH：高波特率使能位

1：BRG 在每个位周期内产生 4 个时钟信号（4 倍频波特率时钟，高速模式）；

0：BRG 在每个位周期内产生 16 个时钟信号（16 倍频波特率时钟，标准模式）。

◆ bit 2～1 PDSEL<1：0>：奇偶校验和数据选择位

11：9 位数据，无奇偶检验；

10：8 位数据，奇检验；

01：8 位数据，偶检验；

00：8 位数据，无奇偶检验。

◆ bit 0 STSEL：停止位选择位

1：2 个停止位；

0：1 个停止位。

表 11.2　UARTx 状态和控制寄存器 UxSTA

R/W－0	R/W－0	R/W－0	U－0	R/W－0 HC	R/W－0	R－0	R－1
UTXISEL1	UTXINV	UTXISEL0	—	UTXBRK	UTXEN	UTXBF	TRMT
bit 15							bit 8
R/W－0	R/W－0	R/W－0	R－1	R－0	R－0	R/C－0	R－0
URXISEL<1：0>		ADDEN	RIDLE	PERR	FERR	OERR	URXDA
bit 7							bit 0

◆ bit 15，13 UTXISEL<1：0>：发送中断模式选择位

11：保留，不要使用；

10：当一个字符被传输到发送移位寄存器导致发送缓冲器为空时，产生中断；

01：当最后一个字符被移出发送移位寄存器，所有发送操作执行完毕时产生中断；

10：当一个字符被传输到发送移位寄存器（指发送缓冲器中至少还有一个字符）时产生中断。

◆ bit 14 UTXINV：IrDA 编码器发送极性翻转位

1：IrDA 编码的 UxTX 空闲状态为 1；

0:IrDA 编码的 UxTX 空闲状态为 0。

◆ bit 11 UTXBRK:发送间隔位

1:在下次发送时发出同步间隔字符启动位,后跟 12 个 0 位,然后是停止位,完成时由硬件清 0;

0:禁止或已完成同步间隔字符的发送。

◆ bit 10 UTXEN:发送使能位

1:使能发送,UARTx 控制 UxTX 引脚;

0:禁止发送,中止所有等待的发送,缓冲器复位,由端口控制 UxTX 引脚。

◆ bit 9 UTXBF:发送缓冲器满状态位(只读)

1:发送缓冲器满;

0:发送缓冲器未满,至少还可写入一个或多个字符。

◆ bit 8 TRMT:发送移位寄存器空标志位(只读)

1:发送移位寄存器为空,同时发送缓冲器为空(上一次发送已完成);

0:发送移位寄存器非空,发送在进行中或在发送缓冲器中排队。

◆ bit 7~6 URXISEL<1:0>:接收中断模式选择位

11:当 UxRSR 传输使接收缓冲器为满时,即有 4 个数据字符时,中断标志位置 1;

10:当 UxRSR 传输使接收缓冲器 3/4 满时,即有 3 个数据字符时,中断标志位置 1;

0x:当接收到一个字符时,中断标志位置 1,且 UxRSR 的内容被传输给接收缓冲器,接收缓冲器有一个或多个字符。

◆ bit 5 ADDEN:地址字符检测位(接收数据的第 8 位=1)

1:使能地址检测模式,如果没有选择 9 位模式,这个控制位将无效;

0:禁止地址检测模式。

◆ bit 4 RIDLE:接收器空闲位(只读)

1:接收器空闲;

0:接收器工作。

◆ bit 3 PERR:奇偶校验错误状态位(只读)

1:检测到当前字符的奇偶校验错误(在接收 FIFO 顶部的字符);

0:没有检测到奇偶校验错误。

◆ bit 2 FERR:帧错误状态位(只读)

1:检测到当前字符的帧错误(在接收 FIFO 顶部的字符);

0:没有检测到帧错误。

◆ bit 1 OERR:接收缓冲器溢出错误状态位(只读/清 0)

1:接收缓冲器已经溢出;

0:接收缓冲器没有溢出,清除原来置 1 的 OERR 位(1→0 的转换)将使接收缓冲器复位并使 UxRSR 为空。

◆ bit 0 URXDA:接收缓冲器中是否有数据位(只读)

1:接收缓冲器中有数据,有至少一个或多个字符可被读取;

0:接收缓冲器为空。

11.6 UARTx 的几种工作方式

11.6.1 奇偶校验

UxART 自身带有自动计算奇偶校验功能。图 11.4 为 1 位停止位的几种校验位发送 0x55 和 0x75 的示波器实拍波形,第一个数为 0x55,第二个数为 0x75。

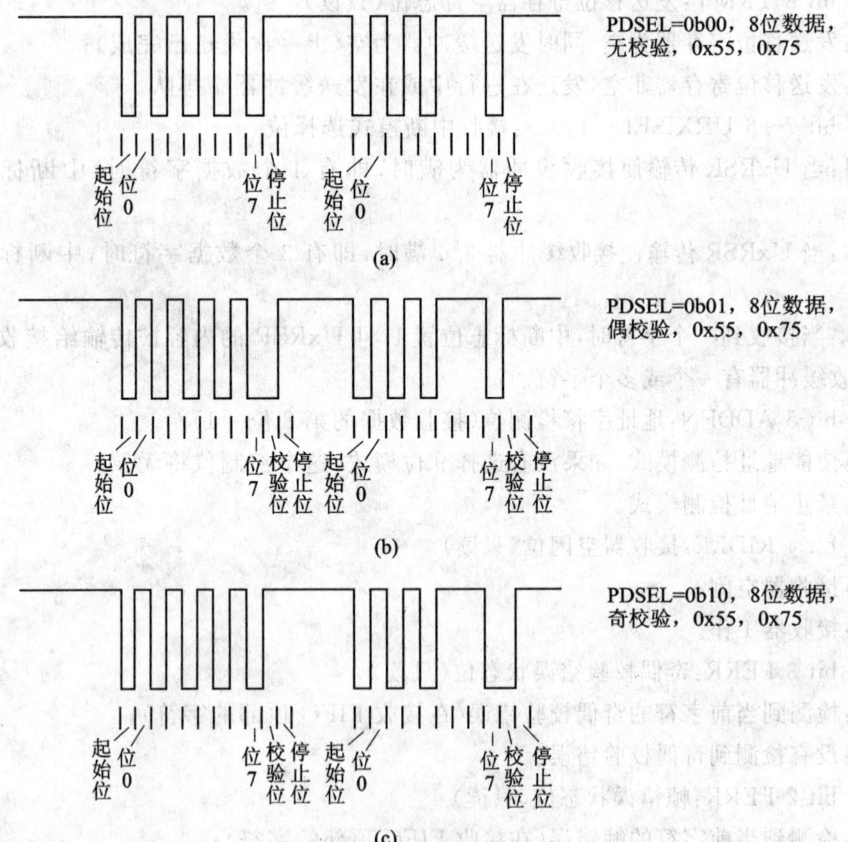

图 11.4　8 位数据下的各种校验情况示意图

从图 11.4 可知,有校验位时,发送时在数据位的位 7 后再加一个校验位。偶校验指的是:通过调整校验位,使得发送的数据位和校验位中为 1 的位数为偶数;而奇校验指的是:通过调整校验位,使得发送的数据位和校验位中为 1 的位数为奇数。因此 0x55 的偶校验位为 0,奇校验位为 1。

在 UART 各种模式中,发送或接收的引脚空闲都是高电平,发送一个数据的顺序是一位起始位 0,接着是位 0～位 7;然后,如果有校验位则为相应的校验位,最后是停止位 1。每位的时间 T 为:

$$T = \frac{1}{\text{波特率}}(\text{s}) = \frac{1\ 000\ 000}{\text{波特率}}(\mu\text{s})$$

如波特率为 19 200,即每位的时间为 52 μs,发送 8 位数据无校验位和有校验位的时间分别为 10×T=520 μs 和 11×T=572 μs。

11.6.2　环回模式

当 UxMODE 的位 LPBACK=1 时,即进入环回模式。所谓环回模式,就是自发自收,通过内部开关,将发送引脚 UxTX 发送的信号回送到接收器,但外部引脚 UxRX 被断开,即不用通过线路就把 UxTX 接至 UxRX。

【例 11.1】　环回模式实例

本例所用芯片为 dsPIC33FJ64GP706A,振荡方式为选用外部 12 MHz 晶振,异步串行通信为环回模式(LPBACK=1),即自发自收,并启用了 U1RTS 流控模式,所用的线路为图 11.5。

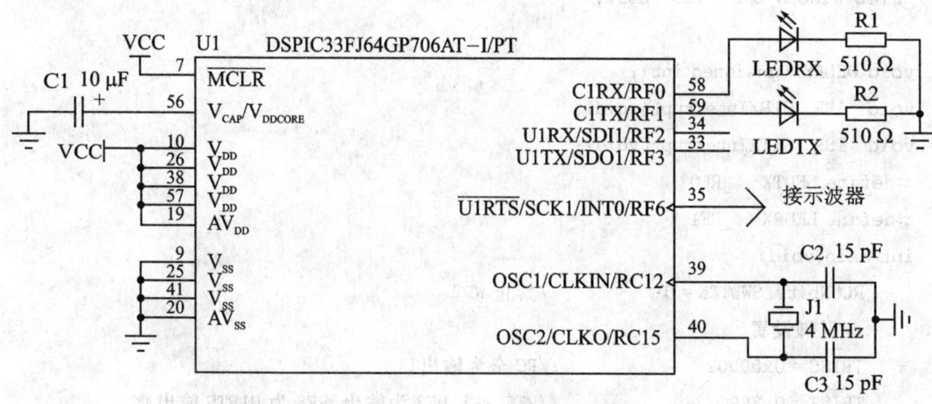

图 11.5　例 11.1 线路图

为了说明接收溢出与 UxRTS 硬件流控引脚的功能,在 U1RX 中断服务程序中,如果去掉 A=U1RXREG 语句(加上注解),即有意不接收数据,结果如图 11.6 所示,图 11.6(a)为 UEN=0b01 即只使能 U1RTS 的情形,(b)为 UEN=0b10 即同时使能了 U1CTS 和 U1RTS 的情形。其中的波形 1 为 U1TX 引脚的波形,波形 2 为 U1RTS 引脚的波形。由于没有及时读取接收到的 4 个数据,接收缓冲区数据已满,在检测到第 5 个数据的起始位时,U1RTS 引脚自动从低变到高,即告诉发送方,接收缓冲区满。图 11.6(a)和(b)的区别是当接收缓冲区满后,由于(a)图为禁止

U1CTS,因此发送端能继续发送,而(b)图为使能 U1CTS 功能,则自动停止发送。

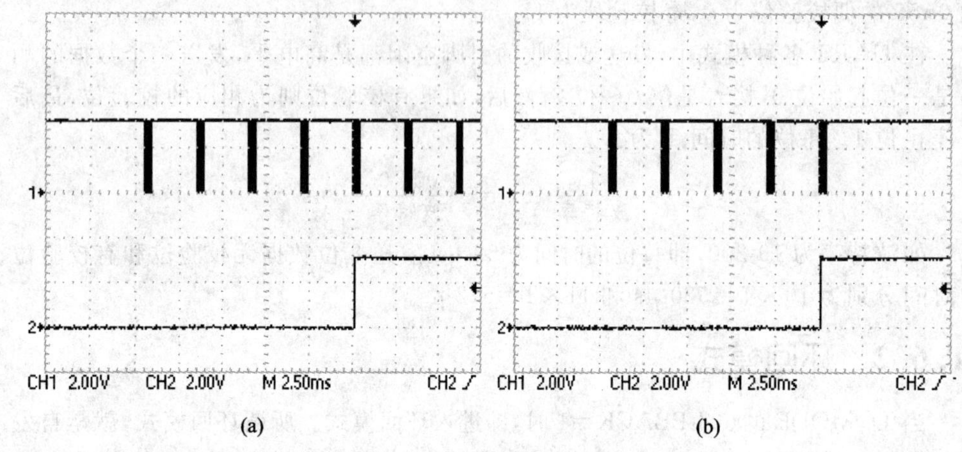

图 11.6　U1RTS 引脚在接收溢出时的波形

【例 11.1】　程序

```
#include "P33FJ64GP706A.H"
_FOSCSEL(FNOSC_PRI & IESO_OFF);
_FOSC(POSCMD_HS & OSCIOFNC_OFF & FCKSM_CSDCMD);
_FICD(JTAGEN_OFF & ICS_PGD2);

void DELAY3(unsigned int);
void _ISR _U1RXInterrupt(void);
void _ISR _U1TXInterrupt(void);
#define LEDTX    _RF0
#define LEDRX    _RF1
int main(void)
{    RCONbits.SWDTEN = 0;             //禁止 WDT
     //引脚设置
     TRISC = 0x0000;                  //RC 全为输出口
     TRISF = 0xFFBC;                  //RF6、RF1、RF2 为输出,RF6 为 U1RTS 输出脚
     AD1PCFGL = 0xFFFF;               //全为数字口
     LEDTX = 0;Nop();
     LEDRX = 0;
     //中断设置
     SRbits.IPL = 0b101;              //CPU 中断优先级 = 5
     CORCONbits.IPL3 = 0;             //CPU 中断优先级≤7
     INTCON1bits.NSTDIS = 1;          //禁止嵌套中断
     INTCON2bits.ALTIVT = 0;          //使用标准中断向量
     IEC0bits.U1RXIE = 1;
```

```
    IPC2bits.U1RXIP = 6;
    IEC0bits.U1TXIE = 1;
    IPC3bits.U1TXIP = 6;
    //UART 设置
    U1MODE = 0x0248;                //允许回送,UEN = 0b10,使能 UxCTS 和 UxRTS 引脚
    U1STA = 0x0000;
    U1MODEbits.UARTEN = 1;          //U1ART 模块使能
    U1STAbits.UTXEN = 1;            //U1ART 发送使能
    U1BRG = 63;                     //12 MHz 晶振下,波特率为 14 400
    DELAY3(20);
    while(1)
    {   U1TXREG = 0x5A;
        while(U1STAbits.TRMT == 0);
        DELAY3(3);
    };
}

void __attribute__((__interrupt__, auto_psv,__shadow__)) _ISR _U1TXInterrupt(void)
{   IFS0bits.U1TXIF = 0;
    LEDTX = ~LEDTX;
}

void __attribute__((__interrupt__, auto_psv,__shadow__)) _ISR _U1RXInterrupt(void)
{   unsigned int A;
    IFS0bits.U1RXIF = 0;
    A = U1RXREG;                    //读接收到的数据
    LEDRX = ~LEDRX;
}

//======延时(n)ms,12 MHz 晶振
voidDELAY3(unsigned int n)
{   unsigned int j,k;
    for (j = 0;j<n;j ++ )
        for (k = 855;k>0;k -- )
        {   Nop();Nop();Nop();  }
}
```

11.6.3　自动波特率检测

当 UxMODE 的位 ABAUD=1 时,进入自动波特率检测模式。当使能自动波特率检测时,对方须将数据 0x55 送至 UxRX 引脚,模块将自动计算波特率因子,并自动存放于 BRGx 寄存器中。自动波特率检测完成后,CPU 自动将 ABAUD 清 0。

注意问题：

- 在此模式中，自动禁止环回模式；
- 被测方需发送指定数据 0x55；
- 接收方（即自动波特率检测方）须将 UxMODE 的 WAKE 位置 1，等其检测到起始位后，此位由硬件自动清 0；
- 波特率检测得到的波特率因子与接收方设置为高速或低速有关，但得到的波特率只与被检测的信号的波特率有关。

【例 11.2】 自动波特率检测

本例所用芯片仍为 dsPIC33FJ64GP706A，晶振为外部 12 MHz，异步串行通信为自动波特率检测。由于 GP706A 有两个异步串行通信模块 U1ART 和 U2ART，设计时把 U2TX 接至 U1RX。线路图见图 11.7。基本设置如下：

- U1ART：低速，8 位数据，无校验，自动波特率检测；
- U2ART：高速，8 位数据，无校验，波特率为 14 400。

为了能自动进行波特率检测，U1ART 的位 WAKE 须置 1；接着置 ABUAD=1，启动自动波特率检测，U1ART 检测 U1RX 引脚上的启动位，并根据该信号的高低变化自动计算波特率因子，将计算得到的波特率因子自动赋给 U1BRG。自动波特率检测完毕（ABAUD 自动清 0）后，程序启动 U1ART 发送，此后按检测得到的波特率（14 400）发送数据。

实际运行时 U2BRG 设置为 155，这是 12 MHz 晶振下波特率 14 400、高速（BRGH=1）时的波特率因子。经自动检测后，U1BRG 值为 38，此为 12 MHz 晶振下波特率 14 400、低速（BRGH=0）时的波特率因子。

显然，如果 U1ART 和 U2ART 同时采用高速或同时采用低速，得到的 U1BRG 应等于 U2BRG。

注意，本例只是为了说明自动波特率检测的程序设计过程，实际被检测的信号应来自其他单片机或 dsPIC 等芯片。

【例 11.2】 程序

```
#include "P33FJ64GP706A.H"
_FOSCSEL(FNOSC_PRI & IESO_OFF);
_FOSC(POSCMD_HS & OSCIOFNC_OFF & FCKSM_CSDCMD);
_FICD(JTAGEN_OFF & ICS_PGD2);
void DELAY3(unsigned int);
int main(void)
{   RCONbits.SWDTEN = 0;                //禁止 WDT
    //引脚设置
    TRISC = 0x0000;                     //RC 全为输出口
    AD1PCFGL = 0xFFFF;                  //全为数字口
    //UART1 设置
```

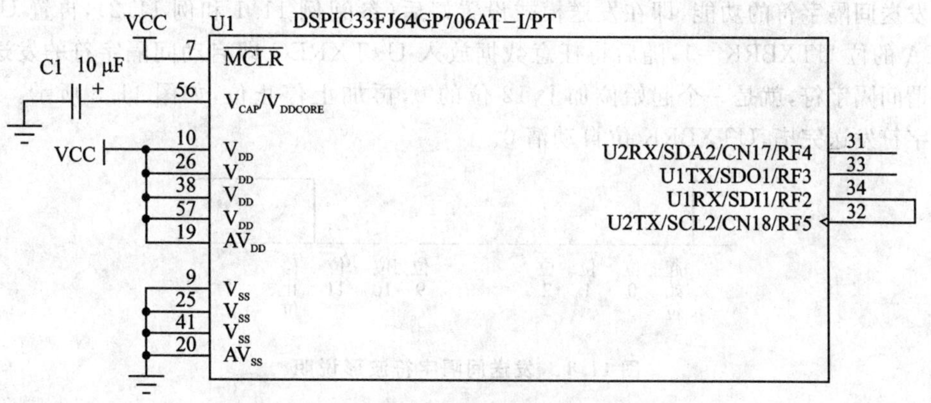

图 11.7 例 11.2 线路图

```
    U1MODE = 0x0084;                    //低速,8 位数据,无校验
    U1STA = 0x0000;
    U1MODEbits.UARTEN = 1;              //U1ART 模块使能
    //UART2 设置
    U2BRG = 155;                        //高速,14 400 的波特率因子
    U2MODE = 0x0008;                    //高速,8 位数据,不能用偶校验
    U2STA = 0x0000;
    U2MODEbits.UARTEN = 1;              //U2ART 模块使能
    U2STAbits.UTXEN = 1;                //U2ART 发送使能

    U1MODEbits.ABAUD = 1;               //U1ART 开始自动波特率检测
    DELAY3(1);                          //可以有任意时间间隔
    U2TXREG = 0x55;                     //U2ART 发送特定字符
    while(U2STAbits.TRMT == 0);         //等待 U2ART 发送完成
    while(U1MODEbits.ABAUD == 1);       //等待 U1ART 自动波特率检测完成
    DELAY3(10);
    U1STAbits.UTXEN = 1;               //U1ART 发送使能,按照检测的波特率发送和接收数据
    while(1)
    {   U1TXREG = 0x7A;                 //U1ART 发送一个数据
        while(U1STAbits.TRMT == 0);     //等待 U1ART 发送完成
        DELAY3(2);
    };
}
```

延时子程序 DELAY3 见例 11.1。

11.6.4 发送间隔字符

在某些应用中,可能需要在发送数据前发送间隔字符。本模式是利用 UART 自动发送间隔字符的功能，即在发送模式设置好后（参阅例 11.1 和例 11.2），再置 UxSTA 的位 UTXBRK=1，随后将任意数据放入 UxTXREG 即启动间隔字符的发送。所谓间隔字符，就是一个起始位加上 12 位的 0，再加上停止位，如图 11.8 所示。间隔字符发送完毕，UTXBRK 位自动清 0。

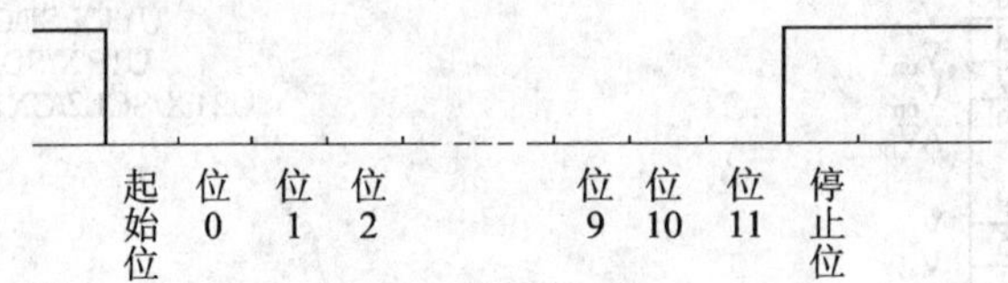

图 11.8 发送间隔字符波形说明

11.6.5 UARTx 与 DMA

对于有 DMA 模块的芯片，DMA 模块均支持 UART 的发送与接收。本小节内容建议在看过第 16 章后再阅读。

【例 11.3】 支持 DMA 的 UART 与 OC 模块的 PWM 输出实例(8 位数据)

本例以 10 MHz 晶振为振荡频率，$T_{CY}=0.2\ \mu s$，芯片为 dsPIC33FJ64GP706A，基本设置如下：

- 异步串行通信为 UART2 模块，波特率为 9 600，无校验位，通过 MAX232 电平变换与计算机通信。
- OC2 模块为 PWM 工作模式，以 Timer3 为时钟，Timer3 预分频比为 1:64，周期为 $(PR3+1)\times 64\times T_{CY}=(233+1)\times 64\times 0.2\ \mu s=2\ 995.2\ \mu s$，初始高电平时间也为 $2\ 995.2\ \mu s$。
- DMA1 模块将接收到 UART2 的 U2RXREG 存入 DMA 数组 AA，每接收一个数据即触发 DMA 传送。DMA1 传送方向为外设到 RAM，即从 U2ART 到 DMA RAM。要注意的是，在异步串行通信的 DMA 中，要求必须是字传送，即即使接收的高 8 位无用也得按字接收。
- DMA2 模块将 DMA 数组 AA 的数据（即接收的 U2ART 的 U2RXREG）传送到 OC2RS，即用接收到的数据来改变 OC2 输出的占空比。DMA2 传送方向为 DMA RAM 到外设 OC2。DMA2 指向的 DMA RAM 地址与 DMA1 指向相同。

所用的线路如图 11.9 所示，通过电平转换芯片 MAX232A 与计算机的串口进行通信，如果没有串口的计算机，则可以买一个 USB 转串口的转换器。OC2 的输出接示波器，以方便察看输出波形。

计算机端可以用 VB 等高级语言自行编制异步串行通信程序，或者下载一个串口助手程序，图 11.10 界面为串口助手。按照与 dsPIC33F 程序中相同的通信参数（波特率 9 600，8 位数据，无校验位），在“发送数据区”中输入十六进制数，然后点击

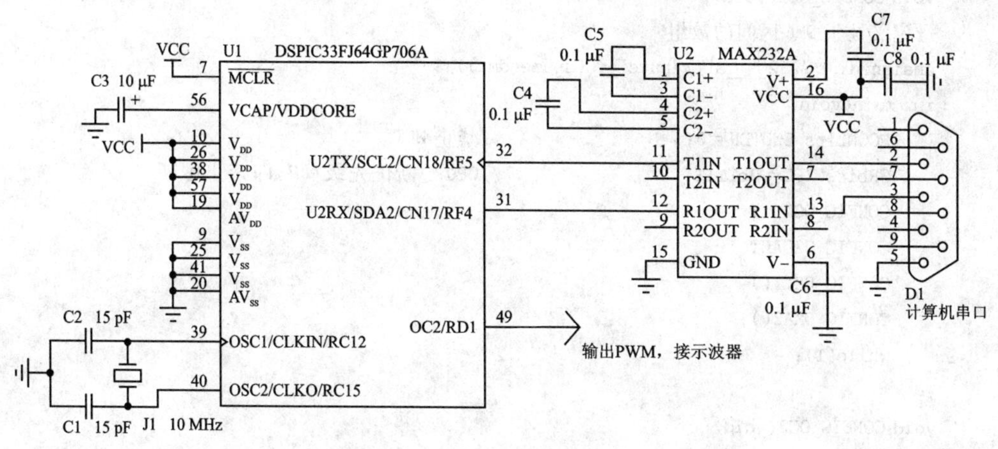

图 11.9　UART2 模块与计算机通信及 OC2 输出线路

"发送"按钮，就可以与 dsPIC33F 通信了。

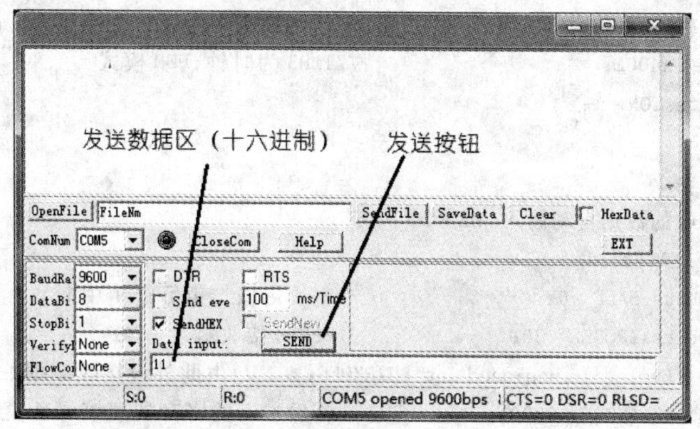

图 11.10　串口助手界面

通过程序运行可以看到，随着串口助手发送不同的数据，OC2 输出的高电平时间宽度在改变；而程序只是按照相关要求设置好后，不停地空运行，并不"干预"其程序的执行过程。

【例 11.3】　程序

```
#include "P33FJ64GP706A.H"
_FOSCSEL(FNOSC_PRI & IESO_OFF);
_FOSC(POSCMD_HS & OSCIOFNC_OFF & FCKSM_CSDCMD);
_FICD(JTAGEN_OFF & ICS_PGD2);
void CONFIG_U2UART(void);
void CONFIG_DMA1(void);
void CONFIG_DMA2(void);
```

```
void CONFIG_OC2(void);
//定义处于 DMA 区间的数组
unsignedint AA[2] __attribute__ ((space(dma)));
int main(void)
{   RCONbits.SWDTEN = 0;                    //禁止 WDT
    SRbits.IPL = 0b111;                     //CPU 中断优先级 = 7,即禁止中断
    CONFIG_OC2();
    CONFIG_U2UART();
    CONFIG_DMA1();
    CONFIG_DMA2();
    while(1);
}
void CONFIG_OC2(void)
{   //TMR3 设置
    T3CON = 0x4020;                         //分频系数为 1:64
    TMR3 = 0;
    PR3 = 233;                              //周期为(233 + 1) × 64 × 0.2 μs = 2 995.2 μs
    OC2RS = PR3;                            //初始高电平时间也为 2 995.2 μs
    OC2CON = 0x400E;                        //TMR3 为时钟,PWM 模式
    T3CONbits.TON = 1;
}

//DMA1:把接收的数据自动放入 DMA RAM
void CONFIG_DMA1(void)
{   DMA1CONbits.HALF = 0;                   //整块传输结束后产生中断
    DMA1REQbits.IRQSEL = 30;                //UART2 接收触发 DMA1
    DMA1PAD = (volatile unsigned int)&U2RXREG;    //由此外设接收数据
    DMA1CONbits.AMODE = 0b00;               //带后加 1 的寄存器间接寻址模式
    DMA1CONbits.MODE = 0b00;                //连续,禁止乒乓方式
    DMA1CONbits.DIR = 0;                    //DMA1 方向为外设到 RAM
    DMA1CONbits.SIZE = 0;                   //UART 作为外设时 DMA 时必须配置为字模式
    DMA1CNT = 0;                            //1 次后启动 DMA1
    DMA1STA = __builtin_dmaoffset(&AA);     //接收到的数据存入数组 AA
    DMA1CONbits.CHEN = 1;
}
//DMA2:把 DMA RAM 的数据放到外设 OC2
void CONFIG_DMA2(void)
{   DMA2CONbits.HALF = 0;                   //整块传输结束后产生中断
    DMA2REQbits.IRQSEL = 30;                //UART2 接收触发 DMA2
    DMA2PAD = (volatile unsigned int)&OC2RS; //DMA2 的 DMA 数据输出到 OC2RS
    DMA2CONbits.AMODE = 0b00;               //带后加 1 的寄存器间接寻址模式
    DMA2CONbits.MODE = 0b00;                //连续,禁止乒乓方式
```

```
    DMA2CONbits.DIR = 1;                    //DMA2 方向为 RAM 到外设
    DMA2CONbits.SIZE = 0;                   //字模式
    DMA2CNT = 0;                            //1 次后启动 DMA2
    DMA2STA = __builtin_dmaoffset(&AA);     //把接收到的数 AA 传送到外设
    DMA2CONbits.CHEN = 1;
}
//UART2 设置
void CONFIG_U2UART(void)
{   U2BRG = 129;                            //9 600
    U2MODE = 0x0008;                        //高速,8 位数据,不能用偶校验
    U2STA = 0x0000;
    U2MODEbits.UARTEN = 1;                  //U2ART 模块使能
    U2STAbits.UTXEN = 0;
}
```

【例 11.4】 支持 DMA 的 UART 与 OC 模块的 PWM 输出实例(16 位数据)

由于异步串行通信不能完成单次 16 位数据传送,因此例 11.4 输出比较 OC2 只用了 8 位数据。如果要用 16 位数据,就得分 2 次传送。本例为 16 位的 OC 输出 PWM,所用的线路图与图 11.9 完全相同,程序中相应的设置修改如下:

【例 11.4】 程序

```
…
//在定义 AA[2]数组后增加
unsignedint BB[1] __attribute__ ((space(dma)));

int main(void)
{   SRbits.IPL = 0b100;                     //CPU 中断优先级 = 4
    CORCONbits.IPL3 = 0;                    //CPU 中断优先级≤7
    INTCON1bits.NSTDIS = 1;                 //禁止嵌套中断
    INTCON2bits.ALTIVT = 0;                 //使用标准中断向量
    …
    while(1);
}
void __attribute__((__interrupt__, auto_psv)) _DMA1Interrupt(void)
{   …
    BB[0] = AA[0] + (AA[1]<<8);
    DMA2CONbits.CHEN = 1;                   //手动方式启动 DMA2
DMA2REQbits.FORCE = 1;
}
//删除_DMA2Interrupt(void)子程序
void CONFIG_OC2(void)
{   …
```

```
    T3CON = 0x4000;                        //分频系数为 1:1
    …
    PR3 = 14999;                           //周期为(14 999 + 1) × 1 × 0.2 μs = 3 000 μs
    …
}
//DMA1:把接收的数据自动放入 DMA RAM
void CONFIG_DMA1(void)
{   …
    DMA1CNT = 1;                           //接收 2 次后启动 DMA1
    …
    DMA1STA = __builtin_dmaoffset(&AA);    //接收到的数据存入数组 AA
    IFS0bits.DMA1IF = 0;
    IEC0bits.DMA1IE = 1;                   //允许 DMA1 中断
    IPC3bits.DMA1IP = 0b111;               //DMA1 中断优先级 = 7
    DMA1CONbits.CHEN = 1;
}
//DMA2:把 DMA RAM 的数据放到外设 OC2
void CONFIG_DMA2(void)
{   …
    DMA2CONbits.AMODE = 0b01;              //不带后加 1 的寄存器间接寻址模式
    DMA2CONbits.MODE = 0b01;               //手动,禁止乒乓方式
    …
    DMA2CNT = 1;                           //接收 2 次后启动 DMA2
    DMA2STA = __builtin_dmaoffset(&BB);    //把接收到的数组合成 BB 后传送到外设
}
//子程序 CONFIG_U2UART 不变
```

第12章

SPI 通信接口

12.1 简 介

串行外设接口 SPI(Serial Peripheral Interface)模块是用于同其他外设或单片机器件进行通信的同步串行接口。

根据不同的型号,dsPIC33F 器件可能有一个或两个 SPI 模块,本章统一用 SPIx 表示,x=1 或 2 表示 SPI1 或 SPI2 模块。

如图 12.1 所示,每一个 SPI 模块都包含一个用于将数据移入和移出的 16 位移位寄存器 SPIxSR 和一个缓冲寄存器 SPIxBUF。状态寄存器 SPIxSTAT 表明 SPIx 模块的各种状态。其中 SPIxSR 是不可寻址的。

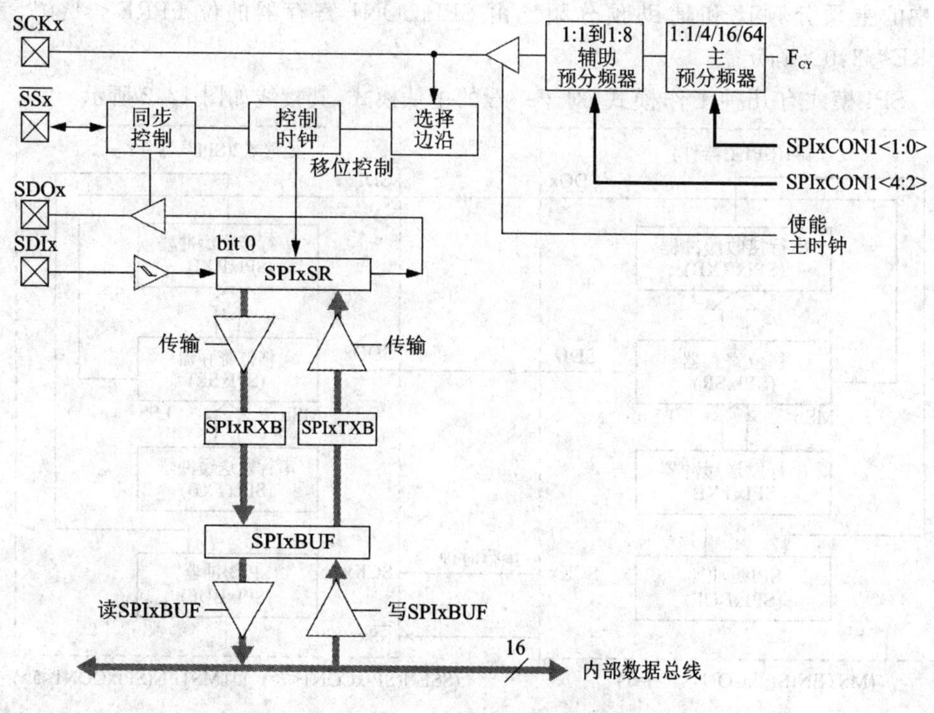

图 12.1 SPI 结构示意图

串行接口由 4 个引脚组成：

- SDIx(串行数据输入)；
- SDOx(串行数据输出)；
- SCKx(移位时钟输入或输出)；
- $\overline{\text{SSx}}$(低电平有效从动选择)。

在主模式下工作时，SCK 是时钟输出；在从模式时，SCK 是时钟输入。一组 8 或 16 个时钟脉冲将数据从 SPIxSR 移出到 SDOx 引脚，同时将 SDIx 引脚上的数据移入。当传输完成时产生一个中断请求，即中断标志位(SPI1IF 或 SPI2IF)置 1。中断允许位(SPI1IE 或 SPI2IE)可以禁止或允许该中断。

实际上，SPI 模块的发送和接收缓冲寄存器 SPIxBUF 由内部独立的发送缓冲寄存器 SPIxTXB 和接收缓冲寄存器 SPIxRXB 所组成。这两个寄存器是不能寻址的，它们都映射到相同的寄存器地址 SPIxBUF。如用户要发送数据，即把数据写到 SPIxBUF 时，则内部实际上是把数据写到 SPIxTXB 寄存器中。如果用户要读取 SPIxBUF，内部实际上是从 SPIxRXB 寄存器读取的。

由于发送和接收都是双缓冲的，因此可以同时进行发送和接收。

SPI 模块的工作频率 F_{SCK}、dsPICF 芯片的工作频率 F_{CY} 的关系见下式：

$$F_{SCK} = \frac{F_{CY}}{\text{主预分频比} \times \text{辅助预分频比}} \qquad (12.1)$$

式中的主预分频比和辅助预分频比由 SPIxCON1 寄存器的位 PPRE<1:0>和 SPRE<2:0>确定。

SPI 模式有几种工作模式，对于一般的主从模式，其接线如图 12.2 所示。

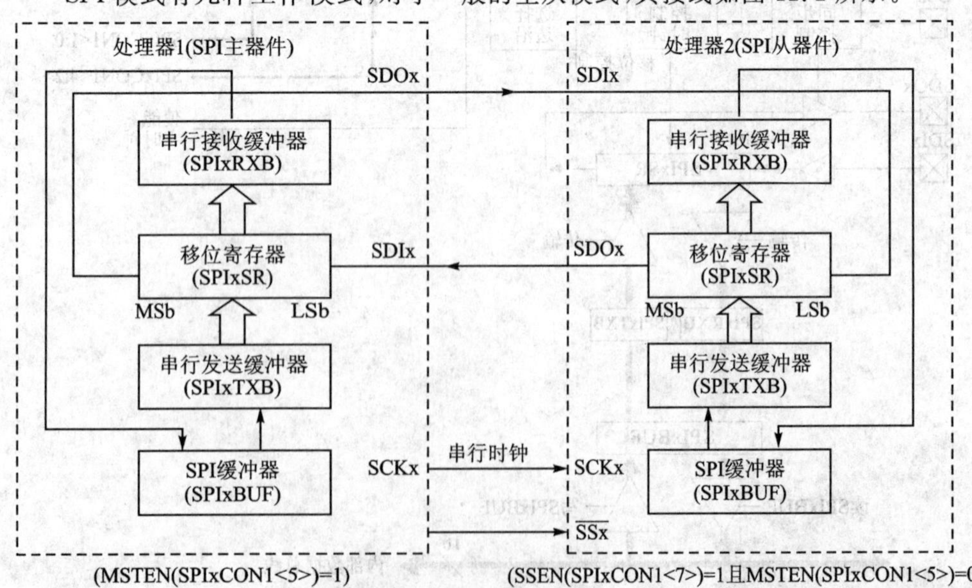

图 12.2　SPI 主从模式的接线示意图

图 12.3 中,(a)为 SPI 主控—帧主控模式连接图,(b)为 SPI 主控—帧从动模式连接图,(c)为 SPI 从动—帧主控模式连接图,(d)为 SPI 从动—帧从动模式连接图。在帧模式下,$\overline{SSx}$引脚作为帧同步脉冲引脚。帧主控或帧从动的区别是,帧信号由谁发出的,发出方即为帧主控方,另一方为帧从动方。

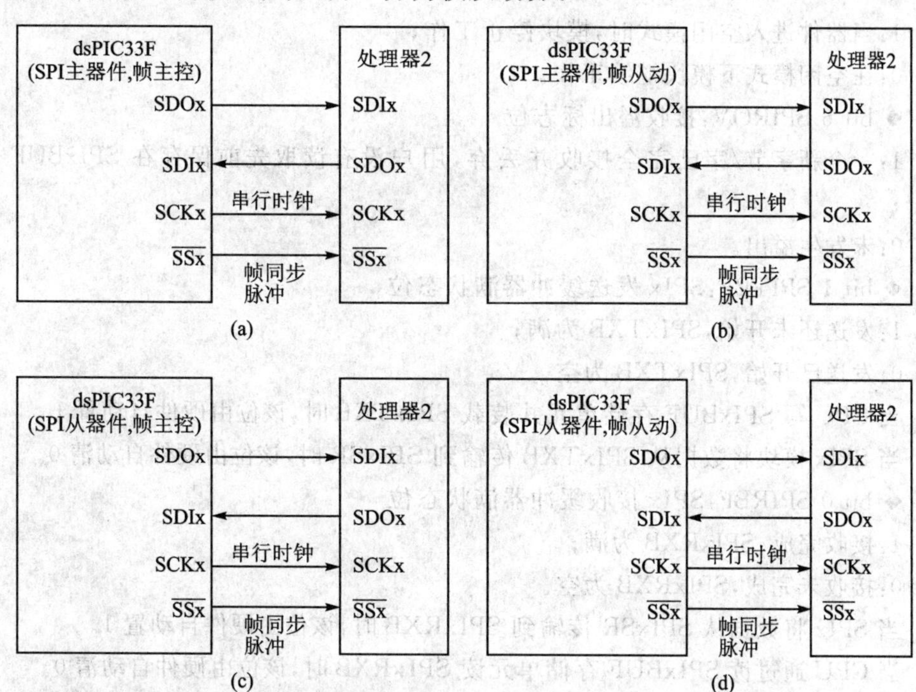

图 12.3　SPI 几种帧工作模式接线图

12.2　相关寄存器

与 SPI 模块相关的寄存器为状态和控制寄存器 SPIxSTAT、控制寄存器 SPIxCON1 和 SPIxCON2 分别见表 12.1～表 12.3,还有 SPIx 发送和接收缓冲共用的寄存器 SPIxBUF。

表 12.1　SPIxSTAT:SPIx 状态和控制寄存器

R/W-0	U-0	R/W-0	U-0	U-0	U-0	U-0	U-0
SPIEN	—	SPISIDL	—	—	—	—	—
bit 15							bit 8
U-0	R/C-0	U-0	U-0	U-0	U-0	R-0	R-0
—	SPIROV	—	—	—	—	SPITBF	SPIRBF
bit 7							bit 0

◆ bit 15 SPIEN:SPIx 使能位

1:使能模块并将 SCKx、SDOx、SDIx 和$\overline{\text{SSx}}$配置为串行端口引脚;

0:禁止模块。

◆ bit 13 SPISIDL:在空闲模式停止位

1:当器件进入空闲模式时,模块停止工作;

0:在空闲模式下模块继续工作。

◆ bit 6 SPIROV:接收溢出标志位

1:一个新字节/字已完全接收并丢弃,用户没有读取先前保存在 SPIxBUF 的数据;

0:未发生溢出。

◆ bit 1 SPITBF:SPIx 发送缓冲器满状态位

1:发送还未开始,SPIxTXB 为满;

0:发送已开始,SPIxTXB 为空。

当 CPU 写 SPIxBUF 存储单元并装载 SPIxTXB 时,该位由硬件自动置 1。

当 SPIx 模块将数据从 SPIxTXB 传输到 SPIxSR 时,该位由硬件自动清 0。

◆ bit 0 SPIRBF:SPIx 接收缓冲器满状态位

1:接收完成,SPIxRXB 为满;

0:接收未完成,SPIxRXB 为空。

当 SPIx 将数据从 SPIxSR 传输到 SPIxRXB 时,该位由硬件自动置 1。

当 CPU 通过读 SPIxBUF 存储单元读 SPIxRXB 时,该位由硬件自动清 0。

表 12.2　SPIxCON1:SPIx 控制寄存器 1

U-0	U-0	U-0	R/W-0	R/W-0	R/W-0	R/W-0	R/W-0
—	—	—	DISSCK	DISSDO	MODE16	SMP	CKE
bit 15							bit 8
R/W-0	R/W-0	R/W-0	R/W-0	R/W-0	R/W-0	R/W-0	R/W-0
SSEN	CKP	MSTEN	SPRE<2:0>			PPRE<1:0>	
bit 7							bit 0

◆ bit 12 DISSCK:禁止 SCKx 引脚位(仅限 SPI 主模式)

1:禁止内部 SPI 时钟,引脚作为 I/O 口使用;

0:使能内部 SPI 时钟。

◆ bit 11 DISSDO:SDOx 引脚禁止位

1:SDOx 引脚不由模块使用,引脚作为 I/O 口使用;

0:SDOx 引脚由模块控制。

◆ bit 10 MODE16:字/字节通信选择位

1:通信为字宽(16 位);

0:通信为字节宽(8 位)。

◆ bit 9 SMP:SPIx 数据输入采样相位位

主模式

1:输入数据在数据输出时间末尾采样;

0:输入数据在数据输出时间中间采样。

从模式

当在从模式下使用 SPIx 时,必须将 SMP 清 0。

◆ bit 8 CKE:SPIx 时钟边沿选择位

在帧 SPI 模式下不使用 CKE 位。在帧 SPI 模式(FRMEN=1)下,用户应该将该位编程为 0。

1:串行输出数据在时钟从工作状态转变为空闲状态时变化(见 bit 6);

0:串行输出数据在时钟从空闲状态转变为工作状态时变化(见 bit 6)。

◆ bit 7 SSEN:从动选择使能(从模式)位

在 FRMEN=1 即在帧 SPI 模式时此位须清 0。

1:$\overline{\text{SSx}}$引脚用于从模式;

0:$\overline{\text{SSx}}$引脚不被模块使用,引脚由端口功能控制。

◆ bit 6 CKP:时钟极性选择位

1:空闲状态时钟信号为高电平,工作状态为低电平;

0:空闲状态时钟信号为低电平,工作状态为高电平。

◆ bit 5 MSTEN:主模式使能位

1:主模式;

0:从模式。

◆ bit 4~2 SPRE<2:0>:辅助预分频比(主模式)位

111:辅助预分频比 1:1;

110:辅助预分频比 2:1;

⋮

000:辅助预分频比 8:1。

◆ bit 1~0 PPRE<1:0>:主预分频比(主模式)位

11:主预分频比 1:1;

10:主预分频比 4:1;

01:主预分频比 16:1;

00:主预分频比 64:1。

注意,不能同时将主预分频和辅助预分频设置为 1:1。

表 12.3　SPIxCON2:SPIx 控制寄存器 2

R/W-0	R/W-0	R/W-0	U-0	U-0	U-0	U-0	U-0
FRMEN	SPIFSD	FRMPOL	—	—	—	—	—
bit 15							bit 8
U-0	U-0	U-0	U-0	U-0	U-0	R/W-0	U-0
—	—	—	—	—	—	—	FRMDLY
bit 7							bit 0

◆ bit 15 FRMEN:帧 SPIx 支持位

1:使能帧 SPIx 支持($\overline{SSx}$引脚用作帧同步脉冲输入/输出);

0:禁止帧 SPIx 支持。

◆ bit 14 SPIFSD:帧同步脉冲方向控制位

1:帧同步脉冲输入(从器件);

0:帧同步脉冲输出(主器件)。

◆ bit 13 FRMPOL:帧同步脉冲极性位

1:帧同步脉冲为高电平有效;

0:帧同步脉冲为低电平有效。

◆ bit 1 FRMDLY:帧同步脉冲边沿选择位

1:帧同步脉冲与第一个位时钟一致;

0:帧同步脉冲比第一个位时钟提前。

12.3　SPI 模块的工作模式

dsPIC33F 的 SPI 模块有以下工作模式:

- 8/16 位的数据发送与接收;
- 主/从模式;
- SPI 帧模式;
- 只接收模式;
- 错误处理。

12.3.1　8 位/16 位模式

当 MODE16(SPIxCON1<10>)位值为 1 时,为 16 位工作模式。在这种工作模式下,每个送到缓冲器的数须为 16 位,如为 8 位则高位自动补 0。在 16 位模式下,每发送或接收一个数需要 16 个脉冲,而 8 位模式只需要 8 个脉冲。

12.3.2 主/从模式

SPI 的主/从模式很容易由时钟信号来识别：产生时钟脉冲和同步信号($\overline{SSx}$，需要时)的一方即为主控方。

在主控模式下，系统时钟由主控方输出，其频率由 SPI1CON1 的 SPRE<2:0>和 PPRE<1:0>及系统时钟确定，即由式(12.1)确定，这个时钟只在有需要时才输出。

1. SPI 主控模式的工作流程

① 一旦设置成主控模式，要发送的数据放入 SPIxBUF 寄存器时，则 SPI 发送缓冲区满标志位 SPITBF(SPIxSTAT 的 bit 1)即被置 1；

② SPI 发送缓冲区 SPIxTXB 的内容被送到 SPI 移位寄存器 SPIxSR，且 SPITBF(SPIxSTAT 的位 1)被模块清 0；

③ 8 位或 16 位的时钟信号从移位寄存器 SPIxSR 移出到 SDOx 引脚，同时将 SDIx 引脚的数据移入 SPIxSR，这就是为什么在 SPI 发送数据的同时会接收一个数据；

④ 当发送完成时，SPIx 的中断标志位 SPIxIF 置 1，此标志位须由软件清 0，当发送与接收完成后，SPIx 移位寄存器(SPIxSR)被移到 SPIx 的接收缓冲器 SPIxRXB，且 SPIx 接收缓冲器满标志位 SPIRBF 被置 1，一旦用户读出此数据，SPIRBF 被硬件自动清 0；

⑤ 如果刚好在 SPIRBF 置 1，SPIx 模块要将 SPIxSR 传送给 SPIxRXB 时，出现了接收溢出错误，则 SPIROV 被置 1；

⑥ 只要 SPITBF 位为 0，即发送移位寄存器为空，就可以将要发送的数据写入 SPIxBUF。

注意：SPIxSR 是不能寻址的寄存器，因此用户不能直接将数据写入 SPIxSR 寄存器中，所有写到 SPIxSR 寄存器的操作都将通过 SPIxBUF 来完成。

---

2. SPI 从动模式的工作流程

在从动模式下，只要有外部脉冲出现在 SCKx 引脚上，就会有数据的发送与接收。CKP(时钟极性选择)和 CKE(时钟边沿选择)决定了数据发送和接收发生在时钟的什么时刻。发送与接收数据的操作都是通过向 SPIxBUF 的写入和读出来执行的。

设置从动模式的流程如下：

① 对 SPIxBUF 清 0。

② 如果使用了中断，则对中断控制寄存器进行配置：

(a) 清 SPIxIF;

(b) 将 SPIxIE 置 1;

(c) 设置 SPIxIP 为适当值。

③ 配置 SPIxCON1 寄存器:

(a) 清主控模式使能 MSTEN 位;

(b) 清 SMP 位(从动模式该位必须清 0);

(c) 如果 CKE 置 1,则置 SSEN=1,以使能$\overline{SSx}$引脚。

④ 配置 SPIxSTAT 寄存器:

(a) 清接收溢出标志位 SPIROV;

(b) 置 SPIEN=1,使能 SPIx 模块。

12.3.3　SPI 帧模式

当位 FRMEN=1(SPIxCON2＜15＞)时,则进入 SPI 帧模式,此时$\overline{SSx}$引脚作为帧同步脉冲输入引脚,SSEN 无效。而位 SPIFSD(SPIxCON2＜14＞)决定了$\overline{SSx}$引脚的方向,即帧同步信号是由哪方产生的,也决定了 SPI 帧模式是帧主控模式还是帧从动模式。位 FRMPOL (SPIxCON2＜13＞)决定了帧同步信号的极性。

12.4　相关工作模式的时序图

图 12.4 和图 12.5 给出了主模式和从模式下的 SPI 时序图,图中只给出 CKP=0、CKE=0、SMP=0 的情况,其余模式可能情况的时序图可以参考相关资料。只给出 8 位数据传送的情况,如 16 位数据传送则时钟脉冲数为 16。

在从模式中使用$\overline{SSx}$引脚时,须在有效的操作时使该引脚为低电平。

由帧同步脉冲由哪方产生来分,SPI 可以分为 4 种帧模式:

- SPI 主模式、帧主模式;
- SPI 主模式、帧从模式;
- SPI 从模式、帧主模式;
- SPI 从模式、帧从模式。

图 12.6 和图 12.7 给出部分模式的时序图。

【例 12.1】　dsPIC33F32GP204 与具有 SPI 接口的 EEPROM 双向通信

25LC010A 是具有 SPI 接口的 EEPROM,其容量为 128 字节。本例中,dsPICF 作为 SPI 的主控方,为 25LC010A 提供时钟脉冲。所用的线路如图 12.8 所示。为了能直观看到程序运行的结果,用了两个 LED:LED1 和 LED_ERR。当程序在正常运行时,每读、写一个单元,LED1 闪亮。LED_ERR 用来指示错误,当写入 EEPROM 的数与读出的数不符时,LED_ERR 亮。

本例配置 RB2/RP2 为 SPI 的数据输入,RB0/RP0 为 SPI 的时钟输出,RB1/

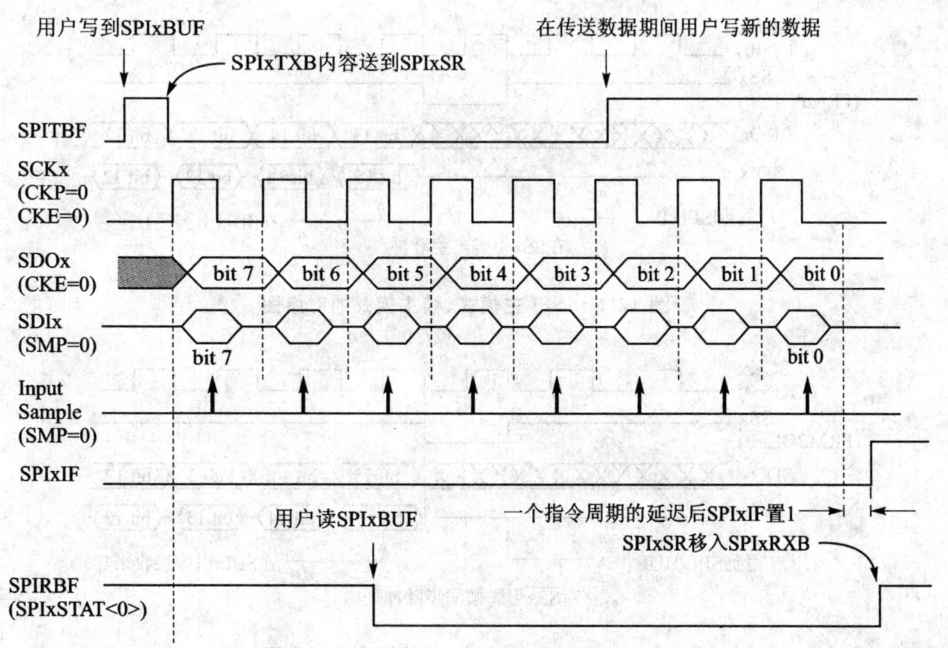

图 12.4 主模式 SPI 时序图($\overline{SSx}$引脚禁止)

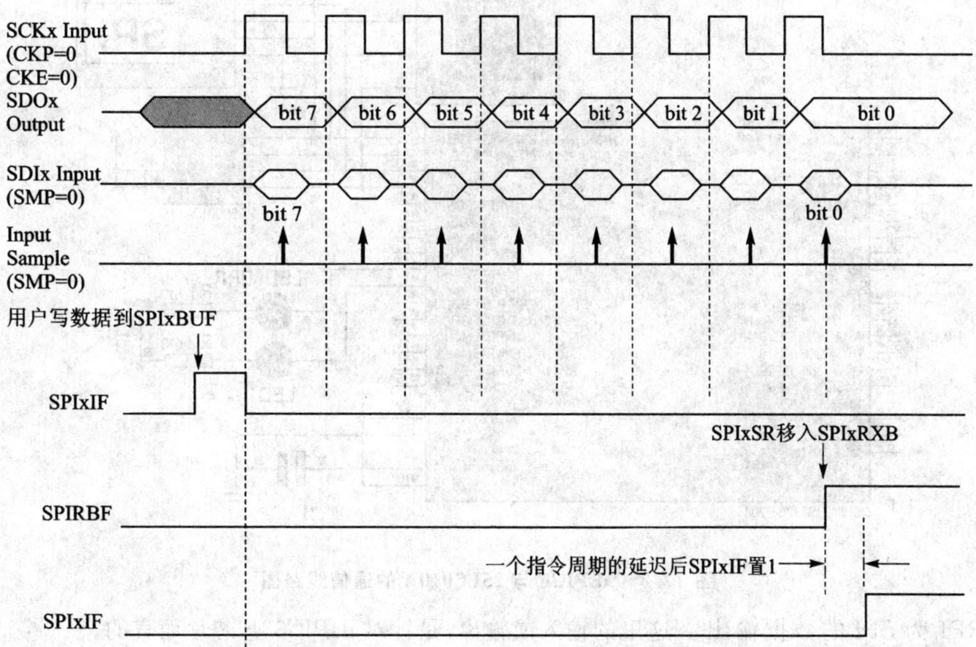

图 12.5 从模式 SPI 时序图($\overline{SSx}$引脚禁止)

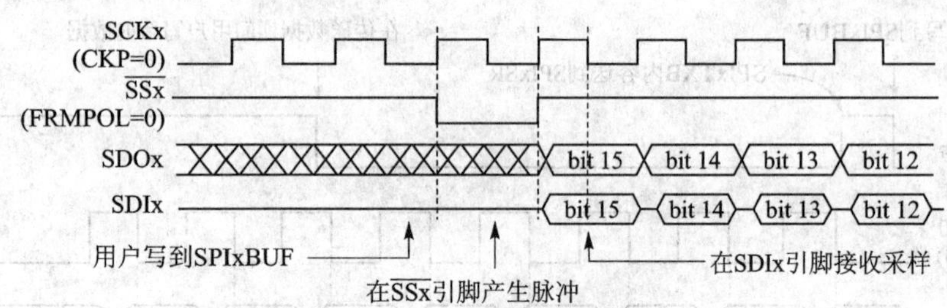

图 12.6　SPI 主模式、帧主模式的时序图

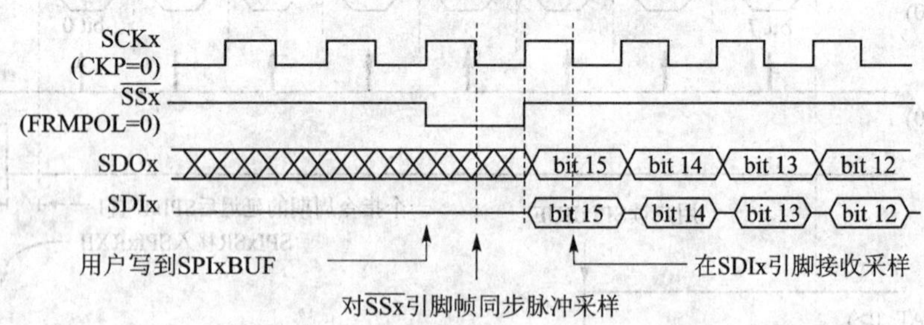

图 12.7　SPI 主模式、帧从模式的时序图

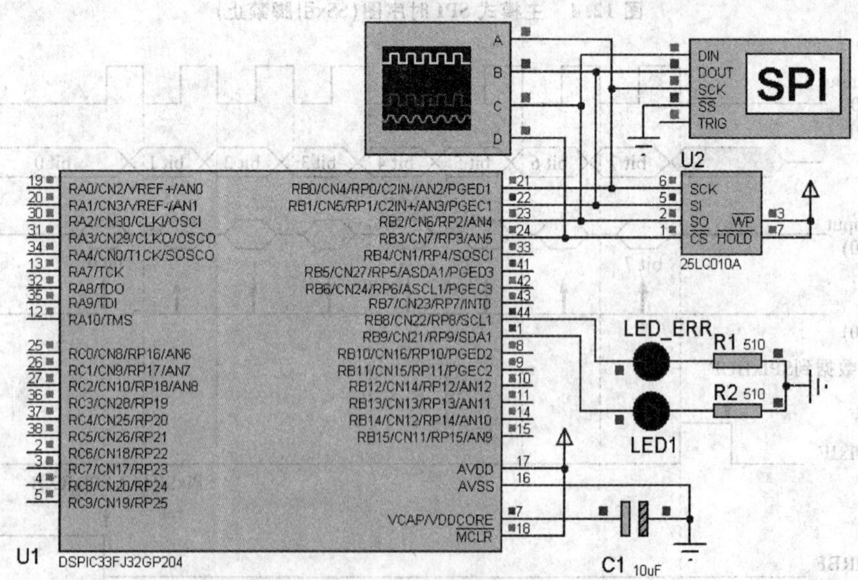

图 12.8　dsPICF 与 25LC010A 的通信线路图

RP1 为 SPI 的数据输出。这里的输入或输出，是针对 dsPIC33F 芯片而言的。

在 SPI 配置中，使用 8 位数据，主控模式。

本例对 EEPROM 的单元 0 写入数据 0x1A，并读出比较，如不同，则 LED_ERR 亮；接着对单元 1 写 0x1B，比较；对单元 2 写入 0x1C，比较……最后对单元 127 写入

0x99，并比较。

注意，在读 EEPROM 的子程序中，为了能获得一个移位脉冲，用了一个写 0 数据的方式，这是 SPI 通信中常用的方式。

【例 12.1】　程序

```
#include "P33FJ32GP204.H"
#include "PPS.H"
//使用 4MHz 晶振
_FOSC(FCKSM_CSDCMD & IOL1WAY_ON & OSCIOFNC_OFF & POSCMD_XT)
_FOSCSEL(IESO_OFF & FNOSC_PRI);
_FICD(JTAGEN_ON & ICS_PGD2);

#define LED_ERR      _RB8
#define LED          _RB9
#define CS           _RB3
#define HOLD         _RB4
#define WP           _RB5
#define READ    0b00000011      //读命令
#define WRITE   0b00000010      //写命令
#define WREN   0b00000110       //允许写
#define WRDI   0b00000100       //禁止写
#define RDSR   0b00000101       //读状态位
#define WDSR   0b00000001       //写状态位

unsigned char AA010A_READ(unsigned char);
void AA010A_WRITE(unsigned char ADDR,unsigned char);
void AA010A_COM(unsigned char);
unsigned char SPI1_WRITE(unsigned char);
void DELAY2(unsigned int);

int main(void)
{    unsigned char i;
     unsigned char A,B;
     AD1PCFGL = 0xFFFF;
     TRISB = 0xFCC4;
     RCONbits.SWDTEN = 0;               //禁止 WDT
     PPSUnLock;
     _SDI1R = 2;                        //RB2/RP2:SPI 数据输入
     _RP0R = 0b01000;                   //RB0/RP0:SPI 时钟输出
     _RP1R = 0b00111;                   //RB1/RP1:SPI 数据输出
     PPSLock;
     IFS0bits.SPI1IF = 0;
```

```
    IEC0bits.SPI1IE = 0;
    SPI1CON1bits.DISSCK = 0;          //时钟引脚使能
    SPI1CON1bits.DISSDO = 0;          //数据输出引脚使能
    SPI1CON1bits.MODE16 = 0;          //8 位数据传送
    SPI1CON1bits.SMP = 0;             //输入数据在中间采样
    SPI1CON1bits.CKE = 0;             //数据跳变边沿选择,时钟从低到高时数据有效
    SPI1CON1bits.CKP = 1;             //时钟空闲为高电平
    SPI1CON1bits.SSEN = 0;            //从动脚不用
    SPI1CON1bits.SPRE = 0b110;        //分频比 2:1
    SPI1CON1bits.PPRE = 0b01;         //分频比 16:1,总的时钟频率为(4 MHz/2)/2/16 =
                                      //62.5 kHz
    SPI1CON1bits.MSTEN = 1;           //主控模式
    SPI1STATbits.SPIEN = 1;           //SPI1 模块使能
    CS = 1;Nop();WP = 0;Nop();HOLD = 1;//线路中已让 HOLD 接高电平,故 HOLD = 1 可不要
    LED_ERR = 0;Nop();LED = 1;
    B = 0x1A;                         //随机给个数
    for (i = 0;i<128;i ++ )
    {   AA010A_WRITE(i,B);            //在地址 i 中写入数据 B
        A = AA010A_READ(i);           //从地址 i 中读出数据放入 A
        if (A! = B)
            LED_ERR = 1;              //如果写入的与读出的不符,则指示错误的 LED 亮
        B ++ ;
        LED = !LED;                   //读写一个数,LED 闪亮
        DELAY2(1);
    }
    LED = 1;
    while(1);
    return(0);
}
//写一个字节,地址在 ADDR,数据在 DATA1
void AA010A_WRITE(unsigned char ADDR,unsigned char DATA1)
{   unsigned char AA;
    CS = 0;Nop();Nop();WP = 1;
    AA = SPI1_WRITE(WREN);            //允许写
    CS = 1;Nop();Nop();
    CS = 0;Nop();Nop();
    AA = SPI1_WRITE(WRITE);
    ADDR = ADDR & 0x7F;               //ADDR 中的有效地址为低 7 位
    AA = SPI1_WRITE(ADDR);            //写地址
    AA = SPI1_WRITE(DATA1);           //写数据
    CS = 1;Nop();Nop();WP = 0;
    DELAY2(7);                        //必要!
```

```
}
//读一个字节,地址为 ADDR
unsigned char AA010A_READ(unsigned char ADDR)
{   unsigned char BUF;
    CS = 0;
    BUF = SPI1_WRITE(READ);
    ADDR = ADDR & 0x7F;               //ADDR 中的有效地址为低 7 位
    BUF = SPI1_WRITE(ADDR);           //写地址
    BUF = SPI1_WRITE(0);              //空写 0,为了读出数据
    //BUF = SPI_WRITE(0);             //空写 0,可读出下一个数据
    //BUF = SPI_WRITE(0);             //空写 0,可读出下一个数据
    CS = 1;
    return(BUF);
}
//SPI 写一个字节
unsigned char SPI1_WRITE(unsigned char A)
{   unsigned char BUF;
    _SPI1IF = 0;
    SPI1BUF = A;
    while(_SPI1IF == 0);              //等待写结束
    _SPI1IF = 0;
    BUF = SPI1BUF;
    return(BUF);
}
```

延时子程序 DELAY2 见例 6.5。

图 12.9 为仿真的相关时序图,信号的名称是相对于 dsPIC33F 芯片而言,如 SDI 对于 dsPIC33F 来说是输入信号,对于 EEPROM 芯片来说则为输出。

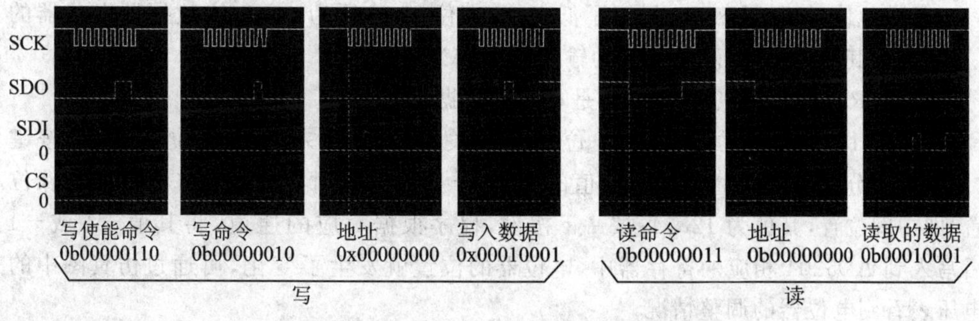

图 12.9 0 单元写数据 0b00010001 与读 0 单元数据的时序图

【例 12.2】 dsPIC33F 与具有 SPI 接口的 4 路数字电位器通信

AD5204 是 4 通道、256 位的数字电位计,通过与 dsPIC33F 芯片相连,可实现与电位器或可变电阻相同的调节功能。其各通道均内置一个带游标触点的固定电阻,

在 A 端子与游标或 B 端子与游标之间，可变电阻提供一个完全可编程电阻值。A 至 B 固定端接电阻为 10 kΩ、50 kΩ 或 100 kΩ 可选，本例选用的电阻为 10 kΩ。每个可调电阻 VR 均有各自的 VR 锁存器，用来保存其编程电阻值。

本例中，电位器的 A 端接 V_{CC}(3.3 V)，B 端接 GND，可调端接一个电压表，这样就可以直观地看到电位器的调整过程。此时，AD5204 相当于 4 个图 12.10 右边的独立的电位器。

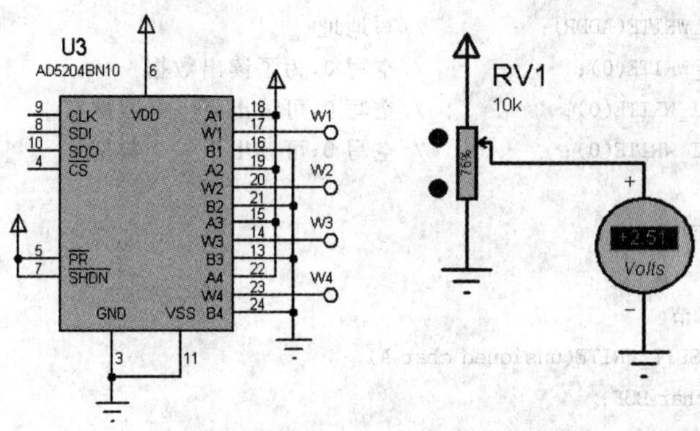

图 12.10 AD5204 接线示意图

AD5204 的通信数据格式见表 12.4，因此本例中可以使用 16 位的 SPI 通信格式。

表 12.4 AD5204 的数据格式

项 目	通道地址			数 据							
位	10	9	8	7	6	5	4	3	2	1	0
名称	A2	A1	A0	D7	D6	D5	D4	D3	D2	D1	D0

通道地址对于 AD5204，只用了低 2 位，高位(A2)须为 0。8 位数据即电位器的位置，假设其值为 X，则该电位器的输出电阻应为：

$R_{out}=R\times X/256$，其中的 X 即是写入的数据 D7～D0。

图 12.11 为本例的线路图，2 位拨动开关 DSW1 用来选择电位器通道，按键“+”、“−”分别用来调整电位器数值的 +1 和 −1。上电时，电位器的位置在默认位置，即中间位置，其值为 128，每按一下按键，程序根据对应的通道，将其值 +1 或 −1 后写入到 AD5204 相应的寄存器中，电位器的位置就发生了变化，可通过仿真图中的电压表看到电位器的调整情况。

程序中用到了 2 个中断：INT1 和 INT2。在中断服务程序中只作了标志，让 FLAG=1，相应的处理在主程序中完成。

通过仿真运行可以看到，选择适当的电位器通道后，按“+”或“−”键，相应电压表的值会增加或减小。

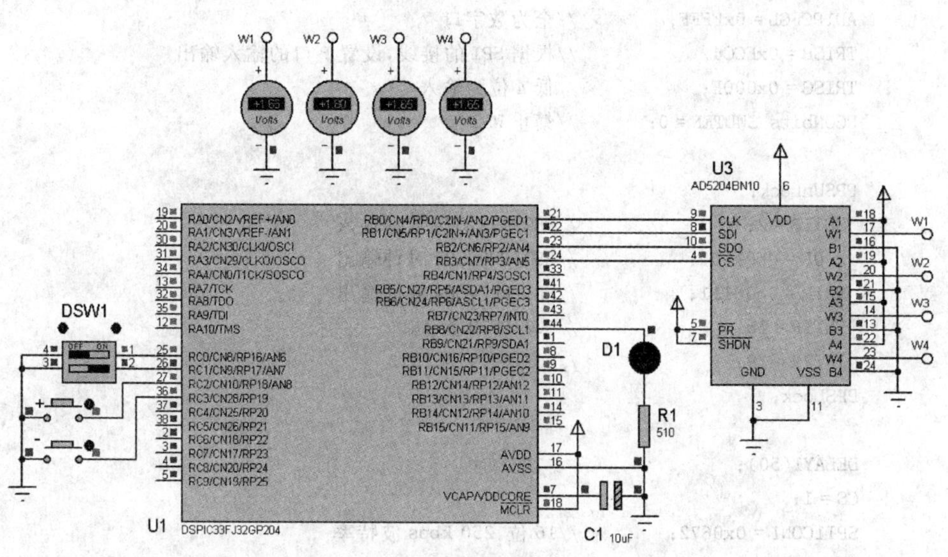

图 12.11　例 12.2 原理图

【例 12.2】　程序

```
#include "P33FJ32GP204.H"
#include "PPS.H"
//使用默认的 FRC,7.37 MHz,T_CY = 271.37 ns
_FOSCSEL(IESO_ON & FNOSC_FRC);
_FICD(JTAGEN_OFF & ICS_PGD2);

#define LED1    _RB8
#define CS      _RB3
#define PR      _RB4
#define SHDN    _RB5
#define uint unsigned int
#define uchar unsigned char
#define _ISR1 __attribute__((interrupt,auto_psv))

void SPI_COM(uint);
void _ISR1 _INT1Interrupt(void);
void _ISR1 _INT2Interrupt(void);
void DELAY1(uint);

volatileuchar FLAG = 0,CH;
volatile uint A,V[4] = {128,128,128,128};       //存放 4 个电位器的初始值

int main(void)
{   uchar i;
```

```
AD1PCFGL = 0xFFFF;              //全为数字口
TRISB = 0xFCC4;                 //根据 SPI 的接线,设置 B 口的输入输出
TRISC = 0x000F;                 //低 4 位为输入
RCONbits.SWDTEN = 0;            //禁止 WDT

PPSUnLock;
_SDI1R = 2;                     //RB2/RP2:SPI 数据输入
_RP0R = 0b01000;                //RB0/RP0:SPI 时钟输出
_RP1R = 0b00111;                //RB1/RP1:SPI 数据输出
_INT1R = 18;                    //RC2/RP18 为 INT1
_INT2R = 19;                    //RC3/RP19 为 INT2
PPSLock;

DELAY1(50);
CS = 1;
SPI1CON1 = 0x0672;              //16 位,250 kbps 波特率
SPI1CON2 = 0x0000;
SPI1STAT = 0xA000;
Nop();
Nop();
_CN8PUE = 1;                    //RC0/CN8 弱上拉使能
_CN9PUE = 1;                    //RC1/CN9 弱上拉使能
_CN10PUE = 1;                   //RC2/CN10 弱上拉使能
_CN28PUE = 1;                   //RC3/CN28 弱上拉使能

_INT1IE = 1;
_INT1EP = 1;                    //下降沿中断
_INT1IP = 6;                    //INT1 中断优先级为 6
_INT2IE = 1;
_INT2EP = 1;                    //下降沿中断
_INT2IP = 6;                    //INT2 中断优先级为 6

CS = 1;
CORCONbits.IPL3 = 0;   //CPU 中断优先级小于或等于 7,如大于 7 则其他中断均被禁止
SRbits.IPL = 4;                 //CPU 中断优先级为 4
LED1 = 0;
for (i = 0;i<4;i ++ )           //上电时让电位器处于中间位置
{   CS = 0;
    A = V[i] + (i<<8);
    SPI_COM(A);
    CS = 1;
    LED1 = ! LED1;
}
while(1)
```

```
{   if (FLAG == 1)
    {   FLAG = 0;
        CS = 0;
        A = V[CH] + (CH<<8);
        SPI_COM(A);
        CS = 1;
        LED1 = ! LED1;
    }
  };
  return(0);
}

//写命令,命令在 AA 中
void SPI_COM(uint AA)
{   SPI1BUF = AA;
    _SPI1IF = 0;
    while(SPI1STATbits.SPITBF == 1);
}

//电位器往高低电平方向调整
void _ISR1 _INT1Interrupt(void)
{   DELAY1(30);                 //30 ms,防抖动
    _INT1IF = 0;
    CH = PORTC & 0x0003;        //获得通道号
    FLAG = 1;
    if (V[CH]<255)
        V[CH] = V[CH] + 1;
}

//电位器往低电平方向调整
void _ISR1 _INT2Interrupt(void)
{   DELAY1(30);                 //30 ms,防抖动
    _INT2IF = 0;
    CH = PORTC & 0x0003;        //获得通道号
    FLAG = 1;
    if (V[CH]>0)
        V[CH] = V[CH] - 1;
}

//====== 延时(n)ms,TCY = 271.37 ns
void DELAY1(unsigned int n)
{   unsigned int j,k;
    for (j = 0;j<n;j ++ )
        for (k = 524;k>0;k -- )
```

```
    {   Nop();Nop();Nop();   }
}
```

【例 12.3】 dsPIC33F 与具有 SPI 接口的 16 位 A/D 芯片 AD1860 通信

AD1860 是具有 SPI 数据输出接口的 16 位 A/D 转换器,其转换速率为 250 ksps。本例将一经电压提升的交流电压送至该芯片的模拟输入引脚,该芯片与 dsPIC33F 通过 SPI 接口通信,即 dsPIC33F 通过 SPI 接口读取 A/D 转换结果。被采样的交流电压频率假设为 50 Hz,即周期为 20 ms,假设每周期采样 64 个点,即采样间隔为 20 000 μs/64=312.5 μs。为此使用 TMR1 延时,在 TMR1 中断服务程序中启动并读取 A/D 结果。

需要注意的是,在实际应用中,须先检测电源的实际频率(电网频率是在一定范围内波动的),否则将产生采样不同步误差!

在 SPI 通信中,采用字即 16 位方式,因此得到结果后无需处理,程序简练。

本例使用了带 PLL 的 FRC 振荡方式,获得约 20 MHz 的 F_{CY}。原理图如图 12.12 所示。

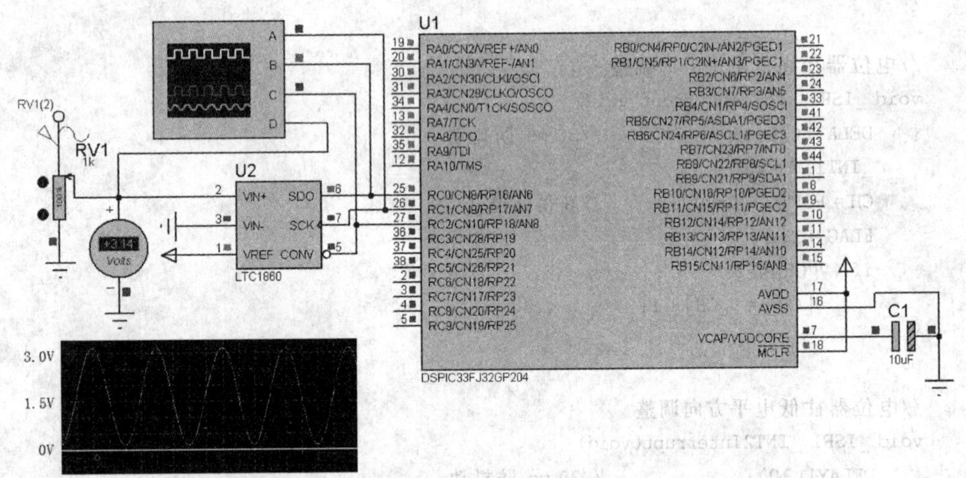

图 12.12　例 12.3 原理图

图 12.13 给出了 PROTEUS 仿真下一个周期的采样结果,其中横坐标为采样点数(0～63),纵坐标为采样数据,LTC1860 为 16 位分辨率,最大结果可以达到 65 535。

【例 12.3】 程序

```
#include "P33FJ32GP204.H"
#include "PPS.H"
//带 PPL 的 FRC,起始的振荡源即为带 PPL 的 FRC,FCY = (7.37 MHz/2) × 65/3/4≈19.96 MHz,
//TCY≈0.050 1 μs
_FOSCSEL(FNOSC_FRCPLL & IESO_OFF);
//禁止主振荡器,OSC2 为 I/O,只允许引脚配置 1 次,禁止时钟切换
```

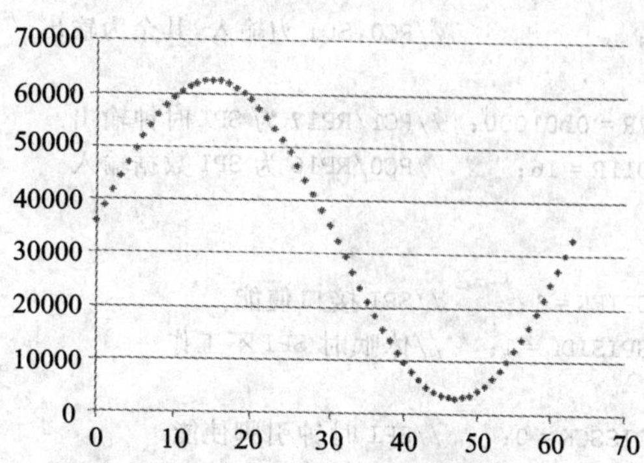

图 12.13　例 12.3 的运行采样数据结果曲线

```
_FOSC(POSCMD_NONE & OSCIOFNC_ON & IOL1WAY_ON & FCKSM_CSDCMD);
_FICD(ICS_PGD2 & JTAGEN_OFF);
 #define SDI    _RC0
 #define SCK _RC1
 #define CONV _RC2

unsignedchar SPI_WRITE(unsigned char);
void DELAY(unsigned int);
void DELAY_4US(void);

unsigned char N = 0;                    //ADC 采样次数
unsigned int AD[64];                    //ADC 采样结果

//定时器 TMR1 中断服务程序
void __attribute__((__interrupt__, auto_psv)) _T1Interrupt(void)
{    _T1IF = 0;
     CONV = 1;                          //CONV 为 1,开始 A/D 转换
     DELAY_4US();                       //转换需要 2.75～3.2 μs,这里延时 4 μs
     CONV = 0;
     SPI_WRITE(0);                      //写哑数据 0,为了获得 LTC1860 输出的数据
     AD[N] = SPI1BUF;                   //得到的 A/D 结果送到数组相应的单元中
     if ((++N)>=64)                     //当采样点数达到 64 时从 0 开始
         N = 0;
}

int main(void)
{    RCONbits.SWDTEN = 0;               //禁止 WDT
     _PLLPRE = 1;                       //N1 = 3,总的工作频率 FCY = (FOSC/2)×M/N1/N2≈19.96 MHz
     _PLLDIV = 63;                      //M = 65
     _PLLPOST = 1;                      //N2 = 4
     //引脚设置
```

```
    TRISC = 0x0001;                 //RC0:SDI为输入,其余为输出
    PPSUnLock;
    RPOR8bits.RP17R = 0b01000;      //RC1/RP17为SPI时钟输出
    RPINR20bits.SDI1R = 16;         //RC0/RP16为SPI数据输入
    PPSLock;
    //SPISTAT
    SPI1STATbits.SPIEN = 1;         //SPI接口使能
    SPI1STATbits.SPISIDL = 1;       //休眠时SPI不工作
    //SPI1CON1
    SPI1CON1bits.DISSCK = 0;        //SPI时钟引脚使能
    SPI1CON1bits.DISSDO = 1;        //SPI的SDO引脚禁止
    SPI1CON1bits.MODE16 = 1;        //SPI模块为16位模式
    SPI1CON1bits.SMP = 1;           //SPI在末尾采样
    SPI1CON1bits.CKE = 0;           //SPI串行数据在时钟从空闲变为工作状态时变化
    SPI1CON1bits.SSEN = 0;          //SS引脚不用,该脚由端口控制
    SPI1CON1bits.CKP = 0;           //SPI时钟空闲时为高电平
    SPI1CON1bits.MSTEN = 1;         //SPI主模式
    SPI1CON1bits.SPRE = 0b000;      //辅助分频8:1
    SPI1CON1bits.PPRE = 0b10;       //主分频4:1,总的频率 = Fcy/8/4 = 625 kHz

    SPI1CON2 = 0;
    T1CON = 0x8000;                 //分频比1:1,内部延时
    PR1 = 6237;                     //20 ms/64 = 312.5 μs,Tcy = 0.050 1 μs
    _T1IE = 1;                      //TMR1中断使能
    _T1IP = 7;                      //TMR1中断优先级为最高,其余按默认设置
    while(1);
}

//写或读一字数据
unsigned char SPI_WRITE(unsigned char A)
{   unsigned char BUF;
    SPI1BUF = A;
    while(SPI1STATbits.SPIRBF == 0);      //等待数据接收/读完毕
    BUF = SPI1BUF;                  //如果为写数据,此结果无用
    return(BUF);
}

void DELAY_4US(void)
{   unsigned char i;
    for (i = 0;i<11;i++)
    {   Nop();}
}
```

第13章

I2C 通信接口

13.1 简　介

I2C 是 1980 年 PHILIPS 公司首创的总线规范，它是英文 Inter Integrated Circuit Bus 的前 3 个首字母，意即：内部集成电路总线。通常可写为 IIC、I2C 或 I^2C，本书以 I2C 表示。

I2C 通过 2 根信号线（当然还要有地线）进行通信：SDA 为串行数据线，根据不同时刻，可能为输出或输入；SCL 为串行时钟线，I2C 还可以实现多机通信。

I2C 总线有主控方与从动方，主控方提供串行时钟，并决定何时中止通信。在 I2C 总线中允许有多个主控方，但同一时刻只能有一个主控方在工作。

dsPIC33F 器件最多有两个 I2C 接口模块，分别用 I2C1 和 I2C2 表示。每个 I2C 模块具有一个 2 引脚接口：两个引脚分别是时钟引脚 SCLx 和数据引脚 SDAx。

每个 I2C 模块“x”（x=1 或 2）提供下列主要特性：

- I2C 接口同时支持主控操作和从动操作；
- I2C 从模式支持 7 位和 10 位地址；
- I2C 主模式支持 7 位和 10 位地址；
- I2C 端口允许在主器件和从器件间进行双向传输；
- I2C 端口的串行时钟同步可作为握手机制，以暂停和恢复串行传输（SCLREL 控制）；
- I2C 支持多主机操作，检测总线冲突并执行相应仲裁。

dsPIC33F 相关的 I2C 寄存器有：

- I2CxCON 控制寄存器，它是可读写的寄存器；
- I2CxSTAT 状态寄存器，I2CxSTAT 的低 6 位为只读位，余下的位可被读写；
- I2CxRSR 是用于移动数据的移位寄存器，是不可寻址的寄存器；
- I2CxRCV 是接收缓冲器，是从/向其中读/写数据字节的缓冲寄存器；
- I2CxTRN 是发送寄存器，在发送操作中数据字节写入该寄存器；
- I2CxADD 寄存器保存从器件的地址；
- I2CxMSK 从模式地址掩码寄存器，只用到低 10 位；

- I2CxBRG 作为波特率发生器(BRG)的重载值,只有低 9 位(位 8～位 0)有效。

在接收操作中,I2CxRSR 和 I2CxRCV 一起构成一个双重缓冲接收器。I2CxRSR 在接收到一个完整的字节时,将字节传输到 I2CxRCV 并产生一个中断脉冲。

I2C 模块产生两个中断标志:MI2CxIF(I2C 主控事件中断标志)和 SI2CxIF(I2C 从动事件中断标志)。在所有 I2C 错误条件下都会产生一个单独的中断。

I2C 通信在接线中,在 SCLx 和 SDAx 接线上,外部要各加上一个上拉电阻,这个电阻通常为 4.7 kΩ。

dsPIC33F 的 I2C 内部逻辑结构如图 13.1 所示。

13.2 波特率发生器

在 I2C 主模式下,BRG 的重载值存储在 I2CxBRG 寄存器中。当 BRG 载入该值后,BRG 递减计数至 0,随后停止,直到有新值重新载入。例如,如果发生时钟仲裁,则当 SCLx 引脚采样为高电平时 BRG 被重新载入。

根据 I2C 标准,I2C 的工作频率 F_{SCL} 可以是 100 kHz 或 400 kHz。但用户可以指定任何小于或等于 1 MHz 的波特率。规定 I2CxBRG 的值为 0 或 1 是非法的。

按照式(13.1)计算 I2CxBRG 的值:

$$\text{I2CBRG} = \left(\frac{F_{CY}}{F_{SCL}} - \frac{F_{CY}}{10\ 000\ 0000}\right) - 1 \tag{13.1}$$

式中,F_{CY} 为芯片总的工作频率,F_{SCL} 为期望的 I2C 工作频率,要注意,I2CBRG 只有低 9 位有效。

13.3 I2C 地址

每个 I2C 芯片都有指定地址,可以从该芯片的厂家资料中查到。

I2CxADD 寄存器包含从模式的地址。该寄存器是一个 10 位寄存器。

如果 A10M 位(I2CxCON<10>)为 0,则模块将地址译为 7 位地址。当接收到一个地址时,将它与 I2CxADD 寄存器的低 7 位比较。

如果 A10M 位为 1,则认为该地址是 10 位地址。当接收到一个地址时,将它与二进制值 11110A9A8 比较(其中 A9 和 A8 是 I2CxADD 的高两位)。如果匹配,按 10 位寻址协议的规定,下一地址将同 I2CxADD 的低 8 位比较。表 13.1 给出了 I2C 地址的说明。

I2CxMSK 寄存器(见表 13.4)将 7 位和 10 位地址模式下地址中的某些位指定为“无关位”;将 I2CxMSK 寄存器中某个特定位置 1(=1),不论相应地址位的值是 0

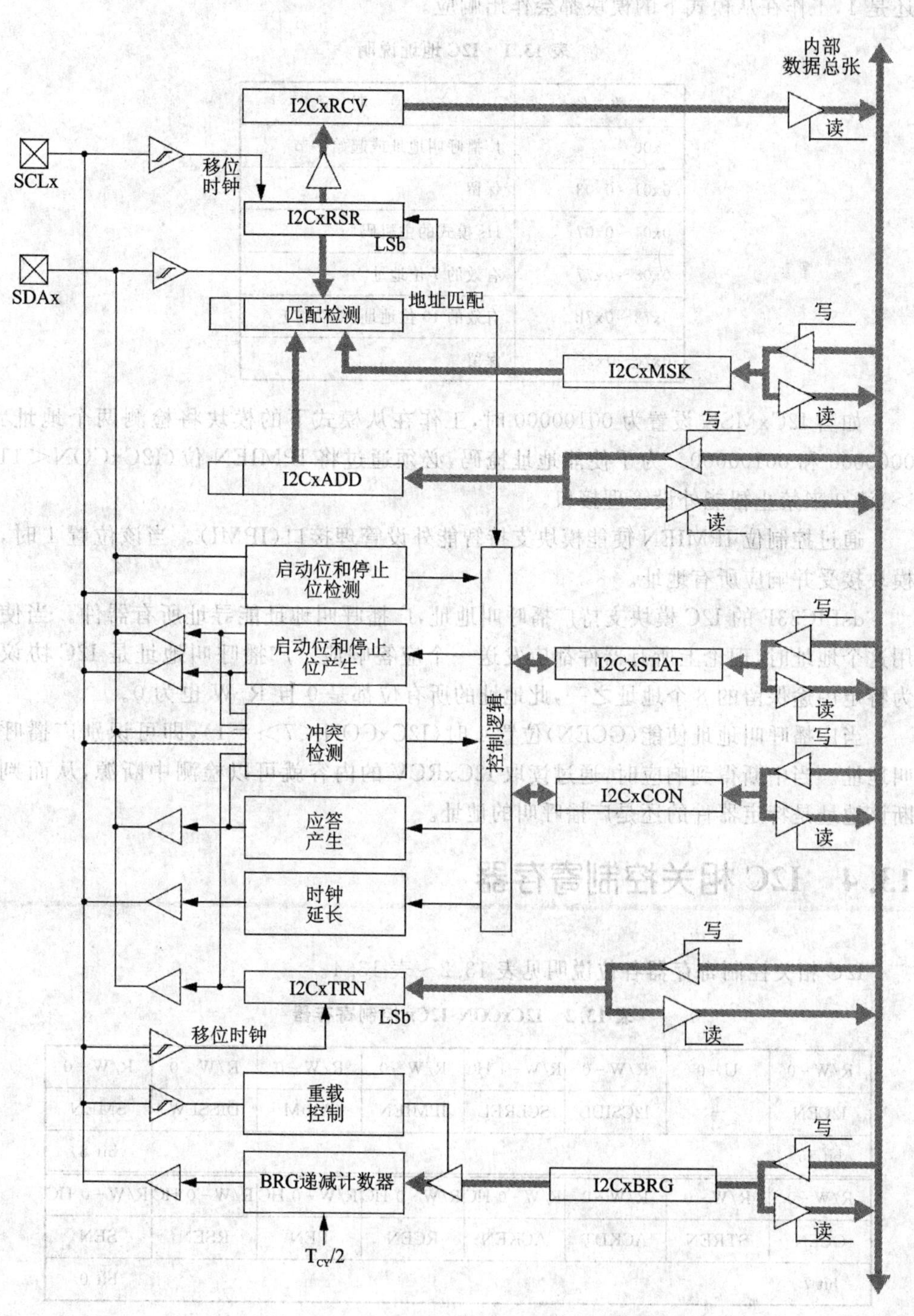

图 13.1　I2C 内部逻辑框图

还是 1，工作在从模式下的模块都会作出响应。

表 13.1　I2C 地址说明

数　值	说　明
0x00	广播呼叫地址或起始字节
0x01～0x03	保留
0x04～0x07	Hs 模式的主机码
0x08～0x77	有效的 7 位地址
0x78～0x7b	有效的 10 位地址（低 7 位）
0x7c～0x7f	保留

如当 I2CxMSK 设置为 00100000 时，工作在从模式下的模块将检测两个地址：0000000 和 00100000。为了使能地址掩码，必须通过将 IPMIEN 位（I2CxCON<11>）清 0 来禁止智能外设管理接口。

通过控制位 IPMIEN 使能模块支持智能外设管理接口（IPMI）。当该位置 1 时，模块接受并响应所有地址。

dsPIC33F 的 I2C 模块支持广播呼叫地址，广播呼叫地址能寻址所有器件。当使用这个地址时，理论上所有器件都应发送一个应答响应。广播呼叫地址是 I2C 协议为特定用途保留的 8 个地址之一，此地址的所有位都是 0 且 R_W 也为 0。

当广播呼叫地址使能（GCEN）位置 1 时（I2CxCON<7>＝1），即可识别广播呼叫地址。当中断得到响应时，通过读取 I2CxRCV 的内容就可以检测中断源，从而判断该地址是特定器件的还是广播呼叫的地址。

13.4　I2C 相关控制寄存器

I2C 相关控制寄存器各位说明见表 13.2～表 13.4。

表 13.2　I2CxCON：I2Cx 控制寄存器

R/W-0	U-0	R/W-0	R/W-1 HC	R/W-0	R/W-0	R/W-0	R/W-0
I2CEN	—	I2CSIDL	SCLREL	IPMIEN	A10M	DISSLW	SMEN
bit 15							bit 8

R/W-0	R/W-0	R/W-0	R/W-0 HC	R/W-0 HC	R/W-0 HC	R/W-0 HC	R/W-0 HC
GCEN	STREN	ACKDT	ACKEN	RCEN	PEN	RSEN	SEN
bit 7							bit 0

◆ bit 15 I2CEN：发送使能位

1：使能 I2Cx 模块并将 SDAx 和 SCLx 引脚配置为串行端口引脚；

0:禁止 I2Cx 模块,所有 I2C 引脚由端口功能控制。

◆ bit 13 I2CSIDL:空闲模式下的停止位

1:当器件进入空闲模式时,模块停止工作;

0:模块在空闲模式下继续工作。

◆ bit 12 SCLREL:SCLx 释放控制位(作为 I2C 从器件工作时)

1:释放 SCLx 时钟;

0:保持 SCLx 时钟为低电平(时钟低电平时间延长)。

如果 STREN=1,该位可读可写(即软件可写入 0 来启动时钟延长或写入 1 来释放时钟),在从器件发送开始或接收结束时由硬件清 0。

如果 STREN=0,该位可读且可被置 1(即软件只能写入 1 来释放时钟),在从器件发送开始时由硬件清 0。

◆ bit 11 IPMIEN:智能外设管理接口(IPMI)使能位

1:使能 IPMI 模式,应答所有地址;

0:禁止 IPMI 模式。

◆ bit 10 A10M:10 位从器件地址位

1:I2CxADD 是一个 10 位从动地址;

0:I2CxADD 是一个 7 位从动地址。

◆ bit 9 DISSLW:禁止斜率控制位

1:禁止斜率控制;

0:使能斜率控制。

◆ bit 8 SMEN:SMBus 输入电平位

1:使能符合 SMBus 规范的 I/O 引脚门限值;

0:禁止 SMBus 输入门限值。

◆ bit 7 GCEN:广播呼叫使能位(作为 I2C 从器件工作时)

1:允许在 I2CxRSR 接收到广播呼叫地址时产生中断(已使能模块接收);

0:禁止广播呼叫地址。

◆ bit 6 STREN:SCLx 时钟延长使能位(作为 I2C 从器件工作时)

与 SCLREL 位配合使用。

1:使能软件或接收时钟延长;

0:禁止软件或接收时钟延长。

◆ bit 5 ACKDT:应答数据位(作为 I2C 主器件工作时,适用于主器件接收过程)

当软件启动应答序列时将发送的值。

1:在应答时发送 NACK;

0:在应答时发送 ACK。

◆ bit 4 ACKEN:应答序列使能位(作为 I2C 主器件工作时,适用于主器件接收过程)

1:在 SDAx 和 SCLx 引脚上发出应答序列并发送 ACKDT 数据位,在主器件应答序列结束时由硬件清 0;

0:应答序列不在进行中。

◆ bit 3 RCEN:接收使能位(作为 I2C 主器件工作时)

1:使能 I2C 接收模式,在主器件接收完数据字节的 8 位时由硬件清 0;

0:接收序列不在进行中。

◆ bit 2 PEN:停止条件使能位(作为 I2C 主器件工作时)

1:在 SDAx 和 SCLx 引脚上发出停止条件,在主器件停止序列结束时由硬件清 0;

0:停止条件不在进行中。

◆ bit 1 RSEN:重复启动条件使能位(作为 I2C 主器件工作时)

1:在 SDAx 和 SCLx 引脚上发出重复启动条件,在主器件重复启动序列结束时由硬件清 0;

0:重复启动条件不在进行中。

◆ bit 0 SEN:启动条件使能位(作为 I2C 主器件工作时)

1:在 SDAx 和 SCLx 引脚上发出启动条件,在主器件重复启动序列结束时由硬件清 0;

0:启动条件不在进行中。

表 13.3 I2CxSTAT:I2Cx 状态寄存器

R-0 HSC	R-0 HSC	U-0	U-0	U-0	R/C-0 HS	R-0 HSC	R-0 HSC
ACKSTAT	TRSTAT	—	—	—	BCL	GCSTAT	ADD10
bit 15							bit 8

R/C-0 HS	R/C-0 HS	R-0 HSC	R/C-0 HS	R/C-0 HS	R-0 HSC	R-0 HSC	R-0 HSC
IWCOL	I2COV	D_A	P	S	R_W	RBF	TBF
bit 7							bit 0

◆ bit 15 ACKSTAT:应答状态位(作为 I2C 主器件工作时,适用于主器件发送操作)

1:接收到来自从器件的 NACK,在从器件应答结束时由硬件置 1 或清 0;

0:接收到来自从器件的 ACK。

◆ bit 14 TRSTAT :发送状态位(作为 I2C 主器件工作时,适用于主器件发送操作)

在主器件发送开始时由硬件置 1,在从器件应答结束时由硬件清 0。

1:主器件正在进行发送(8 位+ACK);

0:主器件不在进行发送。

◆ bit 10 BCL:主器件总线冲突检测位

检测到总线冲突时由硬件置 1。

1:主器件工作期间检测到了总线冲突;

0:未发生冲突。

◆ bit 9 GCSTAT:广播呼叫状态位

当地址与广播呼叫地址匹配时由硬件置 1;当检测到停止条件时由硬件清 0。

1:接收到广播呼叫地址;

0:未接收到广播呼叫地址。

◆ bit 8 ADD10:10 位地址状态位

当与匹配的 10 位地址的第 2 个字节匹配时由硬件置 1,当检测到停止条件时由硬件清 0。

1:10 位地址匹配;

0:10 位地址不匹配。

◆ bit 7 IWCOL:写冲突检测位

当总线忙时写 I2CxTRN 会使硬件将该位置 1(由软件清 0)。

1:因为 I2C 模块忙,尝试写 I2CxTRN 寄存器失败;

0:未发生冲突。

◆ bit 6 I2COV:接收溢出标志位

尝试将数据从 I2CxRSR 传输到 I2CxRCV 时由硬件置 1 (由软件清 0)。

1:当 I2CxRCV 寄存器仍然保存原先的字节时接收到了新字节;

0:未溢出。

◆ bit 5 D_A:数据/地址位(作为 I2C 从器件工作时)

器件地址匹配时由硬件清 0,在作为从器件接收到数据字节时由硬件置 1。

1:表示上次接收的字节为数据;

0:表示上次接收的字节为器件地址。

◆ bit 4 P:停止位

当检测到启动、重复启动或停止条件时由硬件置 1 或清 0。

1:表示上次检测到停止位;

0:表示上次未检测到停止位。

◆ bit 3 S:启动位

当检测到启动、重复启动或停止条件时由硬件置 1 或清 0。

1:表示上次检测到启动位(或重复启动位);

0:表示上次未检测到启动位。

◆ bit 2 R_W:读/写信息位(作为 I2C 从器件工作时)

接收到 I2C 器件地址字节后由硬件置 1 或清 0。

1:读,表示数据传输自从器件输出;

0:写,表示数据传输输入到从器件。

◆ bit 1 RBF:接收缓冲器满状态位

用接收到的字节写 I2CxRCV 时由硬件置 1,当用软件读 I2CxRCV 时由硬件清 0。

1:接收完成,I2CxRCV 为满;

0:接收未完成,I2CxRCV 为空。

◆ bit 0 TBF:发送缓冲器满状态位

用软件写 I2CxTRN 时由硬件置 1,数据发送完成时由硬件清 0。

1:发送正在进行中,I2CxTRN 为满;

0:发送完成,I2CxTRN 为空。

表 13.4　I2CxMSK:从模式地址掩码寄存器

U-0	U-0	U-0	U-0	U-0	U-0	R/W-0	R/W-0
—	—	—	—	—	—	AMSK9	AMSK8
bit 15							bit 8
R/W-0	R/W-0	R/W-0	R/W-0	R/W-0	R/W-0	R/W-0	R/W-0
AMSK7	AMSK6	AMSK5	AMSK4	AMSK3	AMSK2	AMSK1	AMSK0
bit 7							bit 0

◆ bit 9～0 AMSKx:地址位 x 的掩码选择位

1:使能输入报文的地址中位 x 的掩码,在此位置上不需要位匹配;

0:禁止位 x 的掩码,此位需要位匹配。

13.5　I2C 总线特性

I2C 接口在通信时,一个器件作为主器件启动总线上的传输并产生时钟信号,而其他器件作为响应传输的从器件。时钟线 SCL 是从主器件输出并输入到从器件中的,数据线 SDA 可以是主器件和从器件两者的输出和输入。

因为 SDA 和 SCL 线是双向的,驱动 SDA 和 SCL 线的器件的输出级必须漏极开路以执行总线的“线与”功能。在外部使用了外部上拉电阻(典型值为 4.7 kΩ),以确保当没有器件将线拉低时能保持高电平。

在 I2C 接口协议中,每个器件都有一个地址。当主器件要开始数据传输时,它首先发送想要“通话”的目标器件地址。所有从器件都会“接听”,以确定是否与其地址匹配。在该地址中,bit0 指定主器件是希望读还是写从器件。在数据传输时,主器件和从器件总是工作在相反的模式(发送器/接收器)下。也就是说,主器件和从器件可以工作于下面两种关系之一:

● 主器件:发送器;从器件:接收器。

● 从器件:发送器;主器件:接收器。

在这两种情况下,SCL 时钟信号都由主器件产生。

13.5.1　I2C 协议

I2C 定义了下列 I2C 总线协议:

● 只有在总线不忙时才可以启动数据传输。

● 在数据传输时,只要 SCL 时钟线为高电平,数据线就必须保持稳定;当 SCL 时钟线为高电平时数据线发生变化,将被解释为"启动"或"停止"条件。

与此对应,定义了以下总线条件,括号中的字母见图 13.2 所标注。

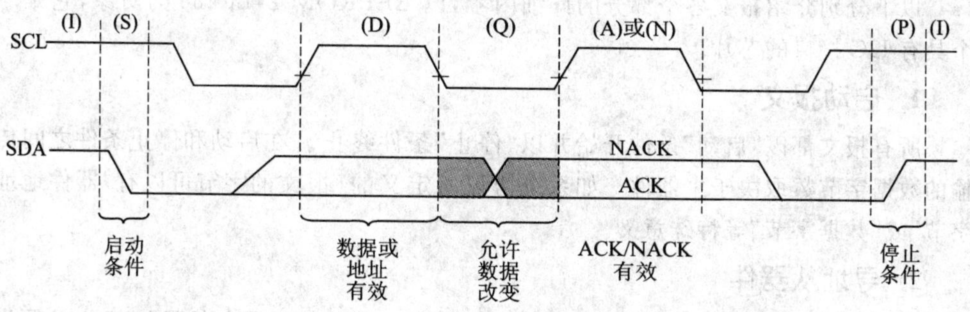

图 13.2　I2C 总线协议状态

1. 启动数据传输(S)

在总线空闲后,当时钟(SCL)为高电平时,SDA 线由高电平变为低电平会产生"启动"条件。所有数据传输前必须有一个"启动"条件。

2. 停止数据传输(P)

当时钟(SCL)处于高电平时,SDA 线由低电平变为高电平会产生"停止"条件。所有的数据传输必须以"停止"条件结束。

3. 重复启动(R)

在"等待"状态后,当时钟(SCL)为高电平时,SDA 线由高电平变为低电平会产生"重复启动"条件。重复启动可以让主器件在不失去总线控制的情况下改变总线方向。

4. 数据有效(D)

在启动条件之后,如果 SDA 线在时钟信号的高电平期间保持稳定,则 SDA 线的状态代表有效数据。每个 SCL 时钟都有一位数据。

5. 应答(A)或不应答(N)

所有的数据字节传输必须由接收器应答(ACK)或不应答(NACK)。接收器会将 SDA 线拉低发出 ACK 或释放 SDA 线发出 NACK。使用一个 SCL 时钟,应答信号需要一个一位周期。

6. 等待/数据无效(Q)

在时钟信号的低电平周期，必须修改线上数据。通过将 SCL 线拉低，器件可以延长时钟低电平时间，导致总线的“等待”状态。

7. 总线空闲(I)

在停止条件后、启动条件前，数据线和时钟线在这些时间段保持高电平。

13.5.2　I2C 报文协议的几个基本内容

以下分别介绍报文各个部分的详细内容，以 EEPROM 24LC256 为对象，它是一个具有 I2C 接口的芯片。

1. 启动报文

所有报文都以“启动”条件开始并以“停止”条件终止。在启动和停止条件之间传输的数据字节数取决于主器件。如系统协议所定义的，报文的字节可以有“器件地址字节”或“数据字节”等特殊意义。

2. 寻址从器件

如图 13.3 所示，第一个字节是器件地址字节，任何 I2C 报文的最初部分必须为此字节。它包含一个器件地址和一个读写位(R/W)。注意该第一个地址字节的 R/W=0，表示主器件将充当发送器，从器件则是接收器，即要向从器件写入数据(地址)。

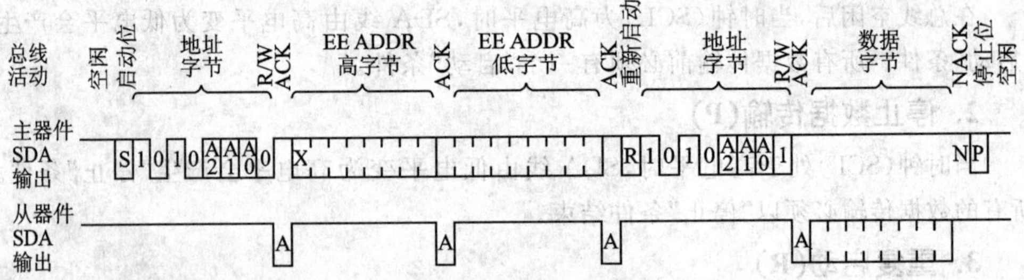

图 13.3　随机寻址模式下读取串行 EEPROM 24LC256 的报文

3. 从器件应答

接收到每个字节后，接收器件必须产生应答信号 ACK。主器件必须产生一个与该应答位有关的额外的 SCL 时钟信号。

4. 主器件发送

主器件发送到从器件接下来的 2 个字节是包含所请求 EEPROM 数据字节位置的数据字节。从器件必须应答每个数据字节。

5. 重复启动

此时，从器件 EEPROM 拥有将所请求数据字节返回主器件所必需的地址信息。

但是，第一个器件地址字节中的 R/W 位指定了主器件发送，从器件接收。如果要让从器件向主器件发送数据，那么总线必须转为另一个方向。

要实现此功能且不终止报文传送，主器件可发送一个“重新启动”信号。“重新启动”后接一个器件地址字节，该字节包含和前面相同的器件地址，但 R/W=1，以表明从器件发送，主器件接收。

6. 从器件回复

现在从器件发送驱动 SDA 线的数据字节，主器件继续产生时钟信号，但是释放其 SDA 驱动。

7. 主器件应答

在读取时，主器件必须通过对报文的最后一个字节作出“不应答”(产生一个“NACK”)的响应来中止对从器件的数据请求。

8. 停止报文

主器件发送停止信号中止报文并将总线恢复到空闲状态。

13.6 作为主器件在单主机环境下通信

系统中典型的 I2C 模块操作是使用 I2C 与 I2C 外设(如 I2C 串行存储器)通信。在 I2C 系统中，主器件控制总线上所有数据通信的时序。

24LC256 是一个具有 32 KB I2C 接口的 EEPROM 芯片，图 13.3 所示为其典型的 I2C 报文。图中的报文显示的是从 24LC256 的 I2C 串行 EEPROM 读取指定字节的过程。这里，dsPIC33F 器件将作为主器件，24LC256 器件作为从器件。

图 13.3 表明了由主器件和从器件驱动的数据，注意复合的 SDA 线上是主数据与从数据的“线与”值。主器件控制协议及其时序。从器件只在特别确定的时间(如本例在输出数据时刻)驱动总线。图 13.3 中的 A2、A1、A0 为芯片的扩展地址，与 24LC256 的外部 A2、A1、A0 引脚接线相匹配。

在此例中，dsPIC33F 的 I2C 模块是系统中的惟一主器件，它负责产生 I2C 的 SCL 时钟并控制报文协议。

在单主机环境中的一种典型操作是从 I2C 串行 EEPROM 读取一个字节。图 13.3 描述了此示例报文。

要完成此报文，软件将通过以下步骤控制时序：

① 在 SDA 和 SCL 上发出一个启动信号；

② 发送一个带有写指示的 I2C 器件地址字节到从器件；

③ 等待并验证从器件的应答；

④ 发送串行存储器地址高字节到从器件；

⑤ 等待并验证从器件的应答；

⑥ 发送串行存储器地址低字节到从器件；

⑦ 等待并验证从器件的应答；

⑧ 在SDA和SCL上发出一个重复启动信号；

⑨ 将带有读指示的器件地址字节发送到从器件；

⑩ 等待并验证从器件的应答；

⑪ 使能主器件接收以接收串行存储器数据；

⑫ 在接收的数据字节结束时产生ACK或NACK条件；

⑬ 在SDA和SCL上产生停止条件。

13.6.1 产生启动总线事件

要开始启动事件，软件要将启动使能位SEN(I2CCON<0>)置位。在启动位置位前，软件可以检查P(I2CSTAT<4>)状态位以确保总线处于空闲状态：

- 从器件逻辑会检测启动条件，将S位(I2CSTAT<3>)置位并将P位(I2CSTAT<4>)清0；
- SEN位会在启动条件结束时自动清0；
- 在启动条件完成时会产生MI2CIF中断；
- 在启动后，SDA线和SCL线会保持在低电平状态。

13.6.2 发送数据到从器件

通过将适当的值(7位器件地址字节或10位地址的第二个字节)写到I2CTRN寄存器来实现发送数据字节。一旦将数据写入I2CTRN寄存器，将会开始以下过程：

- 软件将要发送的数据装入I2CTRN；
- 缓冲器满标志位TBF(I2CSTAT<0>)置位；
- 数据字节从SDA引脚移出，直到发送完所有8位。每个地址/数据位都将在SCL的下降沿后移出到SDA引脚上；
- 在第9个SCL时钟，模块会从从器件移入ACK位并将其值写入ACKSTAT位(I2CSTAT<15>)；
- 模块在第9个SCL时钟周期结束时会产生MI2CIF中断。

1. 将7位地址发送到从器件

发送7位器件地址及读写位到从器件，读写位告诉从器件，是要将数据写入从器件(0:主器件发送，从器件接收)还是要由从器件读取数据(1:从器件发送，主器件接收)。

2. 将10位地址发送到从器件

发送10位器件地址要分为2个字节向从器件发送。第1个字节包含5个为10位寻址模式保留的I2C器件地址位，以及10位地址中的高2位。因为从器件必须接收下一个字节(包含10位地址余下的8位),第一个字节中的R/W必须是0,以表明主器件发送,从器件接收,可参见图13.4。如果报文数据也被定向到从器件,主器件可以继续发送数据。但是,如果主器件希望得到一个来自从器件的应答,R/W位设为1的"重新启动"序列将把报文的R/W状态修改为读取从器件。

3. 接收来自从器件的应答

在第8个SCL时钟的下降沿,TBF位被清0,主器件将SDA引脚拉为高电平,以允许从器件发出一个应答响应。随后主器件会产生第9个SCL时钟,这使被寻址的从器件在发生地址匹配或是数据被正确接收时,将在第9位时间以一个ACK位作为响应。从器件在识别出其器件地址(包括广播呼叫地址)或正确接收数据后,会发送一个应答信号。

ACK的状态会在第9个SCL时钟的下降沿被写入应答状态位ACKSTAT(I2CSTAT<15>)。在第9个SCL时钟后,模块会产生MI2CIF中断并进入空闲状态,直到下一个数据字节被装入I2CTRN。

4. ACKSTAT状态标志

当从器件发送了应答(ACK=0)后,ACKSTAT位(I2CSTAT<15>)被清0;而当从器件不应答时(ACK=1),该位置位。

13.6.3　接收来自从器件的数据

要将接收使能位RCEN(I2CCON<3>)置1,才能使能主器件接收来自从器件的数据。

主控逻辑开始产生时钟,并在每次SCL的下降沿出现之前,采样SDA线并将数据移入I2CRSR。

在第8个SCL时钟脉冲的下降沿出现之后:

- RCEN位自动清0;
- I2CRSR的内容传输到I2CRCV;
- RBF标志位置1;
- 模块产生MI2CIF中断。

当CPU读缓冲器I2CRCV时,RBF标志位自动清0。软件可以处理数据然后产生应答序列。

1. RBF状态标志

接收数据时,当器件地址或数据字节从I2CRSR装入I2CRCV时,RBF位置1;当软件读I2CRCV寄存器时,RBF位清0。

2. I2COV状态标志

当RBF位保持置1且前一个字节保持在I2CRCV寄存器中时,I2CRSR接收到了另一个字节,那么I2COV位置1,表明发生了接收溢出,且I2CRSR中的数据将会丢失。

13.6.4　应答产生

将应答序列使能位 ACKEN(I2CCON<4>)置1,则使能主器件应答序列的产生。应答数据位 ACKDT(I2CCON<5>)用于指定 ACK 或 NACK,0 为 ACK,即应答,1 为非应答。要注意的是,非应答也要回应一个1。

在两个波特率周期后,ACKEN 位自动清 0,模块产生 MI2CIF 中断。

13.6.5　产生停止总线事件

将停止序列使能位 PEN(I2CCON<2>)置1,则使能主器件停止序列的产生:

- 从器件检测到停止条件,将 P 位(I2CSTAT <4>)置1并清零 S 位(I2CSTAT <3>);
- PEN 位自动清 0;
- 模块产生 MI2CIF 中断。

13.6.6　产生重复启动总线事件

将重复启动序列使能位 RSEN(I2CCON<1>)置1,则使能主器件重复启动序列的产生。

为了产生重复启动条件,软件将 RSEN 位(I2CCON<1>)置1,模块将 SCL 引脚置为低电平。

下面是重复启动序列:

- 从器件检测到启动条件,将 S 位(I2CSTAT <3>)置1并清零 P 位(I2CSTAT <4>);
- RSEN 位自动清 0;
- 模块产生 MI2CIF 中断。

13.7　作为从器件通信

在有些系统中,尤其是在有多个处理器互相通信的系统中,dsPIC33F 器件可以作为从器件通信(见图 13.4)。当该模块使能时,从器件模块有效。从器件不可以开始报文传输,它只能响应由主器件开始的报文序列。主器件请求来自特定从器件的响应,具体是哪个从器件由 I2C 协议中的器件地址字节决定。从动模块在由协议定义的适当时间应答主器件。

对于主器件模块,为应答的协议组件排序是软件的任务。但是,该从器件地址与软件为该从器件指定的地址何时匹配是由从器件检测的。

启动条件发生之后,从器件模块将接收并检查器件地址。从器件可以指定 7 位

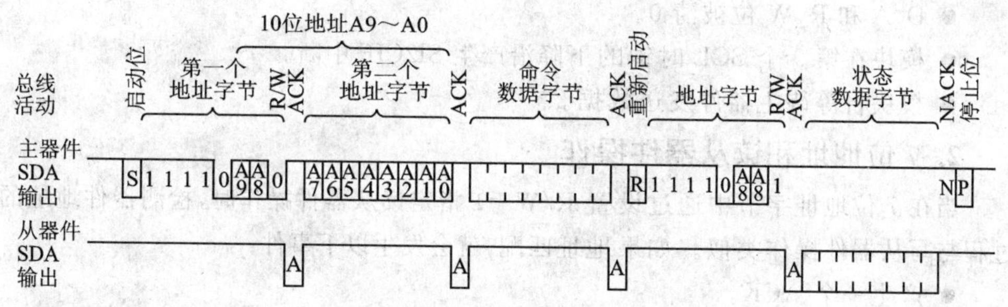

图 13.4 典型的从器件 I2C 报文

地址或 10 位地址。当匹配器件地址时，该模块将产生一个中断以通知软件它的器件已被选定。根据由主器件发送的 R/W 位，从器件将接收或发送数据。如果从器件将要接收数据，则从器件模块会自动产生应答（ACK），用接收到的值（当前在 I2CRSR 寄存器中）装载 I2CRCV 寄存器，并产生 SI2CIF 中断；如果从器件要发送数据，则要将数据写入 I2CTRN 寄存器。

13.7.1 检测启动和停止条件

在时钟线（SCL）的上升沿采样所有的输入位。

从动模块将在总线上检测启动和停止条件，并用 S 位（I2CSTAT<3>）和 P 位（I2CSTAT<4>）表示这些状态。当复位发生或该模块被禁止时，启动位（S）和停止位（P）清 0；当检测到启动或重复启动事件时，S 位置 1 并且 P 位清 0；当检测到停止事件后，P 位置 1 并且 S 位清 0。

13.7.2 检测地址

一旦该模块被使能，从器件模块将等待启动条件发生。启动条件发生后，根据 A10M 位（I2CCON<10>），从器件将尝试检测 7 位或 10 位地址。从器件模块比较接收到的一个字节（对于 7 位地址格式）或接收到的 2 个字节（对于 10 位地址格式）。7 位地址还包含一个 R/W 位，该位指定该地址后数据传输的方向。如果 R/W=0，则指定一个写操作，而且从器件将从主器件接收数据；如果 R/W=1，则指定一个读操作，而且从器件会将数据发送给主器件。10 位地址包含一个 R/W 位，然而按照定义，总是有 R/W=0，因为从器件必须接收 10 位地址的第二个字节。

1. 7 位地址和写从器件操作

启动条件发生后，该模块将 8 位数据移入 I2CRSR 寄存器。寄存器 I2CRSR<7:1>的值与 I2CADD<6:0>寄存器的值作比较。在第 8 个时钟（SCL）脉冲的下降沿，比较器件地址。

如果地址匹配，就会发生以下事件：

- 产生一个 ACK。

- D_A 和 R_W 位被清 0。
- 模块在第 9 个 SCL 时钟的下降沿产生 SI2CIF 中断。
- 模块将等待主器件发送数据。

2. 7位地址和读从器件操作

当在 7 位地址字节中通过设置 R/W＝1 指定读从器件操作时，检测器件地址的过程与写从器件操作类似。如果地址匹配，就会发生以下事件：

- 产生一个 ACK。
- D_A 位清 0 且 R_W 位置位。
- 模块在第 9 个 SCL 时钟的下降沿产生 SI2CIF 中断。

因为此时希望从动模块以数据应答，因此必须暂停 I2C 总线的工作以允许软件准备响应，这在该模块清零 SCLREL 位（I2CCON＜12＞）时自动完成。SCLREL 为 0，则从器件模块将拉低 SCL 时钟线，导致 I2C 总线上的等待。从器件模块和 I2C 总线将保持此状态，直到软件用响应数据写 I2CTRN 寄存器并置位 SCLREL 位为止。

注意，检测到读从器件地址后，SCLREL 将自动清 0，而不管 STREN 位的状态如何。

3. 10位地址

在 10 位地址模式下，从器件必须接收 2 个器件地址字节（见图 13.4）。第一个地址字节的 5 个最高有效位（MSb）指定该地址是 10 位地址。该地址的 R/W 位必须指定为写，使得从器件可接收第二个地址字节。比如，对于一个 10 位地址，第一个字节等于 11110A9A80，这里假设从器件 5 位地址为 0b11110，其中 A9 和 A8 是该地址的 2 个 MSb。

启动条件发生后，该模块将后 8 位移入 I2CRSR 寄存器。寄存器 I2CRSR＜2：1＞的值与 I2CADD＜9：8＞寄存器的值作比较，I2CRSR＜7：3＞的值与 11110 作比较。在第 8 个时钟（SCL）脉冲的下降沿，比较器件地址。如果地址匹配，就会发生以下事件：

- 产生一个 ACK。
- D_A 和 R_W 位被清 0。

模块在第 9 个 SCL 时钟的下降沿产生 SI2CIF 中断。

该模块在接收到 10 位地址的第一个字节之后会产生中断，但是此中断没什么作用。

该模块将继续接收第二个字节，并将其放入 I2CRSR。此时，I2CRSR＜7：0＞与 I2CADD＜7：0＞作比较。如果地址匹配，就会发生以下事件：

- 产生一个 ACK。
- ADD10 位被置位。

- 模块在第 9 个 SCL 时钟的下降沿产生 SI2CIF 中断。
- 模块将等待主器件发送数据或开始一个重复启动条件。

注:在 10 位模式下,重复启动条件发生后,从器件模块只匹配第一个 7 位地址 11110 A9A80,如图 13.4 所示。

---

4. 广播呼叫操作

I2C 总线的寻址过程开始于启动条件后的第一个字节,通常确定主器件正在寻址哪个从器件,但广播呼叫地址例外,它能寻址所有器件。当使用这个地址时,所有被使能的器件都应该以应答信号作出响应。广播呼叫地址是由 I2C 协议为特定目的保留的 8 个地址之一,它由 R/W=0 的全 0 位组成。广播呼叫操作总是写从器件操作。

当广播呼叫使能位 GCEN(I2CCON<7>)被置位时,广播呼叫地址被识别。

在检测到启动位后,将 8 位移入 I2CRSR,并将地址与 I2CADD 进行比较,同时也与广播呼叫地址进行比较。

如果广播呼叫地址匹配,就会发生以下事件:

- 产生一个 ACK。
- 从模块使 GCSTAT 位(I2CSTAT<9>)置位。
- D_A 和 R_W 位被清 0。
- 模块在第 9 个 SCL 时钟的下降沿产生 SI2CIF 中断。
- I2CRSR 被传送到 I2CRCV 且 RBF 标志位被置位(在第 8 个位传送的时候)。
- 模块将等待主器件发送数据。

当响应中断时,通过读 GCSTAT 位的内容可以检测到中断的原因,以确定指定的是器件还是广播呼叫地址。

注意广播呼叫地址是 7 位地址。如果 A10M 位置位,配置从器件模块为 10 位地址但 GCEN 位置位,从器件模块仍将继续检测 7 位广播呼叫地址。

5. 接收所有地址(IPMI 操作)

某些 I2C 系统协议需要从器件响应总线上的所有报文。例如,IPMI(智能外设管理接口)总线使用 I2C 节点作为分布式网络中的报文中继点,要允许节点中继所有报文,从模块必须接收所有报文,不管器件地址是什么。

置位 IPMIEN 位(I2CCON<11>)使能此模式,不管 I2CADD 寄存器和 A10M 位以及 GCEN 位的状态如何,所有地址都将被接收。

6. 当地址无效时

如果 7 位或 10 位地址与器件地址不匹配,从模块将回到空闲状态并忽略所有总线活动,直到停止条件以后。

13.7.3　接收来自主器件的数据

当器件地址字节的 R/W 位为 0 且发生了地址匹配，R_W 位（I2CSTAT＜2＞）将清 0，从动模块进入等待主器件发送数据的状态。在器件地址字节之后，数据字节的内容由系统协议定义并仅由从动模块接收。

从动模块将 8 位数据移入 I2CRSR 寄存器。在第 8 个时钟（SCL）的下降沿，发生以下事件：

- 模块开始产生 ACK 或 NACK。
- RBF 位置 1 表示接收了数据。
- I2CRSR 字节被转移到 I2CRCV 寄存器以由软件访问。
- D_A 位被置位。
- 产生一个从中断，软件可以检查 I2CSTAT 寄存器的状态以确定事件的原因，然后清 0 SI2CIF 标志位。
- 模块将等待下一个数据字节。

1. 应答产生

通常情况下，从模块将通过在第 9 个 SCL 时钟发送 ACK 应答所有接收的字节。如果接收缓冲器溢出，从模块就不会产生该 ACK。在发生以下情况中的一种或两种时表示溢出：

- 在接收传输的报文前，缓冲满位 RBF（I2CSTAT＜1＞）置位；
- 在接收传输的报文前，溢出位 I2COV（I2CSTAT＜6＞）置位。

表 13.5 通过给出 RBF 和 I2COV 位的状态，显示了数据传输字节被接收时发生了什么。如果在从动模块尝试发送到 I2CRCV 时 RBF 位已经置位了，则这次传输不会发生但是会产生中断并置位 I2COV 位。阴影单元表示软件没有正确清 0 溢出条件的情况。读 I2CRCV 清零 RBF 位，通过软件清零 I2COV 位。

表 13.5　I2C 数据传输接收字节行为

数据字节接收的状态位		I2CRSR 是否传送到 I2CRCV	是否产生 ACK	是否产生 SI2CIF 中断（中断使能时产生中断）	是否设置 RBF	是否设置 I2COV
RBF	I2COV					
0	0	是	是	是	是	不变
1	0	否	否	是	不变	是
1	1	否	否	是	不变	是
0	1	是	否	是	是	不变

2. 从接收时的等待状态

当从模块接收数据字节时，主器件可以准备立即开始发送下一个字节。这允许软件控制从模块 9 个 SCL 时钟周期以处理前面接收的字节。如果时间还不够，则软件可能需要产生一个总线等待周期。

STREN 位(I2CCON<6>)使能在从接收时产生总线等待。当在一个接收字节的第 9 个 SCL 时钟下降沿时 STREN＝1,则从动模块清零 SCLREL 位。清零 SCLREL 位将导致从动模块将 SCL 线拉为低电平,开始一个等待时间。主从模块的 SCL 时钟将同步。

当软件准备好恢复接收时,置位 SCLREL。这将导致从动模块释放 SCL 线并且主控模块恢复产生时钟信号。

3. 从器件接收报文示例

接收从报文是一个自动的处理过程。处理从协议的软件使用从中断来使事件同步。

当从器件检测到有效地址时,相关的中断将通知软件准备接收报文。在接收数据时,随着每个数据字节传送到 I2CRCV 寄存器,中断会通知软件卸载缓冲器。

图 13.5 所示为一个简单的报文接收。如果是 7 位地址报文,则只需要为地址字节产生一个中断。然后,每四个数据字节产生一次中断。在中断时,软件可能监视 RBF、D_A 和 R_W 位以确定接收字节的状态。

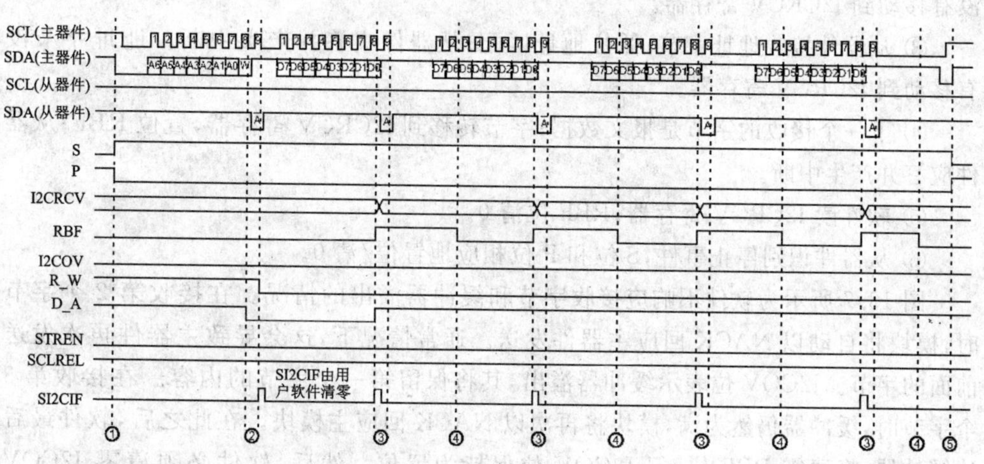

图 13.5 从报文(写数据到从器件:7 位地址,地址匹配,A10M＝0,GCEN＝0,IPMIEN＝0)

图 13.5 中各点说明如下:

① 从器件识别启动事件,S 位和 P 位相应地置位/清 0。

② 从器件接收地址字节;地址匹配;从器件应答。

③ 下一个接收的字节是报文数据;字节转移到 I2CRCV 寄存器,置位 RBF。

④ 软件读 I2CRCV 寄存器;RBF 位清 0。

⑤ 从器件识别停止事件,S 位和 P 位相应地置位/清 0。

图 13.6 所示为使用 10 位地址的类似报文。在这种情况下,地址需要两个字节。

图 13.6 中各点说明如下:

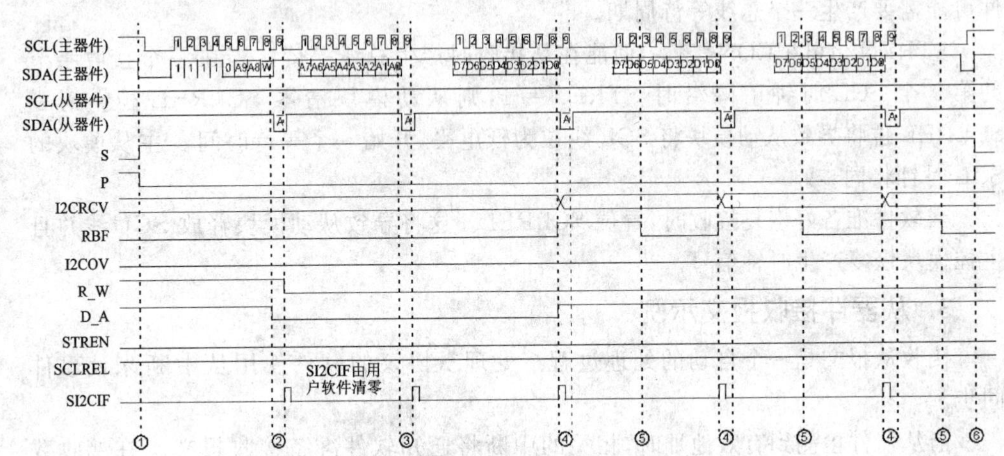

图 13.6 从报文(写数据到从模块:10 位地址,地址匹配,A10M=1,GCEN=0,IPMIEN=0)

① 从器件识别启动事件,S 位和 P 位相应地置位/清 0。

② 从器件接收地址字节;高位地址匹配;从器件应答并产生中断。地址字节还没有移动到 I2CRCV 寄存器。

③ 从器件接收地址字节;低位地址匹配;从器件应答并产生中断。地址字节没有移动到 I2CRCV 寄存器。

④ 下一个接收的字节是报文数据;字节转移到 I2CRCV 寄存器,置位 RBF;从器件应答并产生中断。

⑤ 软件读 I2CRCV 寄存器;RBF 位清 0。

⑥ 从器件识别停止事件,S 位和 P 位相应地置位/清 0。

图 13.7 所示为软件不响应接收字节和缓冲器溢出的情况。在接收第 2 个字节时,模块将自动以 NACK 回应主器件发送。通常情况下,这会导致主器件再次发送前面的字节。I2COV 位表示缓冲器溢出,其将保留第一个字节的内容。在接收第 3 个字节时,缓冲器仍然为满,模块将再次以 NACK 回应主模块。在此之后,软件最后读缓冲器,将清零 RBF 位,但 I2COV 位保持为置位。然后,软件必须清零 I2COV 位。下一个接收的字节将被移到 I2CRCV 缓冲器并且模块将以 ACK 作出响应。

图 13.7 中各点说明如下:

① 从器件接收地址字节;地址匹配;从器件产生中断。地址字节没有移动到 I2CRCV 寄存器。

② 下一个接收的字节是报文数据;字节转移到 I2CRCV 寄存器;置位 RBF;从器件产生中断;从器件应答接收。

③ 在 I2CRCV 被软件读取之前接收下一个字节;I2CRCV 寄存器未改变;I2COV 溢出位置位;从器件产生中断;从器件为接收,发送 NACK。

④ 下一个字节也在 I2CRCV 被软件读取之前接收;I2CRCV 寄存器未改变;从

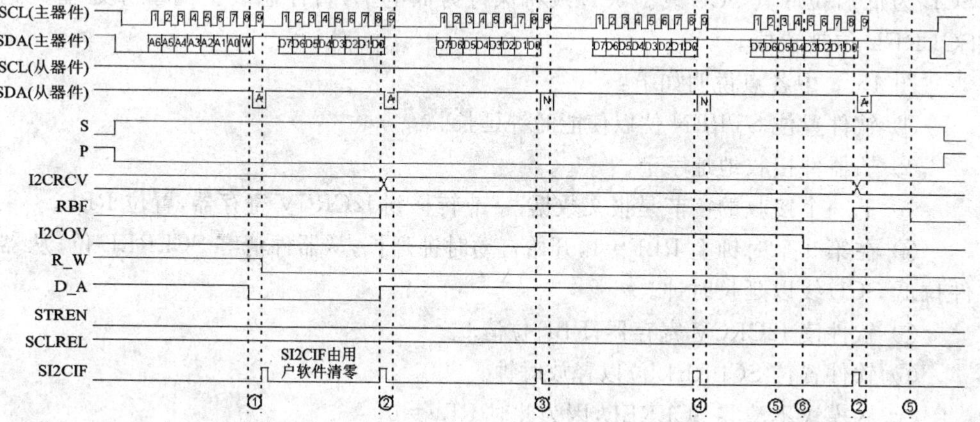

图 13.7　从报文(写数据到从模块:7 位地址,缓冲器溢出,A10M=0,GCEN=0,IPMIEN=0)

器件产生中断;从器件为接收,发送 NACK。

⑤ 软件读 I2CRCV 寄存器,RBF 位清 0。

⑥ 软件清零 I2COV 位。

图 13.8 重点说明了接收数据时的时钟延长。注意在前面的示例中,STREN=0 将禁止接收报文时的时钟延长。在此示例中,软件置位 STREN 以使能时钟延长。当 STREN=1 时,模块将自动在接收每个数据字节后进行时钟延长,允许软件有更多的时间从缓冲器移走数据。注意:如果在第 9 个时钟的下降沿 RBF=1,模块将自动清零 SCLREL 位并将 SCL 总线拉为低电平。如第 2 个接收数据字节所示,如果软件可以在第 9 个时钟的下降沿之前读取缓冲器并清零 RBF,就不会产生时钟延长。软件也可以在任何时候暂停总线。通过清零 SCLREL 位,模块将在检测到总线

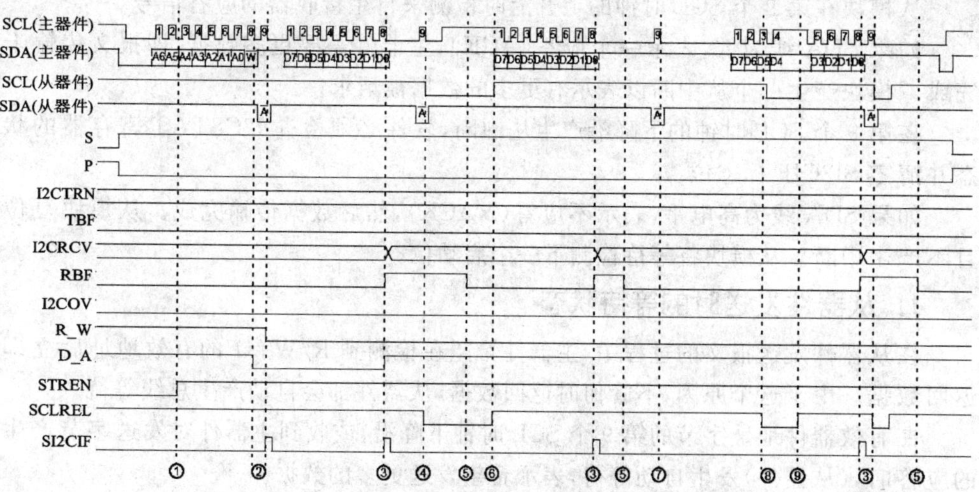

图 13.8　从报文(写数据到从模块:7 位地址,使能时钟延长,A10M=0,GCEN=0,IPMIEN=0)

SCL 为低后拉低其 SCL 线。SCL 线将保持为低电平，暂停总线上的事务处理直到 SCLREL 位被置位。

图 13.8 中各点说明如下：

① 软件置位 STREN 位以使能时钟延长。

② 从器件接收地址字节。

③ 下一个接收的字节是报文数据；字节转移到 I2CRCV 寄存器，置位 RBF。

④ 在第 9 个时钟上 RBF=1，开始自动时钟延长；从器件清零 SCLREL 位；从器件拉低 SCL 线以延长时钟。

⑤ 软件读 I2CRCV 寄存器；RBF 位清 0。

⑥ 软件置位 SCLREL 位以释放时钟。

⑦ 从模块不清零 SCLREL，因为此时 RBF=0。

⑧ 软件可能清零 SCLREL 以保持时钟；模块必须在拉低 SCL 电平之前检测 SCL 低电平。

⑨ 软件可能置位 SCLREL 以释放时钟保持。

13.7.4　发送数据到主器件

当收到的器件地址字节的 R/W 位为 1 且发生了地址匹配时，将 R_W 位(I2CSTAT<2>)置位。这时，主器件希望从器件发送一个数据字节作为响应。此字节的内容由系统协议定义且只可以由从动模块发送。

当发生来自地址检测的中断时，软件可以将字节写入 I2CTRN 寄存器以开始数据发送。从模块置位 TBF 位。8 个数据位会在 SCL 输入的下降沿移出。这样做可以保证 SDA 信号在 SCL 高电平时有效。当 8 位全部移出后，TBF 位将被清 0。

从模块在第 9 个 SCL 时钟的上升沿时检测来自主接收器的应答信号。

如果 SDA 线为低，表示一个应答(ACK)，主器件需要更多数据，即报文传输未完成。模块产生一个从中断以表示有更多的数据被请求。

在第 9 个 SCL 时钟的下降沿产生从中断，软件必须检查 I2CSTAT 寄存器的状态并清零 SI2CIF 标志位。

如果 SDA 线为高电平，表示不应答(NACK)，然后数据传输完成。从模块复位且不产生中断。从模块将等待检测下一个启动位。

1. 从器件发送时的等待状态

在从器件发送报文的过程中，主器件希望在检测到 R/W=1 的有效地址后立即返回数据。由于这个原因，不管何时返回数据，从器件都会自动产生总线等待。

在有效器件地址字节的第 9 个 SCL 时钟下降沿，或收到主器件对发送字节产生的应答时，(从器件)发生自动等待，表示希望发送更多的数据。

然后从器件清零 SCLREL 位。清零 SCLREL 位导致从模块将 SCL 线拉为低电平，开始等待。主从器件的 SCL 时钟将同步。

当软件载入 I2CTRN 并准备恢复发送时，软件置位 SCLREL。这将导致从模块释放 SCL 线并且主模块恢复产生时钟信号。

2. 从器件发送报文示例

图 13.9 所示为 7 位地址报文的从发送。当地址匹配且地址的 R/W 位表示从发送时，模块会自动清零 SCLREL 位开始时钟延长，并产生中断表示需要响应字节。软件将响应字节写入 I2CTRN 寄存器。当发送结束时，主器件将以应答信号作出响应。如果主器件用一个 ACK 回应，则表示主器件期望更多的数据，而且模块会再次清零 SCLREL 位并产生另一个中断。如果主器件用一个 NACK 响应，则表示它不需要其他数据，而且模块不会延长，时钟也不会产生中断。

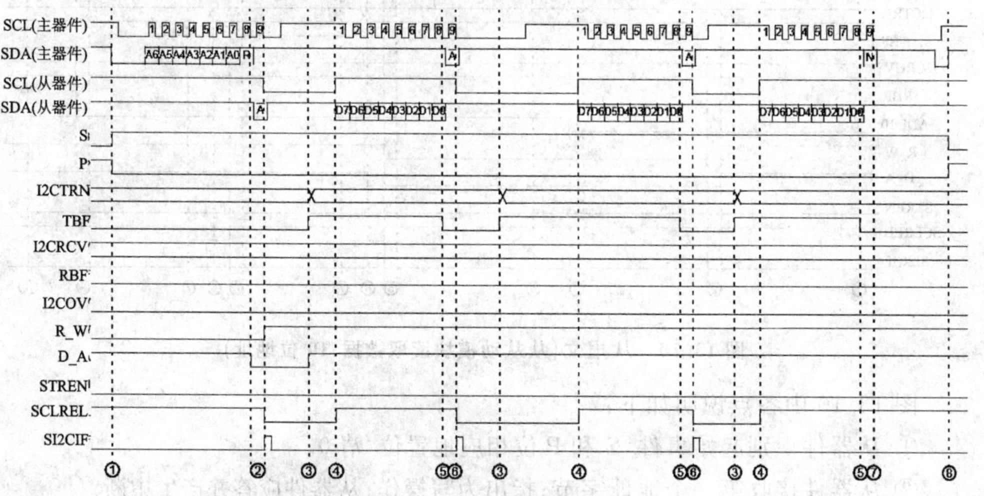

图 13.9　从报文(从从动模块读取数据:7 位地址)

图 13.9 中各点说明如下：

① 从器件识别起始事件，S 和 P 位相应地置位/清 0。

② 从器件接收地址字节；地址匹配；从器件产生中断。地址字节没有移动到 I2CRCV 寄存器。R_W＝1 表示从从器件读取，SCLREL＝0 以暂停主时钟。

③ 软件写数据 I2CTRN。TBF＝1 表示缓冲器满，写 I2CTRN 置位 D_A，即是数据字节。

④ 软件置位 SCLREL 位以释放时钟；主器件恢复产生时钟并且从器件发送数据字节。

⑤ 在最后一位传输完之后，模块清零 TBF 位表示缓冲器对于下一个字节可用。

⑥ 在第 9 个时钟结束时，如果主器件发送 ACK，则模块将清零 SCLREL 以暂停时钟；从器件产生中断。

⑦ 在第 9 个时钟结束时，如果主器件发送 NACK，则不期望接收其他数据；模块不暂停时钟并产生中断。

⑧ 从器件识别停止事件，S 位和 P 位相应地置位/清零。

如图 13.10 所示，10 位地址报文的从发送需要从器件首先识别 10 位地址。由于主模块必须为地址发送两个字节，地址的第一个字节中的 R/W 位指定一个写操作。要将报文改变为读操作，因此主器件将发送一个重新启动位并重发地址的第一个字节(但其中的 R/W 位指定为读)。此时，从器件开始发送。

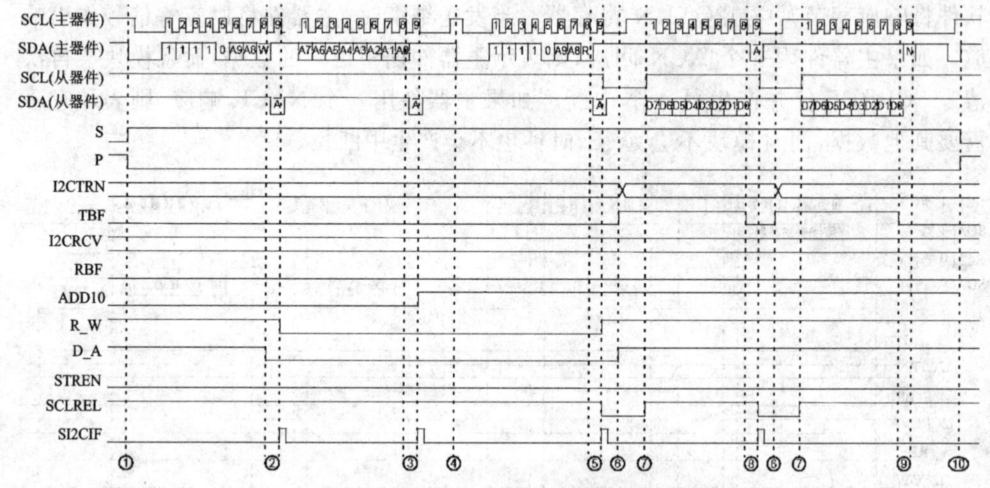

图 13.10　从报文(从从动模块读取数据:10 位地址)

图 13.10 中各点说明如下：

① 从器件识别起始事件，S 和 P 位相应地置位/清 0。

② 从器件接收第一个地址字节；指出为写操作；从器件应答并产生中断。

③ 从器件接收地址字节；地址匹配；从器件应答并产生中断。

④ 主器件发送重复启动以重新确定报文传输的方向。

⑤ 从器件接收再次发送的第一个地址字节；表示读；从器件暂停时钟。

⑥ 软件写数据 I2CTRN。

⑦ 软件置位 SCLREL 位以释放时钟保持；主器件恢复产生时钟并且从器件发送数据字节。

⑧ 在第 9 个时钟结束时，如果主器件发送 ACK，则模块将清零 SCLREL 以暂停时钟；从器件产生中断。

⑨ 在第 9 个时钟结束时，如果主器件发送 NACK，则不期望接收其他数据；模块不暂停时钟或产生中断。

⑩ 从器件识别停止事件，S 位和 P 位相应地置位/清 0。

【例 13.1】　dsPIC33F 与 24LC256 的 I2C 通信

在 13.6 小节中简要介绍了 24LC256，它是具有 I2C 接口的 EEPROM 芯片。本例以 dsPIC33FJ12GP201 为主控芯片，它是只有 18 引脚的 dsPIC33F 芯片，是这个系列中引脚最少的芯片之一，其仿真接线如图 13.11 所示。为了说明图 13.3 中的 A2、A1、A0，这里有意让 24LC256 这三个引脚的电平接为 011，因此在本例中，24LC256 的 7 位地址为 0b1010011。

程序中每隔 100 单元写入一个数，每写一个数，LED 闪亮。

图中用了一个按键，每当按键按下，dsPIC33F 就从 24LC256 中读出一个数据，读出的数据正确与否，可通过中断观察窗口的变量来判断。

有必要说明：在 PROTEUS 仿真中，图中所画的晶振对于仿真是没有用的，应该在该芯片的属性中输入晶振的频率，并在相应的配置位设定，则仿真就按照这些设置的参数运行。

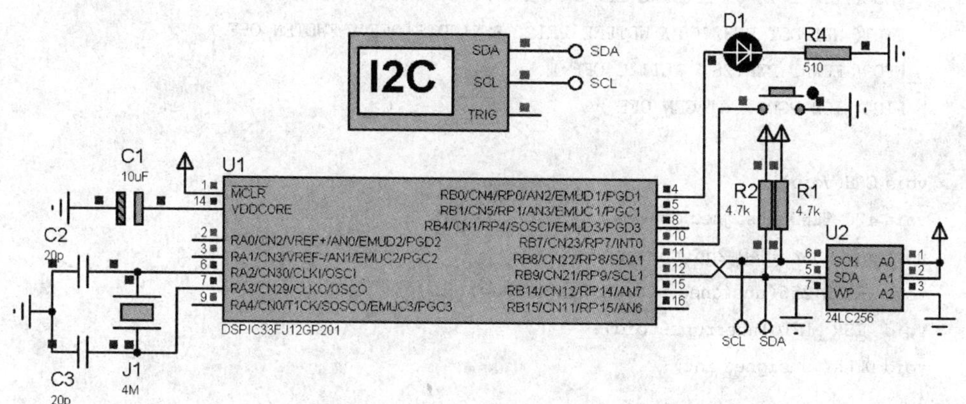

图 13.11　例 13.1 的仿真线路图

在 PROTEUS 仿真中使用了 I2C 调试器，可以方便地看到 I2C 通信过程的每一部分，如图 13.12 中 4 行的详细情况为：

①：在时间 3.475 s 时，对单元 0x7F58 写入数据 0x6D；

②：在时间 3.486 s 时，对单元 0x7FBC 写入数据 0x6E；

③：在时间 5.051 s 时，从单元 0x0000 读数据，读出的数据为 0x27；

④：在时间 5.751 s 时，从单元 0x0064 读数据，读出的数据为 0x28。

```
⊞ ⬅  3.475 s   3.476 s S A6 A 7F A 58 A 6D A P        ①
⊞ ⬅  3.486 s   3.486 s S A6 A 7F A BC A 6E A P        ②
⊞ ⬅  5.051 s   5.052 s S A6 A 00 A 00 A Sr A7 A 27 N P   ③
⊞ ⬅  5.751 s   5.752 s S A6 A 00 A 64 A Sr A7 A 28 N P   ④
```

图 13.12　例 13.1 的 I2C 调试器的数据示例

图中符号：S 为启始位，A 为应答位，Sr 为重新启动位，N 为无应答，P 为停止位。

以① 为例，在 I2C 通信中，先发了个启动位（S）；再发一个数据 A6 = 0b10100110，即 24LC256 的 7 位地址加上读写位（0 表示写）；接着收到一个应答位（A）；接着发送一个数据 0x7F，即器件地址的高字节；收到了一个应答位（A）；再发一个数据0x58,即器件地址的低字节;再收到一个应答位(A);接着再发一个数据0x6D,即要写入器件的数据;然后收到一个应答A,再出现一个停止位(P),这个报文就结束了。

【例13.1】 程序

```
#include "P33FJ12GP201.H"
//采用外接4MHz,TCY = 0.5 μs
_FBS(BWRP_WRPROTECT_OFF & BSS_NO_FLASH)
_FGS(GWRP_OFF & GSS_OFF)
_FOSCSEL(FNOSC_PRI & IESO_OFF)
_FOSC(POSCMD_XT & OSCIOFNC_OFF & IOL1WAY_ON & FCKSM_CSDCMD)
_FWDT( WDTPOST_PS32768 & WDTPRE_PR128 & WINDIS_OFF & FWDTEN_OFF )
_FPOR( FPWRT_PWR128 & ALTI2C_OFF )
_FICD( ICS_PGD2 & JTAGEN_OFF )

void CSH(void);
void I2C_SEND(unsigned char);
unsigned char READ_256(unsigned int);
void WRITE_256(unsigned int,unsigned char);
void _ISR _INT0Interrupt(void);
void DELAY(unsigned int);

unsigned char FLAG = 0;
unsigned char DATA[20];
unsigned char X;
#define LED _RB0
#define ADDR_256 0b10100110        //24LC256的7位地址加上最低位的读写位

//启始条件并等待结束
#define START()
_SEN = 1;
while (_SEN == 1)

//重新启动并等待结束
#define R_START()
_RSEN = 1;
while (_RSEN == 1)

//停止条件并等待结束
#define STOP()
_PEN = 1;
```

```
while (_PEN == 1)

//自动应答并等待结束
#define ACK()
_ACKDT = 0;
_ACKEN = 1;
while (_ACKEN == 1)

//不应答并等待结束
#define NOT_ACK()
_ACKDT = 1;
_ACKEN = 1;
while (_ACKEN == 1)

//接收使能
#define RC_ENABLE()
_RCEN = 1;
while(_RCEN == 1)

int main(void)
{   unsigned int i;
    volatile unsigned char X = 0x27;    //第一次写入的数
    DELAY(50);
    CSH();
    //从 0 地址开始,写入数 X,下一地址增加 100,X 每次加 1
    for (i = 0;i<= 32768;i = i + 100)
    {   LED = !LED;
        WRITE_256(i,X++);
        DELAY(10);
    }
    //中断设置
    SRbits.IPL = 5;                     //CPU 中断优先级 = 5
    CORCONbits.IPL3 = 0;                //CPU 中断优先级≤7
    INTCON1bits.NSTDIS = 1;             //禁止嵌套中断
    INTCON2bits.ALTIVT = 0;             //使用标准中断向量
    _INT0IE = 1;
    _INT0IP = 6;
    _INT0EP = 1;                        //下降沿中断
    i = 0;                              //从 0 地址开始读
    while(1)
    {   if (FLAG == 1)
```

```
            {   FLAG = 0;
                LED = !LED;
                X = READ_256(i);                //读出的数放在 X,通过仿真设置断点查看结果
                i = i + 100;                    //下一地址加 100
                if (i> = 32768)                 //最大地址为 32 767
                    i = 0;
            }
        };
}

void CSH(void)
{   RCONbits.SWDTEN = 0;                        //禁止 WDT
    //引脚设置
    TRISB = 0x0080;                             //RB0 为 LED 输出,RB7 为按键输入
    AD1PCFGL = 0xFFFF;                          //全为数字口
    _CN23PUE = 1;                               //RB7/CN23 弱上拉使能

    //I2C 主模式设置,SCL 时钟频率为 100 kHz
    //I2C1CON:
    _I2CEN = 1;
    _I2CSIDL = 1;
    _IPMIEN = 0;                                //禁止智能外设管理接口
    _A10M = 0;                                  //7 位地址
    _DISSLW = 0;                                //禁止斜率控制
    _SMEN = 0;                                  //禁止 SMBus 输入门限值
    I2C1BRG = 19;                               //实际频率为 99 kHz
}

//INT0 中断,中断服务程序中只设标志位,相关处理在主程序中完成
void    __attribute__((__interrupt__, auto_psv,__shadow__)) _ISR _INT0Interrupt(void)
{   _INT0IF = 0;
    FLAG = 1;
    LED = !LED;
}

//写 24LC256,地址为 ADDR,数据为 DATA
void WRITE_256(unsigned int ADDR,unsigned char DATA)
{   unsigned char ADDR_H,ADDR_L;
    ADDR_L = ADDR;
    ADDR_H = ADDR>>8;
```

```
    START();                            //启始位
    I2C_SEND(ADDR_256);                 //送 24LC256 地址及读写位(写)
    I2C_SEND(ADDR_H);                   //送地址高字节
    I2C_SEND(ADDR_L);                   //送地址低字节
    I2C_SEND(DATA);                     //送数据
    STOP();                             //停止位
}

//读 24LC256,地址为 ADDR,返回读出的数
unsigned char READ_256(unsigned int ADDR)
{   unsigned char R;
    unsigned char ADDR_H,ADDR_L;
    unsigned int A;
    ADDR_L = ADDR;
    A = ADDR>>8;
    ADDR_H = A;
    START();                            //启始位
    I2C_SEND(ADDR_256);                 //送 24LC256 地址及读写位(写)
    I2C_SEND(ADDR_H);                   //送地址高字节
    I2C_SEND(ADDR_L);                   //送地址低字节
    R_START();                          //重新开始
    I2C_SEND(ADDR_256 + 1);             //送 24LC256 地址及读写位(读)
    RC_ENABLE();                        //启动接收
    R = I2CRCV;                         //读,不应答
    NOT_ACK();                          //不应答
    STOP();                             //停止位
    return (R);
}

//发送数 R1 并等待发送完成,收到从机的应答信号
void I2C_SEND(unsigned char R)
{   I2C1TRN = R;                        //启动发送
    while(_TRSTAT == 1);                //等待发送完成
    while(_ACKSTAT == 1);               //等待接收从机的应答位
}
```

延时子程序 DELAY 与例 6.5 的 DELAY2 相同。

【例 13.2】 dsPIC33F 与具有 I2C 接口的实时时钟 DS1307、实时温度芯片 TC74 的多机通信

本例以 dsPIC33FJ32GP204 为 I2C 的主控器,使用的振荡方式是 FRC 2 分频。

它与具有I2C接口的实时时钟DS1307、温度传感器TC74实行多机通信，时间与温度在字符型LCD 1604上显示。

如图13.13所示，dsPIC33FJ32GP204芯片中使用SCL1和SDA1引脚作为I2C的功能引脚，与DS1307和TC74的相应引脚接在一起，并通过外部电阻R2、R3上拉到5 V。DS1307必须用5 V电源。

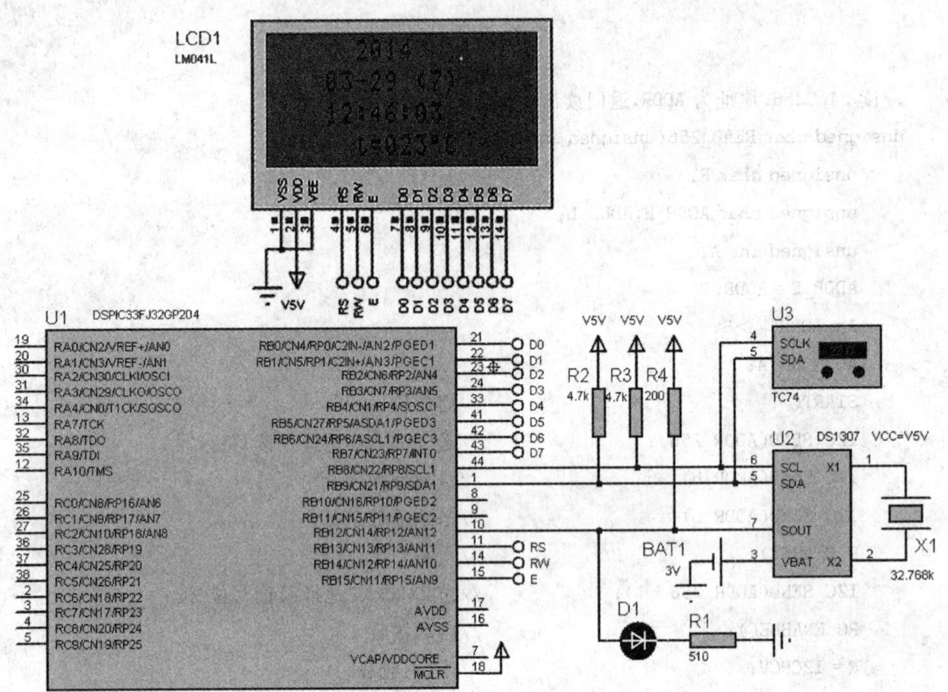

图13.13　例13.2仿真线路图

DS1307是实时时钟芯片，它提供秒、分、时、日、月、年和星期等数据，并能自动计算闰年至2100年。

通常时钟芯片是要接备用电池的，当主电源掉电时，备用电源为DS1307提供维持电源，此电源只供DS1307使用，这时时钟仍正常运行，时钟晶振是典型的32.768 kHz。DS1307的引脚功能与封装图如图13.14所示。

DS1307的寄存器见表13.6。注意，如果其中的“秒”、最高位“CH”为1，说明时钟还未运行，只有当此位被清0时才能运行。因此，通常在复位时就先判断此位是否为1，为1就应先对时间初始化，如设置为默认的上电值2013年1月1日，8点0分0秒。如果此位为0，则说明时钟正在运行(即复位前有备用电池)，就不能对时间初始化。

注意，DS1307的时间数据存放格式按特别的方式，如12月存放为0x12，其余类推。

引脚编号	名　称	功　能
1	X1	接晶振端
2	X2	接晶振端
3	V_{BAT}	备用电源
4	GND	电源地
5	SDA	数据线
6	SCL	时钟线
7	SQW/OUT	脉冲输出
8	V_{CC}	主电源

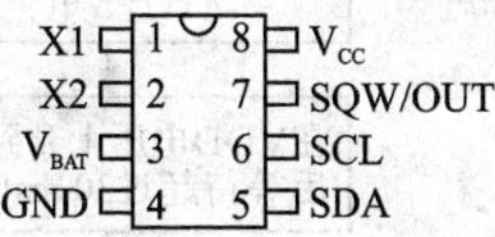

图 13.14　DS1307 引脚功能与封装图

注： 在 PROTEUS 仿真中，星期的数据是错误的(比实际多 1)，在实物运行中则是正确的。

表 13.6　DS1307 存储器

地　址	bit 7	bit 6	bit 5	bit 4	bit 3	bit 2	bit 1	bit 0	数值范围
00	CH	秒 10 倍			秒				0x00～0x59
01	—	分 10 倍			分				0x00～0x59
02	—	注	注	时 10 倍	时				0x01～0x12 或 0x00～0x23
03	—	—	—	—	—	星期			0x01～0x07
04	—		日 10 倍		日				自动根据月份确定最大日期
05	—	—	—	月 10 倍	月				0x01～0x12
06	年 10 倍				年				0x00～0x99

注：地址 02 bit 6 为 12/24 小时设置位，1 为 12 时制，0 为 24 时制。地址 02 bit 5 为上午/下午(AM/PM)指示位，0 为上午(AM)，1 为下午(PM)，在 24 时制中，该位为 10 倍时位。

DS1307 具有方波信号输出功能，从 SQW/OUT 引脚输出设置频率的方波共有 1、4 097、8 192 和 32 768 Hz 四种频率可选。本例中选用 1 Hz 频率输出，此信号作为 dsPIC33F 的 INT1 中断。

由于 DS1307 的方波输出脚 SQW/OUT 为集电极开路，故要在外部加上上拉电阻。

1604 字符型 LCD 每行最多可显示 16 个字符，共有 4 行，它可以使用 4 位或 8 位数据模式，在本例中使用 8 位数据格式。其初始化过程要求见图 13.15。其相关命令可参考《PIC16 系列单片机 C 程序设计与 PROTEUS 仿真》一书的第 5 章。

本例程序中用到了和例 13.1 中相同的 I2C 的各种操作宏定义，这里略去。

通过仿真及实物运行可以看到，每隔 1 秒，显示刷新一次，温度的变化也实时在 LCD 上显示出来。

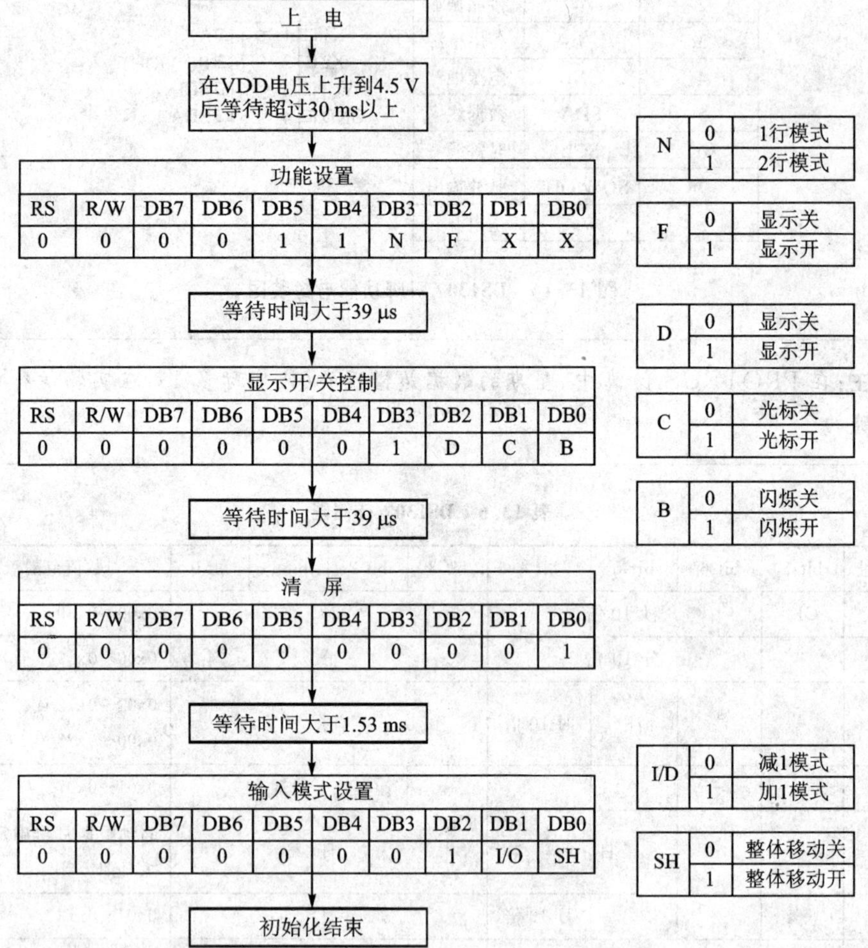

图 13.15　LCD1604 8 位数据模式的初始化要求

【例 13.2】　程序

```
#include "P33FJ32GP204.H"
#include "PPS.H"
//采用内部 FRC + 2 分频的振荡频率
//Fosc = 7.37 MHz/2 = 3.685MHz,FCY = 1.8425MHz,TCY≈0.5427 μs
_FGS(GWRP_OFF & GSS_OFF);
_FOSCSEL(FNOSC_LPRCDIVN & IESO_OFF);
_FOSC(POSCMD_NONE & OSCIOFNC_OFF & IOL1WAY_ON & FCKSM_CSDCMD);
_FICD(JTAGEN_OFF & ICS_PGD2);
```

```
void CSH(void);
void I2C_SEND(unsigned char);
void READ_1307(unsigned char,unsigned char);
void WRITE_1307(unsigned char,unsigned char);
void _ISR _INT1Interrupt(void);
unsigned char READ_TC74(void);
void LCD_CSH(void);
unsigned char LCD_READ(void);
void LCD_WRITE(unsigned char,unsigned char);
void LCD_BUSY(void);
void DISP_HEX(char);
void DELAY(unsigned int);
void DELAY_50US(void);
void DISP_TEMP(unsigned char);
void DISP_TIME(void);
void BCD(unsigned int);

unsigned char FLAG = 0;
volatile unsigned char DATE_TIME[8],TEMP;
unsigned char WW,QW,SW,BW,GW;
 #define ADDR_1307 0b11010000     //7 位地址加上最低位的读写位
 #define RTR      0b00000000      //TC74 的读温度命令
 #define TC74_ADD   0b10011010  //0b10011010,TC74 的 7 位地址加最低位,如为读则加 1
                              //使用实物时用 0b10010000,PROTEUS 仿真时用 0b10011010
 #define RS        _RB13
 #define RW        _RB14
 #define E       _RB15

 #define COM           0              //在 LCD_WRITE()中的第 2 参数为 0 表示写命令
 #define DAT           1              //在 LCD_WRITE()中的第 2 参数为 1 表示写数据
 #define LINE1      0b10000000
 #define LINE2      0b11000000
 #define LINE3      0b10010000
 #define LINE4      0b11010000
//启动、停止、重新开始、应答、不应答、接收使能等宏定义与例 13.1 相同
int main(void)
{   CSH();
    LCD_CSH();
    WRITE_1307(7,0b00010000);    //输出 1 Hz 的方波
    READ_1307(0,1);              //读出秒,如果秒为 0x80,说明时钟还未走,须初始化
    if ((DATE_TIME[0] & 0x80) == 0x80)
    {   WRITE_1307(0,0x00);      //秒
```

```
        WRITE_1307(1,0x00);       //分
        WRITE_1307(2,0x08);       //时
        WRITE_1307(3,0x03);       //星期
        WRITE_1307(4,0x01);       //日
        WRITE_1307(5,0x01);       //月
        WRITE_1307(6,0x14);       //年
    }
    while(1)
    {   if (FLAG == 1)
        {   FLAG = 0;
            READ_1307(0,7);       //从 DS1307 地址 0 开始,读出 7 个数
            DISP_TIME();          //显示时间
            TEMP = READ_TC74();   //读出温度
            DISP_TEMP(TEMP);      //显示温度

        }
    };
}
```



```
//在指定位置按格式显示年、月、日、星期、时、分、秒
void DISP_TIME(void)
{   LCD_WRITE(LINE1 + 5,COM);     //显示年位置定位
    DISP_HEX(0x20);
    DISP_HEX(DATE_TIME[6]);       //显示年
    LCD_WRITE(LINE2 + 3,COM);     //显示月位置定位
    DISP_HEX(DATE_TIME[5]);       //显示月
    LCD_WRITE('-',DAT);           //显示"-"
    DISP_HEX(DATE_TIME[4]);       //显示日
    LCD_WRITE(' ',DAT);           //显示" "
    LCD_WRITE('(',DAT);           //显示"("
    LCD_WRITE(DATE_TIME[3] + 0x30,DAT);//显示星期
    LCD_WRITE(')',DAT);           //显示")"
    LCD_WRITE(LINE3 + 3,COM);     //显示时位置定位
    DISP_HEX(DATE_TIME[2]);       //显示时
    LCD_WRITE(':',DAT);           //显示":"
    DISP_HEX(DATE_TIME[1]);       //显示分
    LCD_WRITE(':',DAT);           //显示":"
    DISP_HEX(DATE_TIME[0]);       //显示秒
}

//显示温度
void DISP_TEMP(unsigned char T)
```

```
{   BCD(T);
    LCD_WRITE(LINE4 + 5,COM);       //温度显示定位
    LCD_WRITE('t',DAT);             //显示"t ="
    LCD_WRITE(' = ',DAT);
    LCD_WRITE(BW + 0x30,DAT);       //显示温度的百位值
    LCD_WRITE(SW + 0x30,DAT);       //显示温度的十位值
    LCD_WRITE(GW + 0x30,DAT);       //显示温度的个位值
    LCD_WRITE(0b11011111,DAT);      //显示温度的符号上点"°",从相应的码表中得到
    LCD_WRITE('C',DAT);             //显示温度的符号"C"
}

void CSH(void)
{   _FRCDIV = 0b001;                //001:FRC 二分频
    DELAY(200);
    RCONbits.SWDTEN = 0;            //禁止 WDT
    //引脚设置
    TRISB = 0x1000;                 //RB 的位 12(RB12)为输入,其余为输出
    AD1PCFGL = 0xFFFF;              //全为数字口
    _ODCB8 = 1;                     //RB8、RB9 漏极开路,外部用上拉到 5V 的上拉电阻
    _ODCB9 = 1;
    PPSUnLock;
    RPINR0bits.INT1R = 12;          //RB12/RP12 为 INT1 引脚
    PPSLock;
    //I2C 主模式设置,SCL 时钟频率为 100 kHz
    //I2C1CON:
    _I2CEN = 1;
    _I2CSIDL = 1;
    //SCLR、GCEN、STREN 在主模式下无关位
    _IPMIEN = 0;                    //禁止智能外设管理接口
    _A10M = 0;                      //7 位地址
    _DISSLW = 0;                    //禁止斜率控制
    _SMEN = 0;                      //禁止 SMBus 输入门限值
    I2C1BRG = 17;      //DS1307 只能在 100 kHz 下通信!(F_CY/100 kHz - F_CY/10 MHz) - 1 = 395
                                    //实际频率为 101 kHz
    //中断设置,用 DS1307 产生的秒脉冲产生中断
    SRbits.IPL = 0b101;             //CPU 中断优先级 = 5
    CORCONbits.IPL3 = 0;            //CPU 中断优先级≤7
    INTCON1bits.NSTDIS = 1;         //禁止嵌套中断
    INTCON2bits.ALTIVT = 0;         //使用标准中断向量
    IEC1bits.INT1IE = 1;
    IPC5bits.INT1IP = 6;
    INTCON2bits.INT1EP = 1;         //下降沿中断
```

```
}

void  __attribute__((__interrupt__, auto_psv,__shadow__)) _ISR _INT1Interrupt(void)
{   IFS1bits.INT1IF = 0;
    FLAG = 1;
}

//写 1 个字节数 D 到 1307 地址 Addr 中
void WRITE_1307(unsigned char Addr,unsigned char D)
{   START();
    I2C_SEND(ADDR_1307);
    I2C_SEND(Addr);
    I2C_SEND(D);
    STOP();
}

//从地址 Addr 开始,读出 n 个字节,放在全局数组 DATE_TIME 中
void READ_1307(unsigned char Addr,unsigned char n)
{   unsigned char i;
    START();                        //发送启始条件
    I2C_SEND(ADDR_1307);            //写 1307 的地址
    I2C_SEND(Addr);                 //从 Addr 地址开始读
    R_START();                      //重新发启始条件
    I2C_SEND(ADDR_1307 + 1);        //发送 1307 的地址,为了读 1307
    for (i = 0;i<n;i ++ )
    {   RC_ENABLE();                //启动接收
        DATE_TIME[i] = I2C1RCV;     //读出接收数据
        if (i<n - 1)
        {   ACK();  }               //应答
        else
        {   NOT_ACK();  }           //最后一个数据发送不应答信号
    }
    STOP();                         //发送停止条件
}

//  I2C 写一个字节
void I2C_SEND(unsigned char A)
{   I2C1TRN = A;                    //启动发送
    while(_TRSTAT == 1);            //等待发送完成
    while(_ACKSTAT == 1);           //等待接收从机的应答位
}
```

```
//读 TC74 的温度值
unsigned char READ_TC74(void)
{   unsigned char RR;
    START();
    I2C_SEND(TC74_ADD);           //送 TC74 地址(写)
    I2C_SEND(RTR);                //写 RTR 命令(写)
    R_START();
    I2C_SEND(TC74_ADD + 1);       //发送 TC74 地址(读)
    RC_ENABLE();
    RR = I2C1RCV;                 //接收数据存入 R1
    NOT_ACK();                    //不应答
    STOP();
    return(RR);
}

//LCD 模块初始化
void LCD_CSH(void)
{   TRISB = 0x1000;               //PORTB 低 8 位为输出
    PORTB = 0;
    Nop();Nop();
    PORTB = 0xFFFF;
    AD1PCFGL = 0xFFFF;            //全为数字口
    DELAY(50);                    //延时 50 ms
    LCD_WRITE(0b00111100,COM);    //8 位数据格式
    DELAY_50US();
    LCD_WRITE(0b00001100,COM);    //打开显示
    DELAY_50US();
    LCD_WRITE(0b00000001,COM);    //清屏
    DELAY(2);
    LCD_WRITE(0b00000110,COM);    //输入设置
}

//======== 读 LCD 状态
unsigned char LCD_READ(void)
{   unsigned char  R1;
    E = 0;
    TRISB = TRISB | 0x00FF;       //PORTB 的低 8 位为输入
    RS = 0;;Nop();Nop();          //寄存器选择
    RW = 1;Nop();Nop();           //读为 1
    E = 1;Nop();Nop();            //使能
    R1 = PORTB;                   //读数据(PORTB 的低 8 位)给 R1
    E = 0;Nop();Nop();            //读数据结束
```

```
    RW = 0;
    TRISB = TRISB & 0xFF00;          //PORTB 的低 8 位恢复为输出
    return (R1);
}

//写之前先检查是否忙
void LCD_WRITE(unsigned char R1,unsigned char FLAG)
{   LCD_BUSY();
    RW = 0;Nop();Nop();              //写模式
    RS = FLAG;Nop();Nop();           //寄存器选择
    PORTB & = 0xFF00;                //PORTB 低 8 位清 0
    E = 1;Nop();Nop();               //使能
    PORTB | = R1;                    //数据送到 B 口低 8 位
    Nop();Nop();
    E = 0;                           //数据送入有效
    Nop();Nop();
    RS = 0;
}

//======== 检测 LCD 是否忙
void LCD_BUSY(void)
{   unsigned char R1;
    while(1)
    {   R1 = LCD_READ();             //读寄存器
        if ((R1 & 0x80) == 0x00)     //最高位为忙标志位,0 为不忙
            break;
    };
}

//从 R1 双字节数转换为十进制数万位~个位:WW、QW、BW、SW、GW
void BCD(unsigned int R1)
{   WW = QW = BW = SW = GW = 0;
    while(R1> = 10000)
        {R1 - = 10000;WW ++ ;}
    while(R1> = 1000)
        {R1 - = 1000;QW ++ ;}
    while(R1> = 100)
        {R1 - = 100;BW ++ ;}
    while(R1> = 10)
        {R1 - = 10; SW ++ ;}
    GW = R1;
}
```

```
//显示十六进制数,分高低4位显示2个字符
void DISP_HEX(unsigned char R1)
{    char R;
     R = R1>>4;                          //显示1字节
     LCD_WRITE(R + '0',DAT);
     R = (R1 & 0b00001111);
     LCD_WRITE(R + '0',DAT);
}

//====== 在 FCY = 1.8425 MHz 下,延时(n)ms
void DELAY(unsigned int n)
{    unsignedintj,k;
     for (j = 0;j<n;j++)
        for (k = 260;k>0;k--)
          {    Nop();Nop();Nop();}
}

//====== 在 FCY = 1.8425 MHz 下,延时 50 μs
void DELAY_50US(void)
{    unsigned int j;
     for (j = 0;j<13;j++)
        Nop();
}
```

第14章

电机控制 PWM 模块

14.1 简　介

电机控制 PWM 模块是 dsPIC33F 中 MC 系列的专用模块，它简化了产生多种同步脉宽调制信号(PWM)程序，有时为了区别于普通 PWM，也称为 MCPWM。本章提到的 PWM 均指 MCPWM。

PWM 支持以下电源和电机控制应用：

- 三相交流感应电机；
- 开关磁阻(SR)电机；
- 直流无刷(BLDC)电机；
- 不间断电源(UPS)。

根据不同的型号，可能有 1 个或 2 个 PWM 模块、6 个或 8 个 PWM 引脚，带 3 个或 4 个占空比发生器，引脚数和占空比发生器的个数与型号有关。这 2 个 PWM 模块的功能可能有所不同，本书重点介绍 PWM1 模块，PWM2 读者可参考相关资料。

PWM 模块具有如下特性：

- 最高 16 位分辨率；
- 实时改变 PWM 频率；
- 边沿对齐和中心对齐的脉冲输出模式；
- 单脉冲发生模式；
- 支持中心对齐模式下的不对称更新中断；
- 电子换相电机(Electrically Commutative Motor，ECM)操作的输出改写控制；
- 用于触发其他外设事件的"特殊事件"比较器；
- 故障引脚，用于选择性地驱动每一个 PWM 输出引脚进入定义的状态；
- 可将占空比更新配置为立即更新或与 PWM 时基同步。

该模块有 6 个或 8 个 PWM 输出引脚，编号为 PWM1H/PWM1L 到 PWM4H/PWM4L，其中 H 表示高端，L 表示低端。对于互补模式，低端 PWM 引脚输出总是与高端 I/O 引脚的输出互补。

本书只介绍模块 1,因此相关的寄存器如 PxTCON(x=1 或 2)只以 P1TCON 标出。

图 14.1 为 PWM 模块的内部结构简图。

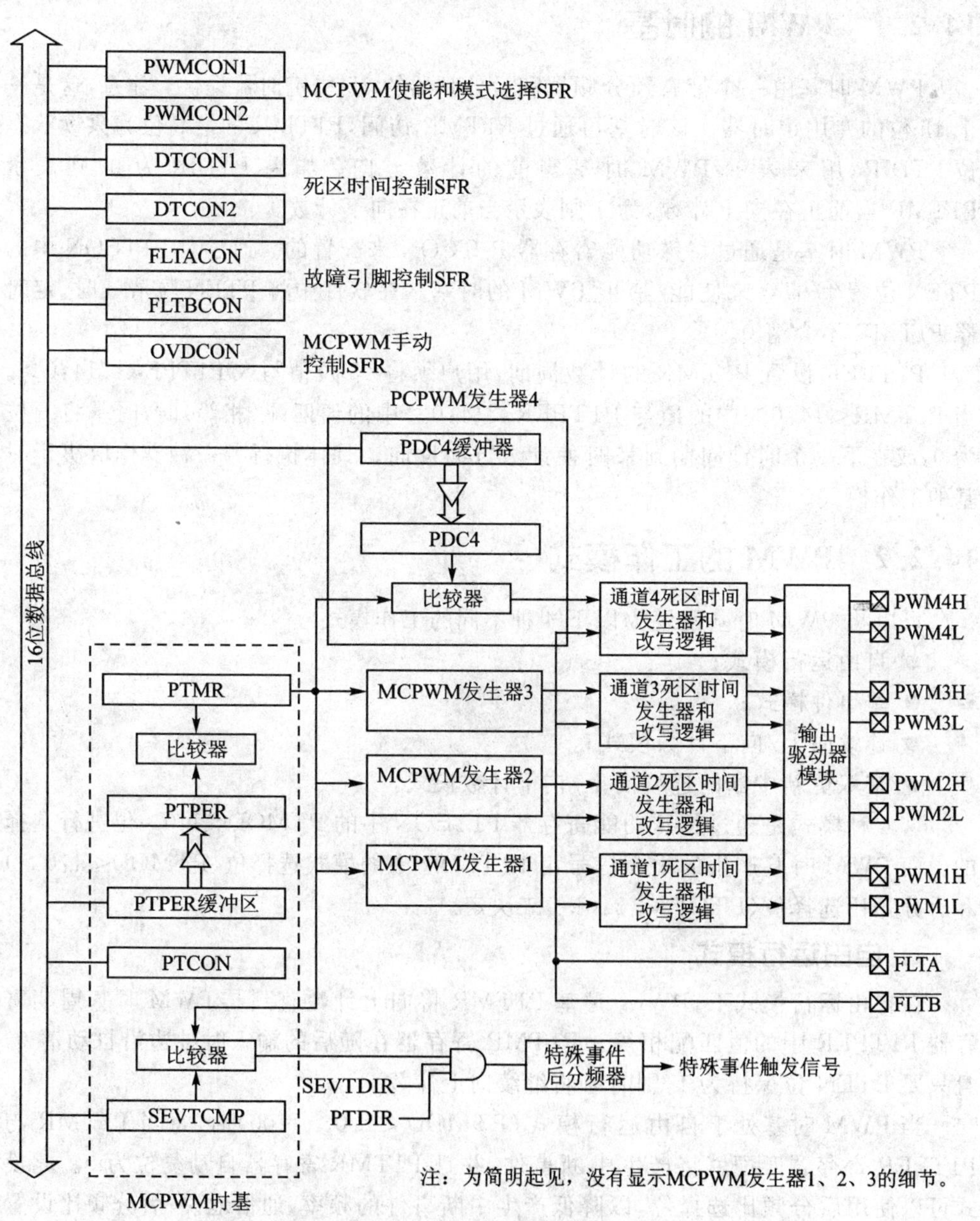

图 14.1 PWM 内部结构简图

14.2　PWM 的时基与工作模式

14.2.1　PWM 的时基

PWM 时基由一个带有预分频器和后分频器的 15 位定时器提供。注意，这是一个 15 位的专用定时器。该时基可通过 P1TMR 访问，P1TMR 的最高位为只读状态位 PTDIR，用来表示 PWM 时基当前的计数方向。如果 PTDIR 为 0，则表示 P1TMR 当前正在向上计数，为 1 则表示当前正在向下计数。

PWM 时基是通过特殊功能寄存器 P1TCON 来配置的。通过对 P1TCON 中的 PTEN 位置 1/清 0 来使能/禁止 PWM 的时基。在软件中将 PTEN 位清 0 时，定时器 P1TMR 不会清 0。

P1TPER 设置 P1TMR 的计数周期，用户须将 15 位值写入 P1TPER＜14:0＞。当 P1TMR＜14:0＞中的值与 P1TPER＜14:0＞中的值匹配(相等)时，时基将复位为 0，或在下一个时钟周期到来时使计数方向反向。具体执行哪一种操作取决于时基的工作模式。

14.2.2　PWM 的工作模式

可以将 PWM 时基配置为以下 4 种不同的工作模式：

- 自由运行模式；
- 单事件模式；
- 连续向上/向下计数模式；
- 带双更新中断的连续向上/向下计数模式。

这 4 种模式是通过特殊功能寄存器 P1TCON 中的 PTMOD＜1:0＞位进行选择的。而 PWM 时基产生的中断信号由 P1TCON 中的模式选择位(PTMOD＜1:0＞)和后分频比选择位(PTOPS＜3:0＞)来决定。

1. 自由运行模式

在自由运行模式下，PWM 时基 P1TMR 将向上计数直到与 PWM 时基周期寄存器 P1TPER 中的值匹配相等。P1TMR 寄存器在随后的输入时钟边沿自动清 0，且只要 PTEN 位保持为 1，则时基将继续向上计数。

当 PWM 时基处于自由运行模式(PTMOD＜1:0＞＝00)时，每当 P1TMR 与 P1TPER 寄存器匹配就将产生中断事件，并且 P1TMR 寄存器自动复位为 0。此模式可以使用后分频比选择位，以降低产生中断事件的频率，通俗地说，后分频比设置为多少次匹配进入中断。

2. 单事件模式

在单事件模式下，PWM 时基在 PTEN 位置 1 时将开始向上计数。当 P1TMR

寄存器中的值与P1TPER寄存器的值匹配时，P1TMR寄存器将在随后的输入时钟边沿清0，且由硬件把P1TCON的PTEN位清0以停止时基。

当PWM时基处于单事件模式（PTMOD<1:0>=01）时，每当P1TMR与P1TPER寄存器匹配时，就会产生中断事件。P1TMR寄存器在随后的输入时钟边沿复位至0，且PTEN位被自动清0。后分频比选择位对此定时器模式没有影响。

3. 连续向上/向下计数模式

在连续向上/向下计数模式下，PWM时基P1TMR将向上计数，直到与P1TPER寄存器中的值匹配。定时器将在随后的输入时钟边沿开始向下计数。

在向上/向下计数模式（PTMOD<1:0>=10）中，每当P1TMR寄存器的值变为0就会产生中断事件，并且PWM时基开始向上计数。可在此定时器模式中使用后分频比选择位，以降低产生中断事件的频率。

4. 双更新模式

在双更新模式（PTMOD<1:0>=11）下，每当P1TMR寄存器等于0时，以及每当发生周期匹配（P1TMR与P1TPER值相等）时都将产生中断事件。在此模式下，后分频比选择位对此定时器模式没有影响。

双更新模式向用户提供了两种额外的功能：由于PWM占空比在每个周期可更新两次，所以可使控制环带宽加倍；其次，可产生不对称中心对齐的PWM波形，这种波形可使某些电机控制应用的输出波形失真最小。

14.2.3 PWM的分频

PWM既有预分频，也有后分频。

1. PWM的预分频

P1TMR的输入时钟（$F_{CY}=F_{OSC}/2$）的预分频比有1∶1、1∶4、1∶16或1∶64共4种，通过P1TCON特殊功能寄存器中的控制位PTCKPS<1:0>进行选择。当发生以下任一情况时，预分频器计数器将清0：

- 对P1TMR寄存器执行写操作；
- 对P1TCON寄存器执行写操作；
- 任何器件复位。

对P1TCON执行写操作时，虽然P1TMR的预分频器会被清0，但P1TMR寄存器不会清0。

2. PWM的后分频器

P1TMR的匹配输出可选择通过一个4位后分频器（PTOPS<3:0>，可选1∶1～1∶16的分频比共16种）进行后分频。当发生以下任一情况时，后分频器计数器将清0：

- 对P1TMR寄存器执行写操作；

- 对 P1TCON 寄存器执行写操作；
- 任何器件复位。

和预分频器一样，当对 P1TCON 执行写操作时，P1TMR 寄存器不会被清 0。

14.2.4 PWM 的周期

P1TPER 是一个 15 位的寄存器，用于设置 PWM 时基的计数周期。P1TPER 是一个双重缓冲的寄存器。在以下 2 种情况下，P1TPER 缓冲器的内容会被装入 P1TPER 寄存器中：

- 自由运行模式和单事件件模式：在 P1TMR 寄存器与 PTPER 寄存器发生匹配后复位为 0 时；
- 向上/向下计数模式：当 P1TMR 寄存器为 0 时。

当 PWM 时基被禁止(PTEN＝0)时，保存在 P1TPER 缓冲器中的值会被自动装入 P1TPER 寄存器中。

因对齐方式的不同，PWM 周期计算式有所不同，边沿对齐和中心对齐的周期分别由式(14.1)和(14.2)确定，分辨率由式(14.3)确定：

$$T_{PWM} = T_{CY} \times (\text{P1TPER} + 1) \times \text{P1TMR 的预分频值 K} \quad (\text{边沿对齐}) \tag{14.1}$$

$$T_{PWM} = T_{CY} \times (\text{P1TPER} + 1) \times \text{P1TMR 的预分频值 K} \times 2 \quad (\text{中心对齐}) \tag{14.2}$$

$$\text{PWM 分辨率} = \frac{\lg(2 \times T_{PWM}/T_{CY})}{\lg(2)} \tag{14.3}$$

14.2.5 PWM 对齐方式

PWM 有 2 种对齐方式，分别介绍如下：

1. 边沿对齐

当 PWM 时基处于自由运行或单事件模式时，PWM 模块将产生边沿对齐的 PWM 信号。对于边沿对齐的 PWM 输出，如图 14.2 所示，输出的周期由 P1TPER 值指定，占空比由相应的占空比寄存器 P1DCy(y＝1、2、3、4)指定。PWM 输出在周期开始(P1TMR＝0)时被驱动为有效状态，而当占空比寄存器 P1DCy 的值与 P1TMR 发生匹配时，PWM 输出被驱动为无效状态。

如果占空比寄存器中的值为 0，则相应 PWM 引脚的输出在整个 PWM 周期内都将为无效状态；如果占空比寄存器 P1DCy 的值大于 P1TPER 寄存器的值，则 PWM 引脚上的输出在整个 PWM 周期内都将为有效状态。

2. 中心对齐的 PWM

当 PWM 时基配置为递增/递减计数模式时，模块将产生中心对齐的 PWM 信号，如图 14.3 所示。

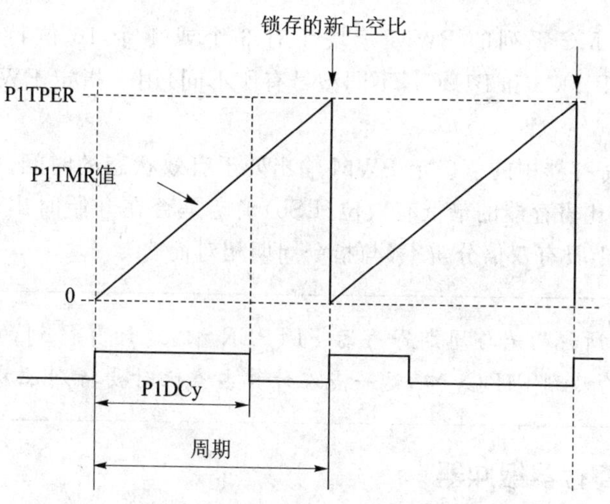

图 14.2　边沿对齐方式示意图

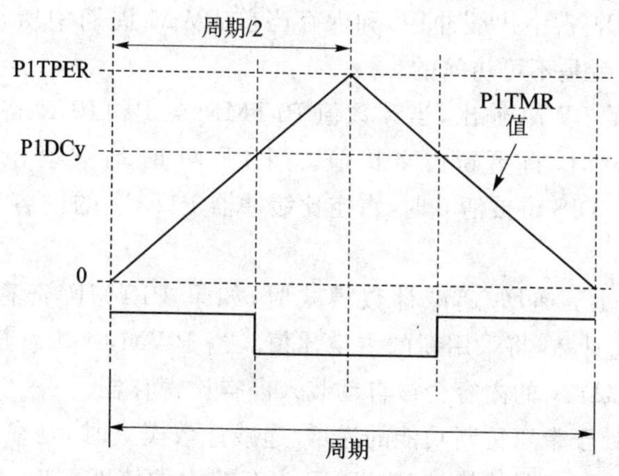

图 14.3　中心对齐方式示意图

当占空比寄存器 P1DCy 的值与 P1TMR 的值匹配，并且 PWM 时基进行递减计数(PTDIR＝1)时，PWM 比较输出将被驱动为有效状态；当 PWM 时基进行递增计数(PTDIR＝0)，并且 P1TMR 寄存器中的值与占空比寄存器 P1DCy 的值匹配时，PWM 比较输出将被驱动为无效状态。

特别注意，在中心对齐方式下，应按式(14.2)计算周期。

如果占空比寄存器 P1DCy 中的值为 0，则相应 PWM 引脚的输出在整个 PWM 周期内都将为无效状态；如果占空比寄存器 P1DCy 中的值等于或大于 P1TPER 寄存器中保存的值，则 PWM 引脚上的输出在整个 PWM 周期内都将为有效状态。

14.2.6　PWM占空比比较单元

dsPIC33F的MC系列的PWM模块1有3个或4个16位特殊功能寄存器(P1DC1、P1DC2、P1DC3和P1DC4,不同型号有所不同)用于指定PWM模块的占空比值。

每个占空比寄存器中的值确定PWM输出处于有效状态的时间。占空比寄存器为16位宽。占空比寄存器的最低有效位(LSb)确定是否在开始时出现PWM边沿。因此,PWM实际上具有双倍分辨率(与指令周期相对而言)。

注:上面一段所说的是与周期寄存器P1TPER相比,计算得到的占空比寄存器的值要乘以2后存放到P1DCy中,这一点在计算占空比时要特别注意!

---

1. 占空比寄存器缓冲器

dsPIC33F的MC系列中,占空比寄存器P1DCy都是双缓冲的,这样可以使PWM输出更新时不会产生毛刺。对于每个占空比,都有可由用户应用程序访问的占空比寄存器P1DCy(占空比缓冲用)和保存当前PWM周期中所使用实际比较值的占空比寄存器,后者是不可访问的。

对于边沿对齐的PWM输出,当计数值P1TMR与P1TPER寄存器值匹配,且P1TMR被复位清0时,将更新占空比值。当PWM时基被禁止(PTEN＝0)且PWM1CON2中的UDIS位被清0时,占空比缓冲器P1DCy的内容会自动装入占空比寄存器。

当PWM时基处于递增/递减计数模式时,如果P1TMR寄存器的值为0且PWM时基开始递增计数,将采用新的占空比值。当PWM时基被禁止(PTEN＝0)时,占空比缓冲器P1DCy的内容会被自动装入占空比寄存器。

当PWM时基处于带双更新功能的递增/递减计数模式时,则在P1TMR寄存器的值为0且P1TMR寄存器的值与P1TPER寄存器中的值匹配时,将采用新的占空比值。当PWM时基被禁止(PTEN＝0)时,占空比缓冲器P1DCy的内容会被自动装入占空比寄存器。

2. 占空比立即更新

当立即更新使能位IUE(PWM1CON2＜2＞)置1时,任何对占空比寄存器的写操作都将立即更新占空比值。此功能可以立即更新有效的PWM占空比寄存器,而不必等到当前时基周期结束。占空比更新作用如下:

- 如果新占空比写入时PWM输出有效,且新占空比小于当前时基值,则PWM脉宽将变窄;
- 如果新占空比写入时PWM输出有效,且新占空比大于当前时基值,则PWM

脉宽将变宽；

- 如果新占空比写入时 PWM 输出无效，且新占空比大于当前时基值，则 PWM 输出将立即变为有效，并对新写入的占空比值保持有效。

14.2.7 互补 PWM 操作

在互补工作模式下，每对 PWM 输出都是互补的 PWM 信号。对于一段两个输出均为无效的短暂时间，可选择在器件开关过程中插入一个死区（见 14.2.8 小节的“死区发生器”）。

在互补模式下，占空比比较单元被分配给 PWM 输出使用，如下所示：

- P1DC1 寄存器控制 PWM1H/PWM1L 输出；
- P1DC2 寄存器控制 PWM2H/PWM2L 输出；
- P1DC3 寄存器控制 PWM3H/PWM3L 输出；
- P1DC4 寄存器控制 PWM4H/PWM4L 输出（如果芯片有 4 组 PWM 引脚）。

通过将 PWM1CON1 寄存器中相应的 PMODy（y＝1、2、3、4）位清 0，可使每个 PWM I/O 引脚对工作于互补模式。在器件复位时，PWM I/O 引脚默认设置为互补模式。

14.2.8 死区发生器

当任一 PWM I/O 引脚对工作于互补输出模式时，可以使用死区发生器功能。采用死区控制功能的原因是：功率输出器件不能瞬时完成切换，因此在一对互补 PWM 输出中一个开关器件的关断和另一个开关器件的导通之间必须间隔一定的时间，否则有可能造成瞬时的短路。

PWM 模块允许编程设置两个不同的死区。这两个死区可以用以下两种方法之一设置：

- 可以对 PWM 输出信号进行优化，使一对互补晶体管中的高端和低端晶体管的关断时间不同。在互补对低端晶体管的关断事件和高端晶体管的导通事件之间插入第一个死区；在高端晶体管的关断事件和低端晶体管的导通事件之间插入第二个死区。
- 可将两个死区分配给各对 PWM I/O 引脚。此工作模式使 PWM 模块可以用每一对互补的 PWM I/O 引脚驱动不同的晶体管/负载组合。

1. 死区发生器时序

PWM 模块的每一对互补输出都有一个 6 位的递减计数器，用于插入死区。如图 14.4 所示，每个死区单元都有与占空比比较输出相连的上升沿和下降沿检测器。特殊功能寄存器 P1DTCON2 可以将死区分配给每个互补输出。

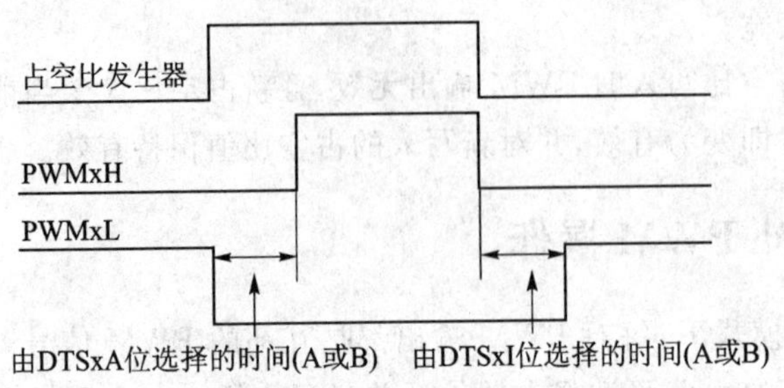

图 14.4　死区时序图

2. 死区范围

死区是由通过指定输入时钟预分频值和一个 6 位无符号值选择的死区单元提供的。可以单独设置每个死区单元所提供的死区大小。

通过所提供的 4 个输入时钟预分频比选项，用户可以根据器件的工作频率选择适当的死区范围。可以为两个死区值之一单独选择时钟预分频比选项。死区时钟预分频值是由 P1DTCON1 中的 DTAPS<1:0>和 DTBPS<1:0>控制位选择的。死区值可使用 4 个时钟预分频器选项之一（T_{CY}、$2T_{CY}$、$4T_{CY}$或 $8T_{CY}$）。

选择预分频值后，通过向 P1DTCON1 中装入两个 6 位无符号值，以对每个单元的死区进行调整。

死区单元预分频器在发生以下事件之一时被清 0：

- 由于发生占空比比较边沿事件而装入递减定时器时；
- 对 P1DTCON1 或 P1DTCON2 寄存器进行写操作时；
- 任何器件复位时。

14.2.9　PWM 输出引脚及相关控制

1. 独立的 PWM 输出

在驱动某些类型的负载时，需要采用独立的 PWM 输出模式。当 PWM1CON1 寄存器中相应的 PMODx 位置 1 时，相应的 PWM 输出对就处于独立输出模式。当模块工作于独立的 PWM 输出模式时，相邻 PWM I/O 引脚之间不实现死区控制，允许两个 I/O 引脚同时处于有效状态。

在独立的 PWM 输出模式下，每个占空比发生器同时连接到 PWM 输出对中的两个 I/O 引脚。通过使用相关的占空比寄存器和 P1OVDCON 寄存器中的相应位，程序员可以为工作于该模式下的每个 PWM I/O 引脚选择以下信号输出选项：

- I/O 引脚输出 PWM 信号；
- I/O 引脚处于无效状态（即让开关管截止）；
- I/O 引脚处于有效状态（即让开关管导通）。

2. PWM 输出改写

PWM 输出改写位可以让用户应用程序手动将 PWM I/O 引脚驱动为指定逻辑状态,而不受占空比比较单元的影响。

所有与 PWM 输出改写功能相关的控制位都包含在 P1OVDCON 寄存器中。P1OVDCON 寄存器的高字节包含 8 位(POVDxH 和 POVDxL,x=1,2,3,4),这些位确定改写哪些 PWM I/O 引脚。P1OVDCON 寄存器的低字节也包含 8 位(POUTxH 和 POUTxL,x=1,2,3,4),当通过 POVD 位改写某个特定输出时,可以使用这些位确定 PWM I/O 引脚的状态。

3. 互补输出模式

当通过 P1OVDCON 寄存器将 PWMxL 引脚驱动为有效状态时,输出信号将被强制为与输出对中对应 PWMxH 引脚输出状态相反的状态。当手动改写 PWM 通道时,仍然执行死区插入。

4. 改写同步

如果 PWM1CON2 寄存器中的 OSYNC 位置 1,则所有通过 P1OVDCON 寄存器执行的输出改写将与 PWM 时基同步。

同步输出改写发生在以下时间:

- 边沿对齐模式,当 P1TMR 为 0 时;
- 中心对齐模式,当 P1TMR 为 0,以及当 P1TMR 值与 P1TPER 匹配时。

5. PWM 输出和极性控制

有 3 个与 PWM 模块相关的器件配置位用来提供 PWM 输出引脚控制:

- HPOL 配置位;
- LPOL 配置位;
- PWMPIN 配置位。

FPOR 配置寄存器中的这 3 个位域(见 5.8 节 FPOR 配置寄存器)与位于 PWM1CON1 寄存器中的 8 个 PWM 使能位(PENxH<4:1>和 PENxL<4:1>)配合工作。配置位和 PWM 使能位确保在发生器件复位后,PWM 引脚处于正确的状态。

通过 PWMPIN 配置熔丝,可以选择在器件复位时使能 PWM 模块输出。如果 PWMPIN=0,则 PWM 输出在复位时被驱动为无效状态;如果 PWMPIN=1(默认),则 PWM 输出将为三态。HPOL 位指定 PWMxH 输出的极性,LPOL 位指定 PWMxL 输出的极性。

PWM1CON1 中的 PENxH<4:1>和 PENxL<4:1>控制位分别用于使能每个高端 PWM 输出引脚和每个低端 PWM 输出引脚。如果没有使能某个 PWM 输出引脚,则将其视为通用 I/O 引脚。

14.2.10 PWM 故障引脚

有一个与 PWM 模块相关的故障引脚(FLTAx),当其使能时,可选择通过该引脚将每个 PWM I/O 引脚驱动为定义的状态。

1. 故障引脚使能位

P1FLTACON 具有 4 个控制位,用来决定特定 PWM I/O 引脚对是否由故障输入引脚控制。如果要使能某一 PWM I/O 引脚对的故障改写功能,需要将 P1FLTACON 寄存器中的相应位置 1。

如果 P1FLTACON 寄存器中所有的使能位都被清 0,则相应的故障输入引脚对 PWM 模块没有影响,可以将该引脚用作通用中断或普通 I/O 引脚。

2. 故障状态

P1FLTACON 特殊功能寄存器有 8 位,用来决定各 PWM I/O 引脚在被故障输入改写时的状态。当这些位清 0 时,PWM I/O 引脚被驱动为无效状态;当相应位置 1 时,PWM I/O 引脚被驱动为有效状态。有效和无效状态与各 PWM I/O 引脚被定义的极性(通过 HPOL 和 LPOL 极性控制位设置)相对应。

当 PWM 模块的一对 I/O 处于互补模式,并且两个引脚都编程为在产生故障条件时驱动为有效,此时存在一种特殊情况:在互补模式下,PWMxH 引脚始终优先,因此两个 I/O 引脚不能同时被驱动为有效状态。

3. 故障引脚优先级

如果两个故障输入引脚都被分配为控制某一对 PWM I/O 引脚,则故障 A 输入引脚的故障状态将优先于故障 B 输入引脚。

4. 故障输入模式

每个故障输入引脚都有两种工作模式:

- 锁存模式:当故障引脚驱动为低电平时,PWM 输出将进入 P1FLTACON 寄存器定义的状态。PWM 输出将保持在此状态,直到故障引脚被驱动为高电平并且相应的中断标志用软件清 0。当这两个操作都发生后,PWM 输出将在下一个 PWM 周期开始或半周期边界时返回到正常工作状态。如果中断标志在故障条件结束前清 0,则 PWM 模块将等到故障引脚不再有效时才恢复输出。
- 逐周期模式:当故障输入引脚被驱动为低电平时,只要故障引脚保持为低电平,PWM 输出就会一直保持定义的故障状态。在故障引脚被驱动为高电平后,PWM 输出将在下一个 PWM 周期开始或半周期边界时返回正常工作。

故障输入引脚的工作模式可通过 P1FLTACON 特殊功能寄存器中的 FLTAM 控制位进行选择。可以用软件对各故障引脚进行手动控制。

14.2.11 PWM 更新锁定

对于有些复杂的 PWM 应用,用户可能需要在给定时间内对最多 4 个占空比寄存器以及 PWM 时基周期寄存器 P1TPER 进行写操作。在某些应用中,在对模块装入新占空比和周期值之前写入所有的缓冲寄存器是很重要的。

通过将 PWM1CON2 中的 UDIS 控制位置 1 可使能 PWM 更新锁定功能。UDIS 位会影响所有的占空比缓冲寄存器和 PWM 时基周期寄存器 P1TPER。当 UDIS=1 时,占空比更改或周期值更改都不起作用。

如果将 IUE(PWM1CON2<2>)位置 1,则不管 UDIS 位的状态如何,对占空比寄存器作出的任何更改将立即得到更新。PWM 周期寄存器(P1TPER)更新不受 IUE 控制位的影响。

14.2.12 PWM 特殊事件触发器

PWM 模块有一个特殊事件触发器,可以使 ADC 转换与 PWM 时基同步,可以将 ADC 采样和转换时间编程为在 PWM 周期内的任何时间发生。特殊事件触发器可以使程序员将采集 ADC 转换结果的时间与占空比值更新时间之间的延迟缩短至最小。

PWM 特殊事件触发器使用特殊功能寄存器 P1SECMP 和 PWM1CON2 的 4 个后分频位(SEVOPS<3:0>)对其操作进行控制。用于产生特殊事件触发信号的 P1TMR 值装入 P1SECMP 寄存器中。

当 PWM 时基处于递增/递减计数模式时,还需要一个控制位指定特殊事件触发信号的计数方向。此计数方向通过 P1SECMP 中的 SEVTDIR 控制位进行选择:

- 如果 SEVTDIR 位清 0,则特殊事件触发信号将在 PWM 时基的递增计数周期产生;
- 如果 SEVTDIR 位置 1,则特殊事件触发信号将在 PWM 时基的递减计数周期产生。

如果 PWM 时基不配置为递增/递减计数模式,则 SEVTDIR 控制位不起作用。

PWM 特殊事件触发器有一个后分频比为 1:1 到 1:16 的后分频器。通过写 PWM1CON2 中的 SEVOPS<3:0>控制位可配置后分频器。特殊事件输出后分频器在发生以下事件之一时清 0:

- 对 P1SECMP 寄存器的任何写操作;
- 任何器件复位。

14.2.13 CPU 休眠模式与空闲模式下的 PWM 操作

在 CPU 休眠模式下,故障 A 和故障 B 输入引脚能够将 CPU 从休眠模式中唤醒。在休眠模式下,如果任一故障引脚被驱动为低电平,则 PWM 模块将产生中断。

P1TCON 寄存器包含 PTSIDL 控制位，该位用于确定当器件进入空闲模式时 PWM 模块是继续工作还是停止工作。

如果 PTSIDL＝0，则模块将继续工作；如果 PTSIDL＝1，只要 CPU 仍然处于空闲模式，模块将停止工作。

14.3 PWM 的相关寄存器

与 PWM 相关的寄存器较多，表 14.1～表 14.12 将一一列出。

表 14.1 P1TCON：PWM 时基控制寄存器

R/W－0	U－0	R/W－0	U－0	U－0	U－0	U－0	U－0
PTEN	—	PTSIDL	—	—	—	—	—
bit 15							bit 8
R/W－0	R/W－0	R/W－0	R/W－0	R/W－0	R/W－0	R/W－0	R/W－0
PTOPS<3:0>				PTCKPS<1:0>		PTMOD<1:0>	
bit 7							bit 0

◆ bit 15 PTEN：PWM 时基定时器使能位

1：使能 PWM 时基；

0：禁止 PWM 时基。

◆ bit 13 PTSIDL：PWM 时基在空闲模式下停止位

1：PWM 时基在 CPU 空闲模式下停止工作；

0：PWM 时基在 CPU 空闲模式继续工作。

◆ bit 7～4 PTOPS<3:0>：PWM 时基输出后分频比选择位

1111：1:16 后分频；

⋮

0001：1:2 后分频；

0000：1:1 后分频。

◆ bit 3～2 PTCKPS<1:0>：PWM 时基输入时钟预分频比选择位

11：PWM 时基输入时钟周期为 $64T_{CY}$（1:64 预分频）；

10：PWM 时基输入时钟周期为 $16T_{CY}$（1:16 预分频）；

01：PWM 时基输入时钟周期为 $4T_{CY}$（1:4 预分频）；

00：PWM 时基输入时钟周期为 T_{CY}（1:1 预分频）。

◆ bit 1～0 PTMOD<1:0>：PWM 时基模式选择位

11：PWM 时基在带双 PWM 更新中断的连续向上/向下模式下工作；

10：PWM 时基在连续向上/向下计数模式下工作；

01:PWM 时基在单事件模式下工作；

00:PWM 时基在自由运行模式下工作。

表 14.2 P1TMR:PWM 定时器计数值寄存器

R-0	R/W-0	R/W-0	R/W-0	R/W-0	R/W-0	R/W-0	R/W-0
PTDIR	PTMR＜14:8＞						
bit 15							bit 8
R/W-0	R/W-0	R/W-0	R/W-0	R/W-0	R/W-0	R/W-0	R/W-0
PTMR＜7:0＞							
bit 7							bit 0

◆ bit 15 PTDIR:PWM 时基计数方向状态位(只读)

1:PWM 时基向下计数；

0:PWM 时基向上计数。

◆ bit 14～0 PTMR＜14:0＞:PWM 时基寄存器计数值

表 14.3 P1TPER:PWM 时基周期寄存器

U-0	R/W-0	R/W-0	R/W-0	R/W-0	R/W-0	R/W-0	R/W-0
—	PTPER＜14:8＞						
bit 15							bit 8
R/W-0	R/W-0	R/W-0	R/W-0	R/W-0	R/W-0	R/W-0	R/W-0
PTPER＜7:0＞							
bit 7							bit 0

◆ bit 14～0 PTPER＜14:0＞:PWM 时基周期值

表 14.4 PxSECMP:特殊事件比较寄存器

R/W-0	R/W-0	R/W-0	R/W-0	R/W-0	R/W-0	R/W-0	R/W-0
SEVTDIR(1)	SEVTCMP＜14:8＞(2)						
bit 15							bit 8
R/W-0	R/W-0	R/W-0	R/W-0	R/W-0	R/W-0	R/W-0	R/W-0
SEVTCMP＜7:0＞(2)							
bit 7							bit 0

(1) SEVTDIR 与 PTDIR (PTMR＜15＞)比较以产生特殊事件触发信号。

(2) SEVTCMP＜14:0＞与 PTMR＜14:0＞比较以产生特殊事件触发信号。

◆ bit 15 SEVTDIR:特殊事件触发器时基方向位

1:当 PWM 时基向下计数时产生特殊事件触发信号；

0:当 PWM 时基向上计数时产生特殊事件触发信号。

◆ bit 14～0 SEVTCMP <14:0>:特殊事件比较值位

表 14.5　PWM1CON1:PWM 控制寄存器 1

U-0	U-0	U-0	U-0	R/W-0	R/W-0	R/W-0	R/W-0
—	—	—	—	PMOD4	PMOD3	PMOD2	PMOD1
bit 15							bit 8
R/W-1	R/W-1	R/W-1	R/W-1	R/W-1	R/W-1	R/W-1	R/W-1
PEN4H*	PEN3H*	PEN2H*	PEN1H*	PEN4L*	PEN3L*	PEN2L*	PEN1L*
bit 7							bit 0

* PENxH 和 PENxL 位的复位状态取决于 FPOR 配置寄存器中 PWMPIN 配置位的值。

◆ bit 11～8 PMOD<4:1>:PWM I/O 对模式位

1:PWM I/O 引脚对处于独立 PWM 输出模式;

0:PWM I/O 引脚对处于互补输出模式。

◆ bit 7～4 PEN4H:PEN1H:PWMxH I/O 使能位

1:PWMxH 引脚被使能为 PWM 输出;

0:禁止 PWMxH 引脚,I/O 引脚成为通用 I/O。

◆ bit 3～0 PEN4L:PEN1L:PWMxL I/O 使能位

1:PWMxL 引脚被使能为 PWM 输出;

0:禁止 PWMxL 引脚,I/O 引脚成为通用 I/O。

表 14.6　PWM1CON2:PWM 控制寄存器 2

U-0	U-0	U-0	U-0	R/W-0	R/W-0	R/W-0	R/W-0
—	—	—	—	SEVOPS<3:0>			
bit 15							bit 8
U-0	U-0	U-0	U-0	U-0	R/W-0	R/W-0	R/W-0
—	—	—	—	—	IUE	OSYNC	UDIS
bit 7							bit 0

◆ bit 11～8 SEVOPS<3:0>:PWM 特殊事件触发器输出后分频比选择位

1111:1:16 后分频;

⋮

0001:1:2 后分频;

0000:1:1 后分频。

◆ bit 2 IUE:立即更新使能位

1:立即对有效 PDC 寄存器进行更新;

0:对有效 PDC 寄存器的更新与 PMW 时基同步。

◆ bit 1 OSYNC:输出改写同步位

1:通过设置 OVDCON 寄存器,使得输出改写与 PWM 时基同步;

0:通过设置 OVDCON 寄存器,使得输出改写在下一个 T_{CY}边界发生。

◆ bit 0 UDIS:PWM 更新禁止位

1:禁止从占空比缓冲寄存器和周期缓冲寄存器进行更新;

0:允许从占空比缓冲寄存器和周期缓冲寄存器进行更新。

表 14.7　P1DTCON1:死区时间控制寄存器 1

R/W-0	R/W-0	R/W-0	R/W-0	R/W-0	R/W-0	R/W-0	R/W-0
DTBPS<1:0>		DTB<5:0>					
bit 15							bit 8
R/W-0	R/W-0	R/W-0	R/W-0	R/W-0	R/W-0	R/W-0	R/W-0
DTAPS<1:0>		DTA<5:0>					
bit 7							bit 0

◆ bit 15～14 DTBPS<1:0>:死区时间单元 B 预分频选择位

11:死区时间单元 B 的时钟周期为 $8T_{CY}$;

10:死区时间单元 B 的时钟周期为 $4T_{CY}$;

01:死区时间单元 B 的时钟周期为 $2T_{CY}$;

00:死区时间单元 B 的时钟周期为 T_{CY}。

◆ bit 13～8 DTB<5:0>:死区时间单元 B 的无符号 6 位死区时间值位

◆ bit 7～6 DTAPS<1:0>:死区时间单元 A 预分频选择位

11:死区时间单元 A 的时钟周期为 $8T_{CY}$;

10:死区时间单元 A 的时钟周期为 $4T_{CY}$;

01:死区时间单元 A 的时钟周期为 $2T_{CY}$;

00:死区时间单元 A 的时钟周期为 T_{CY}。

◆ bit 5～0 DTA<5:0>:死区时间单元 A 的无符号 6 位死区时间值位

表 14.8　P1DTCON2:死区时间控制寄存器 2

U-0	U-0	U-0	U-0	U-0	U-0	U-0	U-0
—	—	—	—	—	—	—	—
bit 15							bit 8
R/W-0	R/W-0	R/W-0	R/W-0	R/W-0	R/W-0	R/W-0	R/W-0
DTS4A	DTS4I	DTS3A	DTS3I	DTS2A	DTS2I	DTS1A	DTS1I
bit 7							bit 0

◆ bit 7 DTS4A:PWM4 信号变为有效的死区时间选择位

1:由单元 B 提供死区时间;

0:由单元 A 提供死区时间。

◆ bit 6 DTS4I:PWM4 信号变为无效的死区时间选择位

1:由单元 B 提供死区时间;

0:由单元 A 提供死区时间。

◆ bit 5 DTS3A:PWM3 信号变为有效的死区时间选择位

1:由单元 B 提供死区时间;

0:由单元 A 提供死区时间。

◆ bit 4 DTS3I:PWM3 信号变为无效的死区时间选择位

1:由单元 B 提供死区时间;

0:由单元 A 提供死区时间。

◆ bit 3 DTS2A:PWM2 信号变为有效的死区时间选择位

1:由单元 B 提供死区时间;

0:由单元 A 提供死区时间。

◆ bit 2 DTS2I:PWM2 信号变为无效的死区时间选择位

1:由单元 B 提供死区时间;

0:由单元 A 提供死区时间。

◆ bit 1 DTS1A:PWM1 信号变为有效的死区时间选择位

1:由单元 B 提供死区时间;

0:由单元 A 提供死区时间。

◆ bit 0 DTS1I:PWM1 信号变为无效的死区时间选择位

1:由单元 B 提供死区时间;

0:由单元 A 提供死区时间。

表 14.9 故障 A 控制寄存器 P1FLTACON

R/W-0	R/W-0	R/W-0	R/W-0	R/W-0	R/W-0	R/W-0	R/W-0
FAOV4H	FAOV4L	FAOV3H	FAOV3L	FAOV2H	FAOV2L	FAOV1H	FAOV1L
bit 15							bit 8
R/W-0	U-0	U-0	U-0	R/W-0	R/W-0	R/W-0	R/W-0
FLTAM	—	—	—	FAEN4	FAEN3	FAEN2	FAEN1
bit 7							bit 0

◆ bit 15～8 FAOVxH<4:1>,FAOVxL<4:1>:故障输入 A PWM 改写值位,x=1,2,3,4

1:PWM 输出引脚在发生外部故障输入事件时驱动为有效;

0:PWM 输出引脚在发生外部故障输入事件时驱动为无效。

◆ bit 7 FLTAM:故障 A 模式位

1:在逐周期模式下,故障 A 输入引脚起作用;

0:故障 A 输入引脚将所有控制引脚闩锁为在 FLTACON<15:8>中编程的状态。

◆ bit 3 FAEN4:故障输入 A 使能位

1:PWM4H/PWM4L 引脚对由故障输入 A 控制;

0:PWM4H/PWM4L 引脚对不受故障输入 A 控制。

◆ bit 2 FAEN3:故障输入 A 使能位

1:PWM3H/PWM3L 引脚对由故障输入 A 控制;

0:PWM3H/PWM3L 引脚对不受故障输入 A 控制。

◆ bit 1 FAEN2:故障输入 A 使能位

1:PWM2H/PWM2L 引脚对由故障输入 A 控制;

0:PWM2H/PWM2L 引脚对不受故障输入 A 控制。

◆ bit 0 FAEN1:故障输入 A 使能位

1:PWM1H/PWM1L 引脚对由故障输入 A 控制;

0:PWM1H/PWM1L 引脚对不受故障输入 A 控制。

表 14.10 P1FLTBCON:故障 B 控制寄存器

R/W-0	R/W-0	R/W-0	R/W-0	R/W-0	R/W-0	R/W-0	R/W-0
FBOV4H	FBOV4L	FBOV3H	FBOV3L	FBOV2H	FBOV2L	FBOV1H	FBOV1L
bit 15							bit 8
R/W-0	U-0	U-0	U-0	R/W-0	R/W-0	R/W-0	R/W-0
FLTBM	—	—	—	FBEN4*	FBEN3*	FBEN2*	FBEN1*
bit 7							bit 0

* 如果故障 A 引脚和故障 B 引脚同时使能,则前者的优先级高于后者。

◆ bit 15~8 FAOVxH<4:1>,FAOVxL<4:1>:故障输入 BPWM 改写值位,x=1,2,3,4

1:PWM 输出引脚在发生外部故障输入事件时驱动为有效;

0:PWM 输出引脚在发生外部故障输入事件时驱动为无效。

◆ bit 7 FLTBM:故障 B 模式位

1:在逐周期模式中,故障 B 输入引脚起作用;

0:故障 B 输入引脚将所有控制引脚锁为在 FLTBCON<15:8>中编程的状态。

◆ bit 3 FAEN4:故障输入 B 使能位

1:PWM4H/PWM4L 引脚对由故障输入 B 控制;

0:PWM4H/PWM4L 引脚对不受故障输入 B 控制。

◆ bit 2 FAEN3:故障输入B使能位

1:PWM3H/PWM3L引脚对由故障输入B控制;

0:PWM3H/PWM3L引脚对不受故障输入B控制。

◆ bit 1 FAEN2:故障输入B使能位

1:PWM2H/PWM2L引脚对由故障输入B控制;

0:PWM2H/PWM2L引脚对不受故障输入B控制。

◆ bit 0 FAEN1:故障输入B使能位

1:PWM1H/PWM1L引脚对由故障输入B控制;

0:PWM1H/PWM1L引脚对不受故障输入B控制。

表14.11 P1OVDCON:PWM改写控制寄存器

R/W-1	R/W-1	R/W-1	R/W-1	R/W-1	R/W-1	R/W-1	R/W-1
POVD4H	POVD4L	POVD3H	POVD3L	POVD2H	POVD2L	POVD1H	POVD1L
bit 15							bit 8

R/W-0	R/W-0	R/W-0	R/W-0	R/W-0	R/W-0	R/W-0	R/W-0
POUT4H	POUT4L	POUT3H	POUT3L	POUT2H	POUT2L	POUT1H	POUT1L
bit 7							bit 0

◆ bit 15~8 POVDxH＜4:1＞,POVDxL＜4:1＞:PWM输出改写位,x=1,2,3,4

1:PWMx I/O引脚上的输出由PWM发生器控制;

0:PWMx I/O引脚上的输出由对应POUTxH、POUTxL位中的值控制。

◆ bit 7~0 POUTxH＜4:1＞,POUTxL＜4:1＞:PWM手动输出位,x=1,2,3,4

1:当对应的POVDxH,POVDxL位清0时,PWMx I/O引脚被驱动为有效状态;

0:当对应的POVDxH,POVDxL位清0时,PWMx I/O引脚被驱动为无效状态。

表14.12 P1DCy:PWM占空比寄存器y(y=1,2,3,4)

R/W-0	R/W-0	R/W-0	R/W-0	R/W-0	R/W-0	R/W-0	R/W-0
PDCy＜15:8＞							
bit 15							bit 8

R/W-0	R/W-0	R/W-0	R/W-0	R/W-0	R/W-0	R/W-0	R/W-0
PDCy＜7:0＞							
bit 7							bit 0

◆ bit 15~0 PDCy＜15:0＞:PWM占空比y值位

14.4　MCPWM 的应用实例

本节通过 3 个实例说明 MCPWM 的实际应用。

【例 14.1】　利用正弦脉宽调制(SPWM),由直流电源产生单相交流电源

所谓单相逆变指的是一种电源转换装置,可将直流电转换成交流电;而正弦脉宽调制(SPWM,Sinusoidal Pulse Width Modulation)是一种最简单的调制方法,它是利用输出脉冲宽度与正弦值成比例的一种调制方法。

图 14.5(a)为一个单相逆变的基本原理图,Q1～Q4 为可控电力电子器件。假设负载从 A 到 B 方向为电压的正方向。为了能让负载得到正的电压,须让 Q1 和 Q4 导通,而 Q2 和 Q3 截止;同样,为了让负载得到负的电压,须让 Q3 和 Q2 导通,而 Q1 和 Q4 截止。按照一定的规律改变负载两端的电压极性,此负载两端的电压就是交流电。

但如果只是这样简单的导通和关断,那么负载得到是只是一个矩形的电压。

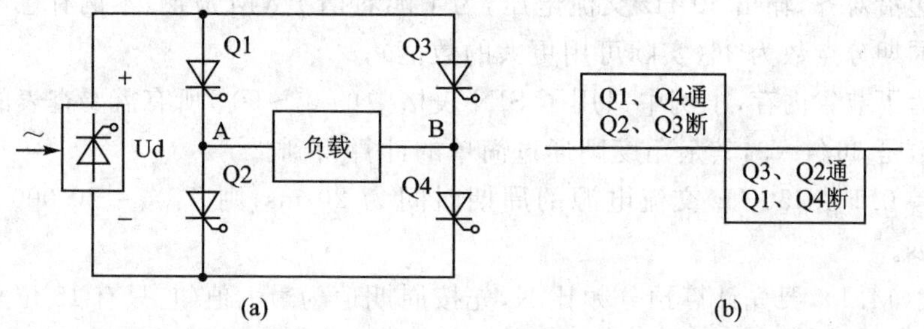

图 14.5　单相逆变原理示意图

SPWM 是利用输出电压与时间乘积的面积与正弦面积相等的原理,使得输出电压接近于正弦的,如图 14.6 所示。因此需要一个与正弦表相对应的数组供计算时使用。

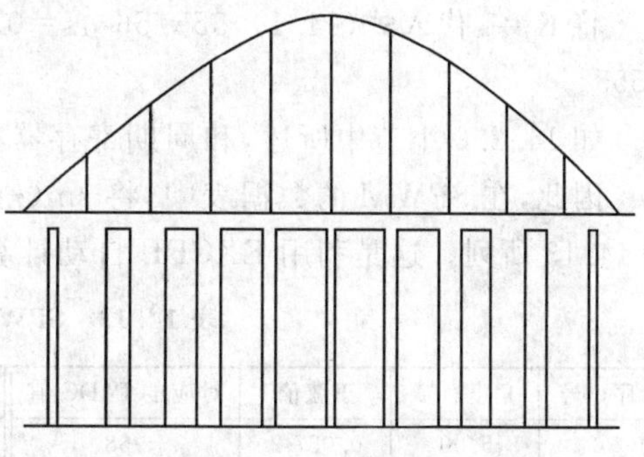

图 14.6　SPWM 调制示意图

本章用到了 IR2101 芯片,这里对这个芯片作一个简单的介绍。

IR2101 是双通道、栅极驱动、高压高速功率驱动器,该器件采用了高度集成的电平转换技术,简化了逻辑电路对功率器件的控制要求,提高了驱动电路的可靠性。尤其是高端悬浮自举电源的成功设计,可以大大减少驱动电源数目,降低了产品成本,提高了系统可靠性。

IR2101 主要特性包括:

- 悬浮通道电源采用自举电路；
- 功率器件栅极驱动电压范围 10～20 V；
- 逻辑电源范围 5～20 V；
- 逻辑电源地和功率地之间允许＋5 V 的偏移量；
- 带有下拉电阻的 CMOS 施密特输入端，方便与 LSTTL 和 CMOS 电平匹配，独立的低端和高端输入通道。

IR2101 的引脚中，HIN 为逻辑输入高；LIN 为逻辑输入低；VB 为高端浮动供应；HO 为高边栅极驱动器输出；Vs 为高端浮动供应返回；Voc 为电源；LO 为低边栅极驱动器输出；COM 为公共端。

本例程序的基本设置：

- DCS 采用 dsPIC33FJ32MC204 芯片，外接 4 MHz 晶振，经 PLL 后 F_{OSC}＝20 MHz，F_{CY}＝10 MHz，T_{CY}＝100 ns；
- 本例用到 MCPWM 的 1 对和 2 对，但其低端引脚禁止 PWM 输出，通过寄存器 P1OVDCON 来设置低端引脚的导通或截止；
- 边沿对齐，输出 50 Hz 交流电压，为了能看清 PWM 波形，本例有意设置每个周期分点数为 36(实际可用更大的数值)；
- 为了节省内存，本例中只用了 SIN 表格中的 0°～90°，所有需要查表的数据个数是 36/4＝9，其余角度则通过简单的计算得到。

T_{CY}＝0.1 μs，50 Hz 交流电源的周期时间为 20 ms，则 T_{PWM}＝20 000 μs/36＝555.56 μs。

由式(14.1)，要先计算预分频比 K，先按周期值为最大值(它只有 15 位来存放定时值)来计算，即 $P1TPER_{MAX}$＝32 767。

T_{PWM}＝555.56 μs＝0.1 μs×(32 767＋1)×K，得 K≈0.172，取 K＝1。

将 K＝1 代入式(14.1)，555.56 μs＝0.1 μs×(P1TPER＋1)×1，得 P1TPER＝5 555。

如 14.2.6 小节中所述，和周期寄存器相比，占空比寄存器的值要乘以 2。

因此，在 SPWM 的数据表中，将 sin(π/2)＝sin 90°与 5 555 对应，得到的表格如表 14.13 所列。这是利用 EXCEL 自动计算的。

表 14.13　SPWM 计算用表格

序　号	角度/(°)	正弦值	对应的 P1DC 值	序　号	角度/(°)	正弦值	对应的 P1DC 值
0	5.00	0.087 2	968	5	55.00	0.819 2	9 101
1	15.00	0.258 8	2 875	6	65.00	0.906 3	10 069
2	25.00	0.422 6	4 695	7	75.00	0.965 9	10 731
3	35.00	0.573 6	6 372	8	85.00	0.996 2	11 068
4	45.00	0.707 1	7 856	—	—	—	—

本例中，一个周期(360°)分为 36 个点，故每 2 点的间隔为 10°，第一个点选在 0°和 10°的中间，即 5°，sin 5°≈0.087 2，0.087 2×P1TPER×2≈968。其余类推。

仿真所用的线路图如图 14.7 所示，仿真结果的波形图如图 14.8 所示。

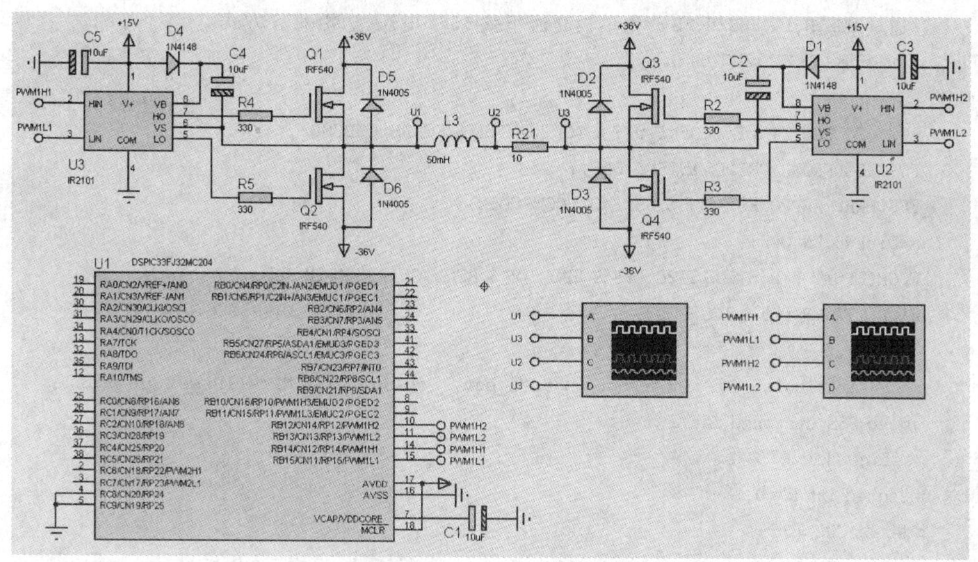

图 14.7 例 14.1 的仿真线路图

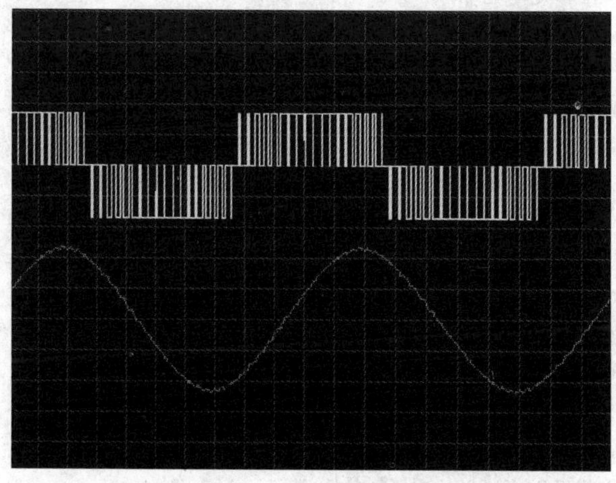

图 14.8 例 14.1 的仿真输出波形图

图 14.8 上面的波形为负载两端的电压差，下面的正弦波形实际上是通过负载电阻 R21 上的电流波形。由于负载上的电感作用，电流呈现正弦波，但有较明显的谐波，如果把每周期的点数增到 100，则谐波可显著消除。

在本例中，用了 PROTEUS 中示波器的通道相减的功能，即使用通道 C+D 功能，同时让 D 反相，即显示的波形为 C—D，就是图 14.7 中的 U2—U3 电压波形。

程序加上了详细的注解,使读者容易理解程序的思路。

【例14.1】 基于SPWM的直流/单相交流变换程序

```
//外接4 MHz晶振,经PLL后Fosc = 20 MHz,FCY = 10 MHz,TCY = 100 ns
//通过PWM1H、1L,PWM2H、2L产生单相交流正弦50Hz电压,边沿对齐方式
#include "P33FJ32MC204.H"

_FOSC(POSCMD_XT & OSCIOFNC_OFF & IOL1WAY_ON & FCKSM_CSDCMD);
_FOSCSEL(FNOSC_PRIPLL & IESO_OFF);
_FBS(BWRP_WRPROTECT_OFF & BSS_NO_BOOT_CODE);
_FWDT(FWDTEN_OFF);
_FPOR(FPWRT_PWR16 & ALTI2C_OFF & LPOL_ON & HPOL_ON & PWMPIN_ON);
_FICD(JTAGEN_OFF & ICS_PGD3);

void __attribute__((__interrupt__, auto_psv, __shadow__)) _MPWM1Interrupt(void);
signed SSS(unsigned int);
#define LED _R
unsigned int N = 0;
#define NN   36
#define NN1 NN/4
//边沿对齐模式,f = 50 Hz,NN = 36,TCY = 0.1 μs,分频比 = 1,PTPER = 5 555
const unsigned int SIN[NN1] =
{968,2875,4695,6372,7856,9101,10069,10731,11068};
int main(void)
{   RCONbits.SWDTEN = 0;          //禁止WDT
    CLKDIVbits.PLLPRE = 0;        //N1 = 2,输出4 MHz/2 = 2 MHz,在0.8～8 MHz区间
    PLLFBDbits.PLLDIV = 80 - 2;   //M = 80,输出2 MHz×80 = 160 MHz,在100～200 MHz区间
    CLKDIVbits.PLLPOST = 3;       //N2 = 8,输出160 MHz/8 = 20 MHz,在12.5～80 MHz区间
                                  //最后得到总振荡频率Fosc为20 MHz
    while(OSCCONbits.COSC ! = 0b011);    //等待时钟稳定
    TRISB = 0x00FF;
    AD1PCFGL = 0xFFFF;
    P1TPER = 5555;                //!!!
    P1TCONbits.PTMOD = 0b00;      //0b0x:边沿对齐,0b1x:中心对齐
    P1TCONbits.PTCKPS = 0b00;     //预分频1:1
    P1TCONbits.PTOPS = 0b0000;    //后分频1:1
    PWM1CON1bits.PMOD1 = 1;       //1为PWM引脚对处于独立输出模式
    PWM1CON1bits.PMOD2 = 1;       //0为PWM引脚对处于互补输出模式

    PWM1CON1bits.PEN1H = 1;       //使能PWM1H引脚
    PWM1CON1bits.PEN1L = 0;       //禁止PWM1L引脚
    PWM1CON1bits.PEN2H = 1;       //使能PWM2H引脚
```

```
    PWM1CON1bits.PEN2L = 0;         //禁止 PWM2L 引脚

    PWM1CON2bits.SEVOPS = 0;        //特殊事件输出后分频为 1:1
    PWM1CON2bits.IUE = 0;           //1:立即更新 P1DCx
    PWM1CON2bits.OSYNC = 1;         //1:强制输出在下一个 TCY 边沿发生
    PWM1CON2bits.UDIS = 0;          //0:允许从占空比和周期缓冲寄存器更新

    P1DC1 = 0;P1DC2 = 0;
    _PWM1IE = 1;                    //允许 PWM 中断
    _PWM1IP = 0b111;                //PWM 中断优先级 = 7
    P1TCONbits.PTEN = 1;

    while(1);
}

void __attribute__((__interrupt__, auto_psv,__shadow__)) _MPWM1Interrupt(void)
{   signed int S;
    _PWM1IF = 0;
    if (N<NN1 + NN1)
        P1OVDCON = 0x0204;          //1H 为 PWM 输出,2L 常通,其余不通
    else
        P1OVDCON = 0x0801;          //2H 为 PWM 输出,1L 常通,其余不通
    S = SSS(N);                     //获得对应角度的、与正弦成正比的数值
    if (S> = 0)
        P1DC1 = S;                  //正半波
    else
        P1DC2 = - S;                //负半波
    N = N + 1;
    if (N> = NN)
        N = 0;
}

//根据角度 A 来查相应的与正弦成正比的数据,返回的结果与正弦角度的正负对应
signedint SSS(unsigned int A)
{   signed int B;
    unsigned int N1;
    N1 = A;
    while (N1> = NN1)
        N1 = N1 - NN1;              //查表按 0～90°查

    if (N<NN1)
        B = SIN[N1];                //角度在 0～90°间,结果为正
```

```
    else if (N<NN1 + NN1)
        B = SIN[NN1 - 1 - N1];      //角度在 90°～180°间,结果为正
    else if (N<NN1 + NN1 + NN1)
        B = - SIN[N1];              //角度在 180°～270°间,结果为负
    else
        B = - SIN[NN1 - 1 - N1];  //角度在 270°～360°间,结果为负
    return (B);
}
```

【例 14.2】　利用正弦脉宽调制(SPWM),由直流电产生三相对称交流电源

本例还是利用 IR2101 芯片,通过 dsPIC33FJ32MC204 的 MCPWM 模块,由直流电源产生三相对称的交流电源,其硬件原理如图 14.9 所示。图中,三相 PWM 脉冲由 MCPWM 模块的三对引脚输出:PWM1H1、PWM1L1、PWM1H2、PWM1L2、PWM1H3、PWM1L3。图 14.9 为仿真线路图。

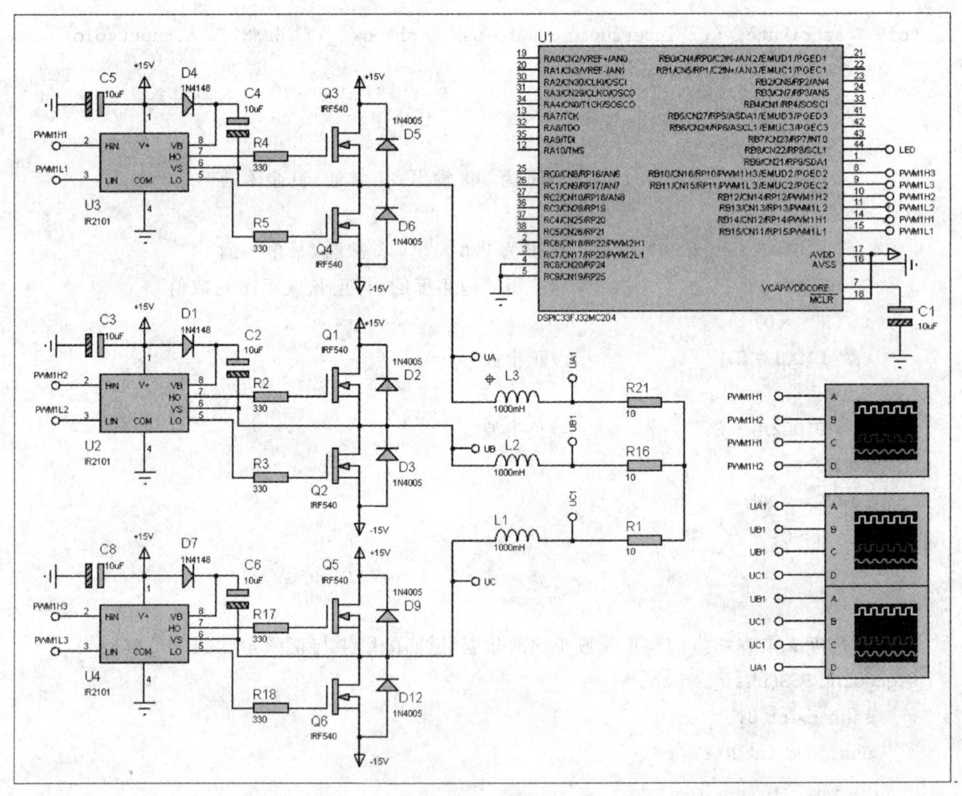

图 14.9　例 14.2 的仿真线路图

采用中心对齐模式,输出的三相电压的频率 F＝50 Hz,每周期点数 NN＝360,T_{CY}＝0.1 μs,容易得到 MCPWM 时钟分频比 KK＝1,每个点的相应的时间为 1 000 000 μs/50/360≈55.556 μs。

其中的 PTPER＝T_{PWM}/KK/T_{CY}/2－1≈277，这里公式中除以 2 是因为采用的是中心对齐方式。

建造表格时的原则是：0°时 P1DC＝PTPER，90°时 P1DC＝2×PTPER，270°时 P1DC＝0，且一周期点数 NN 须为 12 的倍数，所用到的数为序号 0～(NN－1)。

利用 EXCEL 编程，建造了 A 相的查表表格，而 B 相和 C 相则根据相差 120°的关系获得，当需要查表获得三相角度信息时，B 相的角度为 A 相落后 120°，即超前 A 相 240°，而 C 相则超前 A 相 120°即可。

为了简化计算，查表用的数据使用完整的 0°～360°的数据，因此本程序相对并不复杂。

【例 14.2】　程序

```
//本程序 FCY = 10 MHz,TCY = 0.1 μs
//直流转换为三相交流正弦波,中心对齐模式
#include "P33FJ32MC204.H"

_FPOR(FPWRT_PWR16 & ALTI2C_OFF & LPOL_ON & HPOL_ON & PWMPIN_ON);
_FOSCSEL(FNOSC_PRIPLL & IESO_OFF);
_FOSC(FCKSM_CSDCMD & OSCIOFNC_OFF & POSCMD_XT);
_FWDT(FWDTEN_OFF);
_FICD(JTAGEN_OFF & ICS_PGD3);

void __attribute__((__interrupt__)) _MPWM1Interrupt(void);
void CONFIG_EPWM(void);
unsigned int SSS(unsigned int);

unsigned int N = 0;
#define NN 360          //
#define NN1 NN/4
#define N240 NN * 2/3
#define N120 NN/3
#define LED _RB8
//中心对齐模式,F = 50 Hz,NN = 360,TCY = 0.1 μs,分频比 = 1,PTPER = 277
const unsigned int SIN[NN] =
{   280,285,290,295,300,305,309,314,319,324,
    329,333,338,343,348,352,357,362,366,371,
    375,380,384,389,393,398,402,406,411,415,
    419,423,427,431,435,439,443,447,451,455,
    459,462,466,469,473,476,480,483,486,489,
    493,496,499,501,504,507,510,512,515,518,
    520,522,525,527,529,531,533,535,537,538,
    540,542,543,545,546,547,548,549,550,551,
```

```
        552,553,554,554,555,555,555,556,556,556,
        556,556,556,555,555,555,554,554,553,552,
        551,550,549,548,547,546,545,543,542,540,
        538,537,535,533,531,529,527,525,522,520,
        518,515,512,510,507,504,501,499,496,493,
        489,486,483,480,476,473,469,466,462,459,
        455,451,447,443,439,435,431,427,423,419,
        415,411,406,402,398,393,389,384,380,375,
        371,366,362,357,352,348,343,338,333,329,
        324,319,314,309,305,300,295,290,285,280,
        276,271,266,261,256,251,247,242,237,232,
        227,223,218,213,208,204,199,194,190,185,
        181,176,172,167,163,158,154,150,145,141,
        137,133,129,125,121,117,113,109,105,101,
        97,94,90,87,83,80,76,73,70,67,
        63,60,57,55,52,49,46,44,41,38,
        36,34,31,29,27,25,23,21,19,18,
        16,14,13,11,10,9,8,7,6,5,
        4,3,2,2,1,1,1,0,0,0,
        0,0,0,1,1,1,2,2,3,4,
        5,6,7,8,9,10,11,13,14,16,
        18,19,21,23,25,27,29,31,34,36,
        38,41,44,46,49,52,55,57,60,63,
        67,70,73,76,80,83,87,90,94,97,
        101,105,109,113,117,121,125,129,133,137,
        141,145,150,154,158,163,167,172,176,181,
        185,190,194,199,204,208,213,218,223,227,
        232,237,242,247,251,256,261,266,271,276
};

int main(void)
{   RCONbits.SWDTEN = 0;            //禁止 WDT
    CLKDIVbits.PLLPRE = 0;          //N1 = 2,输出 4 MHz/2 = 2 MHz,在 0.8～8 MHz 区间
    PLLFBDbits.PLLDIV = 80 - 2;     //M = 80,输出 2 MHz×80 = 160 MHz,在 100～200 MHz 区间
    CLKDIVbits.PLLPOST = 3;         //N2 = 8,输出 160 MHz/8 = 20 MHz,在 12.5～80 MHz 区间
                                    //最后得到总振荡频率 Fosc 为 20 MHz
    CONFIG_EPWM();
    IFS3bits.PWM1IF = 0;
    P1TCONbits.PTEN = 1;            //PWM 时基使能

    while(1);
}
```

```
void __attribute__((__interrupt__, auto_psv,__shadow__)) _MPWM1Interrupt(void)
{   IFS3bits.PWM1IF = 0;
    LED = 1;
    N = N + 1;
    P1DC1 = SSS(N);                 //A 相
    P1DC2 = SSS(N + N240);          //B 相,角度加 240°
    P1DC3 = SSS(N + N120);          //C 相,角度加 120°
    LED = 0;
    if (N> = NN)
        N = 0;
}

unsigned int SSS(unsigned int N)
{   while (N> = NN)                 //角度超出 360°时减去 360°
          N = N - NN;
      return(SIN[N]);
}

void CONFIG_EPWM(void)
{   LED = 0;
    TRISB = 0x00FF;
    AD1PCFGL = 0xFFFF;

    P1TCONbits.PTMOD = 0b10;        //0b10:中心对齐
    P1TPER = 277;                   //!!!
    P1TCONbits.PTCKPS = 0b00;       //PWM 预分频为 1:1
    P1TCONbits.PTOPS = 0;           //PWM 后分频为 1:1

    PWM1CON1bits.PMOD3 = 0;         //PWM3 互补输出模式
    PWM1CON1bits.PMOD2 = 0;         //PWM2 互补输出模式
    PWM1CON1bits.PMOD1 = 0;         //PWM1 互补输出模式

    PWM1CON1bits.PEN3H = 1;         //PWM3H 为 PWM 引脚
    PWM1CON1bits.PEN3L = 1;         //PWM3L 为 PWM 引脚
    PWM1CON1bits.PEN2H = 1;         //PWM2H 为 PWM 引脚
    PWM1CON1bits.PEN2L = 1;         //PWM2L 为 PWM 引脚
    PWM1CON1bits.PEN1H = 1;         //PWM1H 为 PWM 引脚
    PWM1CON1bits.PEN1L = 1;         //PWM1L 为 PWM 引脚

    PWM1CON2bits.SEVOPS = 0;        //特殊事件输出后分频为 1:1
    PWM1CON2bits.IUE = 0;           //不立即更新 P1DCx
```

```
    PWM1CON2bits.OSYNC = 0;        //强制输出在下一个 TCY边沿发生
    PWM1CON2bits.UDIS = 0;         //允许从占空比和周期缓冲寄存器更新

    PWM2CON1bits.PEN1H = 0;        //PWM2H1 为 I/O引脚
    PWM2CON1bits.PEN1L = 0;        //PWM2L1 为 I/O引脚

    IEC3bits.PWM1IE = 1;           //允许 PWM 中断
    IPC14bits.PWM1IP = 0b111;      //PWM 中断优先级 = 7
}
```

仿真运行的三相输出波形如图 14.10 所示，横坐标为 2 ms/格。可以看到，输出结果是满意的。

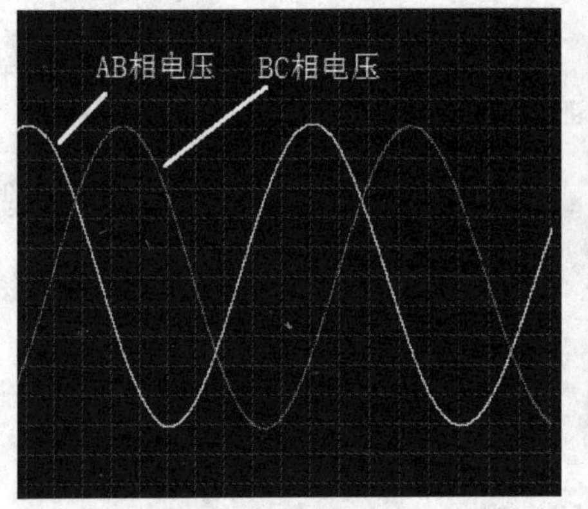

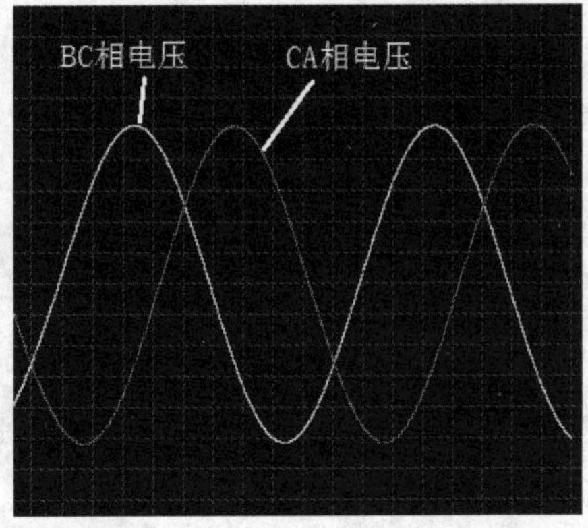

图 14.10　例 14.2 的仿真输出波形图

为了清晰地看到 MCPWM 的波形，程序中把每周期 360 点缩为 12 点，相关表格和参数也要作适当的修改。图 14.11 为 PWM1H1、PWM1H2 引脚的输出波形及它们相减的波形。由于每周期的点数大量减小，为了让输出波形更趋向于正弦，将图 14.9的三相负载电阻 R1、R16 和 R21 从 10 Ω 减为 1 Ω，而电感 L 不变，即增大了时间常数 $\tau(\tau = L/R)$，横坐标仍为 2 ms/格。而程序只修改了下面部分：

```
    …
#define NN 12              //!!!
    …
//中心对齐模式,F = 50 Hz,NN = 12,TCY = 0.1 μs,分频比 = 1,PTPER = 8 332
const unsigned int SIN[NN] =
{   10490,14225,16382,16382,14225,10490,6176,2441,284,284,2441,6176
};
    …
void CONFIG_EPWM(void)
{   …
```

```
    P1TPER = 8332;
    ...
}
```

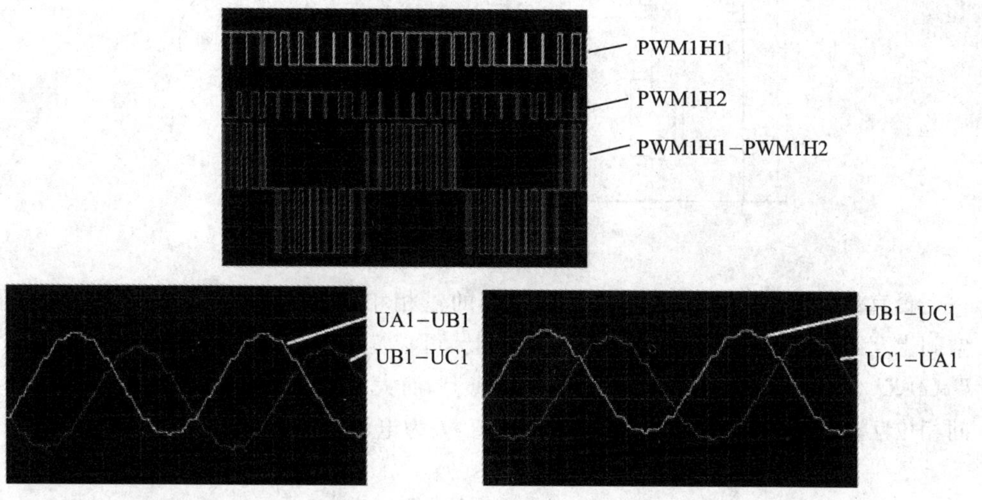

图 14.11　例 14.2 每周期点数减为 12 的 MCPWM 输出波形图

【例 14.3】　基于 SVPWM 的三相交流电压发生器

1. SVPWM 简介

SVPWM 即空间矢量脉宽调制(Space Vector Pulse Width Modulation),是近年来发展的一种比较新颖的控制方法,是由三相功率逆变器的六个功率开关元件组成的特定开关模式产生的脉宽调制波,使输出电流波形接近于理想的正弦波形。空间矢量脉宽调制 SVPWM 与传统的 SPWM 不同,它是从三相输出电压的整体效果出发,其着重点在于如何使输出磁场获得理想的圆形磁链轨迹。与 SPWM 相比较,基于 SVPWM 技术的绕组电流波形的谐波成分小,这使得电机转矩脉动降低,旋转磁场更逼近圆形,而且使直流母线电压的利用率有了很大提高,更易于实现数字化。利用此技术所产生的三相交流电压,其优点在于能充分利用母线电压。下面将对该算法进行详细分析阐述。

SVPWM 的理论基础是平均值等效原理,即在一个开关周期内,通过对基本电压矢量加以组合,使其平均值与给定电压矢量相等。在某个时刻,电压矢量旋转到某个区域中,可由组成这个区域的两个相邻的非 0 矢量和 0 矢量在时间上的不同组合来得到。两个矢量的作用时间在一个采样周期内多次施加,从而控制各个电压矢量的作用时间,使电压空间矢量接近于圆轨迹旋转,通过逆变器的不同开关状态所产生的实际磁通去逼近理想磁通圆,并由两者的比较结果来决定逆变器的开关状态,从而形成 PWM 波形。逆变电路如图 14.12 所示,其中 PMSM 为永磁同步电机(Permanent Magnet Synchronous Motor)。

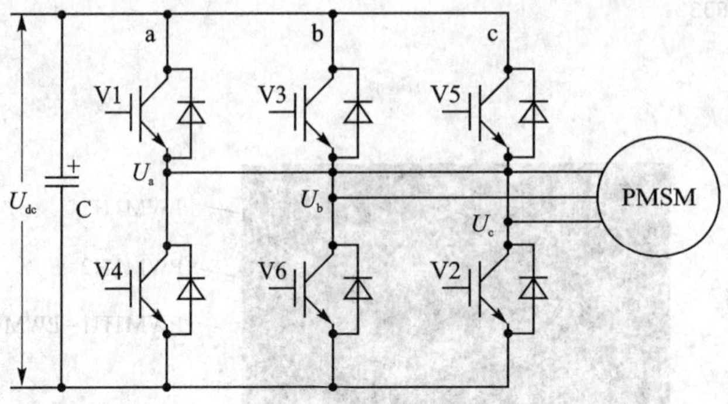

图 14.12　逆变电路

设直流母线侧电压为 U_{dc}，逆变器输出的三相相电压为 U_a、U_b、U_c，其分别加在空间上互差 120°的三相平面静止坐标系上，可以定义三个电压空间矢量 $U_a(t)$、$U_b(t)$、$U_c(t)$，它们的方向始终在各相的轴线上，而大小则随时间按正弦规律变化，时间相位互差 120°。假设 U_m 为相电压有效值，f 为电源频率，则有：

$$\left.\begin{aligned} U_a(t) &= U_m\cos(\theta) \\ U_b(t) &= U_m\cos(\theta - 2\pi/3) \\ U_c(t) &= U_m\cos(\theta + 2\pi/3) \end{aligned}\right\} \tag{14.4}$$

其中，$\theta = 2\pi ft$，则三相电压空间矢量相加的合成空间矢量 $U(t)$ 就可以表示为：

$$U(t) = U_a(t) + U_b(t)e^{j2\pi/3} + U_c(t)e^{j4\pi/3} = \frac{3}{2}U_m e^{j\theta} \tag{14.5}$$

可见 $U(t)$ 是一个旋转的空间矢量，它的幅值为相电压峰值的 1.5 倍；U_m 为相电压峰值，是以角频率 $\omega = 2\pi f$ 按逆时针方向匀速旋转的空间矢量，而空间矢量 $U(t)$ 在三相坐标轴 (a, b, c) 上的投影就是对称的三相正弦量。

由于逆变器三相桥臂共有 6 个开关管，为了研究各相上下桥臂不同开关组合时逆变器输出的空间电压矢量，定义开关函数 S_x ($x = a, b, c$) 为

$$S_x = \begin{cases} 1 & (\text{上桥臂导通}) \\ 0 & (\text{下桥臂导通}) \end{cases} \tag{14.6}$$

$(S_a、S_b、S_c)$ 的全部可能组合共有八个，包括 6 个非 0 矢量 $\boldsymbol{U}_1(001)$、$\boldsymbol{U}_2(010)$、$\boldsymbol{U}_3(011)$、$\boldsymbol{U}_4(100)$、$\boldsymbol{U}_5(101)$、$\boldsymbol{U}_6(110)$ 和两个 0 矢量 $\boldsymbol{U}_0(000)$、$\boldsymbol{U}_7(111)$，如图 14.13 所示。

下面以其中一种开关组合为例来分析，假设 $S_x(x = a, b, c) = (100)$，此时

$$\left.\begin{aligned} & U_{ab} = U_{dc}, U_{bc} = 0, U_{ca} = -U_{dc} \\ & U_{aN} - U_{bN} = U_{dc}, U_{aN} - U_{cN} = U_{dc} \\ & U_{aN} + U_{bN} + U_{cN} = 0 \end{aligned}\right\} \tag{14.7}$$

求解上述方程可得：$U_{aN} = 2U_{dc}/3$、$U_{bN} = -U_{dc}/3$、$U_{cN} = -U_{dc}/3$。同理可计算出其他各种组合下的空间电压矢量，如表 14.14 所列。

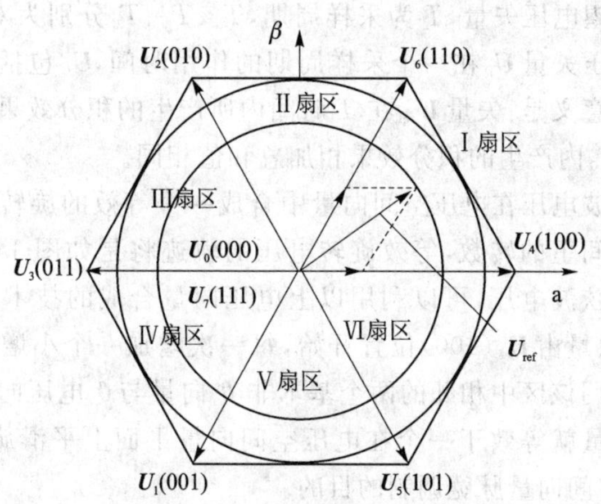

图 14.13　电压空间矢量示意图

表 14.14　空间矢量组合表

S_a	S_b	S_c	矢量符号	线电压			相电压		
				U_{ab}	U_{bc}	U_{ca}	U_{aN}	U_{bN}	U_{cN}
0	0	0	$\boldsymbol{U}_0$	0	0	0	0	0	0
1	0	0	$\boldsymbol{U}_4$	U_{dc}	0	$-U_{dc}$	$\frac{2}{3}U_{dc}$	$-\frac{1}{3}U_{dc}$	$-\frac{1}{3}U_{dc}$
1	1	0	$\boldsymbol{U}_6$	0	U_{dc}	$-U_{dc}$	$\frac{1}{3}U_{dc}$	$\frac{1}{3}U_{dc}$	$-\frac{2}{3}U_{dc}$
0	1	0	$\boldsymbol{U}_2$	$-U_{dc}$	U_{dc}	0	$-\frac{1}{3}U_{dc}$	$-\frac{2}{3}U_{dc}$	$-\frac{1}{3}U_{dc}$
0	1	1	$\boldsymbol{U}_3$	$-U_{dc}$	0	U_{dc}	$-\frac{2}{3}U_{dc}$	$\frac{1}{3}U_{dc}$	$\frac{1}{3}U_{dc}$
0	0	1	$\boldsymbol{U}_1$	0	$-U_{dc}$	U_{dc}	$-\frac{1}{3}U_{dc}$	$-\frac{1}{3}U_{dc}$	$\frac{2}{3}U_{dc}$
1	0	1	$\boldsymbol{U}_5$	U_{dc}	$-U_{dc}$	0	$\frac{1}{3}U_{dc}$	$-\frac{2}{3}U_{dc}$	$\frac{1}{3}U_{dc}$
1	1	1	$\boldsymbol{U}_7$	0	0	0	0	0	0

其中，非 **0** 矢量的幅值相同（大小为 $2U_{dc}/3$），相邻的矢量间隔 60°，而两个 **0** 矢量幅值为 0，位于中心。在每一个扇区，选择相邻的两个电压矢量以及 **0** 矢量，按照伏秒平衡的原则来合成每个扇区内的任意电压矢量，即：

$$\int_0^T \boldsymbol{U}_{\mathrm{ref}}\,\mathrm{d}t = \int_0^{T_x} \boldsymbol{U}_x\,\mathrm{d}t + \int_{T_x}^{T_x+T_y} \boldsymbol{U}_y\,\mathrm{d}t + \int_{T_x+T_y}^{T} \boldsymbol{U}_0\,\mathrm{d}t \tag{14.8}$$

或者等效成下式：

$$\boldsymbol{U}_{\mathrm{ref}} \times T = \boldsymbol{U}_x \times T_x + \boldsymbol{U}_y \times T_y + \boldsymbol{U}_0 \times T_0 \tag{14.9}$$

其中，$\boldsymbol{U}_{\text{ref}}$为期望电压矢量，$T$ 为采样周期，T_x、T_y、T_0分别为对应两个非 0 电压矢量$\boldsymbol{U}_x$、$\boldsymbol{U}_y$和 0 电压矢量$\boldsymbol{U}_0$在一个采样周期的作用时间，$\boldsymbol{U}_0$包括了$\boldsymbol{U}_0$和$\boldsymbol{U}_7$两个 0 矢量。式(14.9)的意义是：矢量$\boldsymbol{U}_{\text{ref}}$在 T 时间内所产生的积分效果值和$\boldsymbol{U}_x$、$\boldsymbol{U}_y$、$\boldsymbol{U}_0$分别在时间 T_x、T_y、T_0内产生的积分效果相加总和值相同。

由于三相正弦波电压在电压空间向量中合成一个等效的旋转电压，其频率就是旋转磁场在 1 秒时间里的转数，等效旋转电压的轨迹将是如图 14.13 所示的圆形。所以要产生三相正弦波电压，可以利用以上电压向量合成的技术，在电压空间向量上，将设定的电压向量由$\boldsymbol{U}_4$(100)位置开始，每一次增加一个小增量，每一个小增量设定电压向量可以用该区中相邻的两个基本非 ***0*** 向量与 ***0*** 电压向量予以合成，如此得到的设定电压向量就等效于一个在电压空间向量平面上平滑旋转的电压空间向量，从而达到电压空间向量脉宽调制的目的。

三相电压给定所合成的电压向量旋转角速度为 $\omega=2\pi f$，旋转一周所需的时间为 $T=1/f$；若载波频率是 f_s，则频率比为 $R=f_s/f$。这样将电压旋转平面等切割成多个小增量，设定电压向量每次增量的角度 γ 为

$$\gamma = 2/R = 2\pi f/f_s = 2T_s/T$$

再假设要合成的电压向量$\boldsymbol{U}_{\text{ref}}$在第Ⅰ区中第一个增量的位置如图 14.14 所示，欲用$\boldsymbol{U}_4$、$\boldsymbol{U}_6$、$\boldsymbol{U}_0$及$\boldsymbol{U}_7$合成，用平均值等效可得：$\boldsymbol{U}_{\text{ref}}\times T_{\text{S}}=\boldsymbol{U}_4\times T_4+\boldsymbol{U}_6\times T_6$。

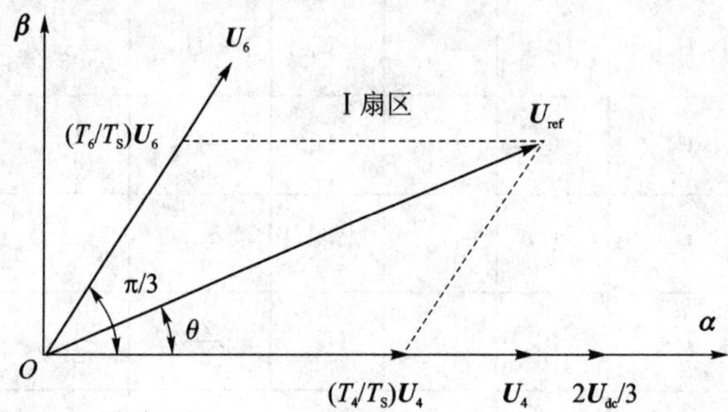

图 14.14　电压空间向量在第Ⅰ区的合成与分解

在两相静止参考坐标系(α,β)中，令$\boldsymbol{U}_{\text{ref}}$和$\boldsymbol{U}_4$间的夹角为$\theta$，由正弦定理可得：

$$\left.\begin{aligned} |\boldsymbol{U}_{\text{ref}}|\cdot\cos\theta &= \frac{T_4}{T_s}\cdot|\boldsymbol{U}_4|+\frac{T_6}{T_s}\cdot|\boldsymbol{U}_6|\cdot\cos\frac{\pi}{3} \quad (\alpha\ 轴)\\ |\boldsymbol{U}_{\text{ref}}|\cdot\sin\theta &= \frac{T_6}{T_s}\cdot|\boldsymbol{U}_6|\cdot\sin\frac{\pi}{3} \quad (\beta\ 轴)\end{aligned}\right\} \tag{14.10}$$

由于 $|\boldsymbol{U}_4|=|\boldsymbol{U}_6|=2\boldsymbol{U}_{\text{dc}}/3$，所以可以得到各矢量的状态保持时间为

$$\left.\begin{aligned} T_4 &= m\cdot T_{\text{S}}\cdot\sin\left(\frac{\pi}{3}-\theta\right)\\ T_6 &= m\cdot T_{\text{S}}\sin\theta\end{aligned}\right\} \tag{14.11}$$

式中 m 为 SVPWM 调制系数(调制比)，$m=\sqrt{3}\cdot|\boldsymbol{U}_{\text{ref}}|/\boldsymbol{U}_{\text{dc}}$。

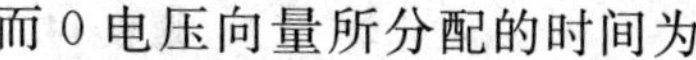

而0电压向量所分配的时间为

$$T_7 = T_0 = (T_s - T_4 - T_6)/2 \tag{14.12}$$

或者

$$T_7 = (T_s - T_4 - T_6) \tag{14.13}$$

得到以$\boldsymbol{U}_4$、$\boldsymbol{U}_6$、$\boldsymbol{U}_7$及$\boldsymbol{U}_0$合成的$\boldsymbol{U}_{ref}$的时间后，接着的问题是如何产生实际脉宽调制波形的？在SVPWM调制方案中，适当选择$\boldsymbol{0}$矢量，可最大限度地减少开关次数；尽可能避免在负载电流较大时刻的开关动作，以减少开关损耗。

表14.15为7段式SVPWM中各种情况下开关切换顺序对照表，其中，$T_0 = T_7 = (T_s - T_x - T_y)/2$。

限于篇幅，相关的方法在程序中以注解的方式体现，有兴趣的读者可以阅读相关教材。

表14.15　7段式SVPWM中U_{ref}所在的位置和开关切换顺序对照序

U_{ref}所在的位置	开关切换顺序 与占空比寄存器设置	三相PWM输出波形图
Ⅰ区($0° \leqslant \theta \leqslant 60°$) $\boldsymbol{U}_4(100)+\boldsymbol{U}_6(110)$	0—4—6—7—7—6—4—0 PDC1＝$T_S - T_0$ PDC2＝$T_S - T_0 - T_4$ PDC3＝$T_7 = T_0$	
Ⅱ区($60° < \theta \leqslant 120°$) $\boldsymbol{U}_6(110)+\boldsymbol{U}_2(010)$	0—2—6—7—7—6—2—0 PDC1＝$T_S - T_0 - T_2$ PDC2＝$T_S - T_0$ PDC3＝$T_7 = T_0$	
Ⅲ区($120° < \theta \leqslant 180°$) $\boldsymbol{U}_2(010)+\boldsymbol{U}_3(011)$	0—2—3—7—7—3—2—0 PDC1＝$T_7 = T_0$ PDC2＝$T_S - T_0$ PDC3＝$T_S - T_0 - T_2$	

续表 14.15

U_{ref}所在的位置	开关切换顺序 与占空比寄存器设置	三相 PWM 输出波形图
Ⅳ区（180°<θ≤240°） $U_3(011)+U_1(001)$	0－1－3－7－7－3－1－0 PDC1＝$T_7=T_0$ PDC2＝$T_s-T_0-T_1$ PDC3＝T_s-T_0	T_s 0 0 0 1 1 0 0 0 0 0 1 1 1 1 0 0 0 1 1 1 1 1 1 0 $T_0/2$ $T_1/2$ $T_3/2$ $T_7/2$ $T_7/2$ $T_3/2$ $T_1/2$ $T_0/2$
Ⅴ区（240°<θ≤300°） $U_1(001)+U_5(101)$	0－1－5－7－7－5－1－0 PDC1＝$T_s-T_0-T_1$ PDC2＝$T_7=T_0$ PDC3＝T_s-T_0	T_s 0 0 1 1 1 1 0 0 0 0 0 1 1 0 0 0 0 1 1 1 1 1 1 0 $T_0/2$ $T_1/2$ $T_5/2$ $T_7/2$ $T_7/2$ $T_5/2$ $T_1/2$ $T_0/2$
Ⅵ区（300°<θ≤360°） $U_5(101)+U_4(100)$	0－4－5－7－7－5－4－0 PDC1＝T_s-T_0 PDC2＝$T_7=T_0$ PDC3＝$T_s-T_0-T_4$	T_s 0 1 1 1 1 1 1 0 0 0 0 1 1 0 0 0 0 0 1 1 1 1 0 0 $T_0/2$ $T_4/2$ $T_5/2$ $T_7/2$ $T_7/2$ $T_5/2$ $T_4/2$ $T_0/2$

2. 程序思路

图 14.15 为其硬件线路图，其中的三相控制电路与例 14.2 是一样的。本例可以通过调节电位器的方式调整输出三相电压的频率和幅值。其中电位器 RV2 用来调整频率，调节范围为 1～2 000 Hz；电位器 RV1 用来调整幅值，范围从 $0\sim U_{dc}/2$。图中用了 4 个内部有 BCD 转换的数码管来显示频率。

为了加快计算速度，程序中的角度用实际的度数放大 100 倍，即用整数来代替浮点数。

在仿真中要注意不同频率时，可能要适当调整负载的功率因数，才能得到较理想的正弦波形。

通过其他方法（用高级语言编程），可得 T_1、T_2 与角度的关系如图 14.16 所示。

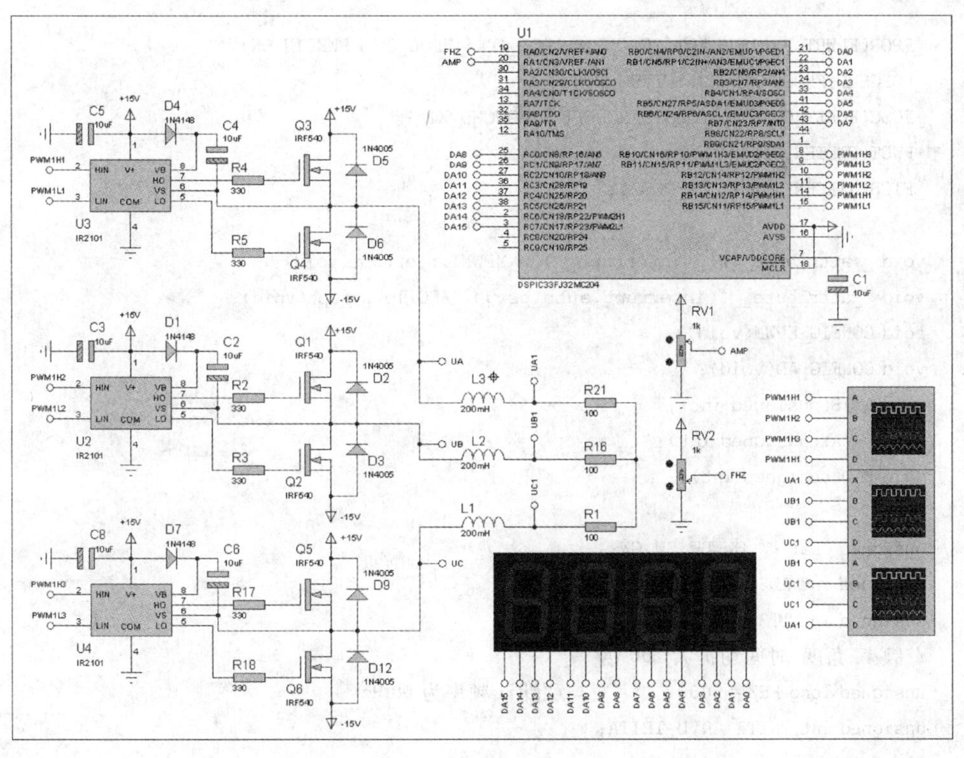

图 14.15　SVPWM 仿真线路图

从中可以看到，T_1 和 T_2 的线性度较好，因此不需要太多的数据就可以获得较好的结果，本程序中只用了 13 个数据（NN/6＋1＝13，NN＝72），即数组 T1[NN1]。

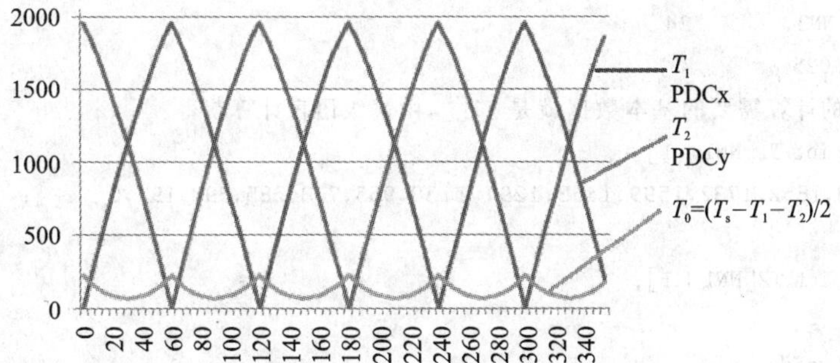

图 14.16　SVPWM 计算所需数据示意图

【例 14.3】　基于 SVPWM 的三相交流电压发生器程序

```
//本程序 FCY = 40 MHz,TCY = 0.025 μs
//矢量控制的 PWM 输出,利用电位器,能输出 1～2 kHz 的三相交流正弦波,中心对齐模式
//通过电位器可调整频率范围为 1～2 000 Hz
#include "P33FJ32MC204.H"
```

```
_FPOR(FPWRT_PWR16 & ALTI2C_OFF & LPOL_ON & HPOL_ON & PWMPIN_ON);
_FOSCSEL(FNOSC_PRIPLL & IESO_OFF);
_FOSC(FCKSM_CSDCMD & OSCIOFNC_OFF & POSCMD_XT);
_FWDT(FWDTEN_OFF);
_FICD(JTAGEN_OFF & ICS_PGD2);

void __attribute__((__interrupt__)) _MPWM1Interrupt(void);
void __attribute__((interrupt,auto_psv)) _ADC1Interrupt(void);
void CONFIG_EPWM(void);
void CONFIG_AD(void);
void CZJS(unsigned int);
void DELAY(unsigned int);
void BCD(unsigned int);

unsigned char WW,QW,BW,SW,GW;
unsigned int AD2,AD1,AD10,AD20;
unsigned int TT2,TT1,TT0;
//频率、角度、时间均扩大100倍
unsigned long FHZ = 5000;            //默认频率为50 Hz
unsigned int THITA = 0,D_THITA;
float K;

unsigned int TS = 1199,TPWM = 60,DN = 500;
#define NN          72
#define NN1         12
#define NN2         24
//TCY = 0.025 μs
//SVPWM的计算需要的基本数据就是T1[],由高级语言计算获得
unsigned int T1[NN1 + 1] =
{    1958,1852,1732,1599,1453,1297,1130,955,773,585,393,197,0     };

unsigned int T2[NN1 + 1];

int main(void)
{    unsigned char i;
     RCONbits.SWDTEN = 0;            //禁止 WDT
     CLKDIVbits.PLLPRE = 0;          //N1 = 2,输出4 MHz/2 = 2 MHz,在0.8~8 MHz区间
     PLLFBDbits.PLLDIV = 80 - 2;     //M = 80,输出2 MHz×80 = 160 MHz,在100~200 MHz区间
     CLKDIVbits.PLLPOST = 0;         //N2 = 2,输出160 MHz/2 = 80 MHz,在12.5~80 MHz区间
                                     //最后得到总振荡频率Fosc为80 MHz
     for (i = 0;i<NN1 + 1;i++)
```

```
        T2[i] = T1[NN1 - i];
    CONFIG_AD();
    CONFIG_EPWM();

    IFS3bits.PWM1IF = 0;
    DELAY(10);                          //目的能进行第一次的A/D,即频率的设置
    P1TCONbits.PTEN = 1;                //PWM时基使能

    while(1);
}

//非整数角度的插值计算
void CZJS(unsigned int A)
{   //注意,角度均扩大100倍!
    int X1,X2,A1,A2;
    long Y;
    unsigned int i;

    i = A/DN;                           //得到查表的前一点下标
    while(i>= NN2)                      //查表只用0~60°的表格
    {   i = i - NN2;
        A = A - 12000;
    }
    if (i>= NN1)
    {   i = NN2 - i - 1;
        A = 12000 - A;
    }
    X1 = T1[i];                         //查表的纵坐标值1
    X2 = T1[i + 1];                     //查表的纵坐标值2
    A1 = i * DN;                        //点1对应角度值的100倍
    A2 = A - A1;                        //当前点对应角度值的100倍
    Y = X2 - X1;                        //以下为非整数角度的插值计算
    Y *= A2;
    Y/= DN;
    Y+= X1;
    TT1 = Y;

    X1 = T2[i];
    X2 = T2[i + 1];
    Y = X2 - X1;
    Y *= A2;
    Y/= DN;
```

```
    Y+ = X1;
    TT2 = Y;
    TT1 = TT1 * K;
    TT2 = TT2 * K;
    TT0 = TS - TT1 - TT2;
    TT0 = TT0>>1;
}

//根据对电位器的 A/D 结果确定输出频率与幅值
void __attribute__((interrupt,auto_psv)) _ADC1Interrupt(void)
{   unsigned long Z,Z1;
    unsigned int X;
    _AD1IF = 0;
    AD1 = ADC1BUF0;
    AD2 = ADC1BUF1;
    Z = AD1;
    if (AD1! = AD10)                //根据对电位器 RV2 的 A/D 结果分段线性计算期望的频率
    {
        if (AD1< = 250)             //输出频率最小为 1 Hz,最大为 2 000 Hz
            FHZ = Z * 20;
        else if (AD1< = 500)
            FHZ = 5000 + (Z - 250) * 60;
        else if (AD1< = 750)
            FHZ = 20000 + (Z - 500) * 120;
        else
            FHZ = 50000 + (Z - 750) * 600;

        if (FHZ> = 200000)
            FHZ = 200000;
        if (FHZ< = 100)
            FHZ = 100;
        Z = 100000000;
        Z1 = Z/FHZ * 100;           //期望输出频率的周期,时间 μs 的 100 倍
        Z = 3600000;
        Z = Z * TPWM;
        D_THITA = Z/Z1;             //每个 PWM 周期对应的角度的 100 倍
        X = FHZ/100;                //只显示频率的整数值
        BCD(X);
        X = (SW<<4) + GW;
        PORTB = X;
        X = (QW<<4) + BW;
        PORTC = X;
```

```
        AD10 = AD1;
    }
    if (AD2 ! = AD20)     //根据对电位器 VR1 计算输出电压的大小,通过系数按比例输出值
    {    K = AD2;
        K = K/1023;
        AD20 = AD2;
    }
}

void __attribute__((__interrupt__, auto_psv,__shadow__)) _MPWM1Interrupt(void)
{   unsigned char A;
    IFS3bits.PWM1IF = 0;
    CZJS(THITA);
    A = THITA/6000 + 1;              //得到扇区号

    switch (A)                       //以下计算占空比
    {   case 1:
            P1DC1 = TS - TT0;
            P1DC2 = TS - TT0 - TT1;
            P1DC3 = TT0;
            break;
        case 2:
            P1DC1 = TS - TT0 - TT1;
            P1DC2 = TS - TT0;
            P1DC3 = TT0;
            break;
        case 3:
            P1DC1 = TT0;
            P1DC2 = TS - TT0;
            P1DC3 = TS - TT0 - TT1;
            break;
        case 4:
            P1DC1 = TT0;
            P1DC2 = TS - TT0 - TT1;
            P1DC3 = TS - TT0;
            break;
        case 5:
            P1DC1 = TS - TT0 - TT1;
            P1DC2 = TT0;
            P1DC3 = TS - TT0;
            break;
        case 6:
```

```
            P1DC1 = TS - TT0;
            P1DC2 = TT0;
            P1DC3 = TS - TT0 - TT1;
            break;
        }
        THITA + = D_THITA;
        while(THITA> = 36000)          //当角度大于 360°时减去 360°
            THITA - = 36000;
}

void CONFIG_AD(void)
{   //AD1CSSL
    AD1CSSL = 0b11;                    //扫描 AN0、AN1
    //AD1PCFGL 已在 PWM 中定义
    //AD1CON1
    _AD12B = 0;                        //10 位 A/D
    _FORM = 0b00;                      //A/D 结果为整数
    _SSRC = 0b010;                     //定时器 3 比较匹配,结束采样立即转换
    _ASAM = 1;                         //转换结束即开始采样
    //AD1CON2
    _VCFG = 0;                         //A/D 参考电压为电源电压
    _CSCNA = 1;                        //使能扫描
    _SMPI = 1;                         //2 次采样后中断
    _BUFM = 0;
    _ALTS = 0;                         //只用 A 开关
    //AD1CON3
    _ADRC = 0;                         //系统时钟作为 ADC 时钟
    _ADCS = 4;                         //TAD = 5 × TCY = 125 ns>117.6 ns
    //AD1CHS0
    _CH0NA = 0;                        //CH0 的负输入 GND
    //AD1CHS0
    _CH0NA = 0;
    _CH0SA = 1;                        //AN1 接输入正端
    //TMR3 设置
    T3CON = 0x0010;                    //8:1 分频
    PR3 = 49999;                       //延时 10 ms
    TMR3 = PR3 - 100;                  //第一次提早 A/D 转换
    _T3IF = 0;
    _AD1IF = 0;
    _AD1IE = 1;
    _AD1IP = 7;
```

```
    _IPL = 4;                           //CPU 中断优先级为 4
    _IPL3 = 0;                          //CPU 中断优先级≤7
    _NSTDIS = 1;                        //禁止嵌套中断
    _ALTIVT = 0;                        //使用标准中断向量
    T3CONbits.TON = 1;                  //启动定时器
    AD1CON1bits.ADON = 1;               //启动 ADC 模块
    _SAMP = 1;                          //开始采样
    AD10 = AD20 = 0x400;                //不可能的 A/D 值,第一次肯定要刷新
}

void CONFIG_EPWM(void)
{   AD1PCFGL = 0xFFFC;                  //AN0、AN1 为模拟口
    TRISB = 0;
    TRISC = 0;
    PORTB = 0;
    PORTC = 0;
    P1TCONbits.PTMOD = 0b10;            //中心对齐
    P1TPER = TS;
    TS = (TS + 1)<<1;                   //中心对齐,周期加倍! 此后 TS 为周期值
    P1TCONbits.PTCKPS = 0b00;           //PWM 预分频为 1:1
    P1TCONbits.PTOPS = 0;               //PWM 后分频为 1:1

    PWM1CON1bits.PMOD3 = 0;             //PWM3 互补输出模式
    PWM1CON1bits.PMOD2 = 0;             //PWM2 互补输出模式
    PWM1CON1bits.PMOD1 = 0;             //PWM1 互补输出模式

    PWM1CON1bits.PEN3H = 1;             //PWM3H 为 PWM 引脚
    PWM1CON1bits.PEN3L = 1;             //PWM3L 为 PWM 引脚
    PWM1CON1bits.PEN2H = 1;             //PWM2H 为 PWM 引脚
    PWM1CON1bits.PEN2L = 1;             //PWM2L 为 PWM 引脚
    PWM1CON1bits.PEN1H = 1;             //PWM1H 为 PWM 引脚
    PWM1CON1bits.PEN1L = 1;             //PWM1L 为 PWM 引脚

    PWM1CON2bits.SEVOPS = 0;            //特殊事件输出后分频为 1:1
    PWM1CON2bits.IUE = 0;               //0:不立即更新 P1DCx
    PWM1CON2bits.OSYNC = 0;             //强制输出在下一个 TCY 边沿发生
    PWM1CON2bits.UDIS = 0;              //允许从占空比和周期缓冲寄存器更新

    PWM2CON1bits.PEN1H = 0;             //PWM2H1 为 I/O 引脚
    PWM2CON1bits.PEN1L = 0;             //PWM2L1 为 I/O 引脚

    IEC3bits.PWM1IE = 1;                //允许 PWM 中断
```

```
    IPC14bits.PWM1IP = 6;           //PWM 中断优先级 = 6
}

//从 R1 双字节数转换为十进制数万位～个位:WW、QW、BW、SW、GW
void BCD(unsigned int R1)
{   WW = QW = BW = SW = GW = 0;
    while(R1> = 10000)
        {R1 - = 10000;WW++;}
    while(R1> = 1000)
        {R1 - = 1000;QW++;}
    while(R1> = 100)
        {R1 - = 100;BW++;}
    while(R1> = 10)
        {R1 - = 10; SW++;}
    GW = R1;
}
//DELAY 子程序与例 9.1 的 DELAY2 相同
```

从仿真结果图 14.17 可以看到，输出的正弦波形是比较理想的，图中的输出频率是 908 Hz，示波图中的横坐标为 100 μs/格。本例中，MCPWM 采用互补输出模式，相应的 PWM1L1、PWM1L2 和 PWM1L3 的引脚波形没有给出。

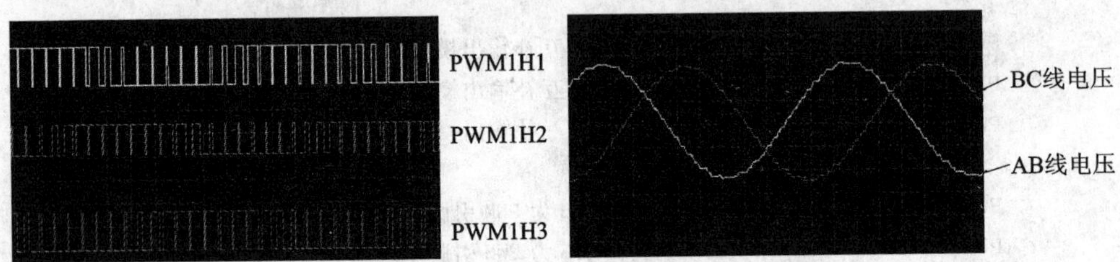

图 14.17　SVPWM 仿真输出波形图

第 15 章

正交编码器接口 QEI 模块

15.1 概　述

QEI(Quadrature Encoder Interface)即正交编码器接口，是 dsPIC33F 中 MC 系列专有的模块，QEI 模块提供了与机械位置相关的数据增量式编码器接口，可用于检测电机及其他旋转物体的转速。通过 QEI 接口可以方便地检测电机的转速，以实现闭环控制。

QEI 的工作特性如下：

- 三个输入通道，两个相信号 QEA、QEB 和一个索引脉冲 INDEX；
- 16 位向上/向下位置计数器；
- 计数方向状态指示；
- 位置测量有 x2 或 x4 模式；
- 输入信号的可编程数字噪声滤波器；
- 备用 16 位定时/计数器模式；
- 正交编码器接口中断。

典型的增量式(光电式)编码器有三个输出：A 相、B 相和索引脉冲。这些信号在电机的位置和速度控制应用中经常要用到。

通道 A 相(QEA)和 B 相(QEB)间的关系是唯一的。如图 15.1 所示，如果 A 相超前 B 相，则 QEA 和 QEB 的关系为 01、00、10、11，此时旋转方向被认为是正向的(符号为正)；如果 A 相落后 B 相，则 QEA 和 QEB 的关系为 11、10、00、01，此时旋转方向被认为是反向的(符号为负)。

第三个通道称为索引脉冲 INDEX，每转一圈产生一个脉冲，用来确定绝对位置。

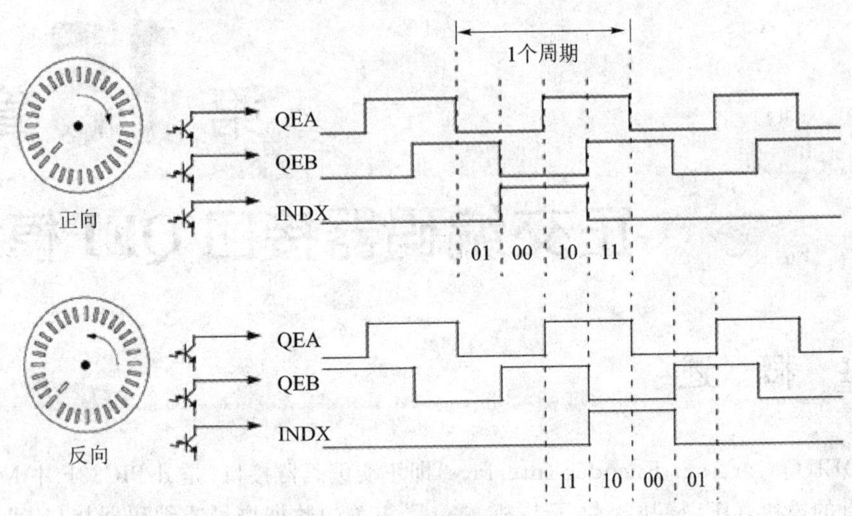

图 15.1 正交编码器 QEI 输出信号示意图

15.2 相关寄存器介绍

QEI 模块有 4 个用户可访问的寄存器，这些寄存器为：

- 控制/状态寄存器 QEI1CON(见表 15.1)，该寄存器控制 QEI 操作且包含模块状态标志；
- 数字滤波器控制寄存器 DFLT1CON(见表 15.2)，该寄存器控制数字输入滤波器的操作；
- 位置计数寄存器 POS1CNT，该存储器允许读写 16 位位置计数器；
- 最大计数寄存器 MAX1CNT，该寄存器保存在某些操作中将与 POS1CNT 寄存器相比较的值。

表 15.1 QEI1CON：QEI 控制状态寄存器

R/W-0	U-0	R/W-0	R-0	R/W-0	R/W-0	R/W-0	R/W-0
CNTERR	—	QEISIDL	INDEX	UPDN	QEIM<2:0>		
bit 15							bit 8
R/W-0	R/W-0	R/W-0	R/W-0	R/W-0	R/W-0	R/W-0	R/W-0
SWPAB	PCDOUT	TQGATE	TQCKPS<1:0>		POSRES	TQCS	UPDN_SRC
bit 7							bit 0

◆ bit 15 CNTERR：计数错误状态标志位

1：发生了位置计数错误；

0：未发生位置计数错误。

注：仅当 QEIM＜2:0＞＝110 或 100 时，才可使用 CNTERR 标志。

◆ bit 13 QEISIDL：空闲模式停止位

1：当器件进入空闲模式时，模块停止工作；

0：在空闲模式下模块继续工作。

◆ bit 12 INDEX：索引引脚电平状态位（只读）

1：索引引脚为高电平；

0：索引引脚为低电平。

◆ bit 11 UPDN：位置计数器方向状态位

当 QEIM＜2:0＞＝1XX 时为只读位，当 QEIM＜2:0＞＝001 时为读/写位。

1：位置计数器方向为正向（＋）；

0：位置计数器方向为反向（－）。

◆ bit 10～8 QEIM＜2:0＞：正交编码器接口模式选择位

111：使能正交编码器接口（x4 模式），MAX1CNT 与计数器匹配时复位位置计数器；

110：使能正交编码器接口（x4 模式），索引脉冲复位位置计数器；

101：使能正交编码器接口（x2 模式），MAX1CNT 与计数器匹配时复位位置计数器；

100：使能正交编码器接口（x2 模式），索引脉冲复位位置计数器；

011：未使用（模块被禁止）；

010：未使用（模块被禁止）；

001：启动 16 位定时器；

000：正交编码器接口/定时器关闭。

◆ bit 7 SWPAB：A 相和 B 相输入交换选择位

1：A 相和 B 相输入交换；

0：A 相和 B 相输入不交换。

◆ bit 6 PCDOUT：位置计数器方向状态输出使能位

1：使能位置计数器方向状态输出（QEI 逻辑控制 I/O 引脚的状态）；

0：禁止位置计数器方向状态输出（正常 I/O 引脚操作）。

◆ bit 5 TQGATE：定时器门控时间累加使能位

1：使能定时器门控时间累加；

0：禁止定时器门控时间累加。

◆ bit 4～3 TQCKPS＜1:0＞：定时器输入时钟预分频比选择位

11：1:256 预分频比；

10：1:64 预分频比；

01：1:8 预分频比；

00：1:1 预分频比。

◆ bit 2 POSRES：索引脉冲位置计数器复位使能位

1：索引脉冲复位位置计数器；

0：索引脉冲不复位位置计数器。

注：仅当 QEIM＜2:0＞＝100 或 110 时，才能使用该位。

◆ bit 1 TQCS：定时器时钟源选择位

1：来自 QEA 引脚的外部时钟（上升沿触发计数）；

0：内部时钟（T_{CY}）。

◆ bit 0 UPDN_SRC：位置计数器方向选择控制位

1：QEB 引脚状态定义位置计数器方向；

0：控制/状态位 UPDN（QEI1CON＜11＞）定义定时器计数器（POS1CNT）方向。

注：当配置为 QEI 模式时，TQGATE、TQCKPS、TQCS 和 UPDN_SRC 位为"无关位"。

表 15.2　DFLT1CON：数字滤波器控制寄存器

U-0	U-0	U-0	U-0	U-0	R/W-0	R/W-0	R/W-0
—	—	—	—	—	IMV＜2:0＞		CEID
bit 15							bit 8
R/W-0		R/W-0		U-0	U-0	U-0	U-0
QEOUT	QECK＜2:0＞			—	—	—	—
bit 7							bit 0

◆ bit 10~9 IMV＜1:0＞：索引匹配值

当 POS1CNT 寄存器将被复位时，这些位允许用户应用程序在索引脉冲期间指定 QEA 和 QEB 输入引脚的状态。

在 x4 正交计数模式下：

IMV1：索引脉冲匹配所要求的 B 相输入信号的状态；

IMV0：索引脉冲匹配所要求的 A 相输入信号的状态。

在 x2 正交计数模式下：

IMV1：为索引状态匹配选择的相输入信号（0 为 A 相，1 为 B 相）的状态；

IMV0：索引脉冲匹配要求的所选相输入信号的状态。

◆ bit 8 CEID：计数错误中断禁止位

1：禁止由于计数错误引起的中断；

0：允许由于计数错误引起的中断。

◆ bit 7 QEOUT:QEA/QEB/INDX 引脚数字滤波器输出使能位

1:使能数字滤波器输出;

0:禁止数字滤波器输出(正常引脚操作)。

◆ bit 6～4 QECK<2:0>:QEA/QEB/INDX 数字滤波器时钟分频选择位

111:1:256 时钟分频;

110:1:128 时钟分频;

101:1:64 时钟分频;

100:1:32 时钟分频;

011:1:16 时钟分频;

010:1:4 时钟分频;

001:1:2 时钟分频;

000:1:1 时钟分频。

15.3　16 位向上/向下位置计数器模式

16 位递增/递减计数器在每一个计数脉冲进行递增或递减计数,到底是递增还是递减,则由 A 相和 B 相输入信号的关系确定。计数器的计数值与位置成正比;计数方向由 UPDN(QEI1CON<11>)信号决定,该信号由正交编码器接口逻辑产生。

15.3.1　位置计数器错误检查

QEI 中提供了位置计数器错误检查功能,由 CNTERR 位(QEI1CON<15>)指示。只有当位置计数器配置为通过索引脉冲复位计数器模式时(QEIM<2:0>=110 或 100),才能使用错误检查功能。在此模式下,POS1CNT 寄存器的内容与相应值进行比较,在递增计数时,与 MAX1CNT+1 比较,而在递减计数时,与 0xFFFF 比较。

如果检测到这些错误值,则通过将 CNTERR 位置 1 产生错误条件,并产生 QEI 计数器错误中断。通过将 CEID 位(DFLT1CON<8>)置 1 可以禁止 QEI 计数器错误中断。

检测到错误后,位置计数器仍将继续对编码器边沿进行计数,POS1CNT 寄存器继续递增/递减计数,直到发生自然计满返回/下溢。发生自然计满返回/下溢事件时不产生中断。

CNTERR 位是读/写位,由用户通过软件清 0。

15.3.2　位置计数器复位

位置计数器复位使能位 POSRES(QEI1CON<2>)为 1 时,当检测到索引脉冲时将对位置计数器 POS1CNT 进行复位,即将 POS1CNT 寄存器清 0。只有当

QEIM＜2:0＞＝100 或 110 时，该位才适用。如果 POSRES 位被置 0，则位置计数器在检测到索引脉冲时将不会被复位。位置计数器将继续进行递增或递减计数，且在发生计满返回或下溢事件时复位。

当检测到索引脉冲但位置计数器未发生溢出/下溢时，仍将产生中断。

15.4 x2 与 x4 模式的区别

QEI 支持两种测量模式：x2 和 x4。这些模式通过对 QEI1CON＜10:8＞中的 QEIM＜2:0＞模式选择位进行选择。

当控制位 QEIM＜2:0＞＝100 或 101 时，将选择 x2 测量模式，此时 QEI 逻辑将只通过 A 相输入信号来确定位置计数器的递增速率。A 相信号的每个上升沿和下降沿都会导致位置计数器递增或递减。B 相信号仍用于确定计数器方向。

在 x2 测量模式下，两种情况可导致计数器复位(清 0)：

- QEIM＜2:0＞＝100，通过检测索引脉冲 INDEX 将位置计数器 POS1CNT 复位；
- QEIM＜2:0＞＝101，通过计数值与 MAX1CNT 匹配将位置计数器 POS1CNT 复位。

当控制位 QEIM＜2:0＞＝110 或 111 时，将选择 x4 测量模式，此时 QEI 逻辑将通过 A 相和 B 相输入信号的每个边沿来确定位置计数器的递增速率。

在 x4 模式下，A 相和 B 相输入信号的每个边沿都会导致位置计数器递增或递减。

图 15.2 和图 15.3 给出了 x4 和 x2 模式下的计数情况，可以看到，x4 测量模式为确定电机位置提供了更高精度的测量数据(更多的位置计数)。

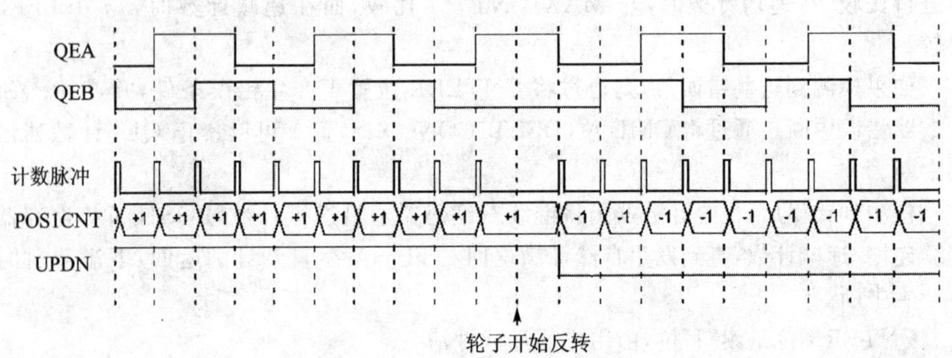

图 15.2 x4 模式计数示例图

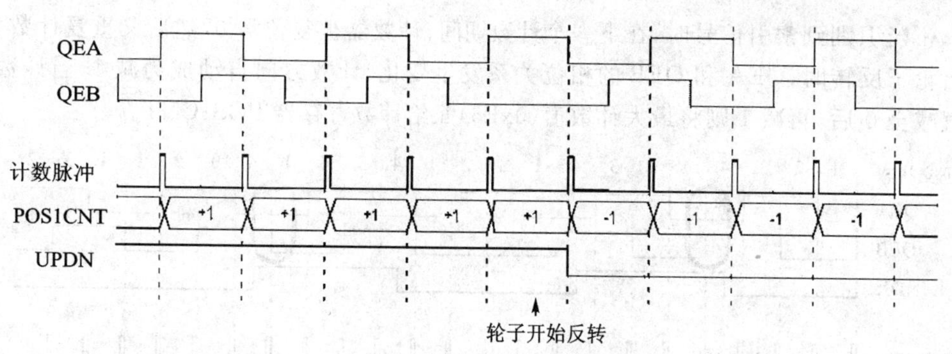

图 15.3 x2 模式计数示例图

15.5 POS1CNT 与 MAX1CNT 匹配复位计数器

当 QEIM = 0b111 或 0b101 时，QEI 工作在最大计数器 MAX1CNT 与 POS1CNT 匹配时复位计数器模式。图 15.4 给出了这种模式的工作情况，图中最大计数值为 6。在正转时，计数为 0、1、2、……当计数值达到最大计数值 MAX1CNT（即 6）时，计数器被复位清 0，然后又重复计数。当轮子反转时，QEA 和 QEB 的相位关系发生了变化，计数方向自动成为减 1，当计数值减至 0 后，再减 1 则以最大计数值（本例中为 6）赋给计数寄存器 POS1CNT。

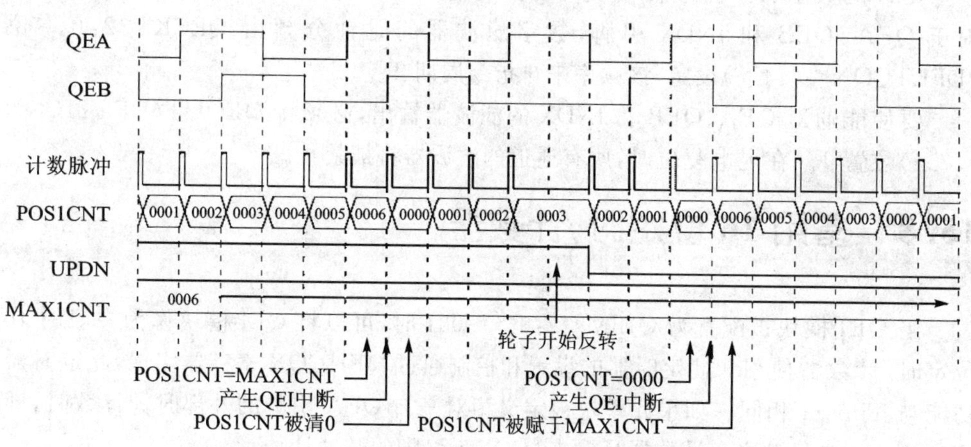

图 15.4 最大计数值复位计数器的工作情况

15.6 索引脉冲复位计数器

当 QEIM＝0b110 或 0b100 时，QEI 工作在索引脉冲复位计数器模式。图 15.5 给出了这种模式的工作情况，图中最大计数值为 0xE6。在正转时，计数为 0、1、2

……当识别到索引信号时，在下一个计数期间，计数器被复位清 0，然后又重复计数。当轮子反转时，QEA 和 QEB 的相位关系发生变化，计数方向自动成为减 1，当计数值减至 0 后，再减 1 则将最大计数值(0xE6)赋给计数寄存器 POS1CNT。

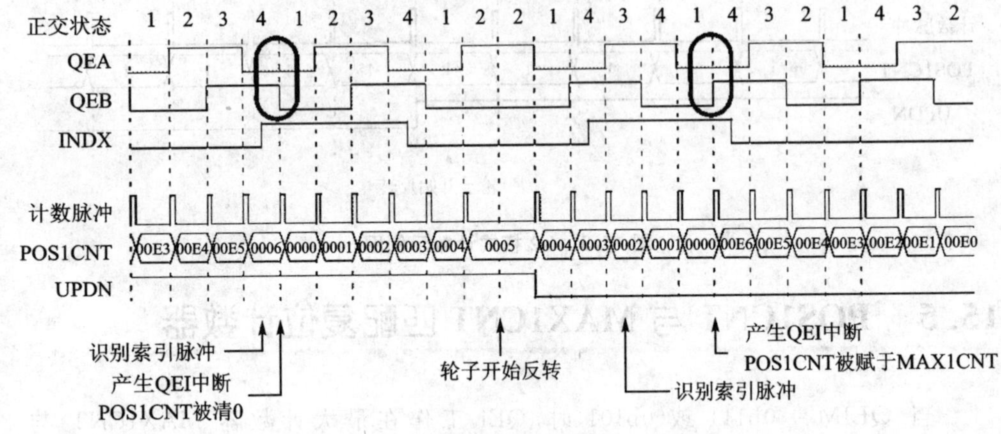

图 15.5　索引脉冲复位计数器的工作情况

15.7　可编程数字噪声滤波器

QEI 的数字噪声滤波器模块可以抑制输入的索引信号和正交信号中的噪声。对于 QEA、QEB 和 INDX 引脚，数字滤波器的时钟分频由 QECK＜2：0＞位(DFLTCON＜6：4＞)设定，该频率来自指令周期 T_{CY}。

要使能通道 QEA、QEB 和 INDX 的滤波器输出，必须将 QEOUT(DFLT1CON＜7＞)位置 1。在上电复位时，所有通道的滤波器将被禁止。

15.8　备用 16 位定时/计数器

当 QEI 模块被配置为 QEIM＜2：0＞＝001 时，可以将 QEI 模块作为一般的 16 位定时/计数器使用。此定时器的设置和控制通过 QEI1CON 寄存器实现，此定时器功能与 Timer1 相同。如果此模块被定义为对来自 QEA 引脚的外部时钟计数时，即 TQCS＝1，则此时这个计数器是对来自 QEA 引脚的脉冲计数。

当配置为定时器时，POS1CNT 寄存器作为定时器计数寄存器，而 MAX1CNT 寄存器作为周期寄存器。当发生定时器/周期寄存器匹配时，QEI 中断标志将被置 1。

此定时器和通用定时器的唯一区别在于：此定时器增加了外部递增/递减输入选择功能。当 UPDN 引脚为高电平时，定时器将进行递增计数；当 UPDN 引脚为低电平时，定时器将进行递减计数。

UPDN 控制/状态位(QEI1CON<11>)可用来选择定时器的计数方向。当 UPDN=1 时,定时器将进行递增计数;当 UPDN=0 时,定时器将进行递减计数。

控制位 UPDN_SRC(QEI1CON<0>)确定定时器计数方向状态是基于写入 UPDN 控制/状态位(QEI1CON<11>)的逻辑状态还是 QEB 引脚的状态:

- 当 UPDN_SRC=1 时,定时器计数方向由 QEB 引脚控制;
- 当 UPDN_SRC=0 时,定时器计数方向由 UPDN 位控制。

15.9　正交编码器接口中断

正交编码器接口在发生以下事件之一时产生中断:

- 16 位递增/递减位置计数器发生计满返回/下溢;
- 检测到合格的索引脉冲;
- CNTERR 位置 1;
- 定时器周期匹配事件(溢出/下溢);
- 门控累加事件。

在发生以上任一事件时,IFS3 寄存器中的 QEI 中断标志位 QEIIF 将被置 1。QEIIF 位必须用软件清 0。

通过 IEC3 寄存器中对应的中断允许位 QEIIE 可以允许 QEI 中断。

【例 15.1】 QEI 最大计数值复位计数器实例

本例将外部表示电机转速及方向的脉冲送到被定义为 QEA、QEB 的引脚上,本例设置最大计数值为 128,x4 模式。

在运行中 dsPIC33F 根据 QEA 和 QEB 的相位关系,可能为+1 或−1 计数。在递增计数时,如果计数值达到最大计数值 128,则计数寄存器 POS1CNT 自动被清 0;在递减计数时,计数值从 0 再减 1 时被重新赋值 128。

本例的 QEI 计数与图 15.4 相似,只是图中的 MAX1CNT 变为 128。本例中设置一个 QEI 中断,可以在中断服务程序中,根据实际的 QEA、QEB 参数计算电机或其他旋转物体的转速。

```
//本程序外接 4 MHz 晶振,通过 PLL 得到 Fosc = 20 MHz,FCY = 10 MHz,TCY = 0.1 μs
#include "P33FJ32MC204.H"
#include "PPS.H"
_FPOR(FPWRT_PWR16 & ALTI2C_OFF & LPOL_ON & HPOL_ON & PWMPIN_ON);
_FOSCSEL(FNOSC_PRIPLL & IESO_OFF);
_FOSC(FCKSM_CSDCMD & OSCIOFNC_OFF & POSCMD_XT);
_FWDT(FWDTEN_OFF);
_FICD(JTAGEN_OFF & ICS_PGD3);

void _ISR _QEIInterrupt(void);
```

```
int main(void)
{   RCONbits.SWDTEN = 0;              //禁止 WDT
    CLKDIVbits.PLLPRE = 0;            //N1 = 2,输出 4 MHz/2 = 2 MHz,在 0.8～8 MHz 区间
    PLLFBDbits.PLLDIV = 80 - 2;       //M = 80,输出 2 MHz×80 = 160 MHz,在 100～200 MHz 区间
    CLKDIVbits.PLLPOST = 3;           //N2 = 8,输出 160 MHz/8 = 20 MHz,最后得到总振荡频率
                                      //Fosc 为 20 MHz

    AD1PCFGL = 0xFFFF;                //全为数字口
    TRISC = 0x0003;                   //RC0、RC1 为输入

    PPSUnLock;
    RPINR14bits.QEA1R = 16;           //QEA
    RPINR14bits.QEA1R = 17;           //QEB
    PPSLock;
    MAX1CNT = 128;                    //最大计数值
    _UPDN = 0;
    _SWPAB = 0;                       //不交换 A、B
    _PCDOUT = 0;                      //位置方向不输出
    _POSRES = 0;                      //此位在 QEIM = 0b110 和 0b100 时才有效
    _QEIM = 0b111;                    //x4 模式,MAX1CNT 与计数器匹配时复位位置计数器

    SRbits.IPL = 4;                   //CPU 中断优先级 = 4
    CORCONbits.IPL3 = 0;              //CPU 中断优先级≤7
    INTCON1bits.NSTDIS = 1;           //禁止嵌套中断
    INTCON2bits.ALTIVT = 0;           //使用标准中断向量
    IFS3bits.QEIIF = 0;
    IEC3bits.QEIIE = 1;               //允许 QEI 中断
    IPC14bits.QEIIP = 7;              //QEI 中断优先级 = 7
    while(1);
}

//QEI 中断,可在此进行转速计算
void  __attribute__((__interrupt__, auto_psv,__shadow__)) _ISR _QEIInterrupt(void)
{   IFS3bits.QEIIF = 0;
    //在此进行转速计算
}
```

第16章 直接数据存取控制器 DMA

16.1 简 介

直接存储器访问(Direct Memory Access,DMA)是 dsPIC33F 新增的功能模块(与 dsPIC30 相比)。它把外设特殊功能寄存器 SFR(如 UART 接收寄存器 UxRXREG、ADC 转换器 ADCxBUF0 等)和 RAM 中缓冲区或存储在 RAM 中的变量复制到外设 SFR(如 UART 发送寄存器 UxTXREG)。在这些数据传送中,极少需要 CPU 干预,可以想象成在 DMA 控制器中,有一个专用的 CPU 在处理这些数据传送。DMA 控制器使用专用的总线传输数据,因此,不会占用 CPU 的代码执行周期,即这里所说的 RAM 实际是 dsPIC33F 在 RAM 中开辟了一个专用于 DMA 传送的双端口数据区,称为 DMA RAM。

并不是所有 dsPIC33F 系列的芯片都有 DMA 模块,在使用前须查阅芯片资料。从目前看,引脚数大于 44 的 dsPIC33F 系列芯片才有 DMA 功能。

表 16.1 列出了可用的 DMA 的 dsPIC33F 外设及与之相关的中断请求(InterruptRequest,IRQ)编号。

表 16.1 支持 DMA 的外设及其 IRQ 编号

外 设	IRQ 编号	外 设	IRQ 编号
INT0	0	UART1 发送	12
输入捕捉 1	1	UART2 接收	30
输入捕捉 2	5	UART2 发送	31
输出比较 1	2	ADC1	13
输出比较 2	6	ADC2	21
Timer2	7	DCI	60
Timer3	8	ECAN1 接收	34
SPI1	10	ECAN1 发送	70
SPI2	33	ECAN2 接收	55
UART1 接收	11	ECAN2 发送	71

DMA 控制器有 8 个相同的数据传输通道，每个通道都有一组控制和状态寄存器 DMAxCON。每个 DMA 通道可配置为将数据从双端口 DMA RAM 缓冲区复制到外设 SFR 中，或从外设 SFR 复制到 DMA RAM 缓冲区中。

DMA 控制器支持以下功能：

- 按字或字节传输数据；
- 将数据从外设 SFR 传输到 DMA RAM 或从 DMA RAM 传输到外设 SFR；
- 有或无自动后递增的 DMA RAM 间接寻址；
- 外设间接寻址，在某些外设中 DMA RAM 读/写地址的一部分可能来自外设；
- 单数据块传输，在传输完一个数据块后终止 DMA 传输；
- 连续数据块传输，在完成一次数据块传输后重新装载 DMA RAM 缓冲区起始地址；
- “乒乓(Ping - Pong)”模式，在连续数据块传输时切换两个 DMA RAM 的起始地址，然后交替填充两个缓冲区；
- 自动或手动启动数据块传输；
- 每个通道可以从 20 个可能的数据源(表 16.1 所列)或目标源中选择，对于每个 DMA 通道，在传输完每块数据后产生一个 DMA 中断请求，也可在填充完整块数据的一半后产生中断。

DMA RAM 在器件中所占空间通常为 2 KB，其起始地址依不同的器件而不同。

16.2　DMA 寄存器

每个 DMA 通道 x(x=0、1、2、3、4、5、6 或 7)均包含以下寄存器：

- 16 位 DMA 通道控制寄存器(DMAxCON)；
- 16 位 DMA 通道 IRQ 选择寄存器(DMAxREQ)；
- 16 位 DMA RAM 主起始地址寄存器(DMAxSTA)；
- 16 位 DMA RAM 辅助起始地址寄存器(DMAxSTB)；
- 16 位 DMA 外设地址寄存器(DMAxPAD)；
- 10 位 DMA 传输计数寄存器(DMAxCNT)。

还有一对状态寄存器 DMACS0 和 DMACS1 是所有 DMA 通道共用的。DMACS0 包含 DMA RAM 和 SFR 的写冲突标志位，分别为 XWCOLx 和 PW-COLx。DMACS1 指示 DMA 通道和乒乓模式状态。

DMAxCON、DMAxREQ、DMAxPAD 和 DMAxCNT 都是常规的读/写寄存器。读取 DMAxSTA 或 DMAxSTB 寄存器，读到的是 DMA RAM 地址寄存器的内容。可以直接写入 DMAxSTA 或 DMAxSTB 寄存器。这样的结果允许用户可以在任何时候确定 DMA 缓冲器的指针值(地址)。

DMA 寄存器见表 16.2～表 16.10。

中断标志位(DMAxIF)位于中断控制器的 IFSx 寄存器中。相应的中断允许控制位(DMAxIE)位于中断控制器的 IECx 寄存器中,而相应的中断优先级控制位(DMAxIP)则位于中断控制器的 IPCx 寄存器中。

表 16.2　DMAxCON:DMA 通道 x 控制寄存器(x=0,1,2,…,7)

R/W-0	R/W-0	R/W-0	R/W-0	R/W-0	U-0	U-0	U-0
CHEN	SIZE	DIR	HALF	NULLW	—	—	—
bit 15							bit 8
U-0	U-0	R/W-0	R/W-0	U-0	U-0	R/W-0	R/W-0
—	—	AMODE＜1:0＞		—	—	MODE＜1:0＞	
bit 7							bit 0

◆ bit 15 CHEN:通道使能位

1:使能通道;

0:禁止通道。

◆ bit 14 SIZE:数据传输大小位

1:按字节即 8 位传输;

0:按字即 16 位传输。

◆ bit 13 DIR:传输方向位(源/目标总线选择)

1:从 DMA RAM 地址读,写到外设地址;

0:从外设地址读,写到 DMA RAM 地址。

◆ bit 12 HALF:数据块传输完成中断选择位

1:当传送了一半数据时,发出数据块传输完成中断;

0:当传送了所有数据时,发出数据块传输完成中断。

◆ bit 11 NULLW:空数据外设写模式选择位

1:除将外设 SFR 中的数据写入 DMA RAM 外,还将空数据写入外设 SFR(DIR 位也必须清 0);

0:正常工作。

◆ bit 5~4 AMODE＜1:0＞:DMA 通道寻址模式选择位

11:保留(将工作在外设间接寻址模式下);

10:外设间接寻址模式;

01:无后递增的寄存器间接寻址模式;

00:带后递增的寄存器间接寻址模式。

◆ bit 1~0 MODE＜1:0＞:DMA 通道工作模式选择位

11:单数据一次模式,使能单数据块乒乓模式,发送完毕后自动禁止发送;

10:使能连续数据块乒乓模式;

01:单数据一次发送,禁止块乒乓模式,发送完毕后自动禁止发送;

00:连续数据,禁止块乒乓模式。

表 16.3　DMAxREQ:DMA 通道 x IRQ 选择寄存器(x=0,1,2,…,7)

R/W-0	U-0	U-0	U-0	U-0	U-0	U-0	U-0
FORCE	—	—	—	—	—	—	—
bit 15							bit 8
U-0	R/W-0	R/W-0	R/W-0	U-0	U-0	R/W-0	R/W-0
—	IRQSEL6	IRQSEL5	IRQSEL4	IRQSEL3	IRQSEL2	IRQSEL1	IRQSEL0
bit 7							bit 0

◆ bit 15 FORCE:强制 DMA 传输位

1:强制进行单次 DMA 传输(手动模式);

0:自动按照 DMA 请求进行 DMA 传输。

注意:FORCE 位不能被用户清 0。当强制的 DMA 传输完成时,FORCE 位由硬件清 0。

◆ bit 6～0 IRQSEL＜6:0＞:DMA 外设 IRQ 编号选择位

从表 16.2 中选取合适的 IRQ 编号

表 16.4　DMAxSTA:DMA 通道 x RAM 起始地址寄存器 A(x=0,1,2,…,7)

R/W-0	R/W-0	R/W-0	R/W-0	R/W-0	R/W-0	R/W-0	R/W-0
STA＜15:8＞							
bit 15							bit 8
R/W-0	R/W-0	R/W-0	R/W-0	R/W-0	R/W-0	R/W-0	R/W-0
STA＜7:0＞							
bit 7							bit 0

◆ bit 15～0 STA＜15:0＞:主 DMA RAM 起始地址位(源地址或目标地址)

表 16.5　DMAxSTB:DMA 通道 x RAM 起始地址寄存器 B(x=0,1,2,…,7)

R/W-0	R/W-0	R/W-0	R/W-0	R/W-0	R/W-0	R/W-0	R/W-0
STB＜15:8＞							
bit 15							bit 8
R/W-0	R/W-0	R/W-0	R/W-0	R/W-0	R/W-0	R/W-0	R/W-0
STB＜7:0＞							
bit 7							bit 0

◆ bit 15～0 STB<15:0>:辅助 DMA RAM 起始地址位(源地址或目标地址)

特别注意,读取 DMAxSTA 或 DMAxSTB 将返回 DMA RAM 地址寄存器的当前内容,而不是写入 STA 或 STB 的内容。如果已经使能了 DMA 通道(即通道处于工作状态),写入该寄存器可能导致 DMA 通道的行为不可预测,应该避免。

表 16.6　DMAxPAD:DMA 通道 x 外设地址寄存器(x=0,1,2,…,7)

R/W-0	R/W-0	R/W-0	R/W-0	R/W-0	R/W-0	R/W-0	R/W-0
PAD<15:8>							
bit 15							bit 8

R/W-0	R/W-0	R/W-0	R/W-0	R/W-0	R/W-0	R/W-0	R/W-0
PAD<7:0>							
bit 7							bit 0

◆ bit 15～0PAD<15:0>:外设地址寄存器位

注意,如果使能了 DMA 通道(即通道处于工作状态),写入 DMAxPAD 寄存器可能导致 DMA 通道的行为不可预测,应该避免。

表 16.7　DMAxCNT:DMA 通道 x 传输计数寄存器(x=0,1,2,…,7)

U-0	U-0	U-0	U-0	U-0	U-0	U-0	R/W-0
—	—	—	—	—	—	CNT<9:8>	
bit 15							bit 8

R/W-0	R/W-0	R/W-0	R/W-0	R/W-0	R/W-0	R/W-0	R/W-0
CNT<7:0>							
bit 7							bit 0

◆ bit 9～0 CNT<9:0>:DMA 传输计数寄存器位

注:(1) 如果使能了通道(即通道处于工作状态),写入该寄存器可能导致 DMA 通道的行为不可预测,应该避免。

(2) DMA 传输的次数为 CNT<9:0> +1。

表 16.8　DMACS0:DMA 控制器状态寄存器 0

R/C-0	R/C-0	R/C-0	R/C-0	R/C-0	R/C-0	R/C-0	R/C-0
PWCOL7	PWCOL6	PWCOL5	PWCOL4	PWCOL3	PWCOL2	PWCOL1	PWCOL0
bit 15							bit 8

R/C-0	R/C-0	R/C-0	R/C-0	R/C-0	R/C-0	R/C-0	R/C-0
XWCOL7	XWCOL6	XWCOL5	XWCOL4	XWCOL3	XWCOL2	XWCOL1	XWCOL0
bit 7							bit 0

◆ PWCOLy:通道y外设写冲突标志位(y=0,1,…,7)

1:检测到写冲突;

0:未检测到写冲突。

◆ XWCOLy:通道y DMA RAM写冲突标志位(y=0,1,…,7)

1:检测到写冲突;

0:未检测到写冲突。

表16.9 DMACS1:DMA控制器状态寄存器1

U-0	U-0	U-0	U-0	R-1	R-1	R-1	R-1
—	—	—	—	LSTCH<3:0>			
bit 15							bit 8
R-0	R-0	R-0	R-0	R-0	R-0	R-0	R-0
PPST7	PPST6	PPST5	PPST4	PPST3	PPST2	PPST1	PPST0
bit 7							bit 0

◆ bit 11~8 LSTCH<3:0>:上一次工作的DMA通道位

1111:自系统复位以来没有发生DMA传输;

1110~1000:保留;

0111:上次数据传输是通过DMA通道7进行的;

0110:上次数据传输是通过DMA通道6进行的;

0101:上次数据传输是通过DMA通道5进行的;

0100:上次数据传输是通过DMA通道4进行的;

0011:上次数据传输是通过DMA通道3进行的;

0010:上次数据传输是通过DMA通道2进行的;

0001:上次数据传输是通过DMA通道1进行的;

0000:上次数据传输是通过DMA通道0进行的。

◆ bit 7~0 PPSTy:通道y乒乓模式状态标志位(y=0,1,…,7)

1:选择DMAySTB寄存器;

0:选择DMAySTA寄存器。

表16.10 DSADR:最近的DMA RAM地址

R-0	R-0	R-0	R-0	R-0	R-0	R-0	R-0
DSADR<15:8>							
bit 15							bit 8
R-0	R-0	R-0	R-0	R-0	R-0	R-0	R-0
DSADR<7:0>							
bit 7							bit 0

◆ bit 15~0 DSADR<15:0>:DMA控制器最近访问的DMA RAM地址位

16.3　DMA工作模式

每个DMA通道用来配置通道的控制寄存器(DMAxCON)，支持以下工作模式：

- 按字或字节传输数据；
- 将数据从外设SFR传输到DMA RAM或从DMA RAM传输到外设SFR；
- 后递增或静态DMA RAM地址；
- 单数据块或连续数据块传输；
- 在每次传输完成后，自动切换两个DMA RAM的起始地址(乒乓模式)；
- 强制进行单数据块DMA传输(手动模式)。

每个DMA通道均可被独立配置如下：

- 从20个DMA请求源中选择一个；
- 手动使能或禁止DMA通道；
- 当传输完成一半或全部完成时中断CPU。

通道DMA RAM和外设的写冲突故障被组合成一个DMA错误陷阱(优先级为10)，该陷阱是不可屏蔽的。DMA状态寄存器(DMACS0)包含每个通道的DMA RAM写冲突(XWCOLx)和外设写冲突(PWCOLx)状态位，DMA错误陷阱处理程序可利用这两个标志位来判断产生故障的原因。

16.3.1　字节或字传输

每个DMA通道传输单位均可被配置成字(16位)或字节(8位)。

如果SIZE位(DMAxCON＜14＞)清0，则每次传输数据的单位为字，即每次传输的是16位数据。DMA RAM地址寄存器(DMAxSTA或DMAxSTB)的最低位LSb被忽略。如果使能后递增寻址模式，则DMA RAM地址寄存器在传输完每个字后递增2。

如果SIZE位置1，则每次传输数据的单位为字节，即每次传输的是8位数据。如果使能后递增寻址模式，则DMA RAM地址寄存器在传输完每个字节后递增1。

注意： DMAxCNT的值与被传输数据的大小(字节/字)无关，即该数是需要传送数据的个数。如果需要地址偏移量，则在字传输模式时需要将计数器左移1位(即乘2)来产生所需的正确地址偏移量，而字节模式的地址偏移量直接加上计数器的值即可。

16.3.2　寻址模式

DMA支持DMA RAM地址(源地址或目标地址)的寄存器间接寻址和寄存器

间接后递增寻址模式。只有 ECAN 和 ADC 模块才能使用外设间接寻址。

可独立选择每个通道的 DMA RAM 寻址模式。访问外设 SFR 时,总是使用寄存器间接寻址模式。

如果 AMODE＜1:0＞位(DMAxCON＜5:4＞)被设置为 01,则使用不带后递增的寄存器间接寻址模式,这意味着 DMA RAM 的地址保持不变。

如果 AMODE＜1:0＞位被设置为 00,则使用带有后递增的寄存器间接寻址模式访问 DMA RAM,这意味着 DMA RAM 的地址在每次访问后递增。

通过将 AMODE＜1:0＞位设置为 10,可将任何 DMA 通道配置为工作于外设间接寻址模式。在该模式下,DMA RAM 的源地址或目标地址部分来自于外设以及 DMA 地址寄存器。每个外设模块都有一个预分配的外设间接地址,该地址和 DMA 起始地址寄存器的内容进行逻辑或操作,以获取有效的 DMA RAM 地址。

16.3.3 DMA 传输方向

可将每个 DMA 通道配置为将数据从外设 SFR 传输到 DMA RAM,或从 DMA RAM 传输到外设 SFR。

如果 DIR 位(DMAxCON＜13＞)清 0,则将外设 SFR 的内容读出(使用 DMA 外设地址寄存器 DMAxPAD),并写入 DMA RAM(使用 DMA RAM 地址寄存器)。

如果 DIR 位(DMAxCON＜13＞)置 1,则将 DMA RAM 中的内容读出(使用 DMA RAM 地址寄存器),并写入外设 SFR(使用 DMA 外设地址寄存器 DMAxPAD)。

16.3.4 空数据外设写模式

如果将 NULLW 位(DMAxCON＜11＞)置 1,除了将数据从外设 SFR 传输到 DMA RAM 外,还会将一个空数据写入外设 SFR(假设 DIR 位清 0)。在需要连续接收数据而不发送任何数据的应用中,可用该模式。

16.3.5 连续数据块或单数据块的工作

每个 DMA 通道均可被配置为单数据块或连续数据块工作模式。如果 MODE＜0＞(DMAxCON＜0＞)清 0,那么通道将工作在连续数据块模式下。

当传送了所有数据后(即检测到了缓冲区末端),DMA 模块将为后续使用自动重新配置通道。在发送最后一块数据时,产生的下一个有效地址将为原始起始地址(来自选定的 DMAxSTA 或 DMAxSTB 寄存器)。

如果 HALF 位(DMAxCON＜12＞)清 0,发送完成中断标志位(DMAxIF)将置 1。如果 HALF 位置 1,则 DMA 只在传输一半时中断,数据完成传输则不产生中断。此时,当(DMAxCNT＋1)为偶数时,则完成了(DMAxCNT＋1)/2 个传输时发生 DMA 中断;当(DMAxCNT＋1) 为奇数时,则完成了(DMAxCNT＋2)/2 个传输时发生 DMA 中断。

如果 MODE<0>置 1,那么通道将在单数据块模式下工作。当传送了所有数据后(即检测到了缓冲区末端),通道被自动禁止。在发送最后一块数据时,不产生新的有效地址,并且 DMA RAM 地址寄存器保留最后访问的 DMA RAM 地址。如果 HALF 位清 0,则 DMAxIF 位将置 1;如果 HALF 位置 1,那么此时 DMAxIF 将不会被置 1,并且通道被自动禁止。

16.3.6　乒乓模式

用户通过将 MODE<1>位(DMAxCON<1>)置 1 使能乒乓模式。在该模式下,交替选择 DMAxSTA 和 DMAxSTB 作为连续数据块传输的 DMA RAM 起始地址。这样,就可以用单个 DMA 通道来支持 DMA RAM 中两个长度相同的缓冲区。这就允许 CPU 在处理一个缓冲区的同时装载另一个缓冲区,使用此方法可获得最大的数据吞吐率。

16.3.7　手动传输模式

通过在软件中将 FORCE 位(DMAxREQ<15>)置 1,可创建手动 DMA 请求。如果使能了这种模式,相应的 DMA 通道将只传输一个数据,而不是数据块。

当强制的 DMA 传输完成时,FORCE 位将由硬件清 0,它不能由用户清 0。在进行的 DMA 请求完成前将该位置 1 是无效的。

手动 DMA 传输功能是一次性事件。在强制(手动)传输完成后,DMA 通道将总是恢复到正常工作模式。手动 DMA 传输模式为用户提供了一种启动数据块传输的简单方法。

16.3.8　DMA 请求源选择

对于每个 DMA 通道,均可以在可用的中断源中选择一个作为相应通道的 DMA 请求。具体选择哪个中断源由 IRQSEL<6:0>位(DMAxREQ<6:0>)来决定。可用的中断源因器件而异,通过表 16.1 可了解与每个能产生 DMA 传输的中断源相关的 IRQ 编号。

16.4　DMA 中断和陷阱

每个 DMA 通道均能产生一个独立的“整个数据块传输完成(HALF=0)”或“数据块的一半传输完成(HALF=1)”中断。每个 DMA 通道都有其自身的中断向量。

如果外设包含多字缓冲区,为了使用 DMA,必须禁止外设的缓冲功能。DMA 中断请求仅由数据传输产生,外设错误条件不能产生 DMA 中断请求。

DMA 控制器还能够通过不可屏蔽的 CPU 陷阱事件反应外设和 DMA RAM 的

写冲突错误条件。DMA 错误陷阱在发生以下故障条件之一时产生：

- CPU 和外设之间的 DMA RAM 数据写冲突，当 CPU 和外设试图同时写入相同的 DMA RAM 地址时产生该条件；
- CPU 和 DMA 控制器之间的外设 SFR 数据写冲突，当 CPU 和 DMA 控制器试图同时写入相同的外设 SFR 时产生该条件。

通道 DMA RAM 和外设的写冲突故障被组合成一个 DMA 错误陷阱(优先级为 10)，该陷阱是不可屏蔽的。DMA 状态寄存器(DMACS1 和 DMACS0)包含每个通道的 DMA RAM 写冲突(XWCOLx)和外设写冲突(PWCOLx)状态位，DMA 错误陷阱处理程序可利用这两种状态标志位来判断产生故障的原因。

16.5 DMA 实例

除了本章的 2 个例子外，在其他章节中，也有与 DMA 有关的实例，这些实例如下：

- 第 10 章 ADC 转换器的例 10.5、例 10.6、例 10.7；
- 第 11 章 异步串行通信 UART 的例 11.3、例 11.4。

【例 16.1】 通过 DMA 把 ADC 结果存入 DMA RAM 中

本例相关设置如下：

7 个模拟电压(通过电位器调整电压)接到 AN1、AN2、AN3、AN5、AN6、AN7、AN8 共 7 个通道中，ADC 采用 12 位，扫描 7 个通道，用 TMR3 触发 ADC，触发的时间间隔 50 μs，DMA 采用连续乒乓模式，后加 1，按字传输，ADC1 触发 DMA 传输。所用线路如图 16.1 所示。本例所用的 dsPIC33F 芯片型号为 dsPIC33FJ64GP206，它是 64 引脚的芯片，没有用到的引脚被隐藏了。振荡器用默认的 FRC，即按内部的 7.37 MHz 频率运行。

程序设置 DMA0STA＝0x0010，DMA0STB＝0x0030。程序运行时，每隔 50 μs 自动进行一次 ADC 转换，并自动将 ADC 结果依次存于 DMA RAM 的相对地址(如图 16.2(a)所示)：0x10，0x12，0x14，0x16，0x18，0x1A，0x1C。7 次 ADC 后，再依次存于：0x30，0x32，0x34，0x36，0x38，0x3A，0x3C。接着再存于 0x10 开始的单元，循环不停。

如果修改本例程序：

```
DMA0CON = 0x0002;
```

为

```
DMA0CON = 0x0022;
```

则修改的内容是将原来的 AMODE＜1:0＞＝0b00(即 DMA 为带后递增的寄存器间接寻址模式)改为 AMODE＜1:0＞＝0b10(即 DMA 外设间接寻址模式)，这样，

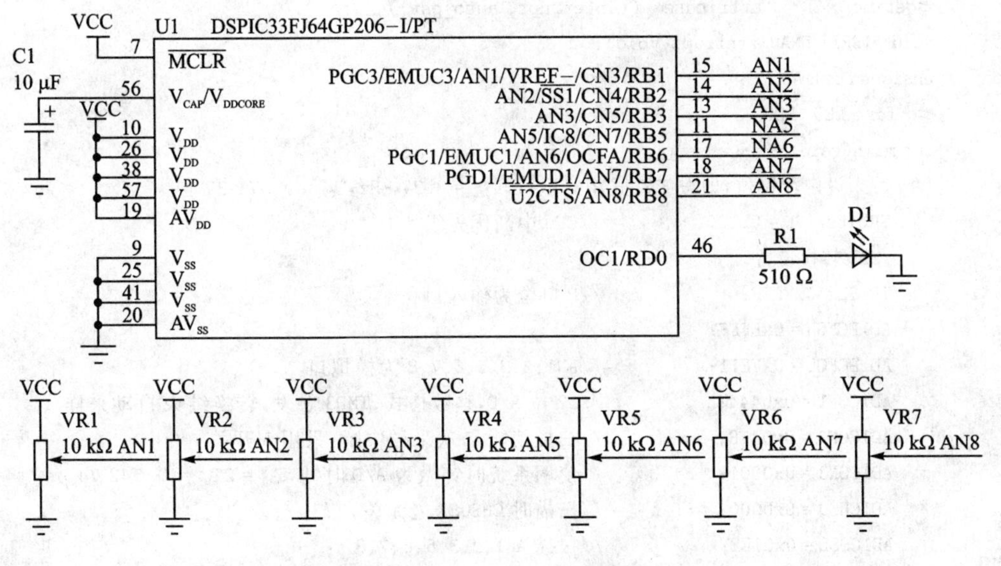

图 16.1　例 16.1 所用的线路图

DMA RAM 的存放地址还与 ADC 的通道号有关:这里扫描的通道号分别为 1、2、3、5、6、7、8,从图 16.2(b)中可以看清这一点。

图 16.2 中,(a)为 DMA 为带后递增的寄存器间接寻址模式的运行结果,(b)为 DMA 外设间接寻址模式的运行结果。

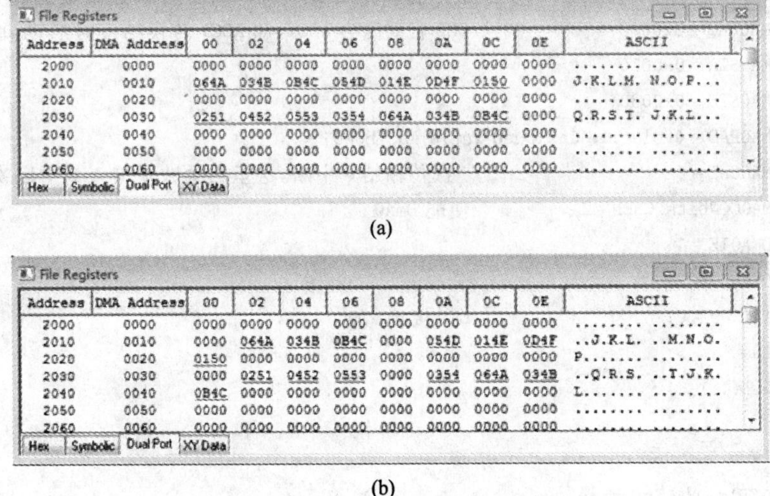

File Registers

Address	DMA Address	00	02	04	06	08	0A	0C	0E	ASCII
2000	0000	0000	0000	0000	0000	0000	0000	0000	0000	....
2010	0010	064A	034B	0B4C	054D	014E	0D4F	0150	0000	J.K.L.M. N.O.P...
2020	0020	0000	0000	0000	0000	0000	0000	0000	0000	....
2030	0030	0251	0452	0553	0354	064A	034B	0B4C	0000	Q.R.S.T. J.K.L...
2040	0040	0000	0000	0000	0000	0000	0000	0000	0000	....
2050	0050	0000	0000	0000	0000	0000	0000	0000	0000	....
2060	0060	0000	0000	0000	0000	0000	0000	0000	0000	....

Hex　Symbolic　Dual Port　XY Data

(a)

File Registers

Address	DMA Address	00	02	04	06	08	0A	0C	0E	ASCII
2000	0000	0000	0000	0000	0000	0000	0000	0000	0000	....
2010	0010	0000	064A	034B	0B4C	0000	054D	014E	0D4F	..J.K.L. ..M.N.O.
2020	0020	0150	0000	0000	0000	0000	0000	0000	0000	P....... ....
2030	0030	0000	0251	0452	0553	0000	0354	064A	034B	..Q.R.S. ..T.J.K.
2040	0040	0B4C	0000	0000	0000	0000	0000	0000	0000	L....... ....
2050	0050	0000	0000	0000	0000	0000	0000	0000	0000	....
2060	0060	0000	0000	0000	0000	0000	0000	0000	0000	....

Hex　Symbolic　Dual Port　XY Data

(b)

图 16.2　2 种 DMA 模式的运行结果比较

【例 16.1】　程序

```
//A/D 采样并把结果存入 DMA RAM 中
#include "P33FJ64GP206.H"
```

```
#define _ISR1 __attribute__((interrupt, auto_psv))
void _ISR1 _DMA0Interrupt(void);
unsigned int AD[7];
#define LED _RD0
int main(void)
{   //未设定配置位,即按 FRC 振荡器运行,Fosc = 7.37 MHz,TCY = 0.271 37 μs
    SRbits.IPL = 0b100;           //CPU 中断优先级 = 4
    //AD 转换设置
    TRISB = 0xFFFF;               //B 口全为输入口
    AD1PCFGH = 0xFFFF;
    AD1PCFGL = 0xFE11;            //AN1、2、3、5、6、7、8 为模拟口
    AD1CON1 = 0x0444;             //12 位 A/D,整数格式,TMR3 触发,转换结束自动采样
    AD1CON2 = 0x0418;             //扫描使能,7 次采样中断,只用 A 开关
    AD1CON3 = 0x0001;             //使用系统时钟做为 A/D 时钟,TAD = 2TCY = 0.542 74 μs
    AD1CHS0 = 0x0000;             //扫描时 CHS0SA 之无关,
    AD1CSSL = 0x01EE;             //扫描 AN1、2、3、5、6、7、8
    _AD1IE = 0;                   //禁止 A/D 中断
    _ADON = 1;                    //A/D 模块使能
    //TMR3 设置
    PR3 = 183;                    //延时 50 μs
    TMR3 = 0;
    T3CON = 0x8000;               //分频比 1:1,内部时钟
    DMA0CON = 0x0022;             //字传输,从外设到 DMA RAM,后加 1,连续数据块,乒乓模式
    DMA0REQ = 0x000D;             //DMA 启动源为 ADC1,即 ADC1 转换结束时启动 DMA0
    DMA0STA = 0x0010;
    DMA0STB = 0x0030;
    DMA0PAD = (volatile unsigned int)& ADC1BUF0;
    DMA0CNT = 6;                  //7 次传输结束中断,这里的次数须与 A/D 中断次数一致
    DMA0CONbits.CHEN = 1;         //使能 DMA0
    _DMA0IE = 1;
    _DMA0IP = 7;
    _TRISD0 = 0;                  //LED 接于 RD0
    LED = 1;
    while(1);
}

void _ISR1 _DMA0Interrupt(void)
{   volatile unsigned int * P = 0x2000;     //DMA RAM 首地址
    volatile unsigned char i;
    _DMA0IF = 0;
    LED = ! LED;                  //LED 闪亮,指示 A/D 与 DMA 正在进行中
    if (DMACS1bits.PPST1 == 1)  //当前 DMA 通道为 B,则读 A
```

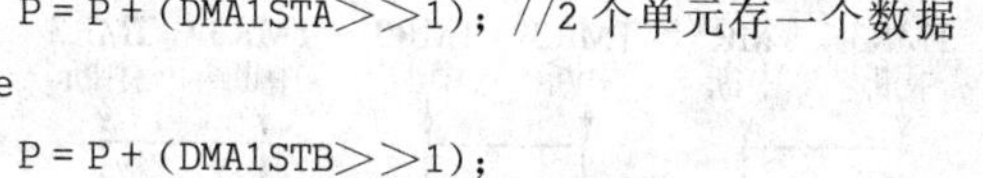

```
        P = P + (DMA1STA>>1); //2 个单元存一个数据
    else
        P = P + (DMA1STB>>1);
    for (i = 0;i<7;i ++ )
        AD[i] = * P ++ ;        //从 DMA RAM 中读出数据
}
```

【例 16.2】 利用 2 个 DMA 模块进行 ADC 和异步串行通信

本例所用的线路如图 16.3 所示,使用了 64 引脚的 dsPIC33FJ64GP706。在 ADC 采样中,设置为 4 个通道同时采样,用 TMR3 每隔 2 ms 触发一次 ADC 转换。

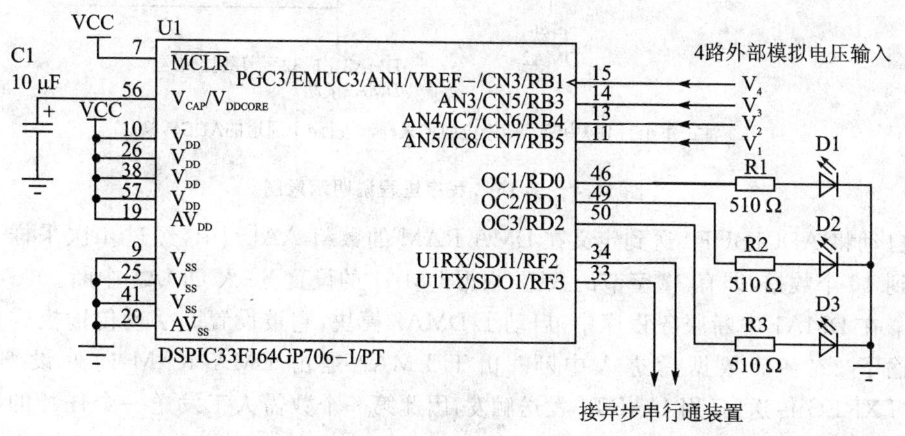

图 16.3 例 16.2 线路图

DMA1 模块设置为:传输方向为外设到 DMA RAM,字传输模式,连续数据,禁止乒乓模式,ADC1 转换结束触发 DMA1,即每次 ADC 转换结束都将 ADC 结果自动放入定义 DMA RAM 的数组 AA[ ]中,当数据存满(4 次采样,共 16 个 ADC 结果,16 个字,32 字节)后产生 DMA1 中断。在 DMA1 中断中启动 DMA2 模块的传送。

DMA2 模块设置为 DMA RAM 到外设 UART1 的 SFR U1TXREG,字节传输模式(即传输)以 8 位数为单位。DMA2 模块把 DMA RAM 的数据(即 DMA1 模块从 ADC 结果传送到 DMA RAM 的数据)通过异步串行通信发送出去,这是因为本例中把 UART1 的 SFR U1TXREG 作为 DMA2 的传送目的地。DMA2 传输方式为禁止乒乓、单次模式,强制进行单次 DMA 传输。

线路中用三个 LED 闪亮来指示程序的运行进程。

程序的运行过程如图 16.4 所示。

程序运行时,每隔 2 ms,TMR3 触发 ADC 转换。在 TMR3 与 PR3 匹配的时刻,ADC 模块停止了 4 个 ADC 通道的同时采样,即进行 ADC 转换时按顺序进行 4 个通道的转换。每转换得到一个数据存放在 ADC1BUF0 中,随即触发 DMA1 数据传输,

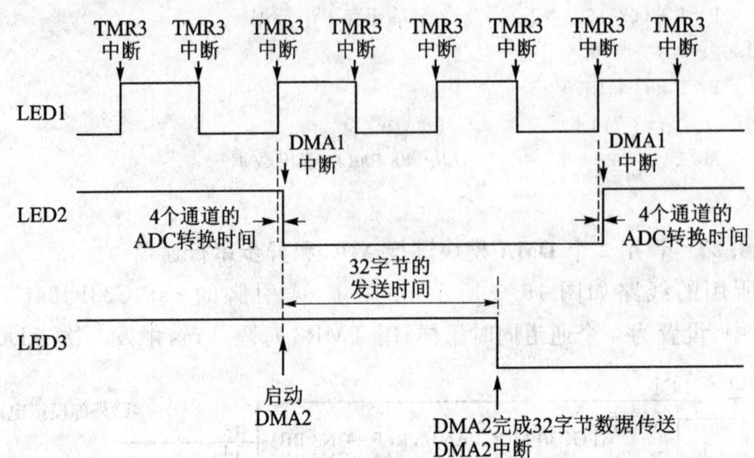

注：每个TMR3中断，即停止ADC采样，进行4个通道的ADC转换。

图 16.4　例 16.2 程序进程说明示意图

它自动将 ADC1BUF0 送到定义在 DMA RAM 的数组 AA[ ]中，经过 4 次采样，共得到 16 个数据，即有 32 字节的数据，根据 DMA1 的设置，进入 DMA1 中断。

在 DMA1 中断服务程序中，启动了 DMA2 模块，它被设置为手动传输模式，在传输了 32 字节数据后进入中断。由于 DMA2 是由 DMA RAM 向外设 SFR U1TXREG 传送，且用 UART1 发送触发，因此第一个数需人工发送一个任意的数，程序中为发送 0。

程序中的 TMR3 中断和 DMA2 中断只是为了显示程序的进程，实际上完全可以去掉。在 DMA2 以字节传输中，传输每个 ADC 结果时，先传低字节，然后再传高字节。

【例 16.2】　程序

```
#include "P33FJ64GP706.H"
//使用默认的配置,FRC 的标准 7.37 MHz 振荡器

void _ISR _DMA1Interrupt(void);
void _ISR _DMA2Interrupt(void);
void _ISR _T3Interrupt(void);
void CONFIG_U1UART(void);
void CONFIG_DMA1(void);
void CONFIG_DMA2(void);
void CONFIG_AD(void);
void CONFIG_TMR3(void);
void CONFIG_INT(void);

//以下定义处于 DMA 区间的数组,地址由编译器分配,仿真结果 AA 首址为 0x47E0
```

```
unsignedint AA[16] __attribute__ ((space(dma)));

#define LED1 _RD0
#define LED2 _RD1
#define LED3 _RD2

int main(void)
{    RCONbits.SWDTEN = 0;             //禁止 WDT
     TRISD = 0xFFF8;                  //低 3 位为输出,控制 LED
     CONFIG_AD();
     CONFIG_DMA1();
     CONFIG_DMA2();
     CONFIG_TMR3();
     CONFIG_U1UART();
     CONFIG_INT();
     PORTD = 0x0007;                  //低 3 位的 LED 全亮
     while(1);
}

//TMR3 中断,无实质意义,仅为了指示程序进程
void __attribute__((__interrupt__, auto_psv,__shadow__)) _T3Interrupt(void)
{    _T3IF = 0;                       //2 ms 中断一次
     LED1 = ! LED1;
}

//中断为了启动 DMA2 发送
void __attribute__((__interrupt__, auto_psv,__shadow__)) _DMA1Interrupt(void)
{    _DMA1IF = 0;           //4 ms 中断 1 次,共进行 4 次采样,16 次 A/D 转换,得到 32 字节数
     LED2 = ! LED2;
     U1TXREG = 0;                     //异步串行发送触发 DMA 第一次需手动发送一个数
     DMA2STA = DMA1STA;               //DMA2 的 DMA RAM 首址与 DMA1 的相同
     DMA2CONbits.CHEN = 1;            //打开 DMA2 模块,传送次数完成后自动关闭模块
     DMA2REQbits.FORCE = 1;           //手动触发 DMA2 模块
}

//DMA2 中断,无实质意义,仅为了指示程序进程
void __attribute__((__interrupt__, auto_psv,__shadow__)) _DMA2Interrupt(void)
{    _DMA2IF = 0;                     //8 ms 中断一次,发送 32 字节数据
     LED3 = !LED3;
}

//总中断设置
```

```
void CONFIG_INT(void)
{    SRbits.IPL = 4;                //CPU 中断优先级 = 4
     CORCONbits.IPL3 = 0;           //CPU 中断优先级≤7
     INTCON1bits.NSTDIS = 1;        //禁止嵌套中断
     INTCON2bits.ALTIVT = 0;        //使用标准中断向量
}

//配置 TMR3
void CONFIG_TMR3(void)
{    PR3 = 7369;                    //2 ms
     TMR3 = 0;
     T3CON = 0x8000;                //开始计时
     _T3IE = 1;
     _T3IP = 7;
}

//配置 AD
void CONFIG_AD(void)
{//引脚设置
     AD1CON1bits.ADON = 0;
     AD1PCFGL = 0x0000;             //所有的 AN 口都为模拟口
     //AD1CON1
     AD1CON1bits.ADSIDL = 1;        //A/D 模块休眠不工作
     AD1CON1bits.AD12B = 0;         //10 位 A/D
     AD1CON1bits.FORM = 0b00;       //转换结果:整数
     AD1CON1bits.SSRC = 0b010;      //自动转换 TMR3 触发 A/D
     AD1CON1bits.SIMSAM = 1;        //同时采样所有通道
     AD1CON1bits.ASAM = 1;          //自动采样
     //AD1CON2
     AD1CON2bits.VCFG = 0x00;       //Vcc,Gnd
     AD1CON2bits.CSCNA = 0;         //不扫描
     AD1CON2bits.CHPS = 0b10;       //选择 CH0、CH1、CH2、CH3
     AD1CON2bits.SMPI = 0;          //每次转换中断一次
     AD1CON2bits.BUFM = 0;          //总是从 ADC1BUF0
     AD1CON2bits.ALTS = 0;          //不使用 A、B 多路开关
     //AD1CON3
     AD1CON3bits.ADRC = 0;          //A/D 时钟 = 系统时钟
     AD1CON3bits.SAMC = 0;          //TMR3 触发 A/D 时此位为无关位
     AD1CON3bits.ADCS = 9;          //TAD = 10 × TCY = 2.713 7 μs
     //AD1CON4
     AD1CON4bits.DMABL = 0b000;     //每个通道 1 个字单元缓冲
//AD1CHS123
```

```
    AD1CHS123bits.CH123NA = 0b00;//CH1、CH2、CH3 的负输入为 VREF-
    AD1CHS123bits.CH123SA = 1;   //CH1 + = AN3,CH2 + = AN4,CH3 + = AN5
    //AD1CHS0
    AD1CHS0bits.CH0NA = 0;       //A:CH0 - = VREF-
    AD1CHS0bits.CH0SA = 1;       //CH0 + = AN1
    AD1CON1bits.ADON = 1;        //A/D 模块使能
}

//配置 DMA1:把 ADC 结果自动放入 DMA RAM
void CONFIG_DMA1(void)
{   DMA1CONbits.SIZE = 0;        //字模式
    DMA1CONbits.DIR = 0;         //DMA 方向为外设到 RAM
    DMA1CONbits.HALF = 0;        //整块传输,即结束后产生中断
    DMA1CONbits.AMODE = 0b00;    //加 1 的间接地址
    DMA1CONbits.MODE = 0b00;     //连续数据,禁止乒乓模式
    DMA1REQbits.IRQSEL = 13;     //ADC1 触发 DMA1
    DMA1STA = __builtin_dmaoffset(AA);  //DMA1 的 A 区首址与定义在 DMA RAM 的数组 AA
                                        //相同
    DMA1PAD = (volatile unsigned int) &ADC1BUF0;  //将 ADC 结果地址告诉 DMA1
    DMA1CNT = 16 - 1;            //16 次传输后中断,8 个字,共 32 个字节
    DMA1CONbits.CHEN = 1;
    _DMA1IE = 1;                 //允许 DMA1 中断
    _DMA1IP = 6;                 //DMA1 中断优先级 = 6
}

//配置 DMA2:把 DMA1 放在 DMA RAM 中的数据用 UART1 发送出去
void CONFIG_DMA2(void)
{
    DMA2CONbits.SIZE = 1;        //字节模式
    DMA2CONbits.DIR = 1;         //DMA 方向为 RAM 到外设
    DMA2CONbits.HALF = 0;        //整块传输,即结束后产生中断
    DMA2CONbits.AMODE = 0b00;    //加 1 的直接地址
    DMA2CONbits.MODE = 0b01;     //禁止乒乓,单次模式
    DMA2REQbits.IRQSEL = 12;     //UART1 发送,首次需手动发送一个数
    DMA2STA = DMA1STA;           //DMA2 的 A 区首址和 DMA1 的相同
    DMA2PAD = (volatile unsigned int) &U1TXREG;  //将 U1TXREG 地址告诉 DMA2
    DMA2CNT = 32 - 1;            //32 次发送后中断
    DMA2CONbits.CHEN = 0;
    _DMA2IE = 1;                 //允许 DMA2 中断
    _DMA2IP = 6;                 //DMA2 中断优先级 = 6
}
//UART 设置
```

```
void CONFIG_U1UART(void)
{   //U1MODE
    U1MODEbits.USIDL = 1;           //休眠关闭串口
    U1MODEbits.IREN = 0;            //IrDA 编码器关闭
    U1MODEbits.RTSMD = 1;           //U1RTS 处于单工模式
    U1MODEbits.UEN = 0b00;          //使能 U1TX、U1RX
    U1MODEbits.WAKE = 0;            //禁止启动位唤醒
    U1MODEbits.LPBACK = 0;          //不回送
    U1MODEbits.ABAUD = 0;
    U1MODEbits.URXINV = 0;
    U1MODEbits.BRGH = 1;
    U1MODEbits.PDSEL = 0b00;        //无校验位
    U1MODEbits.STSEL = 0;
    //U1STA
    U1STAbits.UTXISEL1 = 0;
    U1STAbits.UTXISEL0 = 0;         //发送一个数据即中断
    U1STAbits.UTXINV = 0;
    U1STAbits.UTXBRK = 0;           //禁止或已完成同步间隔字符的发送
    U1STAbits.URXISEL = 0b00;       //收到 1 个数即中断
    U1STAbits.ADDEN = 0;

    U1BRG = 15;                     //波特率 57 600,发送每个字节(10 位)时间为 174 μs
    U1MODEbits.UARTEN = 1;          //串口使能
    U1STAbits.UTXEN = 1;            //发送使能
}
```

第17章 CAN 总线模块 ECAN

17.1 概 述

CAN(Controller Area Network)即控制器局域网,属于现场总线的范畴。

CAN 总线是一种串行通信协议,是德国 BOSCH 公司在 20 世纪 80 年代初为解决现代汽车中众多控制与测试仪器之间的数据交换问题而开发的一种串行数据通信协议。它是一种多主总线,通信介质可以是双绞线、同轴电缆或光导纤维,通信速率可达1 Mbps。

dsPIC33F 芯片的 CAN 总线模块属于增强型 CAN,称为 ECAN 模块,此接口协议是针对允许在噪声环境下通信而设计的。

dsPIC33F 器件最多带 2 个 ECAN 模块。并非所有的 dsPIC33F 芯片都带有 ECAN 模块,使用时要查阅相关资料。

ECAN 模块是一种通信控制器,实现了 BOSCH 规范中定义的 CAN2.0A 或 CAN2.0B 协议。该模块支持 CAN1.2、CAN2.0A、CAN2.0B Passive 和 CAN 2.0 BActive 版本的协议,实现了一种完整的 CAN 系统。

该模块具有以下特性:

- 实现了 CAN 协议 CAN1.2、CAN2.0A 和 CAN2.0B;
- 支持标准和扩展数据帧;
- 0~8 字节数据长度;
- 高达 1 Mbps 的可编程波特率;
- 自动响应远程发送请求;
- 最多 8 个发送缓冲器,可由应用程序指定优先级和中止功能(每个缓冲器最多包含 8 字节的数据);
- 最多 32 个接收缓冲器(每个缓冲器最多包含 8 字节的数据);
- 最多 16 个完全(标准/扩展标识符)的接收过滤器;
- 3 个完全接收过滤屏蔽寄存器;
- 支持 DeviceNet 寻址;
- 集成了低通滤波器的可编程唤醒功能;

- 支持自检操作的可编程环回模式；
- 通过中断功能在出现所有可能的 CAN 接收器和发送器错误条件时发出信号；
- 可编程时钟源；
- 与输入捕捉模块的可编程连接(CAN1 和 CAN2 的 IC2)，以进行时间标记和网络同步；
- 低功耗休眠和空闲模式。

CAN 总线模块由协议引擎以及报文缓冲和控制模块组成。CAN 协议引擎处理 CAN 总线上接收和发送报文的所有功能。通过首先装载相应的数据寄存器发送报文，通过读取相应的寄存器检测总线的状态和错误。对在 CAN 总线上的任何报文进行错误检测，并随后将其与过滤器进行比较，以判断是否要将其接收并存储到接收寄存器中。

17.2 帧类型

CAN 模块支持下列帧类型：

① 标准数据帧：当节点要发送数据时会产生一个标准数据帧，它包含一个 11 位的标准标识符 SID(Standard Identifier)。

② 扩展数据帧：扩展数据帧与标准数据帧相似，但包含一个扩展标识符。

③ 远程帧：也可能发生目标节点向源节点请求发送数据的情况，要做到这一点，目标节点必须发送一个其标识符与所需数据帧匹配的远程帧；随后相应的数据源节点会发送一个数据帧作为对这个远程请求的响应。

④ 错误帧：错误帧是由检测到总线错误的任一节点产生的，包含 2 个字段——错误标志字段和错误定界符字段。

⑤ 过载帧：节点在以下两种条件下会产生过载帧：

(a) 节点在帧间间隔内检测到一个显性位，这是一种非法的情况。

(b) 由于内部原因，节点尚无法开始接收下一条报文。节点最多可产生两个连续过载帧来延迟下一条报文的接收。

在 CAN 协议中，帧间的时间是有规定的。帧间间隔将前一个帧(无论何种类型)与其后的数据帧或远程帧分隔开来。

dsPIC33F 系列 ECAN 模块的框图如图 17.1 所示。图中的引脚 CiTX、CiRX 分别为 ECAN 的发送和接收引脚，i=1 或 2，即 ECAN 模块 1 或 ECAN 模块 2。

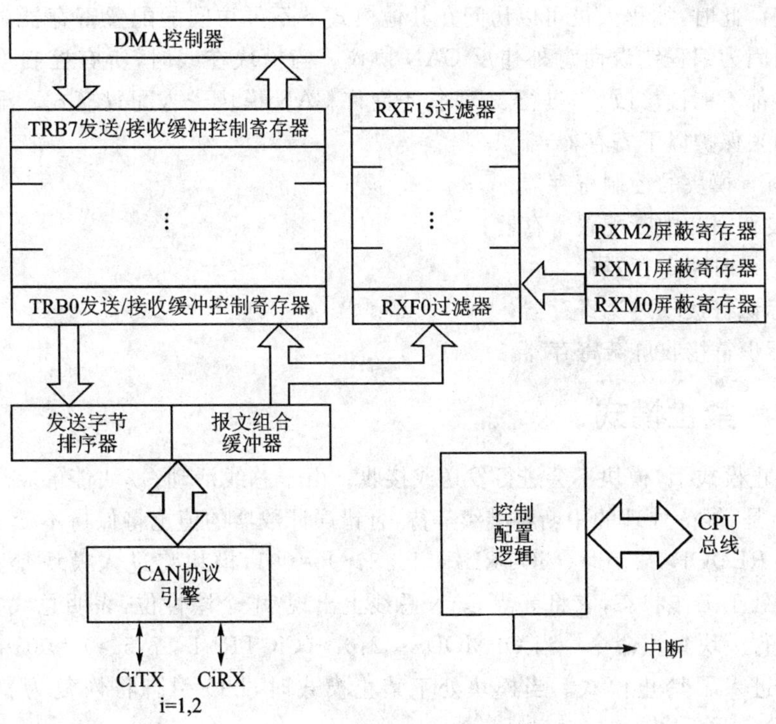

图 17.1　ECAN 模块框图

17.3　工作模式

用户可以选择 CAN 模块在以下几种工作模式之一工作，这些模式包括：

- 初始化模式；
- 禁止模式；
- 正常工作模式；
- 监听模式；
- 监听所有报文模式；
- 环回模式。

通过设置 REQOP<2:0>位(CiCTRL1<10:8>)可选择所需模式。通过监视 OPMODE<2:0>位(CiCTRL1<7:5>)可以确定进入的模式。通常在总线上检测到至少 11 位连续的隐性位表明总线空闲时才允许改变模式，在此之前不会改变模块的工作模式和 OPMODE 位。

17.3.1　初始化模式

在初始化模式下，模块将不进行发送或接收。错误计数器被清 0 且中断标志位保持不变。此时,编程人员可以访问在其他模式下不可访问的配置寄存器。模块会防止用户因为编程错误而意外违反 CAN 协议。当模块在线时,所有控制模块配置的寄存器都不能被修改;当进行发送时,不允许 CAN 模块进入配置模式。配置模式会作为锁来保护以下寄存器:

- 所有模块的控制寄存器;
- 波特率和中断配置寄存器;
- 总线时序寄存器;
- 标识符接收过滤寄存器;
- 标识符接收屏蔽寄存器。

17.3.2 禁止模式

在禁止模式下,模块不会进行发送或接收。由于总线活动,模块能够将 WAKIF 位置 1,但是,等待处理的中断将继续等待,且错误计数器的值也将保持不变。

如果 REQOP<2:0>(CiCTRL1<10:8>)=001,模块将进入模块禁止模式。如果模块处于工作状态,它将等待 CAN 总线上出现 11 个隐性位,表明总线空闲,然后才能执行模块禁止命令。当 OPMODE<2:0>(CiCTRL1<7:5>)=001 时,表明模块成功进入了禁止模式。当模块处于禁止模式时,I/O 引脚将恢复为普通 I/O 功能。

当模块或 CPU 处于休眠模式时,通过对模块进行编程可以在 CiRX 输入引脚应用低通滤波器功能。WAKFIL 位(CiCFG2<14>)可以使能或禁止该滤波器。

注:如果允许 CAN 模块在某种工作模式下发送,并且在 CAN 模块进入该模式后立即被要求发送,则模块将在开始发送前等待总线上出现 11 个连续隐性位。如果用户在此 11 个隐性位期间切换到禁止模式,则发送会被中止,同时相应的 TXABT 位置 1,TXREQ 位清 0。

17.3.3 正常工作模式

当 REQOP<2:0>=000 时选择正常工作模式。在这个模式下,模块被激活,I/O引脚将承担 CAN 总线功能。模块将通过 CiTX 和 CiRX 引脚发送和接收 CAN 总线报文。

17.3.4 监听模式

如果激活监听模式,则 CAN 总线上的模块处于被动状态。发送缓冲器恢复为端口 I/O 功能。接收引脚保持在输入状态。对于接收器,不发出错误标志或应答信号。该状态下,错误计数器不再工作。监听模式可用来检测 CAN 总线上的波特率。

要使用它,必须有 2 个以上可以互相通信的节点。

17.3.5 监听所有报文模式

该模块能够设置为忽略所有错误并接收所有报文。将 REQOP<2:0>设置为 111 可激活监听所有报文模式。在该模式下,报文组合缓冲器中的数据将被复制到接收缓冲器并可通过 CPU 接口读取,直到出现错误。

17.3.6 环回模式

如果激活环回模式,模块将在模块内部把发送信号连接到内部接收信号,即通过内部自发自收,发送和接收引脚将作为普通的 I/O 端口功能。

17.4 报文接收

17.4.1 接收缓冲器

ECAN 须与 DMA 配合使用。CAN 总线模块最多有 32 个接收缓冲器,位于 DMARAM 中,需要通过对 CiTRmnCON 寄存器中的发送/接收缓冲器选择位(TXENn)清 0,将前 8 个缓冲器配置为接收缓冲器。用户可以通过定义 DMABS<2:0>位(CiFCTRL<15:13>)来选择 DMA RAM 中 CAN 缓冲区的总大小,前 16 个缓冲器可以分配给接收过滤器,其余的仅用作 FIFO 缓冲器。

另有一个缓冲器始终监视进入总线的报文,该缓冲器被称为报文组合缓冲器 MAB。MAB 组合所有的输入报文,只有满足相应接收过滤条件的报文才能被传输到相应的接收缓冲器中。当接收到报文时,RBIF 标志位(CiINTF<1>)置 1,这时用户需要检查 CiVEC 与/或 CiRXFUL1 寄存器来判定导致中断产生的过滤器和缓冲器。只有接收到报文时模块才将 RBIF 置 1,用户处理完缓冲器中的报文后将该位清 0。如果 RBIE 位置 1,则在接收到报文时将产生中断。

17.4.2 FIFO 缓冲器模式

如果过滤器缓冲器指针的值为 1111,那么 ECAN 模块提供 FIFO 缓冲功能。在该模式下,满足缓冲器要求的结果将被写入 FIFO 中下一个可用的缓冲单元。

CiFCTRL 寄存器定义 FIFO 的大小。该寄存器中的 FSA<4:0>位定义 FIFO 缓冲器的起始位置。如果使能 DMA,FIFO 的结束位置由 DMABS<2:0>位(CiFCTRL<15:13>)定义。FIFO 最多支持 32 个缓冲器。

17.4.3 报文接收过滤器

报文接收过滤器和屏蔽寄存器用于决定报文组合缓冲器中的报文是否应该被装

入某个接收缓冲器中。一旦一条有效的报文被接收到 MAB,报文的标识符字段就会与过滤值进行比较。如果匹配的话,该报文就会被装入相应的接收缓冲器。每个过滤器都与一个缓冲器指针 FnBP<3:0>(n=0～15,在 CiBUFPNTm 中,m=1,2,3,4)相关联,该指针用来将过滤器与 16 个接收缓冲器中的一个相关联。

接收过滤器通过检查进入报文中的 IDE 位(CiTRBnSID<0>)以决定如何比较标识符。如果 IDE 位清 0,报文是标准帧,则只与 EXIDE 位(CiRXFnSID<3>)清 0 的过滤器比较。如果 IDE 位置 1,报文是扩展帧,则只与 EXIDE 位置 1 的过滤器比较。

17.4.4　报文接收过滤器屏蔽寄存器

屏蔽位主要决定将对哪些位使用过滤器。如果任何屏蔽位被设置为 0,则无论过滤位为何值,该位都会被自动接收。有三个与接收缓冲器相关的可编程接收过滤屏蔽寄存器。通过设置相应 CiFMSKSELn 寄存器中的 FnMSK<1:0>位来选择所需的屏蔽寄存器,可以将这三个屏蔽寄存器中的任意一个与每个过滤器关联。

17.4.5　接收错误

CAN 模块将会检测以下接收错误:

- 循环冗余校验(CRC)错误;
- 位填充错误;
- 无效报文接收错误。

这些接收错误不会产生中断,但当发生上述错误之一时,接收错误计数器会递增 1。RXWAR 位(CiINTF<9>)表明接收错误计数器已经达到 CPU 警告的上限值 96,并由此产生中断。

17.4.6　接收中断

接收中断主要分为 3 组,每组包含各种产生中断的条件:

- 接收中断:报文已被成功接收并被装入其中一个接收缓冲器,接收到帧结束(EOF)字段后立即激活中断。读 RXnIF 标志可知哪个接收缓冲器引起了中断。
- 唤醒中断:CAN 模块从禁止模式唤醒,或器件从休眠模式中唤醒。
- 接收错误中断:接收错误中断由 ERRIF 位表示。该位表示有错误条件发生。通过检查 CAN 中断标志寄存器 CiINTF 中的相应位,就可以确定错误源。
- 收到无效报文:如果在接收上一个报文期间发生了任何类型的错误,则 IVRIF 位都将指出有错误发生。
- 接收器溢出:RBOVIF 位(CiINTF<2>)表明有溢出情况发生。
- 接收器警告:RXWAR 位表明接收错误计数器(RERRCNT<7:0>)已经达

到 CPU 警告的上限值 96。

- 接收器错误被动：RXEP 位表明接收错误计数器已经超过了错误被动的上限值 127，且该模块已经进入错误被动状态。

17.5 报文发送

17.5.1 发送缓冲器

CAN 模块最多有 8 个发送缓冲器，位于 DMARAM 中，需要通过 CiTRmnCON 寄存器中相应的发送/接收缓冲器选择位 TXENn 或 TXENm 位置 1，将这 8 个缓冲器配置为发送缓冲器。用户可以通过定义 DMABS<2:0>位（CiFCTRL<15:13>）来选择 DMARAM 中 CAN 缓冲区的总大小。

每个发送缓冲器占用 16 个数据字节，其中的 8 个字节用于存放发送的报文，另外 5 个字节用来存放标准或扩展报文标识符和其他报文仲裁信息，最后一个字节不使用。

17.5.2 发送报文优先级

发送优先级指在各个节点内待发送报文的优先级。发送优先级有 4 级。如果一个指定报文缓冲器的 TXnPRI<1:0>位（在 CiTRmnCON 中）被设置为 11，则该缓冲器拥有最高优先级；如果一个指定报文缓冲器的 TXnPRI<1:0>位被置为 10 或 01，则该缓冲器拥有中等优先级；如果一个指定报文缓冲器的 TXnPRI<1:0>位被设置为 00，则该缓冲器拥有最低优先级；如果两个或更多等待发送的报文拥有相同优先级，报文以缓冲器编号递减的顺序发送。

17.5.3 发送过程

必须将 TXREQn 位（在 CiTRmnCON 中）置 1 才能开始发送报文。CAN 总线模块解决了 TXREQn 位置 1 和帧起始（SOF）之间的时序冲突，确保当优先级改变时，能在 SOF 产生之前正确解决时序冲突。当 TXREQn 位置 1 时，TXABTn、TXLARBn 和 TXERRn 标志位被自动清 0。

将 TXREQn 标志位置 1，则报文缓冲器正在排序等待发送。当模块检测到总线可用时，模块开始发送设定为具有最高优先级的报文。

如果第一次尝试就成功发送了报文，则 TXREQn 位将自动清 0。如果 TXnIE 置 1，会产生一个中断。

如果报文发送失败，则错误条件标志位之一将置 1，TXREQn 位将保持置 1，表示该报文仍然等待发送。如果报文在尝试发送过程中遇到错误，TXERRn 位将被置 1，则产生一个中断。如果报文在尝试发送过程中仲裁失败，TXLARBn 位将被置 1，在仲裁失败时不会产生中断。

17.5.4 远程发送请求的自动处理

如果指定发送缓冲器的 RTRENn 位(在 CiTRmnCON 寄存器中)被置 1,则硬件自动发送缓冲器中的数据,以响应与指向该特定缓冲器的过滤器相匹配的远程发送请求。在这种情况下,用户不需要手动开始发送。

17.5.5 中止报文发送

通过清 0 与各个报文缓冲器相关的 TXREQ 位,系统中止报文发送。将 ABAT 位(CiCTRL1<12>)置 1 将请求中止所有等待发送的报文。如果报文还未开始发送或者报文已开始发送但由于仲裁失败或错误而被中断,那么将会执行中止。当模块将 TXABT 位置 1 且 TXnIF 标志位未自动置 1 时,表明发生了中止。

17.5.6 发送错误

CAN 模块可能会检测到以下发送错误:

- 应答错误;
- 格式错误;
- 位错误。

这些发送错误不一定会产生中断,但是发送错误计数器中会显示有错误发生。并且,每个错误都会引起错误计数器的值递增 1。一旦错误计数器的值超过 96,ERRIF 位(CiINTF<5>)和 TXWAR 位(CiINTF<10>)将被置 1。一旦错误计数器的值超过 96,就会产生中断,且中断标志寄存器中的 TXWAR 位被置 1。

17.5.7 发送中断

发送中断主要分为 2 组,每组包括各种产生中断的条件:

- 发送中断:三个发送缓冲器中至少有一个为空(未预定)并且可以装入按照预定时间发送的报文。读 TXnIF 标志位可知哪个发送缓冲器可用及哪个发送缓冲器引起了中断。
- 发送错误中断:发送错误中断由 ERRIF 标志位表示,该标志位表示有错误情况发生。通过检查 CAN 中断标志寄存器 CiINTF 中的错误标志,就可以确定错误源。该寄存器中的标志与接收和发送错误有关。
- 发送器警告中断:TXWAR 位表明发送错误计数器已经达到 CPU 警告的上限值 96。
- 发送器错误被动:TXEP 位(CiINTF<12>)用来表示发送错误计数器已经超过了错误被动的上限值 127,且该模块已经进入了错误被动状态。
- 总线关闭:TXBO 位(CiINTF<13>)表示发送错误计数器的值已经超过了 255,且该模块已经进入总线关闭状态。

注:ECAN1 和 ECAN2 都能触发 DMA 数据传输。如果选择 C1TX、C1RX、C2TX 或 C2RX 作为 DMAIRQ 源,则 DMA 传输将在由于 ECAN1 或 ECAN2 发送或接收而使 C1TXIF、C1RXIF、C2TXIF 或 C2RXIF 位置 1 时开始。

17.6　波特率设置

在同一 CAN 总线上的所有节点必须具有相同的标称波特率。为了设置波特率,必须对以下参数进行初始化:

- 同步跳转宽度;
- 波特率预分频比;
- 相位段;
- 相位段 2 的长度确定;
- 采样点;
- 传播时间段位。

17.6.1　位时序

CAN 总线上的所有控制器必须使用相同的波特率和位长度。然而,并不要求所有的控制器具有相同的主振荡器时钟频率。由于各个控制器的时钟频率不同,因此必须通过调节各段的时间份额数来调整波特率。

可以认为,标称位时间可划分成几个互不重叠的时间段,这些段如图 17.2 所示:

- 同步段(Sync Seg);
- 传播时间段(Prop Seg);
- 相位缓冲段 1 (Phase1 Seg);
- 相位缓冲段 2 (Phase2 Seg)。

时间段以及标称位时间由整数个时间单元组成,这些单元被称作时间份额或 T_Q。根据定义,标称位时间最少由 8 个 T_Q组成,最多由 25 个 T_Q组成。同样,根据定义,最小标称位时间是 1 μs,对应最大 1 Mbps 的波特率。

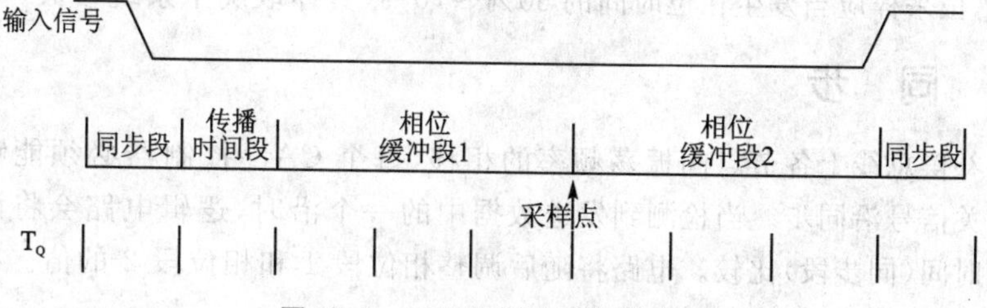

图 17.2　ECAN 模块的位时序

17.6.2 预分频比设置

模块带有一个可编程预分频器，其整数预分频值范围为1～64，除对时钟进行固定的二分频外还可提供其他时钟选项。时间份额(T_Q)源自振荡器周期的固定时间单元，如公式(17.1)所示：

$$T_Q = 2\,(BRP<5:0>+1)/F_{CAN} \tag{17.1}$$

其中的F_{CAN}不能超过40 MHz。

17.6.3 传播时间段

这部分位时间用来补偿网络内的物理延时，包括总线线路上的信号传播时间以及节点的内部延迟时间。通过设置PRSEG<2:0>位(CiCFG2<2:0>)，传播时间段长度可以编程为$1T_Q$～$8T_Q$。

17.6.4 相位缓冲段

相位缓冲段用于将接收到位的采样点放置在发送位时间内的最佳位置。采样点在相位段1和相位段2之间。这些段可通过重新同步延长或缩短。相位段1的末尾决定一个位周期内的采样点，其持续时间可编程为$1T_Q$～$8T_Q$；相位段2提供发送下一数据前的延时，其持续时间也可被编程为$1T_Q$～$8T_Q$或是定义为相位段1和信息处理时间($2T_Q$)两者中的较大者。将SEG1PH<2:0>位(CiCFG2<5:3>)置1初始化相位段1，将SEG2PH<2:0>位(CiCFG2<10:8>)置1初始化相位段2。

在设置相位段长度时，必须符合下列要求：

传播时间段＋相位段1≥相位段2

17.6.5 采样点

采样点是读总线电平并确定接收位值的一个时间点，发生在相位段1的末尾。若位时序较慢而且包含很多T_Q，则可以在采样点对总线线路进行多次采样。由CAN总线确定接收位的值为采样到的三个值中出现次数最多的那个值。在采样点进行多次采样，且前两次采样的时刻相隔$T_Q/2$。通过将SAM位(CiCFG2<6>)置1或清0，CAN模块允许用户选择同一点采样三次或一次。

通常，位采样应当发生在位时间的60%～70%，具体取决于系统参数。

17.6.6 同　步

为了补偿总线上各节点间振荡频率的相移，每个CAN控制器必须能够与输入信号的相关信号沿同步。当检测到发送数据中的一个沿时，逻辑电路会将该沿的位置与预期时间(同步段)比较。电路将随后调整相位段1和相位段2的值。有两种同步机制：

1. 硬同步

硬同步仅当总线空闲期间有一个从隐性转变到显性的跳变沿时，才被执行，它指示报文传输的开始。硬同步后，位时间计数器从同步段重新开始计数。硬同步强制引起硬同步的跳变沿处于重新开始的位时间的同步段之内。如果产生硬同步，则在相应的位时间内不能再有重新同步。

2. 重新同步

重新同步可能使相位缓冲段1延长或使相位缓冲段2缩短。相位缓冲段延长或缩短量的上限由同步跳转宽度给出(由SJW<1:0>位(CiCFG1<7:6>)指定)。同步跳转宽度值将在相位段1或从相位段2中减去。重新同步跳转宽度可以编程为$1T_Q$～$4T_Q$。

在设置SJW<1:0>位时，必须符合下列要求：

相位段2>同步跳转宽度

17.7　相关寄存器

ECAN模块有非常多的寄存器。在表17.1～17.30的寄存器说明中，寄存器标识符中的“i”表示特定的ECAN模块(ECAN1或ECAN2)；“n”表示缓冲器、过滤器或屏蔽寄存器的编号；“m”表示特定CAN数据字段中的字数。

注意： 其中的表17.26(CiTRBnSID)、表17.27(CiTRBnEID)、表17.28(CiTRBnDLC)、表17.29(CiTRBnDm，n＝0，1，…，31；m＝0，1，…，7)、表17.30(CiTRBnSTAT，n＝0，1，…，31)位于DMA RAM中。

表17.1　CiCTRL1：ECAN控制寄存器1

U-0	U-0	R/W-0	R/W-0	R/W-0	R/W-1	R/W-0	R/W-0
—	—	CSIDL	ABAT	CANCKS	REQOP<2:0>		
bit 15							bit 8

R-1	R-0	R-0	U-0	R/W-0	U-0	U-0	R/W-0
OPMODE<2:0>			CANCAP	—	—	—	WIN
bit 7							bit 0

◆ bit 13 CSIDL：空闲模式停止位

1：当器件进入空闲模式时模块停止工作；

0：模块在空闲模式下继续工作。

◆ bit 12 ABAT：中止所有等待处理的发送位

通知所有发送缓冲器中止发送。模块将在所有发送中止时清 0 该位。

◆ bit 11 CANCKS:CAN 主时钟选择位

1:CAN F_{CAN}时钟为 F_{CY};

0:CAN F_{CAN}时钟为 F_{OSC}。

◆ bit 10～8 REQOP＜2:0＞:请求工作模式位

000:设置正常工作模式;

001:设置禁止模式;

010:设置环回模式;

011:设置监听模式;

100:设置配置模式;

101:保留——不要使用;

110:保留——不要使用;

111:设置监听所有报文模式。

◆ bit 7～5 OPMODE＜2:0＞:工作模式位

000:模块工作在正常工作模式下;

001:模块工作在禁止模式下;

010:模块工作在环回模式下;

011:模块工作在监听模式下;

100:模块工作在配置模式下;

101:保留;

110:保留;

111:模块工作在监听所有报文模式下。

◆ bit 3 CANCAP:CAN 报文接收定时器捕捉事件使能位

1:使能基于 CAN 报文接收的输入捕捉;

0:禁止 CAN 捕捉。

◆ bit 0 WIN:SFR 映射窗口选择位

1:使用过滤器窗口;

0:使用缓冲器窗口。

表 17.2 CiCTRL2:ECAN 控制寄存器 2

U-0	U-0	U-0	U-0	U-0	U-0	U-0	U-0
—	—	—	—	—	—	—	—
bit 15							bit 8

U-0	U-0	U-0	R-0	R-0	R-0	R-0	R-0
—	—	—	DNCNT＜4:0＞				
bit 7							bit 0

◆ bit 4～0 DNCNT＜4:0＞:DeviceNet 过滤器位编号位

最多可将数据字节 1 的 bit 7 与 EID＜17＞作比较。

10010～11111:无效选择;

00000:不比较;

00001:将数据字节 0 的位 7 与 EID＜17＞作比较;

00010:将数据字节 0 的位＜7:6＞与 EID＜17:16＞作比较;

00011:将数据字节 0 的位＜7:5＞与 EID＜17:15＞作比较;

00100:将数据字节 0 的位＜7:4＞与 EID＜17:14＞作比较;

00101:将数据字节 0 的位＜7:3＞与 EID＜17:13＞作比较;

00110:将数据字节 0 的位＜7:2＞与 EID＜17:12＞作比较;

00111:将数据字节 0 的位＜7:1＞与 EID＜17:11＞作比较;

01000:将数据字节 0 的位＜7:0＞与 EID＜17:10＞作比较;

01001:将数据字节 0 的位＜7:0＞、字节 1 的位 7 与 EID＜17:9＞作比较;

01010:将数据字节 0 的位＜7:0＞、字节 1 的位＜7:6＞与 EID＜17:8＞作比较;

01011:将数据字节 0 的位＜7:0＞、字节 1 的位＜7:5＞与 EID＜17:7＞作比较;

01100:将数据字节 0 的位＜7:0＞、字节 1 的位＜7:4＞与 EID＜17:6＞作比较;

01101:将数据字节 0 的位＜7:0＞、字节 1 的位＜7:3＞与 EID＜17:5＞作比较;

01110:将数据字节 0 的位＜7:0＞、字节 1 的位＜7:2＞与 EID＜17:4＞作比较;

01111:将数据字节 0 的位＜7:0＞、字节 1 的位＜7:1＞与 EID＜17:3＞作比较;

10000:将数据字节 0 的位＜7:0＞、字节 1 的位＜7:0＞与 EID＜17:2＞作比较;

10001:将数据字节 0 的位＜7:0＞、字节 1 的位＜7:0＞、字节 2 的位 7 与 EID＜17:1＞作比较;

10010:将数据字节 0 的位＜7:0＞、字节 1 的位＜7:0＞、字节 2 的位＜7:6＞与 EID＜17:0＞作比较。

表 17.3 CiVEC:ECAN 中断编码寄存器

U-0	U-0	U-0	R-0	R-0	R-0	R-0	R-0
—	—	—	FILHIT＜4:0＞				
bit 15							bit 8

U-0	R-1	R-0	R-0	R-0	R-0	R-0	R-0
—	ICODE＜6:0＞						
bit 7							bit 0

◆ bit 12～8 FILHIT＜4:0＞:选中的过滤器编号位

10000～11111:保留;

01111:过滤器 15;

⋮

00001:过滤器 1；

00000:过滤器 0。

◆ bit 6～0 ICODE＜6:0＞:中断标志编码位

1000101～1111111:保留；

1000100:FIFO 几乎满中断；

1000011:接收器溢出中断；

1000010:唤醒中断；

1000001:错误中断；

1000000:无中断；

0100000～0111111:保留；

0001111:RB15 缓冲器中断；

⋮

0000001:TRB1 缓冲器中断；

0000000:TRB0 缓冲器中断。

表 17.4　CiFCTRL:ECANFIFO 控制寄存器

R/W-0	R/W-0	R/W-0	U-0	U-0	U-0	U-0	U-0
DMABS＜2:0＞			—	—	—	—	—
bit 15							bit 8
U-0	U-0	U-0	R/W-0	R/W-0	R/W-0	R/W-0	R/W-0
—	—	—	FSA＜4:0＞				
bit 7							bit 0

◆ bit 15～13 DMABS＜2:0＞:DMA 缓冲器大小位

111:保留；

110:DMA RAM 中的 32 个缓冲器；

101:DMA RAM 中的 24 个缓冲器；

100:DMA RAM 中的 16 个缓冲器；

011:DMA RAM 中的 12 个缓冲器；

010:DMA RAM 中的 8 个缓冲器；

001:DMA RAM 中的 6 个缓冲器；

000:DMA RAM 中的 4 个缓冲器。

◆ bit 4～0 FSA＜4:0＞:FIFO 区域从哪个缓冲器开始位

11111:RB31 缓冲器；

11110:RB30 缓冲器；

⋮

00001:TRB1缓冲器；

00000:TRB0缓冲器。

表 17.5　CiFIFO:ECANFIFO状态寄存器

U-0	U-0	R-0	R-0	R-0	R-0	R-0	R-0
—	—	FBP<5:0>					
bit 15							bit 8
U-0	U-0	R-0	R-0	R-0	R-0	R-0	R-0
—	—	FNRB<5:0>					
bit 7							bit 0

◆ bit 13～8 FBP<5:0>:FIFO写缓冲器指针位

011111:RB31缓冲器；

011110:RB30缓冲器；

⋮

000001:TRB1缓冲器；

000000:TRB0缓冲器。

◆ bit 5～0 FNRB<5:0>:FIFO下一个读缓冲器指针位

011111:RB31缓冲器；

011110:RB30缓冲器；

⋮

000001:TRB1缓冲器；

000000:TRB0缓冲器。

表 17.6　CiINTF:ECAN中断标志寄存器

U-0	U-0	R-0	R-0	R-0	R-0	R-0	R-0
—	—	TXBO	TXBP	RXBP	TXWAR	RXWAR	EWARN
bit 15							bit 8
R/C-0	R/C-0	R/C-0	U-0	R/C-0	R/C-0	R/C-0	R/C-0
IVRIF	WAKIF	ERRIF	—	FIFOIF	RBOVIF	RBIF	TBIF
bit 7							bit 0

◆ bit 13 TXBO:发送器位于错误状态总线关闭位

◆ bit 12 TXBP:发送器处于错误状态总线被动位

◆ bit 11 RXBP:接收器处于错误状态总线被动位

◆ bit 10 TXWAR:发送器处于错误状态警告位

- bit 9 RXWAR:接收器处于错误状态警告位
- bit 8 EWARN:发送器或接收器处于错误状态警告位
- bit 7 IVRIF:收到无效报文中断标志位
- bit 6 WAKIF:总线唤醒中断标志位
- bit 5 ERRIF:错误中断标志位(CiINTF<13:8>寄存器中的多个中断源)
- bit 3 FIFOIF:FIFO 几乎满中断标志位
- bit 2 RBOVIF:接收缓冲器溢出中断标志位
- bit 1 RBIF:接收缓冲器中断标志位
- bit 0 TBIF:发送缓冲器中断标志位

表 17.7 CiINTE:ECAN 中断允许寄存器

U-0	U-0	U-0	U-0	U-0	U-0	U-0	U-0
—	—	—	—	—	—	—	—
bit 15							bit 8
R/W-0	R/W-0	R/W-0	R/W-0	R/W-0	R/W-0	R/W-0	R/W-0
IVRIE	WAKIE	ERRIE	—	FIFOIE	RBOVIE	RBIE	TBIE
bit 7							bit 0

- bit 7 IVRIE:收到无效报文中断允许位
- bit 6 WAKIE:总线唤醒活动中断允许位
- bit 5 ERRIE:错误中断允许位
- bit 3 FIFOIE:FIFO 几乎满中断允许位
- bit 2 RBOVIE:接收缓冲器溢出中断允许位
- bit 1 RBIE:接收缓冲器中断允许位
- bit 0 TBIE:发送缓冲器中断允许位

表 17.8 CiEC:ECAN 发送/接收错误计数寄存器

R-0	R-0	R-0	R-0	R-0	R-0	R-0	R-0
TERRCNT<7:0>							
bit 15							bit 8
R-0	R-0	R-0	R-0	R-0	R-0	R-0	R-0
RERRCNT<7:0>							
bit 7							bit 0

- bit 15~8 TERRCNT<7:0>:发送错误计数位
- bit 7~0 RERRCNT<7:0>:接收错误计数位

表 17.9　CiCFG1:ECAN 波特率配置寄存器 1

U-0	U-0	U-0	U-0	U-0	U-0	U-0	U-0
—	—	—	—	—	—	—	—
bit 15							bit 8
R/W-0	R/W-0	R/W-0	R/W-0	R/W-0	R/W-0	R/W-0	R/W-0
SJW<1:0>		BRP<5:0>					
bit 7							bit 0

◆ bit 7～6 SJW<1:0>:同步跳转宽度位

11:长度为 $4\times T_Q$;

10:长度为 $3\times T_Q$;

01:长度为 $2\times T_Q$;

00:长度为 $1\times T_Q$。

◆ bit 5～0 BRP<5:0>:波特率预分频比位

11 1111:$T_Q=2\times64/F_{CAN}$;

⋮

00 0010:$T_Q=2\times3/F_{CAN}$;

00 0001:$T_Q=2\times2/F_{CAN}$;

00 0000=$T_Q=2\times1/F_{CAN}$。

表 17.10　CiCFG2:ECAN 波特率配置寄存器 2

U-0	R/W-x	U-0	U-0	U-0	R/W-x	R/W-x	R/W-x
—	WAKFIL	—	—	—	SEG2PH<2:0>		
bit 15							bit 8
R/W-x	R/W-x	R/W-x	R/W-x	R/W-x	R/W-x	R/W-x	R/W-x
SEG2PHTS	SAM	SEG1PH<2:0>			PRSEG<2:0>		
bit 7							bit 0

◆ bit 14 WAKFIL:选择是否使用 CAN 总线过滤器唤醒位

1:使用 CAN 总线过滤器唤醒;

0:不使用 CAN 总线过滤器唤醒。

◆ bit 10～8 SEG2PH<2:0>:相位缓冲段 2 位

111:长度为 $8\times T_Q$;

000:长度为 $1\times T_Q$。

◆ bit 7 SEG2PHTS:相位缓冲段 2 时间选择位

1:可自由编程;

0:SEG1PH 位的最大值或信息处理时间(IPT)中的较大者。

◆ bit 6 SAM:CAN 总线采样位

1:总线在采样点被采样三次;

0:总线在采样点被采样一次。

◆ bit 5～3 SEG1PH<2:0>:相位缓冲段 1 位

111:长度为 8×T_Q;

000:长度为 1×T_Q。

◆ bit 2～0 PRSEG<2:0>:传播时间段位

111:长度为 8×T_Q;

000:长度为 1×T_Q。

表 17.11　CiFEN1:ECAN 接收过滤器使能寄存器

R/W-0	R/W-0	R/W-0	R/W-0	R/W-0	R/W-0	R/W-0	R/W-0
FLTEN15	FLTEN14	FLTEN13	FLTEN12	FLTEN11	FLTEN10	FLTEN9	FLTEN8
bit 15							bit 8
R/W-0	R/W-0	R/W-1	R/W-1	R/W-1	R/W-1	R/W-1	R/W-1
FLTEN7	FLTEN6	FLTEN5	FLTEN4	FLTEN3	FLTEN2	FLTEN1	FLTEN0
bit 7							bit 0

◆ bit 15～0 FLTENn:使能过滤器 n 接收报文位

1:使能过滤器 n;

0:禁止过滤器 n。

表 17.12　CiBUFPNT1:ECAN 过滤器 0～3 缓冲器指针寄存器

R/W-0	R/W-0	R/W-0	R/W-0	R/W-0	R/W-0	R/W-0	R/W-0
F3BP<3:0>				F2BP<3:0>			
bit 15							bit 8
R/W-0	R/W-0	R/W-0	R/W-0	R/W-0	R/W-0	R/W-0	R/W-0
F1BP<3:0>				F0BP<3:0>			
bit 7							bit 0

◆ bit 15～12 F3BP<3:0>:当满足过滤器 3 的过滤条件时写接收缓冲器的位,同 bit 3～0

◆ bit 11～8 F2BP<3:0>:当满足过滤器 2 的过滤条件时写接收缓冲器的位,同 bit 3～0

◆ bit 7～4 F1BP<3:0>:当满足过滤器 1 的过滤条件时写接收缓冲器的位,同 bit 3～0

◆ bit 3～0 F0BP＜3:0＞:当满足过滤器 0 的过滤条件时写接收缓冲器的位

1111:满足过滤条件的数据被接收到接收 FIFO 缓冲器中;

1110:满足过滤条件的数据被接收到接收缓冲器 14 中;

⋮

0001:满足过滤条件的数据被接收到接收缓冲器 1 中;

0000:满足过滤条件的数据被接收到接收缓冲器 0 中。

表 17.13　CiBUFPNT2:ECAN 过滤器 4～7 缓冲器指针寄存器

R/W-0	R/W-0	R/W-0	R/W-0	R/W-0	R/W-0	R/W-0	R/W-0
F7BP＜3:0＞				F6BP＜3:0＞			
bit 15							bit 8
R/W-0	R/W-0	R/W-0	R/W-0	R/W-0	R/W-0	R/W-0	R/W-0
F5BP＜3:0＞				F4BP＜3:0＞			
bit 7							bit 0

◆ bit 15～12 F7BP＜3:0＞:当满足过滤器 7 的过滤条件时写接收缓冲器的位

◆ bit 11～8 F6BP＜3:0＞:当满足过滤器 6 的过滤条件时写接收缓冲器的位

◆ bit 7～4 F5BP＜3:0＞:当满足过滤器 5 的过滤条件时写接收缓冲器的位

◆ bit 3～0 F4BP＜3:0＞:当满足过滤器 4 的过滤条件时写接收缓冲器的位

本寄存器位的详细说明,参见表 17.12 CiBUFPNT1。

表 17.14　CiBUFPNT3:ECAN 过滤器 8～11 缓冲器指针寄存器

R/W-0	R/W-0	R/W-0	R/W-0	R/W-0	R/W-0	R/W-0	R/W-0
F11BP＜3:0＞				F10BP＜3:0＞			
bit 15							bit 8
R/W-0	R/W-0	R/W-0	R/W-0	R/W-0	R/W-0	R/W-0	R/W-0
F9BP＜3:0＞				F8BP＜3:0＞			
bit 7							bit 0

◆ bit 15～12 F11BP＜3:0＞:当满足过滤器 11 的过滤条件时写接收缓冲器的位

◆ bit 11～8 F10BP＜3:0＞:当满足过滤器 10 的过滤条件时写接收缓冲器的位

◆ bit 7～4 F9BP＜3:0＞:当满足过滤器 9 的过滤条件时写接收缓冲器的位

◆ bit 3～0 F8BP＜3:0＞:当满足过滤器 8 的过滤条件时写接收缓冲器的位

本寄存器位的详细说明,参见表 17.12 CiBUFPNT1。

表 17.15　CiBUFPNT4:ECAN 过滤器 12～15 缓冲器指针寄存器

R/W-0	R/W-0	R/W-0	R/W-0	R/W-0	R/W-0	R/W-0	R/W-0
F15BP＜3:0＞				F14BP＜3:0＞			
bit 15							bit 8

R/W-0	R/W-0	R/W-0	R/W-0	R/W-0	R/W-0	R/W-0	R/W-0
F13BP＜3:0＞				F12BP＜3:0＞			
bit 7							bit 0

◆ bit 15～12 F15BP＜3:0＞:当满足过滤器 15 的过滤条件时写接收缓冲器的位

◆ bit 11～8 F14BP＜3:0＞:当满足过滤器 14 的过滤条件时写接收缓冲器的位

◆ bit 7～4 F13BP＜3:0＞:当满足过滤器 13 的过滤条件时写接收缓冲器的位

◆ bit 3～0 F12BP＜3:0＞:当满足过滤器 12 的过滤条件时写接收缓冲器的位

本寄存器位的详细说明,参见表 17.12 CiBUFPNT1。

表 17.16　CiRXFnSID:ECAN 接收过滤器 n 标准标识符(n=0,1,…,15)

R/W-x	R/W-x	R/W-x	R/W-x	R/W-x	R/W-x	R/W-x	R/W-x
SID10	SID9	SID8	SID7	SID6	SID5	SID4	SID3
bit 15							bit 8

R/W-x	R/W-x	R/W-x	U-0	R/W-x	U-0	R/W-x	R/W-x
SID2	SID1	SID0	—	EXIDE	—	EID17	EID16
bit 7							bit 0

◆ bit 15～5 SID＜10:0＞:标准标识符位

1:报文地址位 SIDx 必须为 1 才能与过滤器匹配;

0:报文地址位 SIDx 必须为 0 才能与过滤器匹配。

◆ bit 3 EXIDE:扩展标识符使能位

如果 MIDE=1 :

1:只与带有扩展标识符地址的报文匹配;

0:只与带有标准标识符地址的报文匹配。

如果 MIDE=0 :忽略 EXIDE 位。

◆ bit 1～0 EID＜17:16＞:扩展标识符位

1:报文地址位 EIDx 必须为 1 才能与过滤器匹配;

0:报文地址位 EIDx 必须为 0 才能与过滤器匹配。

表 17.17　CiRXFnEID:ECAN 接收过滤器 n 扩展标识符(n=0,1,…,15)

R/W-x	R/W-x	R/W-x	R/W-x	R/W-x	R/W-x	R/W-x	R/W-x
EID15	EID14	EID13	EID12	EID11	EID10	EID9	EID8
bit 15							bit 8
R/W-x	R/W-x	R/W-x	R/W-x	R/W-x	R/W-x	R/W-x	R/W-x
EID7	EID6	EID5	EID4	EID3	EID2	EID1	EID0
bit 7							bit 0

◆ bit 15～0 EID<15:0>:扩展标识符位

1:报文地址位 EIDx 必须为 1 才能与过滤器匹配;

0:报文地址位 EIDx 必须为 0 才能与过滤器匹配。

表 17.18　CiFMSKSEL1:ECAN 过滤器 7～0 屏蔽选择寄存器

R/W-0	R/W-0	R/W-0	R/W-0	R/W-0	R/W-0	R/W-0	R/W-0
F7MSK<1:0>		F6MSK<1:0>		F5MSK<1:0>		F4MSK<1:0>	
bit 15							bit 8
R/W-0	R/W-0	R/W-0	R/W-0	R/W-0	R/W-0	R/W-0	R/W-0
F3MSK<1:0>		F2MSK<1:0>		F1MSK<1:0>		F0MSK<1:0>	
bit 7							bit 0

◆ bit 15～14 F7MSK<1:0>:过滤器 7 的屏蔽器源位,同位<1:0>

◆ bit 13～12 F6MSK<1:0>:过滤器 6 的屏蔽器源位,同位<1:0>

◆ bit 11～10 F5MSK<1:0>:过滤器 5 的屏蔽器源位,同位<1:0>

◆ bit 9～8 F4MSK<1:0>:过滤器 4 的屏蔽器源位,同位<1:0>

◆ bit 7～6 F3MSK<1:0>:过滤器 3 的屏蔽器源位,同位<1:0>

◆ bit 5～4 F2MSK<1:0>:过滤器 2 的屏蔽器源位,同位<1:0>

◆ bit 3～2 F1MSK<1:0>:过滤器 1 的屏蔽器源位,同位<1:0>

◆ bit 1～0 F0MSK<1:0>:过滤器 0 的屏蔽器源位,同位<1:0>

11:无屏蔽;

10:接收屏蔽寄存器 2 包含屏蔽值;

01:接收屏蔽寄存器 1 包含屏蔽值;

00:接收屏蔽寄存器 0 包含屏蔽值。

表 17.19 CiRXMnSID:ECAN 接收过滤器屏蔽器 n 标准标识符

R/W－x	R/W－x	R/W－x	R/W－x	R/W－x	R/W－x	R/W－x	R/W－x
SID10	SID9	SID8	SID7	SID6	SID5	SID4	SID3
bit 15							bit 8
R/W－x	R/W－x	R/W－x	U－0	R/W－x	U－0	R/W－x	R/W－x
SID2	SID1	SID0	—	MIDE	—	EID17	EID16
bit 7							bit 0

◆ bit 15～5 SID<10:0>:标准标识符位

1:过滤器比较操作包含 SIDx 位;

0:过滤器比较操作与 SIDx 位无关。

◆ bit 3 MIDE:标识符接收模式位

1:只匹配与过滤器中 EXIDE 位对应的报文类型(标准或扩展地址);

0:如果过滤器匹配则与标准或扩展地址报文匹配。

◆ bit 1～0 EID<17:16>:扩展标识符位

1:过滤器比较操作包含 EIDx 位;

0:过滤器比较操作与 EIDx 位无关。

表 17.20 CiRXMnEID:ECAN 接收过滤器屏蔽器 n 扩展标识符

R/W－x	R/W－x	R/W－x	R/W－x	R/W－x	R/W－x	R/W－x	R/W－x
EID15	EID14	EID13	EID12	EID11	EID10	EID9	EID8
bit 15							bit 8
R/W－x	R/W－x	R/W－x	R/W－x	R/W－x	R/W－x	R/W－x	R/W－x
EID7	EID6	EID5	EID4	EID3	EID2	EID1	EID0
bit 7							bit 0

◆ bit 15～0 EID<15:0>:扩展标识符位

1:过滤器比较操作包含 EIDx 位;

0:过滤器比较操作与 EIDx 位无关。

表 17.21 CiRXFUL1:ECAN 接收缓冲器满寄存器 1

R/C－0	R/C－0	R/C－0	R/C－0	R/C－0	R/C－0	R/C－0	R/C－0
RXFUL15	RXFUL14	RXFUL13	RXFUL12	RXFUL11	RXFUL10	RXFUL9	RXFUL8
bit 15							bit 8
R/C－0	R/C－0	R/C－0	R/C－0	R/C－0	R/C－0	R/C－0	R/C－0
RXFUL7	RXFUL6	RXFUL5	RXFUL4	RXFUL3	RXFUL2	RXFUL1	RXFUL0
bit 7							bit 0

◆ bit 15～0 RXFUL<15:0>:接收缓冲器 n 满位

1:缓冲器为满(由模块置 1);

0:缓冲器为空(由应用软件清 0)。

表 17.22　CiRXFUL2:ECAN 接收缓冲器满寄存器 2

R/C-0	R/C-0	R/C-0	R/C-0	R/C-0	R/C-0	R/C-0	R/C-0
RXFUL31	RXFUL30	RXFUL29	RXFUL28	RXFUL27	RXFUL26	RXFUL25	RXFUL24
bit 15							bit 8
R/C-0	R/C-0	R/C-0	R/C-0	R/C-0	R/C-0	R/C-0	R/C-0
RXFUL23	RXFUL22	RXFUL21	RXFUL20	RXFUL19	RXFUL18	RXFUL17	RXFUL16
bit 7							bit 0

◆ bit 15～0 RXFUL<31:16>:接收缓冲器 n 满位

1:缓冲器为满(由模块置 1);

0:缓冲器为空(由应用软件清 0)。

表 17.23　CiRXOVF1:ECAN 接收缓冲器溢出寄存器 1

R/C-0	R/C-0	R/C-0	R/C-0	R/C-0	R/C-0	R/C-0	R/C-0
RXOVF15	RXOVF14	RXOVF13	RXOVF12	RXOVF11	RXOVF10	RXOVF9	RXOVF8
bit 15							bit 8
R/C-0	R/C-0	R/C-0	R/C-0	R/C-0	R/C-0	R/C-0	R/C-0
RXOVF7	RXOVF6	RXOVF5	RXOVF4	RXOVF3	RXOVF2	RXOVF1	RXOVF0
bit 7							bit 0

◆ bit 15～0 RXOVF<15:0>:接收缓冲器 n 溢出位

1:模块对一个已满的缓冲器执行了写操作(由模块置 1);

0:溢出条件被清除(由应用软件清 0)。

表 17.24　CiRXOVF2:ECAN 接收缓冲器溢出寄存器 2

R/C-0	R/C-0	R/C-0	R/C-0	R/C-0	R/C-0	R/C-0	R/C-0
RXOVF31	RXOVF30	RXOVF29	RXOVF28	RXOVF27	RXOVF26	RXOVF25	RXOVF24
bit 15							bit 8
R/C-0	R/C-0	R/C-0	R/C-0	R/C-0	R/C-0	R/C-0	R/C-0
RXOVF23	RXOVF22	RXOVF21	RXOVF20	RXOVF19	RXOVF18	RXOVF17	RXOVF16
bit 7							bit 0

◆ bit 15～0 RXOVF<31:16>:接收缓冲器 n 溢出位

1:模块对一个已满的缓冲器执行了写操作(由模块置1);

0:溢出条件被清除(由应用软件清0)。

表17.25 CiTRmnCON:ECAN发送/接收缓冲器m控制寄存器(m=0,2,4,6;n=1,3,5,7)

R/W-0	R-0	R-0	R-0	R/W-0	R/W-0	R/W-0	R/W-0
TXENn	TXABTn	TXLARBn	TXERRn	TXREQn	RTRENn	TXnPRI <1:0>	—
bit 15							bit 8

R/W-0	R-0	R-0	R-0	R/W-0	R/W-0	R/W-0	R/W-0
TXENm	TXABTm*	TXLARBm*	TXERRm*	TXREQm	RTRENm	TXmPRI<1:0>	
bit 7							bit 0

* 当TXREQ置1时可将此位清0。

◆ bit 15~8 参见bit 7~0的定义。

◆ bit 7 TXENm:发送/接收缓冲器选择位

1:缓冲器TRBn是发送缓冲器;

0:缓冲器TRBn是接收缓冲器。

◆ bit 6 TXABTm:报文中止位

1:中止报文;

0:成功完成报文发送。

◆ bit 5 TXLARBm:报文仲裁失败位

1:报文在发送过程中仲裁失败;

0:报文在发送过程中没有仲裁失败。

◆ bit 4 TXERRm:在发送过程中检测到错误位

1:报文发送时发生总线错误;

0:报文发送时未发生总线错误。

◆ bit 3 TXREQm:报文发送请求位

将该位置1则请求发送报文。当报文发送成功后,此位会自动清0。在该位置1的情况下清0该位将请求中止报文。

◆ bit 2 RTRENm:自动远程发送使能位

1:当接收到远程发送时,将TXREQ置1;

0:当接收到远程发送时,TXREQ不受影响。

◆ bit 1~0 TXmPRI<1:0>:报文发送优先级位

11:最高报文优先级;

10:中高报文优先级;

01:中低报文优先级;

00:最低报文优先级。

表 17.26 CiTRBnSID:ECAN 缓冲器 n 标准标识符(n=0,1,…,31)

U-0	U-0	U-0	R/W-x	R/W-x	R/W-x	R/W-x	R/W-x
—	—	—	SID10	SID9	SID8	SID7	SID6
bit 15							bit 8
R/W-x	R/W-x	R/W-x	R/W-x	R/W-x	R/W-x	R/W-x	R/W-x
SID5	SID4	SID3	SID2	SID1	SID0	SRR	IDE
bit 7							bit 0

◆ bit 12～2 SID＜10:0＞:标准标识符位

◆ bit 1 SRR:替代远程请求位

1:报文将请求远程发送;

0:正常报文。

◆ bit 0 IDE:扩展标识符位

1:报文将发送扩展标识符;

0:报文将发送标准标识符。

表 17.27 CiTRBnEID:ECAN 缓冲器 n 扩展标识符(n=0,1,…,31)

U-0	U-0	U-0	U-0	R/W-x	R/W-x	R/W-x	R/W-x
—	—	—	—	EID17	EID16	EID15	EID14
bit 15							bit 8
R/W-x	R/W-x	R/W-x	R/W-x	R/W-x	R/W-x	R/W-x	R/W-x
EID13	EID12	EID11	EID10	EID9	EID8	EID7	EID6
bit 7							bit 0

◆ bit 11～0 EID＜17:6＞:扩展标识符位

表 17.28 CiTRBnDLC:ECAN 缓冲器 n 数据长度控制(n=0,1,…,31)

R/W-x	R/W-x	R/W-x	R/W-x	R/W-x	R/W-x	R/W-x	R/W-x
EID5	EID4	EID3	EID2	EID1	EID0	RTR	RB1
bit 15							bit 8
U-0	U-0	U-0	R/W-x	R/W-x	R/W-x	R/W-x	R/W-x
—	—	—	RB0	DLC3	DLC2	DLC1	DLC0
bit 7							bit 0

◆ bit 15～10 EID＜5:0＞:扩展标识符位

◆ bit 9 RTR:远程发送请求位

1:报文将请求远程发送;

0:正常报文。

◆ bit 8 RB1:保留的 bit 1,用户必须按 CAN 协议将该位设置为 0。

◆ bit 4 RB0:保留的 Bit 0,用户必须按 CAN 协议将该位设置为 0。

◆ bit 3～0 DLC<3:0>:数据长度编码位

表 17.29　CiTRBnDm:ECAN 缓冲器 n 数据字段字节 m (n=0,1,…,31;m=0,1,…,7)*

R/W－x	R/W－x	R/W－x	R/W－x	R/W－x	R/W－x	R/W－x	R/W－x
TRBnDm7	TRBnDm6	TRBnDm5	TRBnDm4	TRBnDm3	TRBnDm2	TRBnDm1	TRBnDm0
bit 7							bit 0

* 最高字节包含缓冲器的(m ＋ 1) 字节。

◆ bit 7～0 TRnDm<7:0>:数据字段缓冲器 n 字节 m 位

表 17.30　CiTRBnSTAT:ECAN 接收缓冲器 n 状态寄存器(n=0,1,…,31)

U－0	U－1	U－2	R/W－x	R/W－x	R/W－x	R/W－x	R/W－x
—	—	—	FILHIT4	FILHIT3	FILHIT2	FILHIT1	FILHIT0
bit 15							bit 8
U－0	U－0	U－0	U－0	U－0	U－0	U－0	U－0
—	—	—	—	—	—	—	—
bit 7							bit 0

◆ bit 12～8 FILHIT<4:0>:选中的过滤器编码位

模块只能针对接收缓冲器执行写操作,不用于发送缓冲器,对导致写入此缓冲器的过滤器的编号进行编码。

附录 A 内建函数介绍

A.1 内建函数列表

C30 定义的内建函数有：

- __builtin_addab
- __builtin_add
- __builtin_btg
- __builtin_clr
- __builtin_clr_prefetch
- __builtin_divf
- __builtin_divmodsd
- __builtin_divmodud
- __builtin_divsd
- __builtin_divud
- __builtin_dmaoffset
- __builtin_ed
- __builtin_edac
- __builtin_fbcl
- __builtin_lac
- __builtin_mac
- __builtin_modsd
- __builtin_modud
- __builtin_movsac
- __builtin_mpy
- __builtin_mpyn
- __builtin_msc
- __builtin_mulss
- __builtin_mulsu
- __builtin_mulus
- __builtin_muluu
- __builtin_nop
- __builtin_psvpage
- __builtin_psvoffset
- __builtin_readsfr
- __builtin_return_address
- __builtin_sac
- __builtin_sacr
- __builtin_sftac
- __builtin_subab
- __builtin_tblpage
- __builtin_tbloffset
- __builtin_tblrdh
- __builtin_tblrdl
- __builtin_tblwth
- __builtin_tblwtl
- __builtin_write_NVM
- __builtin_write_OSCCONL
- __builtin_write_OSCCONH
- __builtin_write_RTCWEN

A.2 内建函数

1. __builtin_addab

描述：将累加器A和累加器B相加，并将结果写回指定的累加器。

例：

```
register int result asm("A");
result = __builtin_addab();
```

将生成：add A

函数原型：int __builtin_addab(void);

参数：无

返回值：将加法结果返回到指定的累加器。

汇编运算符/机器指令：addad

错误消息：如果结果不是累加器寄存器，将显示错误消息。

2. __builtin_add

描述：将 value 加到由 result 指定的累加器，并将相加的结果进行移位，移位位数由立即数指定。

例：

```
register int result asm("A");
int value;
result = __builtin_add(value,0);
```

如果 value 存放在 w0 中，那么将生成：add w0，#0，A

函数原型：int __builtin_add(int value, const int shift);

参数：value——要加到累加器的整型数。

shift——要对相加后累加器中的值进行移位的位数。

返回值：将移位后的加法结果返回到一个累加器。

汇编运算符/机器指令：add

错误消息：在下列情况下，会显示错误消息：

- 结果不是一个累加器寄存器；
- 移位值不是在正确范围内的立即数。

3. __builtin_btg

描述：此函数将生成一条 btg 机器指令。

例：

```
int i; /* near by default */
```

```
int l __attribute__((far));
struct foo
{
int bit1:1;
} barbits;
int bar;
void some_bittoggles()
{    register int j asm("w9");
     int k;
     k = i;
     __builtin_btg(&i,1);
     __builtin_btg(&j,3);
     __builtin_btg(&k,4);
     __builtin_btg(&l,11);
     return j + k;
}
```

注意取寄存器中一个变量的地址将使编译器产生警告,寄存器被保存到堆栈(以便取其地址),不推荐采用这种形式。这个警告仅适用于被程序员显式存放到寄存器中的变量。

函数原型:void __builtin_btg(unsigned int *, unsigned int0xn);

参数:* ——指向进行位翻转的数据项的指针。

0xn——范围为 0~15 的立即数。

返回值:返回一条 btg 机器指令。

汇编运算符/机器指令:btg

错误消息:如果参数值不在正确的范围内,将显示一条错误消息。

4. __builtin_clr

描述:将指定的累加器清零。

例:

```
register int result asm("A");
result = __builtin_clr();
```

可生成:clr A

函数原型:int __builtin_clr(void);

参数:无

返回值:将清零的结果返回到累加器。

汇编运算符/机器指令:clr

错误消息:如果结果寄存器不是累加器寄存器,将显示错误消息。

5. __builtin_clr_prefetch

描述:清零累加器并预取准备用于将来的 MAC 操作的数据。xptr 可为空,以表明不执行 X 预取,在这种情况下忽略 xincr 和 xval 的值,但要提供这两个参数。

yptr 可为空,以表明不执行 Y 预取,在这种情况下忽略 yincr 和 yval 的值,但要提供这两个参数。

xval 和 yval 指定 C 变量的地址,预取值将存放到这个地址中。

xincr 和 yincr 可为立即数值−6、−4、−2、0、2、4、6 或一个整型值。

如果 AWB 非空,则另一个累加器的值将写回到引用的变量。

例:

```
register int result asm("A");
int x_memory_buffer[256]
__attribute__((space(xmemory)));
int y_memory_buffer[256]
__attribute__((space(ymemory)));
int * xmemory;
int * ymemory;
int awb;
int xVal, yVal;
xmemory = x_memory_buffer;
ymemory = y_memory_buffer;
result = __builtin_clr(&xmemory, &xVal, 2,
&ymemory, &yVal, 2, &awb);
```

可生成:clr A, [w8]+=2, w4, [w10]+=2, w5, w13

编译器可能需要溢出(spill)w13 以确保可以对其进行回写,为此推荐用户对寄存器进行声明。

执行这条指令后:

- 结果将被清零;
- xVal 将包含 x_memory_buffer[0];
- yVal 将包含 y_memory_buffer[0];
- xmemory 和 ymemory 将递增 2,为下一次 MAC 操作作准备。

函数原型:int __builtin_clr_prefetch(int * * xptr, int * xval, int xincr,int * * yptr, int * yval, int yincr, int * AWB);

参数:xptr 指向 x 预取的整型指针。

xval x——预取的整型值。

xincr x——预取的整型递增值。

yptr y——预取的整型指针。

yval y——预取的整型值。

incr y——预取的整型递增值。

AWB——累加器选择。

返回值:将清零的结果返回到累加器。

汇编运算符/机器指令:clr

错误消息:假如出现下列情况,将显示错误消息:

- 结果寄存器不是累加器寄存器;
- xval 为空但 xptr 非空;
- yval 为空值但 yptr 非空。

6. __builtin_divf

描述:计算商 num/den。如果 den 为零将发生数学错误异常。函数参数和函数结果都是无符号值。

函数原型:unsigned int __builtin_divf(unsigned int num,unsigned int den);

参数:num——分子。

den——分母。

返回值:返回商 num/den 的无符号整型值。

汇编运算符/机器指令:div. f

7. __builtin_divmodsd

描述:实现 16 位架构的固有有符号除法,相关的限制参见《dsPIC30F/33F 程序员参考手册》(DS70157B_CN)中所述。特别说明,如果商超出 16 位结果,结果(包括余数)将不可预料。这种形式的内建函数将同时获得商和余数。

函数原型:signed int __builtin_divmodsd(signed long dividend, signed int divisor,signed int * remainder);

参数:dividend——被除数。

divisor——除数。

remainder——指向余数的指针。

返回值:商和余数。

汇编运算符/机器指令:divmodsd

错误消息:无。

8. __builtin_divmodud

描述:实现 16 位架构的固有无符号除法,相关的限制参见《dsPIC30F/33F 程序员参考手册》(DS70157B_CN)中所述。特别说明,如果商超出 16 位结果,结果(包括余数)将不可预料。这种形式的内建函数将同时获得商和余数。

函数原型:unsigned int __builtin_divmodud(unsigned long dividend, unsigned int divisor,unsigned int * remainder);

参数:dividend——被除数。

divisor——除数。

remainder——指向余数的指针。

返回值：商和余数。

汇编运算符/机器指令：divmodud

错误消息：无。

9. __builtin_divsd

描述：该函数计算 num/den 的商。如果 den 为 0，则出现数学错误异常。函数参数是有符号的，函数的结果也是有符号的。命令行选项-Wconversions 可用来检测意外的符号转换。

函数原型：int __builtin_divsd(const long num, const int den);

参数：num——分子。

den——分母。

返回值：返回 num/den 有符号整型商。

汇编运算符/机器指令：div.sd

错误消息：无。

10. __builtin_divud

描述：该函数计算 num/den 的商。如果 den 为 0，则出现数学错误异常。函数参数是无符号的，函数的结果也是无符号的。命令行选项-Wconversions 可用来检测意外的符号转换。

函数原型：unsigned int __builtin_divud(const unsignedlong num, const unsigned int den);

参数：num——分子。

den——分母。

返回值：返回 num/den 的无符号整型商。

汇编运算符/机器指令：div.ud

错误消息：无。

11. __builtin_dmaoffset

描述：获得 DMA 存储区中一个符号的偏移量。

例：

```
unsigned int result;
char buffer[256] __attribute__((space(dma)));
result = __builtin_dmaoffset(&buffer);
```

可生成：mov #dmaoffset(buffer), w0

函数原型：unsigned int __builtin_dmaoffset(const void *p);

参数：　*p——指向 DMA 地址值的指针

返回值：返回偏移量到 DMA 存储区中的变量。

汇编运算符/机器指令：dmaoffset

错误消息：如果参数不是全局符号的地址，将显示错误消息。

12. __builtin_ed

描述：对 sqr 进行平方运算，并返回结果；同时为将来的平方运算预取数据，预取方法是计算**xptr－**yptr 并将结果存储到 * distance 中。xincr 和 yincr 可为立即数值－6、－4、－2、0、2、4、6 或一个整型值。

例：

```
register int result asm("A");
int * xmemory, * ymemory;
int distance;
result = __builtin_edac(distance,
&xmemory, 2,
&ymemory, 2,
&distance);
```

可生成：ed w4 * w4, A, [w8]+=2, [W10]+=2, w4

函数原型：int __builtin_ed(int sqr, int * * xptr, int xincr, int * * yptr, int yincr, int * distance);

参数：sqr——做平方运算的整型值。

　　xptr——指向 x 预取的指针的整型指针。

　　xincr——x 预取的整型递增值。

　　yptr——指向 y 预取的指针的整型指针。

　　yincr——y 预取的整型递增值。

　　distance——指向下一个平方运算数值的整型指针。

返回值：将平方结果返回到累加器。

汇编运算符/机器指令：ed

错误消息：假如出现下列情况，将显示错误消息：

- 结果寄存器不是累加器寄存器；
- xptr 为空；
- yptr 为空；
- distance 为空。

13. __builtin_edac

描述：对 sqr 作平方运算后与指定的累加器求和，并返回结果；同时为将来的平方运算预取数据，预取方法是计算**xptr－**yptr 并将结果存储到 * distance 中。

xincr 和 yincr 可为立即数值 －6、－4、－2、0、2、4、6 或一个整型值。

例：

```
register int result asm("A");
int * xmemory, * ymemory;
int distance;
result = __builtin_edac(distance,
&xmemory, 2,
&ymemory, 2,
&distance);
```

可生成:ed w4 * w4, A, [w8]+=2, [W10]+=2, w4

函数原型:int __builtin_edac(int sqr, int * * xptr, int xincr,int * * yptr, int yincr, int * distance);

参数:sqr——作平方运算的整型值。

xptr——指向x预取的指针的整型指针。

xincr——x预取的整型递增值。

yptr——指向y预取的指针的整型指针。

yincr——y预取的整型递增值。

distance——指向下一个平方运算数值的整型指针。

返回值:将平方运算结果返回到指定累加器。

汇编运算符/机器指令:edac

错误消息:假如出现下列情况,将显示错误消息:

- 结果寄存器不是累加器寄存器;
- xptr为空;
- yptr为空;
- distance为空。

14. __builtin_fbcl

描述:自左向右查找值中的第一个位变化。这对于定点数据的动态换算是有用的。

例:

```
int result, value;
result = __builtin_fbcl(value);
```

可生成:fbcl w4, w5

函数原型:int __builtin_fbcl(int value);

参数:value第一个位变化的整型数。

返回值:返回要写入累加器的移位后的加法结果。

汇编运算符/机器指令:fbcl

错误消息:如果结果寄存器不是累加器寄存器,将显示错误消息。

15. __builtin_lac

描述:将数值移位 shift (−8 ~7 之间的立即数)位,返回结果值并存储到累加器寄存器中。

例:

```
register int result asm("A");
int value;
result = __builtin_lac(value,3);
```

可生成:lac w4, ＃3, A

函数原型:int __builtin_lac(int value, int shift);

参数:value——要移位的整型数。

shift——移位的立即数位数。

返回值:返回要写入累加器的移位后的加法结果。

汇编运算符/机器指令:lac

错误消息:假如出现下列情况,将显示错误消息:

- 结果寄存器不是累加器寄存器;
- 要移位的位数不是范围内的立即数。

16. __builtin_mac

描述:计算 a、x、b 并与累加器求和,同时为将来的 MAC 操作预取数据。

xptr 可为空,以表明不执行 X 预取,在这种情况下忽略 xincr 和 xval 的值,但要提供这两个参数。

yptr 可为空,以表明不执行 Y 预取,在这种情况下忽略 yincr 和 yval 的值,但要提供这两个参数。

xval 和 yval 指定 C 变量的地址,预取值将存放到这个地址中。xincr 和 yincr 可为立即数值−6、−4、−2、0、2、4、6 或一个整型值。

如果 AWB 非空,则另一个累加器的值将写回到引用的变量。

例:

```
register int result asm("A");
int * xmemory;
int * ymemory;
int xVal, yVal;
result = __builtin_mac(xVal, yVal,
&xmemory, &xVal, 2,
&ymemory, &yVal, 2, 0);
```

可生成:mac w4 * w5, A, [w8]+=2, w4, [w10]+=2, w5

函数原型:int __builtin_mac(int a, int b,int * * xptr, int * xval, int xincr, int * * yptr, int * yval, int yincr, int * AWB);

参数:a——整型被乘数。

b——整型乘数。

xptr——指向 x 预取的指针的整型指针。

xval——指向 x 预取的数值的整型指针。

xincr——x 预取的整型递增值。

yptr——指向 y 预取的指针的整型指针。

yval——指向 y 预取的数值的整型指针。

yincr——y 预取的整型递增值。

AWB——指向所选择累加器的整型指针。

返回值:将清零的结果返回到累加器。

汇编运算符/机器指令:mac

错误消息:假如出现下列情况,将显示错误消息:

- 结果寄存器不是累加器寄存器;
- xval 为空但 xptr 非空;
- yval 为空但 yptr 非空。

17. __builtin_modsd

描述:实现16位架构的固有有符号除法,相关的限制参见《dsPIC30F/33F 程序员参考手册》(DS70157B_CN)中所述。特别说明,如果商超出16位结果,结果(包括余数)将不可预料。这种形式的内建函数将只获得余数。

函数原型:signed int __builtin_modsd(signed long dividend,signed int divisor);

参数:dividend——被除数。

divisor——除数。

返回值:余数。

汇编运算符/机器指令:modsd

错误消息:无。

18. __builtin_modud

描述:实现16位架构的固有无符号除法,相关的限制参见《dsPIC30F/33F 程序员参考手册》(DS70157B_CN)中所述。特别说明,如果商超出16位结果,结果(包括余数)将不可预料。这种形式的内建函数将只获得余数。

函数原型:unsigned int __builtin_modud(unsigned long dividend,unsigned int divisor);

参数:dividend——被除数。

divisor——除数。

返回值:余数。

汇编运算符/机器指令:modud

错误消息:无。

19. __builtin_movsac

描述:不作计算,但为将来的MAC操作预取数据。

xptr可为空;以表明不执行X预取,在这种情况下忽略xincr和xval的值,但要提供这两个参数。

yptr可为空以表明不执行Y预取,在这种情况下忽略yincr和yval的值,但要提供这两个参数。

xval和yval指定C变量的地址,预取值将存放到这个地址中。

xincr和yincr可为立即数值−6、−4、−2、0、2、4、6或一个整型值。

如果AWB非空,则另一个累加器的值将写回到引用的变量。

例:

```
register int result asm("A");
int * xmemory;
int * ymemory;
int xVal, yVal;
result = __builtin_movsac(&xmemory, &xVal, 2,
&ymemory, &yVal, 2, 0);
```

可生成:movsac A, [w8]+=2, w4, [w10]+=2, w5

函数原型:int __builtin_movsac(int * * xptr, int * xval, int xincr, int * * yptr, int * yval, int yincr, int * AWB);

参数:xptr——指向x预取的指针的整型指针。

xval——指向x预取的数值的整型指针。

xincr——x预取的整型递增值。

yptr——指向y预取的指针的整型指针。

yval——指向y预取的数值的整型指针。

yincr——y预取的整型递增值。

AWB——指向所选择累加器的整型指针。

返回值:返回预取的数据。

汇编运算符/机器指令:movsac

错误消息:假如出现下列情况,将显示错误消息:

- 结果寄存器不是累加器寄存器;
- xval为空但xptr非空;
- yval为空但yptr非空。

20．__builtin_mpy

描述:计算 a、x、b,并为将来的 MAC 操作预取数据。

xptr 可为空,以表明不执行 X 预取,在这种情况下忽略 xincr 和 xval 的值,但要提供这两个参数。

yptr 可为空,以表明不执行 Y 预取,在这种情况下忽略 yincr 和 yval 的值,但要提供这两个参数。

xval 和 yval 指定 C 变量的地址,预取值将存放到这个地址中。

xincr 和 yincr 可为立即数值－6、－4、－2、0、2、4、6 或一个整型值。

例:

```
register int result asm("A");
int * xmemory;
int * ymemory;
int xVal, yVal;
result = __builtin_mpy(xVal, yVal,
&xmemory, &xVal, 2,
&ymemory, &yVal, 2);
```

可生成:mac w4 * w5, A, [w8]+=2, w4, [w10]+=2, w5

函数原型:int __builtin_mpy(int a, int b,int * * xptr, int * xval, int xincr, int * * yptr, int * yval, int yincr);

参数:a——整型被乘数。

b——整型乘数。

xptr——指向 x 预取的指针的整型指针。

xval——指向 x 预取的数值的整型指针。

xincr——x 预取的整型递增值。

yptr——指向 y 预取的指针的整型指针。

yval——指向 y 预取的数值的整型指针。

yincr——y 预取的整型递增值。

AWB——指向所选择累加器的整型指针。

返回值:将清零的结果返回到累加器。

汇编运算符/机器指令:mpy

错误消息:如出现下列情况,将显示错误消息:

- 结果寄存器不是累加器寄存器;
- xval 为空但 xptr 非空;
- yval 为空但 yptr 非空。

21．__builtin_mpyn

描述:计算－a、x、b,并为将来的 MAC 操作预取数据。

xptr 可为空，以表明不执行 X 预取，在这种情况下忽略 xincr 和 xval 的值，但要提供这两个参数。

yptr 可为空，以表明不执行 Y 预取，在这种情况下忽略 yincr 和 yval 的值，但要提供这两个参数。

xval 和 yval 指定 C 变量的地址，预取值将存放到这个地址中。

xincr 和 yincr 可为立即数值−6、−4、−2、0、2、4、6 或一个整型值。

例：

```
register int result asm("A");
int * xmemory;
int * ymemory;
int xVal, yVal;
result = __builtin_mpy(xVal, yVal,
&xmemory, &xVal, 2,
&ymemory, &yVal, 2);
```

可生成：mac w4 * w5, A, [w8]+=2, w4, [w10]+=2, w5

函数原型：int __builtin_mpyn(int a, int b,int * * xptr, int * xval, int xincr, int * * yptr, int * yval, int yincr);

参数：a——整型被乘数。

b——整型乘数。

xptr——指向 x 预取的指针的整型指针。

xval——指向 x 预取的数值的整型指针。

xincr——x 预取的整型递增值。

yptr——指向 y 预取的指针的整型指针。

yval——指向 y 预取的数值的整型指针。

yincr——y 预取的整型递增值。

AWB——指向所选择累加器的整型指针。

返回值：将清零的结果返回到累加器。

汇编运算符/机器指令：mpyn

错误消息：假如出现下列情况，将显示错误消息：

- 结果寄存器不是累加器寄存器；
- xval 为空但 xptr 非空；
- yval 为空但 yptr 非空。

22. __builtin_msc

描述：计算 a、x、b，并从累加器中减去这个结果，且为将来的 MAC 操作预取数据。

xptr 可为空，以表明不执行 X 预取，在这种情况下忽略 xincr 和 xval 的值，但要提供这两个参数。

yptr 可为空，以表明不执行 Y 预取，在这种情况下忽略 yincr 和 yval 的值，但要提供这两个参数。

xval 和 yval 指定 C 变量的地址，预取值将存放到这个地址中。

xincr 和 yincr 可为立即数值−6、−4、−2、0、2、4、6 或一个整型值。

如果 AWB 非空，则另一个累加器的值将写回到引用的变量。

例：

```
register int result asm("A");
int * xmemory;
int * ymemory;
int xVal, yVal;
result = __builtin_msc(xVal, yVal,
&xmemory, &xVal, 2,
&ymemory, &yVal, 2, 0);
```

可生成：msc w4 * w5, A, [w8]+=2, w4, [w10]+=2, w5

函数原型：int __builtin_msc(int a, int b, int * * xptr, int * xval, int xincr, int * * yptr, int * yval, int yincr, int * AWB);

参数：a——整型被乘数。

b——整型乘数。

xptr——指向 x 预取的指针的整型指针。

xval——指向 x 预取的数值的整型指针。

xincr——x 预取的整型递增值。

yptr——指向 y 预取的指针的整型指针。

yval——指向 y 预取的数值的整型指针。

yincr——y 预取的整型递增值。

AWB——指向所选择累加器的整型指针。

返回值：将清零的结果返回到累加器。

汇编运算符/机器指令：msc

错误消息：假如出现下列情况，将显示错误消息：

- 结果寄存器不是累加器寄存器；
- xval 为空但 xptr 非空；
- yval 为空但 yptr 非空。

23. __builtin_mulss

描述：该函数计算 p0×p1 的乘积。函数参数是有符号整型，函数的结果是有符号长整型。命令行选项- Wconversions 可用来检测意外的符号转换。

函数原型：signed long __builtin_mulss(const signed int p0, const signed int p1);

参数:p0——被乘数。

p1——乘数。

返回值:返回 p0×p1 乘积的有符号长整型值。

汇编运算符/机器指令:mul. ss

24. __builtin_mulsu

描述:该函数计算 p0×p1 的乘积。函数参数是混合符号整型,函数的结果是有符号长整型。命令行选项- Wconversions 可用来检测意外的符号转换。该函数支持全部指令寻址模式,包括对操作数 p1 的立即寻址模式。

函数原型:signed long __builtin_mulsu(const signed int p0,const unsigned int p1);

参数:p0——被乘数。

p1——乘数。

返回值:返回 p0×p1 乘积的有符号长整型值。

汇编运算符/机器指令:mul. su

25. __builtin_mulus

描述:该函数计算 p0×p1 的乘积。函数参数是混合符号整型,函数的结果是有符号长整型。命令行选项- Wconversions 可用来检测意外的符号转换。该函数支持全部指令寻址模式。

函数原型:signed long __builtin_mulus(const unsigned int p0,const signed int p1);

参数:p0——被乘数。

p1——乘数。

返回值:返回 p0×p1 乘积的有符号长整型值。

汇编运算符/机器指令:mul. us

26. __builtin_muluu

描述:该函数计算 p0×p1 的乘积。函数参数是无符号整型,函数的结果是无符号长整型。命令行选项- Wconversions 可用来检测意外的符号转换。该函数支持全部指令寻址模式,包括对操作数 p1 的立即寻址模式。

函数原型:unsigned long __builtin_muluu(const unsigned int p0,const unsigned int p1);

参数:p0——被乘数。

p1——乘数。

返回值:返回 p0×p1 乘积的有符号长整型值。

汇编运算符/机器指令:mul. uu

27. __builtin_nop

描述:生成一条 nop 指令。

函数原型:void __builtin_nop(void);

参数:无。

返回值:返回空操作(nop)。

汇编运算符/机器指令:nop

28. __builtin_psvpage

描述:返回对象的 PSV 页码,对象的地址作为函数的参数。参数 p 必须是 EE 数据空间、PSV 或可执行存储空间中的对象的地址;否则,会产生错误消息并导致编译失败。可参阅第 2.1.1 小节“指定变量的属性”中描述的 space 属性。

函数原型:unsigned int __builtin_psvpage(const void * p);

参数:p 对象地址。

返回值:返回对象的 PSV 页码,对象的地址作为函数的参数。

汇编运算符/机器指令:psvpage

错误消息:当函数使用不正确时,会产生下列错误消息:

“Argument to __builtin_psvpage() is not the address of an objectin code, psv, or eedata section。”

参数必须是显式的对象地址。

例如,如果 obj 是可执行段或只读段中的对象,那么下面的语法是有效的:

unsigned page=__builtin_psvpage(&obj);

29. __builtin_psvoffset

描述:该函数返回对象的 PSV 页偏移量,对象的地址作为函数的参数。参数 p 必须是 EE 数据空间、PSV 或可执行存储空间中的对象的地址;否则,会产生错误消息并导致编译失败。可参阅第 2.1.1 小节“指定变量的属性”中描述的 space 属性。

函数原型:unsigned int __builtin_psvoffset(const void * p);

参数:p——对象地址。

返回值:返回地址作为参数的对象的 PSV 页码偏移量。

汇编运算符/机器指令:psvoffset

错误消息:当函数使用不正确时,会产生下列错误消息:

“Argument to __builtin_psvoffset() is not the address of anobject in code, psv, or eedata section。”

参数必须是显式的对象地址。

例如,如果 obj 是可执行段或只读段中的对象,那么下面的语法是有效的:

unsigned page=__builtin_psvoffset(&obj);

30. __builtin_readsfr

描述:读 SFR。

函数原型:unsigned int __builtin_readsfr(const void * p);

参数:p——对象地址。

返回值:返回 SFR。

汇编运算符/机器指令:readsfr

31. __builtin_return_address

描述:返回当前函数的返回地址,或调用它的函数之一的返回地址。对于 level 参数,值 0 返回当前函数的返回地址,值 1 返回调用当前函数的返回地址。当 level 超出当前的堆栈深度时,将返回 0。出于调试目的,此函数应仅使用非零参数。

函数原型:int __builtin_return_address (const int level);

参数:level 扫描调用堆栈的层次数。

返回值:返回当前函数的返回地址,或调用它的函数之一的返回地址。

汇编运算符/机器指令:return_address

32. __builtin_sac

描述:将数据移位 shift(−8～7 之间的立即数)位并返回值。

例:

```
register int value asm("A");
int result;
result = __builtin_sac(value,3);
```

可生成:sac A, #3, w0

函数原型:int __builtin_sac(int value, int shift);

参数:value——要移位的整型数。

　　shift——移位的立即数位数。

返回值:将移位后的结果返回到累加器。

汇编运算符/机器指令:sac

错误消息:假如出现下列情况,将显示错误消息:

- 结果寄存器不是累加器寄存器;
- 要移位的位数不是范围内的立即数。

33. __builtin_sacr

描述:将数据移位 shift(−8～7 之间的立即数)位并返回采用由 CORCONbits.RND 控制位确定的舍入模式舍入后的值。

例:

```
register int value asm("A");
int result;
result = __builtin_sac(value,3);
```

可生成:sac.r A, #3, w0

函数原型:int __builtin_sacr(int value, int shift);

参数:value——要移位的整型数。

shift——移位的立即数位数。

返回值:将移位后的结果返回到 CORCON 寄存器。

汇编运算符/机器指令:sacr

错误消息:假如出现下列情况将显示错误消息:

- 结果寄存器不是累加器寄存器;
- 要移位的位数不是范围内的立即数。

34. __builtin_sftac

描述:将累加器移位 shift 位。有效移位范围为－16～16。

例:

```
register int result asm("A");
int i;
result = __builtin_sftac(i);
```

可生成:sftac A, w0

函数原型:int __builtin_sftac(int shift);

参数:shift 移位的立即数位数。

返回值:将移位后的结果返回到累加器。

汇编运算符/机器指令:sftac

错误消息:假如出现下列情况,将显示错误消息:

- 结果寄存器不是累加器寄存器;
- 要移位的位数不是范围内的立即数。

35. __builtin_subab

描述:将累加器 A 和 B 相减,并将结果写回到指定的累加器。

例:

```
register int result asm("A");
result = __builtin_subab();
```

将产生:sub A

函数原型:int __builtin_subab(void);

参数:无。

返回值:将减法运算结果返回到累加器。

汇编运算符/机器指令:subad

错误消息:如果结果寄存器不是累加器寄存器,将显示错误消息。

36. __builtin_tblpage

描述:返回对象的表页码,对象的地址作为函数的参数。参数 p 必须是 EE 数据空间、PSV 或可执行存储空间中的对象的地址;否则,会产生错误消息并导致编译失败。可参阅第 2.1.1 小节“指定变量的属性”描述的 space 属性。

函数原型:unsigned int __builtin_tblpage(const void * p);

参数:p——对象地址。

返回值:返回其地址作为函数参数的对象的表页码。

汇编运算符/机器指令:tblpage

错误消息:当函数使用不正确时,会产生下列错误消息:

“Argument to __builtin_tblpage() is not the address of an object in code, psv, or eedata section。”

参数必须是显式的对象地址。

例如,如果 obj 是可执行段或只读段中的对象,那么下面的语法是有效的:

unsigned page=__builtin_tblpage(&obj);

37. __builtin_tbloffset

描述:该函数返回对象的表页码偏移量,对象的地址作为函数的参数。参数 p 必须是 EE 数据空间、PSV 或可执行存储空间中的对象的地址;否则,会产生错误消息并导致编译失败。可参阅第 2.1.1 小节“指定变量的属性”中描述的 space 属性。

函数原型:unsigned int __builtin_tbloffset(const void * p);

参数:p——对象地址。

返回值:返回地址作为参数的对象的表页码偏移量。

汇编运算符/机器指令:tbloffset

错误消息:当函数使用不正确时,会产生下列错误消息:

“rgument to __builtin_tbloffset() is not the address of anobject in code, psv, or eedata section。”

参数必须是显式的对象地址。

例如,如果 obj 是可执行段或只读段中的对象,那么下面的语法是有效的:

unsigned page=__builtin_tbloffset(&obj);

38. __builtin_tblrdh

描述:发出 tblrdh. w 指令来从闪存或 EEDATA 存储器读一个字。必须设置 TBLPAG 使之指向正确的页。为此可使用__builtin_tbloffset()和__builtin_tblpage()。关于读写闪存程序存储器的所有细节,请参阅数据手册或《dsPIC30F 系列参考手册》(DS70046E_CN)。

函数原型:unsigned int __builtin_tblrdh(unsigned int offset);

参数:offset 要访问的存储器偏移量。

返回值:无。

汇编运算符/机器指令:tblrdh

39. __builtin_tblrdl

描述:发出 tblrdl.w 指令来从闪存或 EEDATA 存储器读一个字。必须设置 TBLPAG 使之指向正确的页,为此可使用__builtin_tbloffset()和__builtin_tblpage()。关于读写闪存程序存储器的所有细节,请参阅数据手册或《dsPIC30F 系列参考手册》(DS70046E_CN)。

函数原型:unsigned int __builtin_tblrdl(unsigned int offset);

参数:offset——要访问的存储器偏移量。

返回值:无。

汇编运算符/机器指令:tblrdl

40. __builtin_tblwth

描述:发出 tblwth.w 指令来写一个字到闪存或 EEDATA 存储器。必须设置 TBLPAG 使之指向正确的页,为此可使用__builtin_tbloffset()和__builtin_tblpage()。关于读写闪存程序存储器的所有细节,请参阅数据手册或《dsPIC30F 系列参考手册》(DS70046E_CN)。

函数原型:void __builtin_tblwth(unsigned int offset unsigned int data);

参数:offset——要访问的存储器偏移量。

data——要写入的数据。

返回值:无。

汇编运算符/机器指令:tblwth

41. __builtin_tblwtl

描述:发出 tblwtl.w 指令来写一个字到闪存或 EEDATA 存储器。必须设置 TBLPAG 使之指向正确的页,为此可使用__builtin_tbloffset()和__builtin_tblpage()。关于读写闪存程序存储器的所有细节,请参阅数据手册或《dsPIC30F 系列参考手册》(DS70046E_CN)。

函数原型:void __builtin_tblwtl(unsigned int offset unsigned int data);

参数:offset——要访问的存储器偏移量。

data——要写入的数据。

返回值:无。

汇编运算符/机器指令:tblwtl

42. __builtin_write_NVM

描述:通过发出正确的解锁序列和使能 NVMCON 寄存器的 Write 位来使能对闪存的写操作。

函数原型:void __builtin_write_NVM(void);

参数:无。

返回值:无。

汇编运算符/机器指令：

```
mov #0x55, Wn
mov Wn, _NVMKEY
mov #0xAA, Wn
mov Wn, _NVMKEY
bset _NVMVON, #15
nop
nop
```

43. __builtin_write_RTCWEN

描述:用于通过将正确的解锁值写入 NVMKEY 并将 RCFGCAL SFR 的 RTCWREN 位置 1 实现解锁序列来写入 RTCC 定时器。

函数原型:void __builtin_write_RTCWEN(void);

参数:无。

返回值:无。

汇编运算符/机器指令：

```
mov #0x55, Wn
mov Wn, _NVMKEY
mov #0xAA, Wn
mov Wn, _NVMKEY
bset _NVMVON, #15
nop
nop
```

实际的指令序列可能有所不同。

44. __builtin_write_OSCCONL

描述:解锁并写其参数到 OSCCONL。

函数原型:void __builtin_write_OSCCONL(unsigned char value);

参数:value——要写的字符。

返回值:无。

汇编运算符/机器指令：

```
mov #0x46, w0
mov #0x57, w1
mov __OSCCON, w2
mov.b w0, [w2]
mov.b w1, [w2]
mov.b value, [w2]
```

实际的指令序列可能有所不同。

45. __builtin_write_OSCCONH

描述:解锁并写其参数到 OSCCONH。

函数原型:void __builtin_write_OSCCONH(unsigned char value);

参数:value——要写的字符。

返回值:无。

汇编运算符/机器指令:

```
mov #0x78, w0
mov #0x9A, w1
mov __OSCCON + 1, w2
mov.b w0, [w2]
mov.b w1, [w2]
mov.b value, [w2]
```

实际的指令序列可能有所不同。

参考文献

[1] Microchip Technology Inc. dsPIC33F 系列数据手册高性能 16 位数字信号控制器. 2007.

[2] Microchip Technology Inc. MPLAB C Compilerfor PIC24 MCUsand dsPIC DSCsUser's Guide. 2011.

[3] Microchip Technology Inc. dsPIC33FJ32GP202/204 和 dsPIC33FJ16GP304 数据手册高性能 16 位数字信号控制器. 2007.

[4] Microchip Technology Inc. dsPIC33FJXXXGPX06A/X08A/X10A 数据手册高性能 16 位数字信号控制器. 2010.

[5] 江和. PIC16 系列单片机 C 程序设计与 PROTEUS 仿真[M]. 北京:北京航空航天大学出版社,2010.